UI移动端界面
动画创意与实现

王红卫 等编著

机械工业出版社
China Machine Press

图书在版编目（CIP）数据

UI 移动端界面动画创意与实现 / 王红卫等编著 .—北京：机械工业出版社，2018.11
ISBN 978-7-111-61258-2

Ⅰ . ① U… Ⅱ . ①王… Ⅲ . ①人机界面 – 程序设计Ⅳ . ① TP311.1

中国版本图书馆 CIP 数据核字（2018）第 247883 号

本书是根据多位业界资深设计师的教学与实践经验，为想在短时间内学习并掌握 After Effects 软件在 UI 移动端动效设计中的使用方法和技巧的读者量身打造的。

全书内容主要包括界面动效设计基础、自然反馈动效设计、层级关系动效设计、愉悦的等待动效设计及打造活力视觉动效，通过精选常用的动效案例进行技术剖析和操作详解，实现理论知识与实践设计技法紧密结合。

本书为读者免费提供了素材云盘下载，其中不但收录了书中所有工程文件，还收录了高清语音教学录像，全方位、多角度解读所有实例重点、特色，再现制作现场，教学与图书互动，让学习更为快捷、高效。

本书不仅适用于从事界面动效设计、动效制作、影视制作、后期编辑与合成技术的从业人员，也可作为社会培训学校、大中专院校相关专业的教学配套教材或上机实践指导用书。

UI 移动端界面动画创意与实现

出版发行：机械工业出版社（北京市西城区百万庄大街 22 号　邮政编码：100037）
责任编辑：夏非彼　迟振春　　责任校对：闫秀华
印　　刷：中国电影出版社印刷厂　　版　　次：2019 年 1 月第 1 版第 1 次印刷
开　　本：188mm × 260mm　1/16　　印　　张：13
书　　号：ISBN 978-7-111-61258-2　　定　　价：69.00 元

凡购本书，如有缺页、倒页、脱页，由本社发行部调换
客服热线：（010）88379426　88361066　　投稿热线：（010）88379604
购书热线：（010）68326294　88379649　68995259　　读者信箱：hzit@hzbook.com

前言

Preface

1. 选题背景

UI（界面设计）已经从之前的功能性设计为主转变为功能和体验兼具的设计，除了功能外，用户体验也与配色、动画等紧密联系在一起。应用的功能性可以满足用户某方面的硬性需求，而更具情感性的用户体验则可以满足用户对情感的需求，比如界面中的动效。动效的出现使整个界面更加富有色彩感，更能体现人性化的操作。

本书在编写过程中，以After Effects软件为主，通过基础知识与大量实例相结合的形式，向读者传授非常实用的动效设计知识，通过对这些内容的学习，读者可以全面提升设计水平。

2. 本书内容

本书是一本专为从事动效设计的读者而编写的增强型实例图书，所有案例都是作者多年设计工作的积累。本书的最大特点是实例的实用性强，理论与实践结合紧密，精选常见的、实用的动效设计案例进行技术剖析和操作详解。

全书按照由浅入深的写作方法，从界面动效设计基础到自然反馈动效设计、层级关系动效设计、愉悦的等待动效设计再到打造活力视觉动效，以精华基础知识为辅，大量的精品实例为主，全面地讲解了动效的制作技法。

本书以“基础知识+特效解析+贴心提示+视频教学”的形式，清晰地讲述了动效在整个设计中的可用性及可操作性。书中制作的实例可用于实际工作中，制作思路也是可以借鉴的。

3. 资源下载

本书资源可以登录机械工业出版社华章公司的网站（www.hzbook.com）下载，搜索到本书，然后在页面上的“资源下载”模块下载即可。

4. 作者及售后

本书由王红卫主编，同时参与编写的还有张四海、余昊、贺容、王英杰、崔鹏、桑晓洁、王世迪、吕保成、蔡桢桢、王红启、胡瑞芳、王翠花、夏红军、杨树奇、王巧伶、陈家文、王香、杨曼、马玉旋、张田田、谢颂伟、张英、石珍珍、陈志祥等。在创作过程中，由于时间仓促，错误在所难免，希望广大读者批评指正。

如果在学习过程中发现问题或有更好的建议，欢迎发邮件至smbook@163.com与我们联系。

编 者

2018年9月

目录 Contents

前言

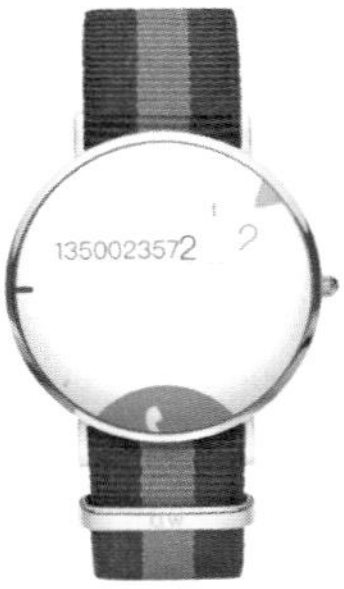

MONDAY

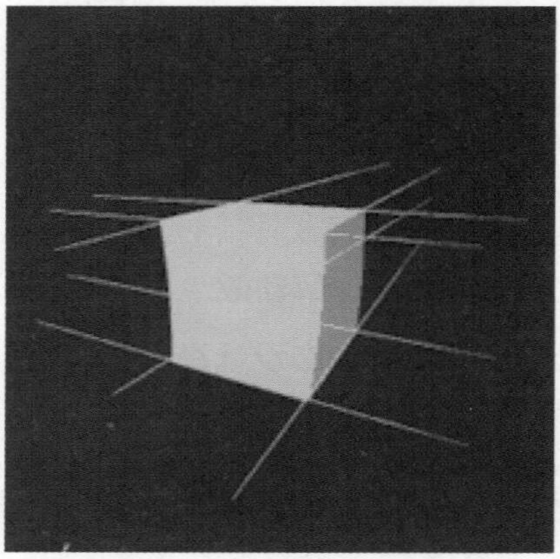

16°

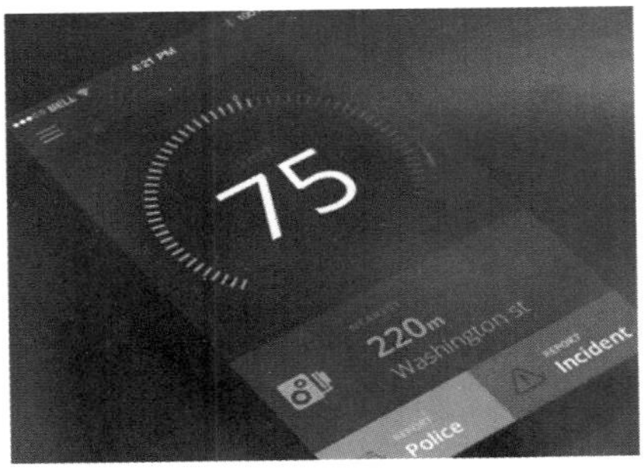

第2章 自然反馈动效设计 23

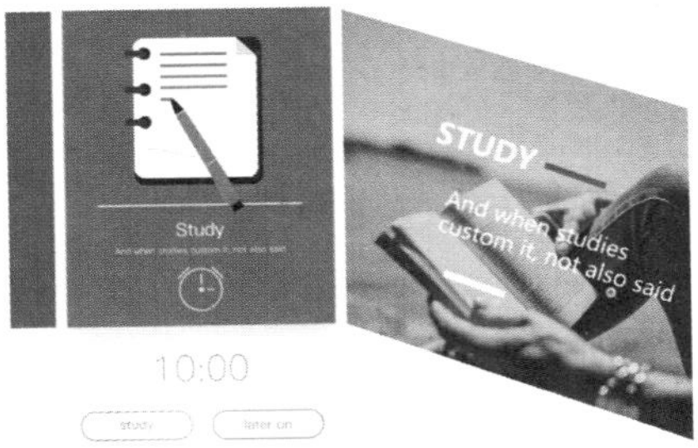

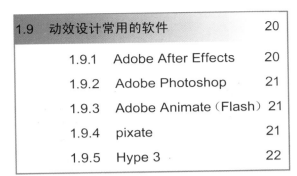

JACKSON
ONES
03:25
-01:21

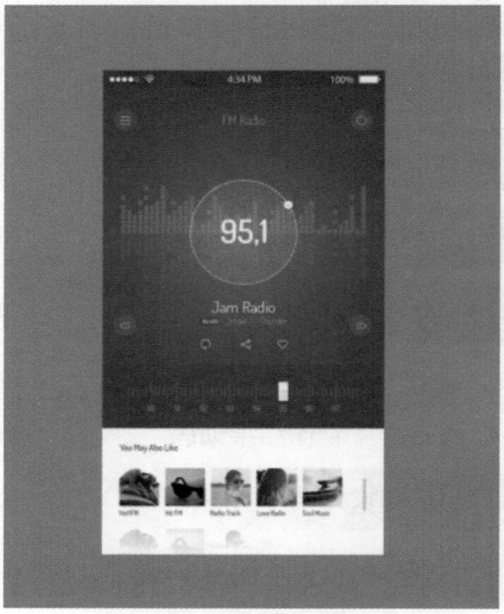
95,1
Jam Radio

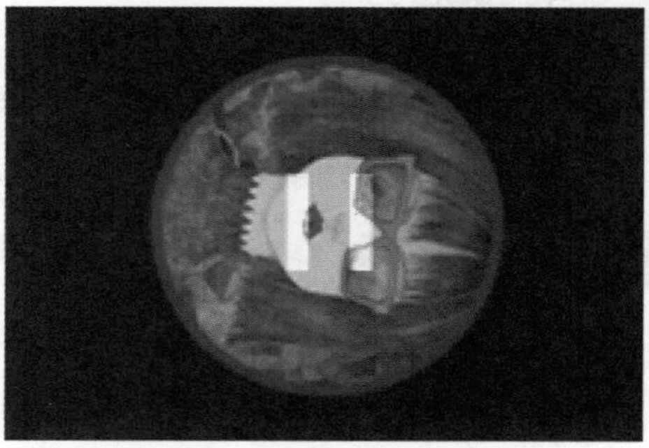

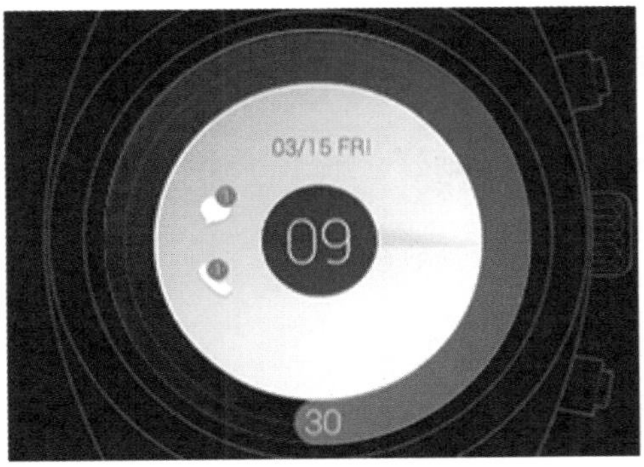
03/15 FRI
09
30

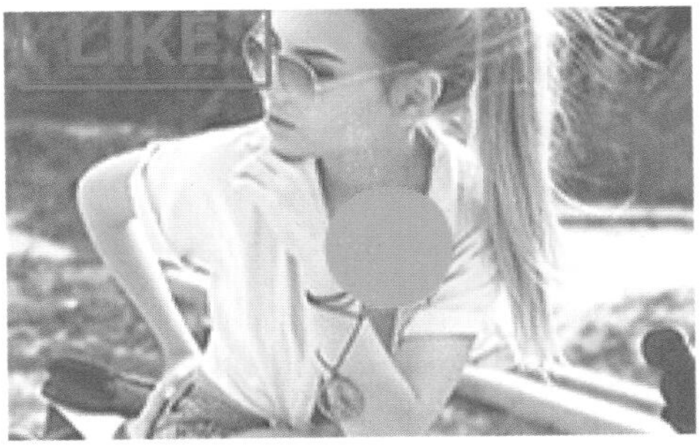
LIKE

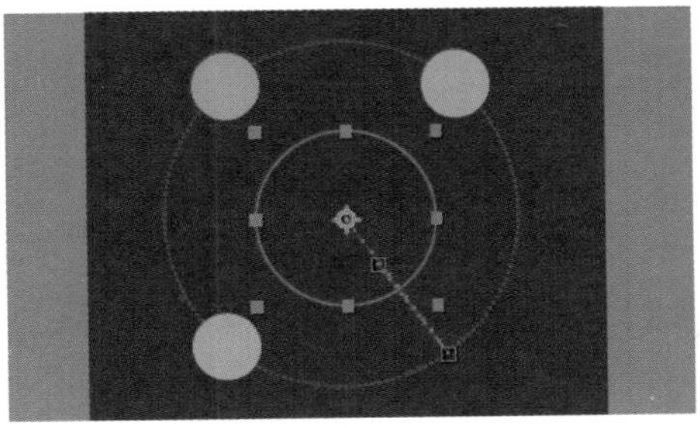

Uploading your shot

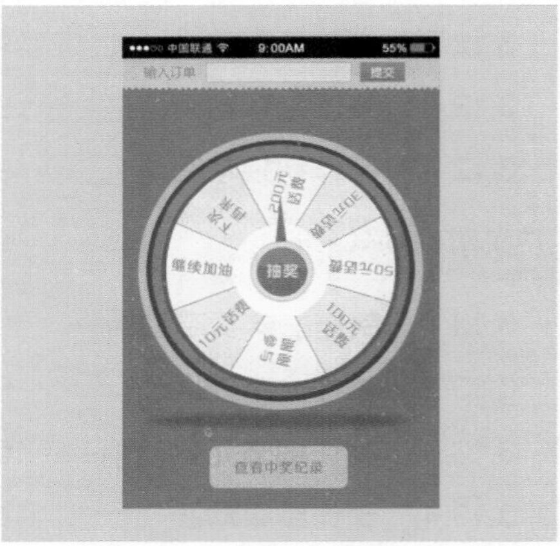

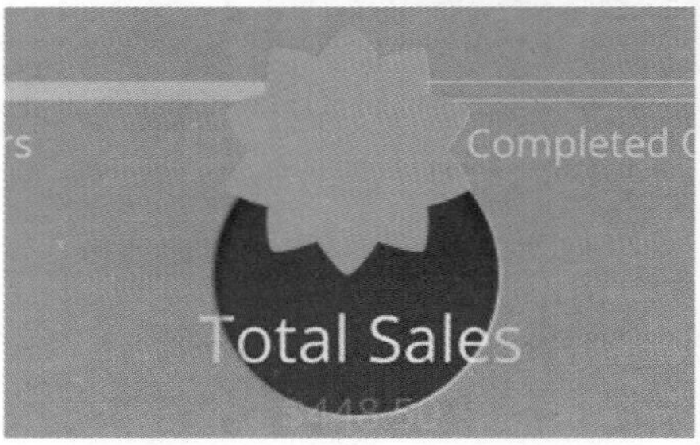
Completed
Total Sales

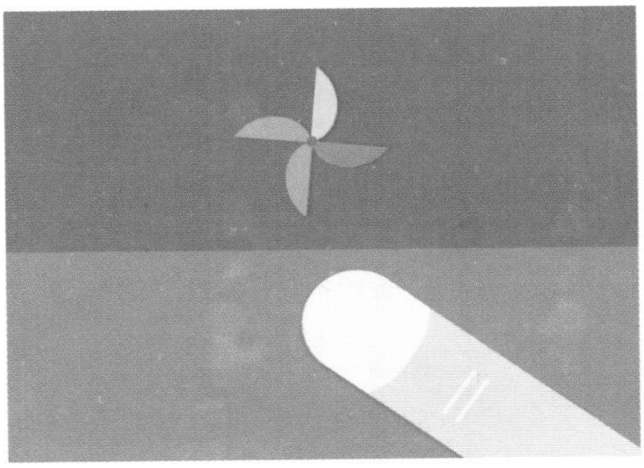

180

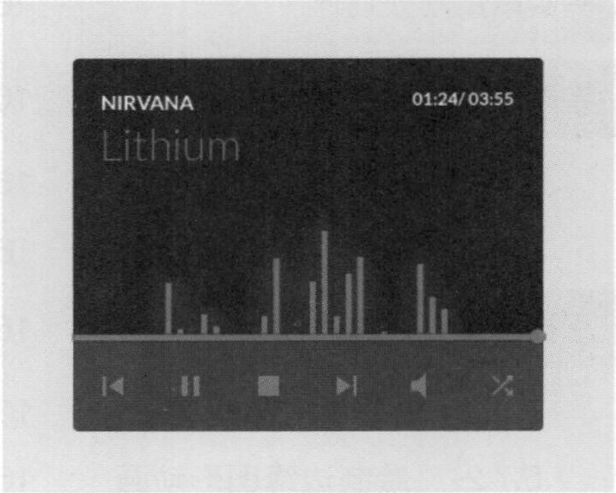
NIRVANA
01:24/ 03:55
Lithium

第1章

动效设计基础知识

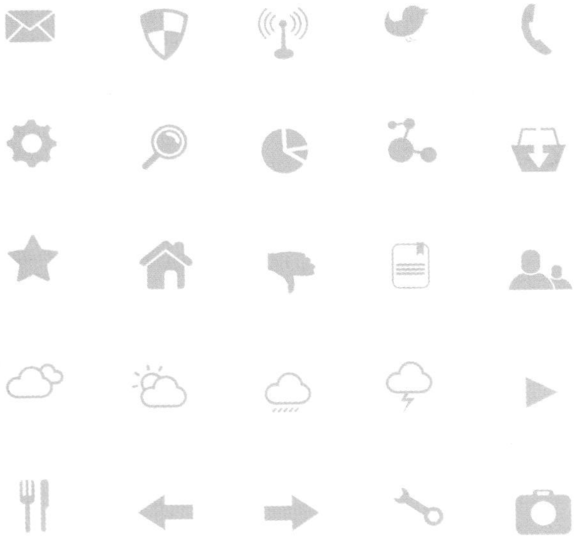

本章介绍

本章主要讲解动效设计基础知识，包括什么是动效设计、动效设计方法、动效在界面设计中的用途、动效设计原则、动效制作要素、动效设计重点、动效设计表现手法、动效设计趋势、动效设计常用软件等，通过对这些知识点的学习可以快速掌握动效设计的基础知识。

要点索引

- 了解什么是动效设计
- 学习动效设计方法
- 了解动效在界面设计中的用途
- 了解动效设计原则
- 了解动效制作要素
- 掌握动效设计重点
- 学习动效设计的表现手法
- 了解动效设计趋势
- 认识动效设计常用软件

1.1 什么是动效设计

动效是嵌入在用户界面设计中的一部分，这里所讲的动效不是人们常规理解的动画效果，而是出自交互界面上的动效或电脑游戏中的动效。在一个完美的交互空间里，可以验证功能动效与清晰设定逻辑的目的。如果一个动效的设计中遵循设定的逻辑目的，就是一个有效的功能动效，存在设计中便是合理的；如果与逻辑目标不相符，可能就是多余的，需要慎重考虑这个动效存在的意义。

1.2 动效设计方法

在设计开发的过程中，当设计师做好一套静态页面且设想出多种有趣的交互动画，再交付重构还原页面时，由于无法提供精确的动态参数，导致沟通和制作的成本增加，最终的测试也差强人意，因此，通过研究当下的动态设计趋势及 PC 端的交互特征，掌握适于设计师表达设计概念的设计方法和流程显得非常重要。

1.2.1 理解动效

众所周知，Flash 主页因其酷炫的效果风靡一时，如今随着 HTML5 和 CSS3 的发展，在配合高端浏览器的使用环境下，用户可以体验更流畅的动画效果。同时，手机端的动态设计效果也提升了用户感知度，提高了产品的易用性。考虑到体验设计的一致性，动态设计还应兼顾跨平台和终端的拓展效果。动态表现对传达产品功能、拓展用户的感官体验等方面起着非常重要的作用，例如，进程类演示类动画，内容不再是从 0~1 的跳转，加入了动画过渡，让复杂的程序语言转化为动态视觉语言，一方面可以带给用户安全感，另一方面也缓解了因等待而产生的焦躁感。

1.2.2 动态设计举例

动画不只是依赖于普通的动画效果，或是装备精良的终端设备，而是通过浏览器性能和用户对 PC 的使用习惯去探索动画的可拓展性，让用户体验更加顺畅。例如，对常见的手指交互所对应的不同行为状态进行分解，如图 1.1 所示。

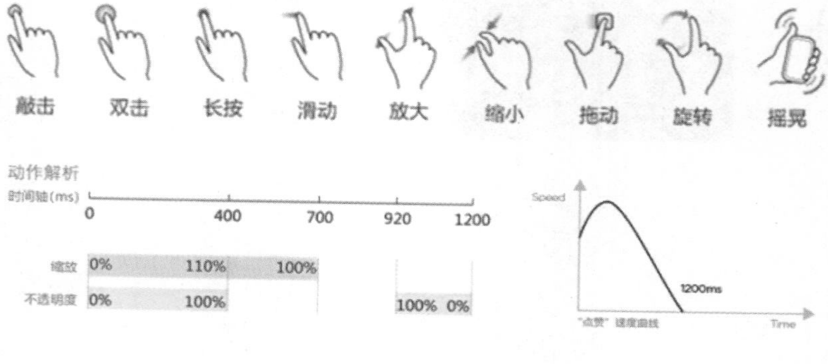

图1.1 状态分解

1.3 动效在界面设计中的用途

随着技术和硬件设备性能的提升，动效已不再是视觉设计中的奢侈品。动效不仅仅是华丽的动态效果，帮助设计师和用户解决了许多界面功能上的问题，让用户更容易理解产品，也让设计师更好地表达。动效本身还让整个界面更加活泼，充满生命力，更加自然的响应让用户和界面之间有了情感的联系。

1.3.1 观察系统状态

为了保证每一款 App 的正常运行，后台总会有许多进程在进行，比如从服务器下载数据、初始化状态、加载组件等。做这些事情的时候，系统总是需要一定的时间来运行，但是用户看着静止的界面并不会明白这些，所以需要借助动效让用户明白后台还在运行。通过动效，从视觉上告知用户这些信息，让用户有掌控感，非常有必要。

（1）加载指示器

对于许多数字产品而言，加载是不可避免的。虽然动效并不能解决加载的问题，但是它会让等待不再无聊。当无法让加载时间更短时，应该让等待更加有趣，充满创意的加载指示器能够降低用户对于时间的感知。动效会影响用户对产品的看法，会让界面比实际看起来更好，如图 1.2 所示。

图1.2 加载指示器

（2）下拉刷新

当触发下拉刷新动效之后，移动端设备会更新相应的内容。下拉刷新动效应该和整个设计的风格保持一致，如果 App 是极简风，那么动效也应当如此。下拉刷新效果如图 1.3 所示。

图1.3 下拉刷新

（3）通知状态

由于动效会自然地引起用户的注意力，因此使用动画化的方式来呈现通知是很自然的设计，不会给用户带来太多颠覆性的使用体验。几种常见的通知状态如图 1.4 所示。

图1.4 通知状态

1.3.2 导航和过渡

动效的基本功能是呈现过渡状态。当页面布局发生改变时，动效的存在会帮助用户理解这种状态的改变，呈现过渡的过程。导航和过渡效果如图 1.5 所示。

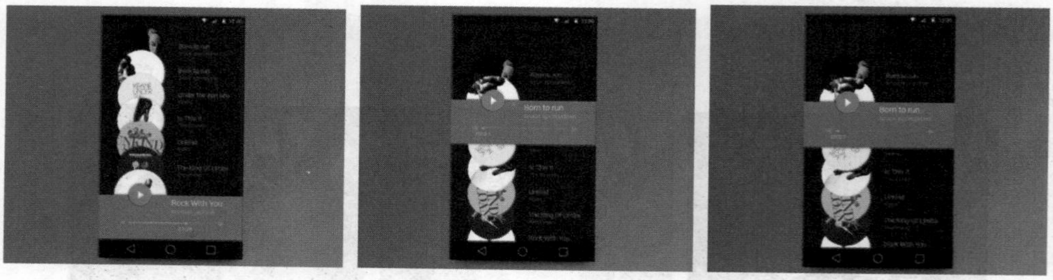

图1.5 导航和过渡效果

1.3.3 使用者的视觉反馈

视觉反馈对于任何 UI 界面都是非常重要的。视觉反馈让用户觉得一切尽在掌握，可以预期，而这种掌握意味着用户能够明白和理解目前的内容和状态。作为与用户之间发生联系的一个很重要的交互元素，良好的反馈设计可以让用户更好地了解到操作的结果与程序当前的状态，减轻用户在等待过程中的焦虑感。与文字型的静态反馈相比，使用动效可以让反馈更高效，更直观。视觉反馈效果如图 1.6 所示。

图1.6 视觉反馈效果

1.3.4 加深印象

巧妙的设计在满足产品功能需求的基础上更能让用户惊艳。这类动效是 App 的专属符号，通过此类动效 App 的品牌展现有较大的发挥空间，如按键效果如图 1.7 所示。

图1.7 按键效果加深印象

1.3.5 增强操控感

当界面的动态与用户手指在屏幕上的运动一致时，用户会感觉到自己控制了这个界面，仿佛不是在操控一个智能设备的界面，更不是被界面操控，而是作用于一个符合真实世界运动规则的物体。这种模拟现实操作的情境带入，让手势操作更易于学习，体验更流畅，如图 1.8 所示。

图1.8 增强操控感

1.4 动效设计原则

动效设计遵循很多设计原则，主要包括舒适度的建立、令人愉悦的提示功能、额外增加界面活力、吸引用户的注意力、让等待变得更愉快等，下面就来详细讲解这些原则。

1.4.1 舒适度的建立

要让用户更加舒服、流畅的使用产品，就必须注意舒适度的建立，比如表现层级关系，让用户知道这个界面与上一个、下一个的关系，保持使用的延续性。还要注意手势的结合使用，让界面的动态与手指的运动规律相符，从而让用户感觉到是自己控制了界面的动向，而不是机械化地跳转。建立舒适度效果如图 1.9 所示。

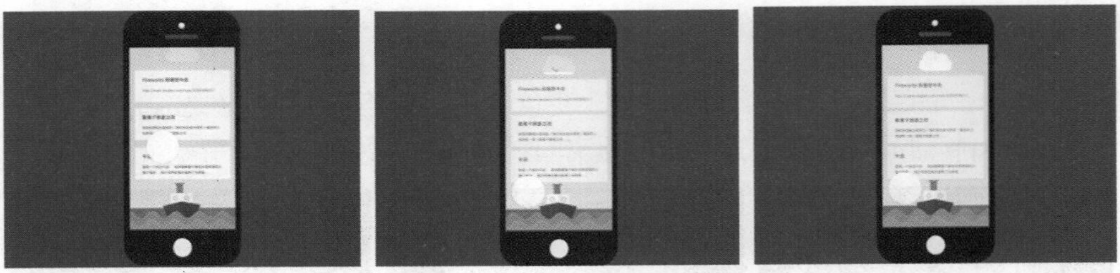

图1.9 建立舒适度效果

1.4.2 令人愉悦的提示功能

在需要提醒的时候能引起用户的注意，且又不会太过生硬，符合使用预期。提示功能效果如图 1.10 所示。

图1.10 提示功能效果

1.4.3 额外增加界面活力

在用户预期之外增加的惊喜，可以是帅气的，可以是卖萌的，也可以有些物理属性，总之要让用户感知到产品的生命力。增加界面活力效果如图 1.11 所示。

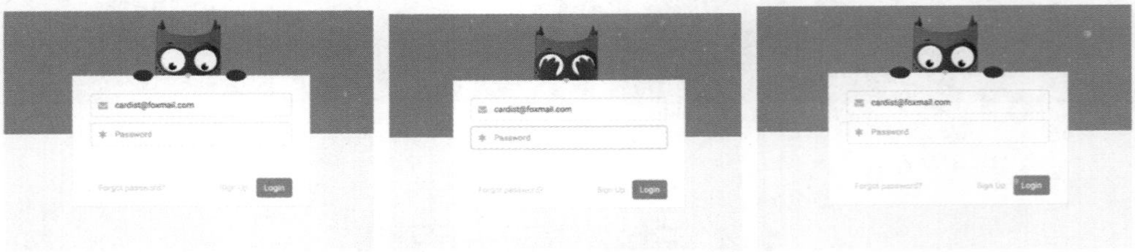

图1.11 增加界面活力效果

1.4.4 吸引用户的注意力

在某些数据量较大的界面中添加一些动效，吸引用户的注意力。吸引用户注意力的动效如图 1.12 所示。

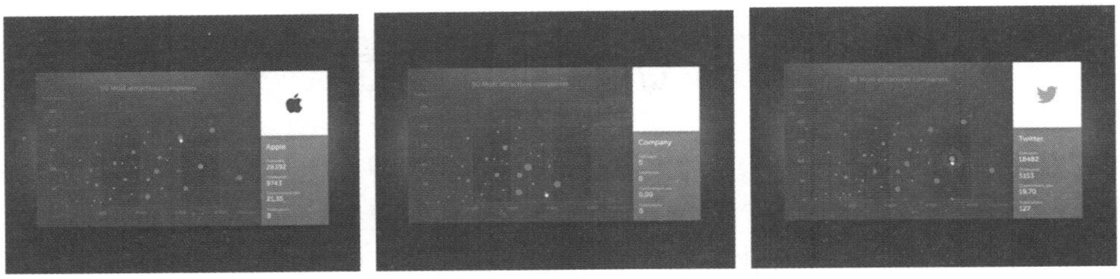

图1.12 吸引用户注意力的动效

1.4.5 让等待变得更愉快

等待常出现在加载、刷新、发送等界面中，让等待变得可视化，甚至不再无聊。常见的等待效果如图 1.13 所示。

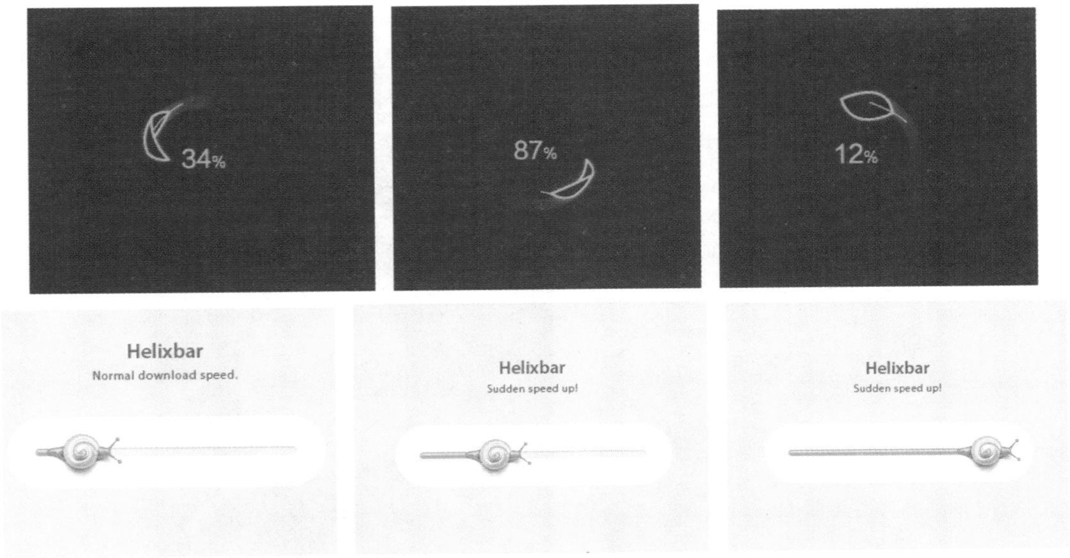

图1.13 常见的等待效果

1.4.6 界面衔接的延续感

界面跳转是不可以避免的，但是如果让本来分别独立的两个界面或者事件拥有了某种特定的联系，就可以变得更加有趣。界面衔接的延续感效果如图 1.14 所示。

图1.14 界面衔接的延续感效果

1.5 动效制作要素

动效可以通过灵活变化（形状、大小、位移等）使应用的界面更加充满活力。在应用设计中，应当巧妙地设计动效，让切换各个功能模块时的操作体验更加流畅，可以更好地解释一个界面里各元素的变化过程，以及强化各个元素的层级结构关系。一款成功的动效设计都会包含以下几个要素。

1.5.1 响应的反馈

视觉反馈在动效设计中极为重要，它可以给用户一个自然期望所产生的及时且符合逻辑的确认。在生活中，按按钮点亮一盏灯；按门铃会响，等等，在这整个交互过程中，只要做出一个操作，系统就应当予以及时的反馈，这符合习惯和对即将发生的事情的预期。使用者界面应当根据用户所触发的操作快速给予反馈，同时应当表明新的界面和触发后产生的 UI 元素之间的联系，让用户总是知道当前的操作将会带来什么变化。响应的反馈效果如图 1.15 所示。

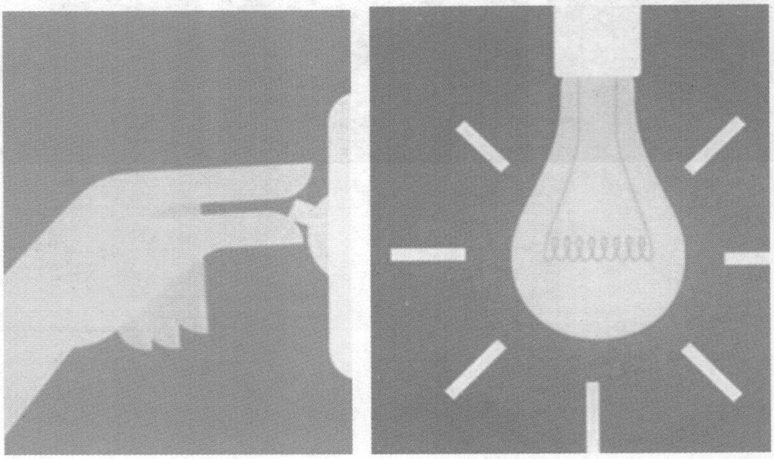

图1.15 响应的反馈

1.5.2 快速灵敏

界面各个元素在发生位置或状态改变时，变化的速度不能过慢，而导致过长时间的等待，同样也不能太快，以致用户看不清、不能理解动效的逻辑含义。快速灵敏效果如图 1.16 所示。

图1.16 快速灵敏效果

1.5.3 简明清晰

在单次交互动效中不宜发生太多元素的动态变化。交互动效应当清晰、简明、一致，酷炫不是目的。简明清晰效果如图 1.17 所示。

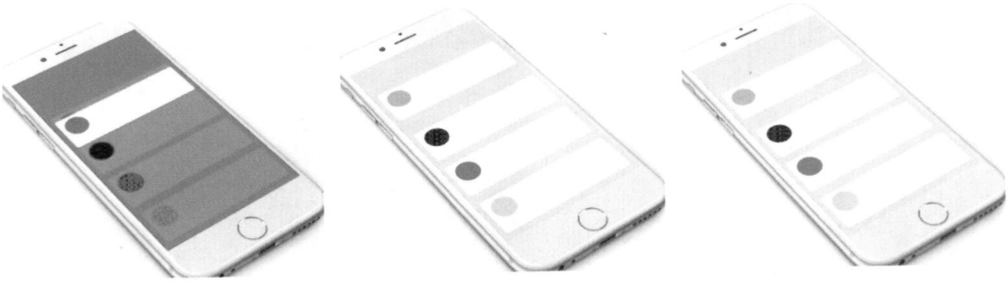

图1.17 简明清晰效果

1.5.4 目的性

动效在交互中对视觉体验有着显著的影响，好的动效会正确、恰当地指引用户进行下一步的操作。第一次使用某个应用时不能预测交互会发生什么，但是动效能帮助用户专注当前的目标而不被干扰。目的性效果如图 1.18 所示。

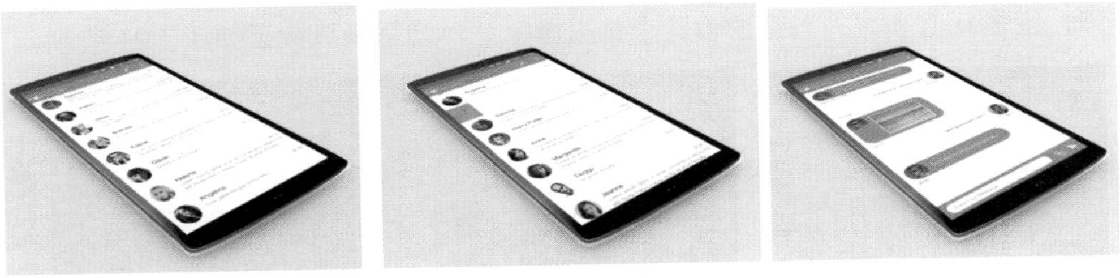

图1.18 目的性效果

1.5.5 过渡流畅自然

任何元素的移动应当遵循现实中的物体运动规律，避免出乎意料的交互动效。在现实生活中，一个物体对象的加速或减速都会受到外力的影响（重力、摩擦力等），而且运动速度的变化是连续而非突变的，因此同样在动效设计里，突然的、奇怪的运动模式都会显得不自然，丧失了愉悦的使用体验。如果说界面布局可以组织 UI 元素的静态位置，那么动效可以组织 UI 元素在时间维度上的演进，每一毫秒界面元素如何出现或消失，其大小、位置、透明度如何变化，通过动效的诠释，用户与产品的交互过程会更加顺畅。过渡流畅自然效果如图 1.19 所示。

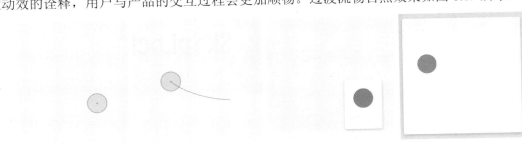

图1.19 过渡流畅自然效果

1.5.6 关联性

触发一个动作的 UI 控件与即将出现的新面板之间必须有逻辑上的紧密联系，这样才有助于用户更好地理解这个操作。关联性效果如图 1.20 所示。

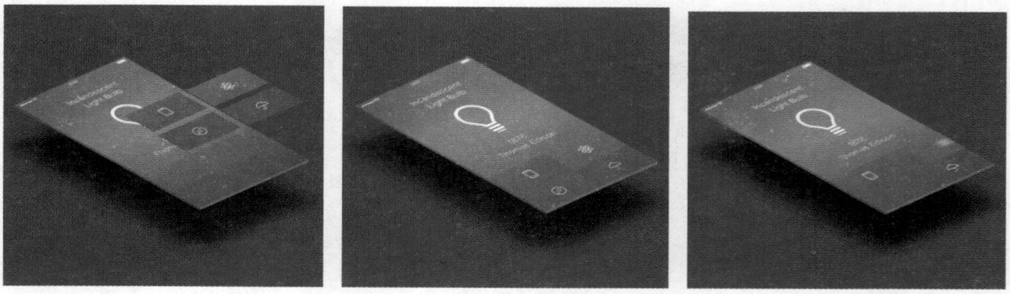

图1.20 关联性效果

1.5.7 增强操纵

“操纵”是移动产品用户体验中一个很重要的概念，简单来说，它要求交互对象的反应行为是可以预测的，不需要任何提示，并且符合对于现实世界规律的认知。这就要求设计的作品需要拉近界面操作与用户的距离，让用户难以发现虚拟的交互对象与现实的操作行为之间的屏障，很多新奇和令人兴奋的设计点都来源于此。增强操纵效果如图 1.21 所示。

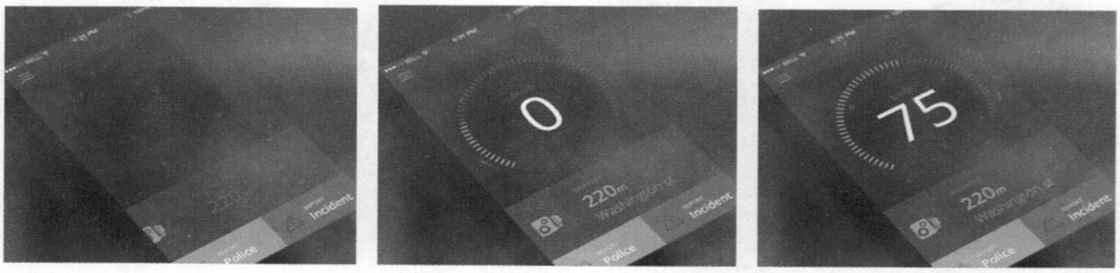

图1.21 增强操纵效果

1.5.8 引导帮助

由于移动界面的空间非常有限，需要隐藏一部分功能，手势操作也是移动应用中很常见的交互元素，要怎样才能让用户发现隐藏的功能，并告诉他们怎么使用手势呢？这个时候，动效作为一种生动的表现形式，往往起到很好的引导帮助作用。引导帮助效果如图 1.22 所示。

图1.22 引导帮助效果

1.5.9 升华体验

假如产品已经拥有了良好的可用性，却缺乏亮点，或许可以考虑为其增加动效。将动效融入产品中，往往会带来更加愉悦的用户体验，也更能细腻地表现应用的性能和气质。具有一致性的标志动效，可以帮助产品在细节中流露出独有的品牌特性，增加产品的魅力值。升华体验效果如图 1.23 所示。

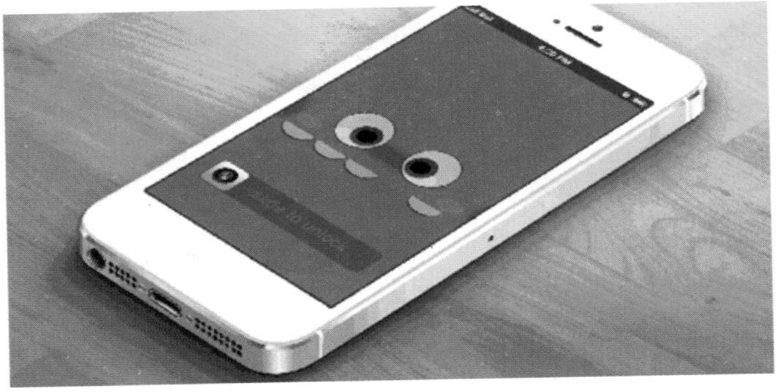

图1.23 升华体验效果

1.6 动效设计重点

交互动效设计是整个 App 设计项目中一个非常重要的项目，作为一名合格的 App 设计师，在设计时应该考虑以下要点。

1.6.1 材质与空间

给用户展示界面元素是由什么构成的，轻盈的还是笨重的，需要让用户对界面元素的交互模式有一个基本的感受。材质与空间效果如图 1.24 所示。

图1.24 材质与空间效果

1.6.2 运动轨迹

需要阐明运动的自然属性，一般表现没有生命的机械物体的运动轨迹都是直线，而有生命的物体拥有更为复杂的非直线性的运动轨迹。运动轨迹效果如图 1.25 所示。

图1.25 运动轨迹效果

1.6.3 时间表现力

在设计动效时，时间是最重要的考虑因素之一。在现实世界中，物体并不遵守直线运动规则，因为它们需要时间来加速或减速，使用曲线运动规则会让元素的移动变得更加自然。时间表现力效果如图 1.26 所示。

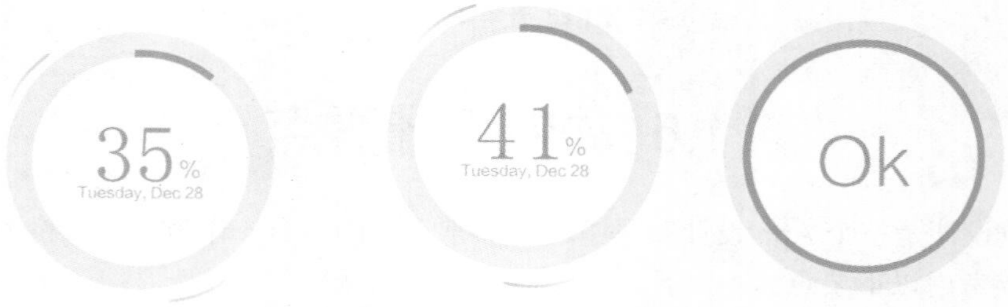

图1.26 时间表现力效果

1.6.4 个性化元素

在确保 UI 风格一致性的前提下，表达出 App 的鲜明个性，同时令动效的细节符合约定俗成的交互规则，这样动效就具备了“可预期性”。个性化元素效果如图 1.27 所示。

图1.27 个性化元素效果

1.6.5 导向设计

动效应当通过使用体验安抚用户，令其轻松愉悦。设计师需要将屏幕视作一个物理空间，将元素看作物理实体，它们能在这个物理空间中打开、关闭、任意移动、完全展开或聚焦为一点。动效应当随动作移动而自然变化，为用户做出应有的引导，不论是在动作发生前、过程中还是动作完成以后。UI 动效就应该如同导游一样，为用户指引方向，防止用户感到无聊，减少额外的图形化说明。导向设计效果如图 1.28 所示。

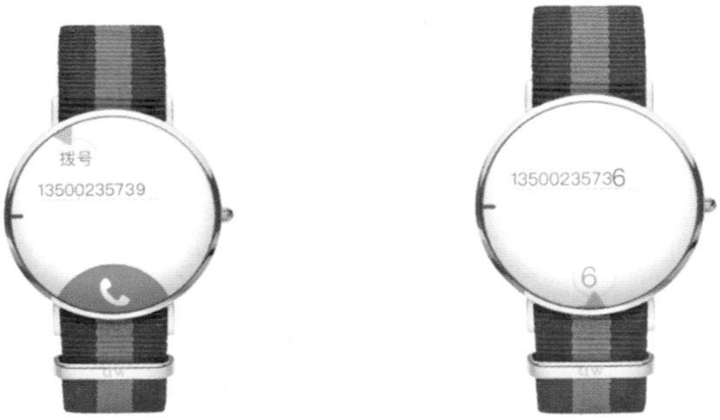

图1.28 导向设计效果

1.6.6 背景关系

动效应当为内容赋予背景，通过背景来表现内容的物理状态和所处环境。在摆脱模拟物体细节和纹理的设计束缚之后，UI 设计甚至可以自由地表现与环境设定矛盾的动态效果。为对象添加拉伸或形变效果，或者为列表添加俏皮的惯性滚动都不失为增加整体体验的有效手段。背景关系效果如图 1.29 所示。

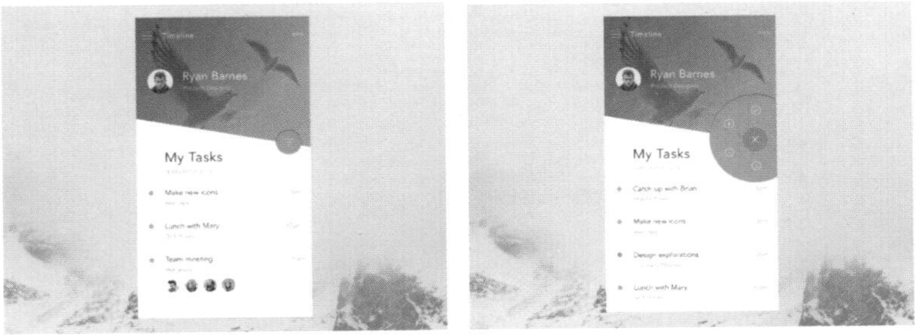

图1.29 背景关系效果

1.6.7 交互共鸣

动效应该具有直觉性和共鸣性。UI 动效的目的是与用户互动并产生共鸣，而非令他们困惑甚至感到意外。UI 动效和用户操作之间的关系应该是互补的，两者共同促成交互完成。交互共鸣效果如图 1.30 所示。

图1.30 交互共鸣效果

1.6.8 情感表现

好的 UI 动效是能够唤起积极的情绪反应的。平滑流畅的滚动能带来舒适感，而有效的动作执行往往能带来令人兴奋的愉悦和快感。情感表现效果如图 1.31 所示。

图1.31 情感表现效果

1.6.9 聚焦动效

会让用户集中注意屏幕的某一特定区域。例如，闪烁的图标就会吸引用户的注意，用户会知道有提醒并去点击它。这种动效常用于有太多细节和元素从而无法将特殊元素区别化的界面中。聚焦动效效果如图 1.32 所示。

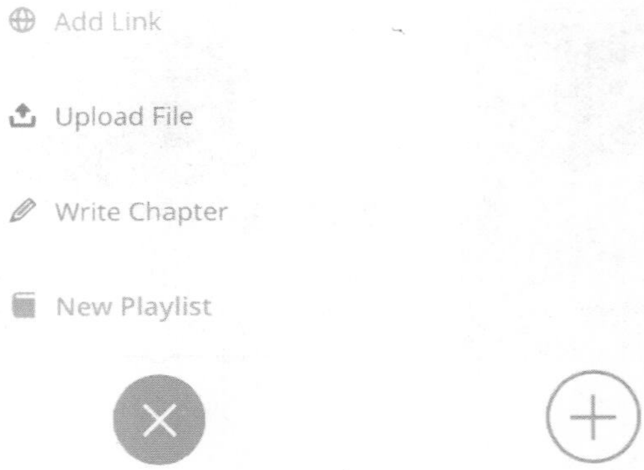

图1.32 聚焦动效效果

1.7 动效设计表现手法

1.7.1 拉伸与挤压

任何物体在进行运动的过程中，多少都会受到各种力的作用，被自身质量挤压或拉伸而产生变形，再加上动画独有的夸张表现方式，会使物体的动态看起来更有弹性、有质量。拉伸效果有助于营造速度感。拉伸与挤压效果如图 1.33 所示。

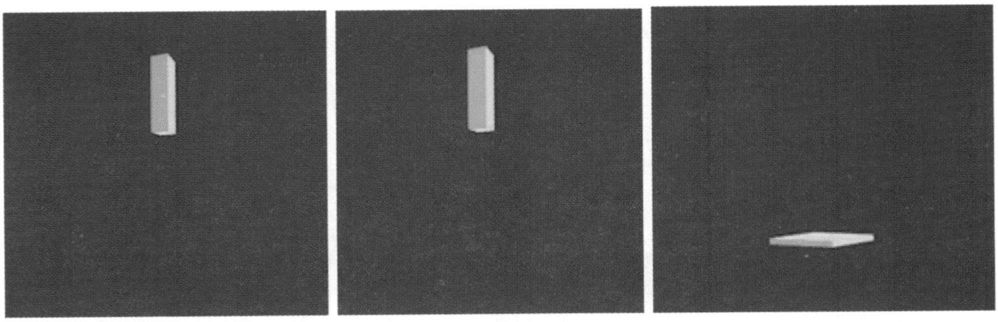

图1.33 拉伸与挤压效果

1.7.2 期望

在动效展现之前，给用户一点时间预测一下即将发生的事情。物体朝特定方向移动也可以给出预期视觉提示，比如一叠卡片出现在屏幕上，如果让这叠卡片最上面的一张倾斜，那么用户就可以推测出这些卡片可以移动，让动画角色在进行主要动作前，先做一个让观众产生“预先判断”的准备动作。许多实时资讯类 App 在页面顶端，都会设计用户主动刷新的功能，用于随时查看最新的消息。此时，相应的手势操作里就会包括“拖拽下拉”和“放开”这两个动作，动态效果可以巧妙地借用期望的原则，让刷新操作变得更有趣。期望效果如图 1.34 所示。

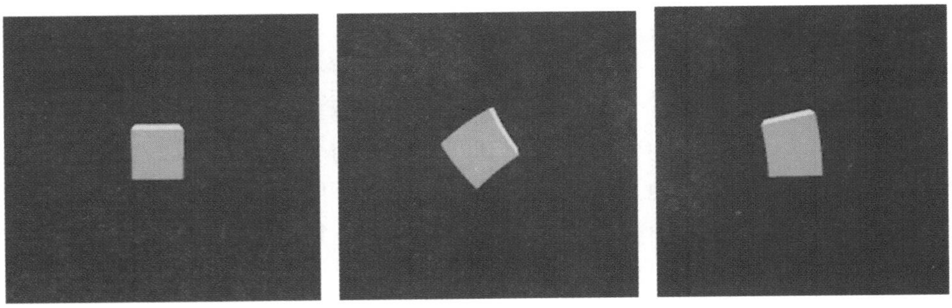

图1.34 期望效果

1.7.3 入场

如同舞台戏剧一样，所有动画中的构图、运镜、动作、走位都需要经过仔细的设计与安排，避免在同一时间出现过多琐碎的动作变化。换句话说，就是要明确每个演出段落中的主次之分，尽量避免不必要的细节，让动画整体的观看流程更顺畅有序。在移动端设备中，适时地出现动态效果将有利于对用户视觉焦点的引导。入场效果如图 1.35 所示。

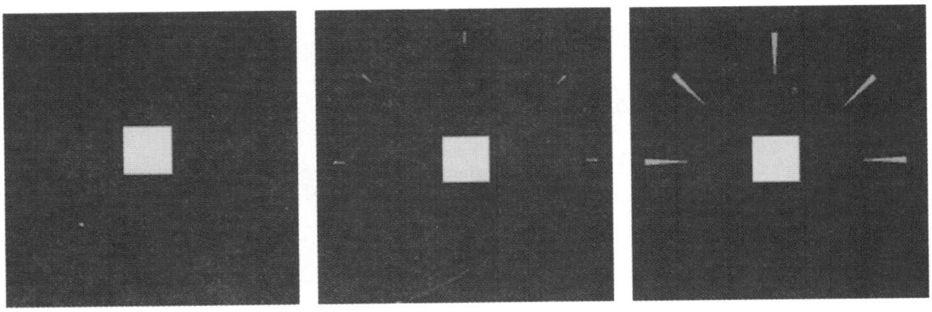

图1.35 入场效果

1.7.4 连续动作与姿态对应

“连续动作”和“姿态对应”是绘制动画的两种不同方法。“连续动作”是将动作从第一帧开始，按顺序逐帧绘制。“姿态对应”是将动作拆解成多个重要的关键帧（定格动作），然后补上关键帧之间的“补间动画”，进而产生动态的效果。连续动作与姿态对应效果如图 1.36 所示。

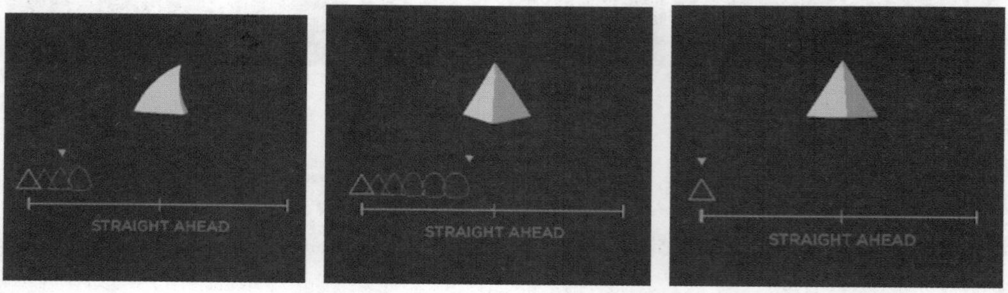

图1.36 连续动作与姿态对应效果

1.7.5 重叠与跟随动作

跟随和重叠动作的技巧是相互关联的，它们是基于现实去模拟真实的物理动力学，利用诸如惯性等原则让角色的动作看起来更生动。“跟随动作”的含义是当角色的动作停止时，其他与其相关联的部件仍然会保持动势而移动，用来模拟有弹性、有速度感的动作。“重叠动作”的含义则是将角色的各部件拆解，将主次动作的起止时间错开，以不同的速率移动，产生分离重叠的时间差和夸张的变形，增加动画戏剧性与表现力。比如，突然奔跑的人物，他的假发会来不及反应留在原地，慢半拍跟随人物飞走。同样的效果，也可以用于移动端，如网站页面上微小元素跟随大面积元素做错时运动，在下拉浏览的过程中，会大大丰富视觉体验。重叠与跟随动作效果如图 1.37 所示。

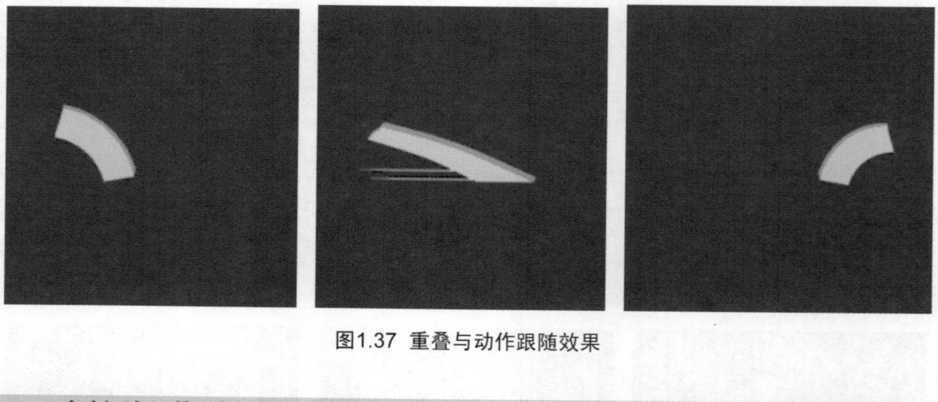

图1.37 重叠与动作跟随效果

1.7.6 动势渐进/渐出

在真实世界里，任何角色动作的起止，从零速度到全速都有一个缓冲的过程。动画的渐进 / 渐出技巧也是顺应这一物理原则而出现的，可以让动作更加真实可信。也是为了引导用户视线焦点，在动势的起止点，都会创造不同程度的缓冲时间，渐进 / 渐出是设计的基础原则，尤其是在移动开发 UI 动效中。动势渐进 / 渐出效果如图 1.38 所示。

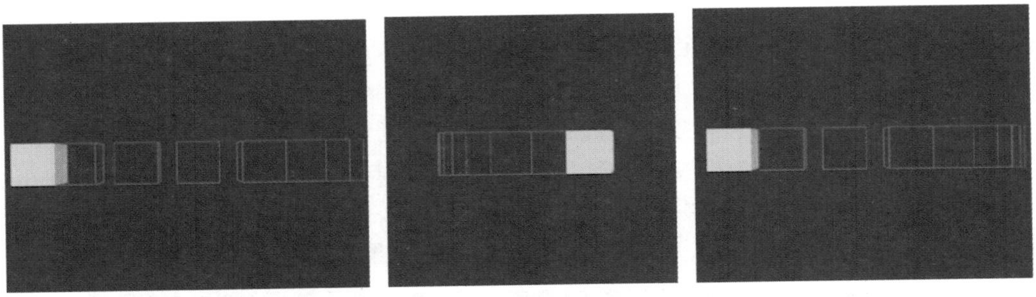

图1.38 动势渐进/渐出效果

1.7.7 次级运动

在主要动作之外增加细微的次级动作，起到支持主要动作的作用。次级动作可以使角色更生动、真实、有生命力，如奔跳的角色，每次跳跃时帽子都会微微弹起。次级运动效果如图 1.39 所示。

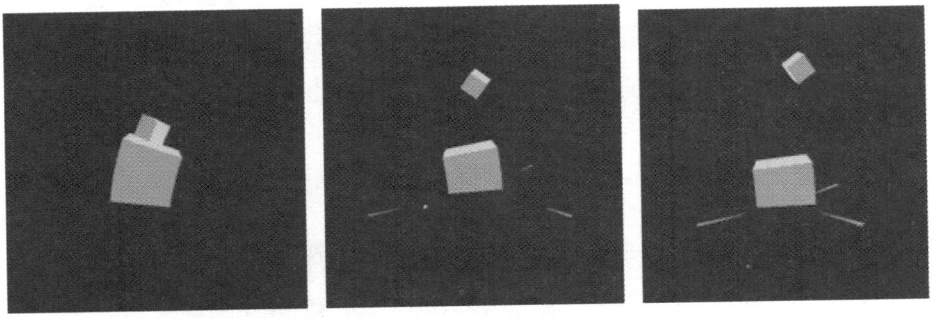

图1.39 次级运动效果

1.7.8 节奏时态

控制运动的关键是动作的节奏，动作的节奏就是速度的快慢，过快或过慢都会让动作看起来不自然。优秀的节奏控制，在于通过模拟真实物理情境，创造速度和质量上的不同，正确的出现时机和速度，会使物体更符合物理原则。移动端的界面，轻量化的图形和色彩更会让用户产生好感。同时，动态的效果也需要通过不同的节奏进行控制，符合轻量化视觉的预期才行，如模拟纸张设计的 App 界面，切换的速率要柔和且轻盈。动效中的韵律和音乐与舞蹈中的韵律有着同样的功能，使用韵律可以使动效更加自然。节奏时态效果如图 1.40 所示。

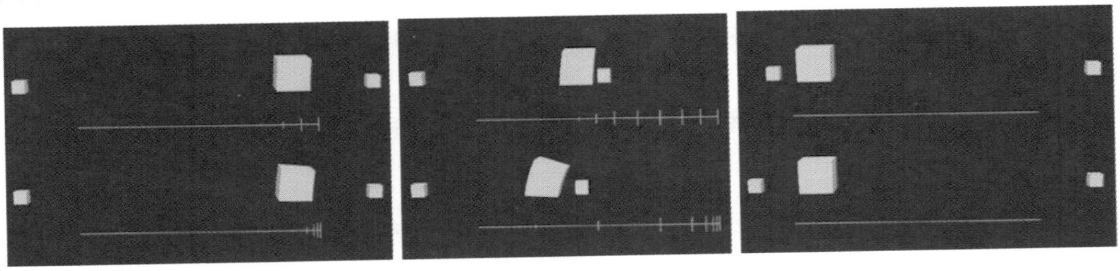

图1.40 节奏时态效果

1.7.9 夸张

在动效设计过程中，如果完全遵循现实来展现，会让动画变得很无趣。动画的魅力在于，其本身就是偏夸张的表现方式，通过角色的夸张表现，强化剧情起伏，让观众更容易融入且乐在其中。夸张不只是把动作幅度扩大，而是巧妙地将剧情所需要的情绪释放出来，在设计动作之初，动画师对角色夸张程度的拿捏，即是动画精彩与否的关键。大部分的 App 和网站，夸张的手法都不适合贯穿始终运用，技术上也不允许这么做，但适当地在关键时间点运用这一原则，会和一般动态产生反差，变得更加出色。夸张效果如图 1.41 所示。

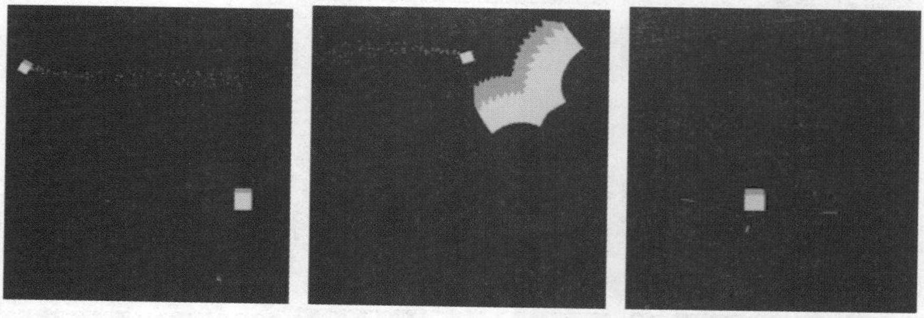

图1.41 夸张效果

1.7.10 立体造型

对立体造型的把握是每个动画师都应该掌握的技巧，立体造型代表了在三维空间形态里给予物体透视、体积、重量、光影等，让其存在感可信。在移动端，虽然现在流行扁平化的设计，但是很多地方仍然适用立体造型的设计思路。立体造型效果如图 1.42 所示。

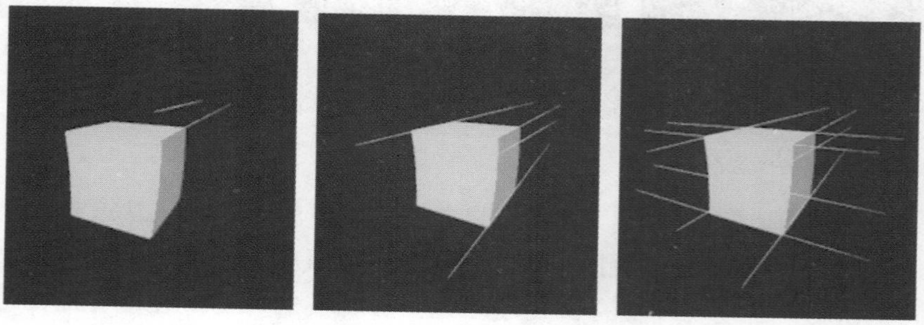

图1.42 立体造型效果

1.7.11 吸引力

吸引力是任何一种艺术形式的最终准则，创造一个富有生命力的、活泼有趣的角色，是吸引力原则的关键。动画有别于其他艺术形式的地方在于，自由度极高，所有内容都是由动画师一手创造出来的，充满了想象力。吸引力效果如图 1.43 所示。

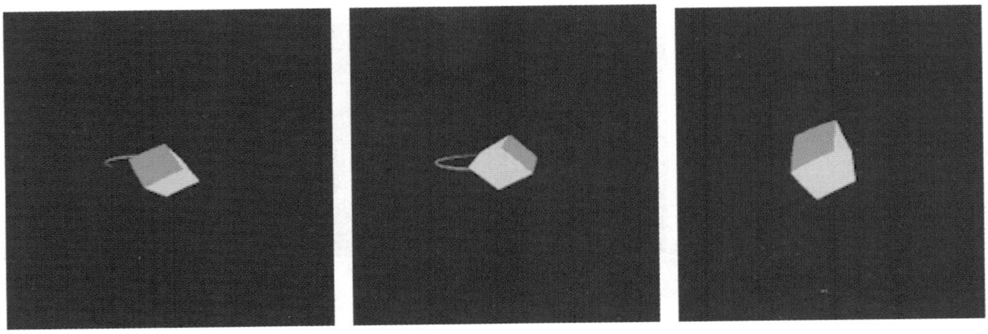

图1.43 吸引力效果

1.8 动效设计趋势

赏心悦目的动效已然成为一款 App 的必备，良好的动效可以给用户带来好的视觉享受，并能激发用户进一步的操作。App 中的动效可以划分为两类：一类是转场动效，应用在页面的切换、加载等，这类动效可以柔和页面的过渡效果，增加切换、加载、等待过程的趣味性；另一类是反馈提醒，通过界面内元素的动效，增强用户的交互感知或引导用户完成任务，动效充满了设计师体验的想象。动效设计在赋予元素动作的同时，还要符合人们的认知，并不是所有的动作都能让人愉悦，既要满足产品的需求，还要匹配人们当时的场景诉求。因此，动效设计一定要遵循以下原则才能走的更远。

1.8.1 个性化元素

传统的等待或加载动画人们已经很熟悉，想让人眼前一亮，可以做一些个性化的动效，在动画中突显产品品牌。个性化元素效果如图 1.44 所示。

图1.44 个性化元素效果

1.8.2 有趣的运动方式

除了旋转运动之外，还可以运用重复、构建、变形、拟物等，只要是与产品定位相符的元素，都能为其创意一种独特的运动方式。有趣的运动方式效果如图 1.45 所示。

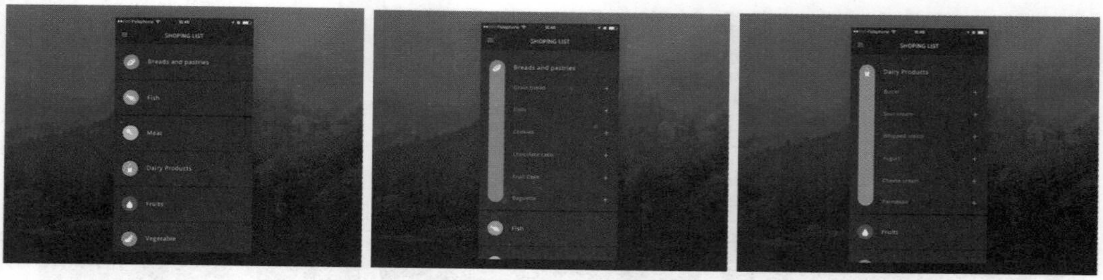

图1.45 有趣的运动方式效果

1.8.3 交互反馈的生命力

单一的点击和出现往往不能吸引用户的注意力，所以当需要加强某些元素来引导用户的时候，可以给这些元素加上适当的出现效果，如渐隐渐显、位移、放大缩小、光晕、分布等。交互反馈的生命力效果如图 1.46 所示。

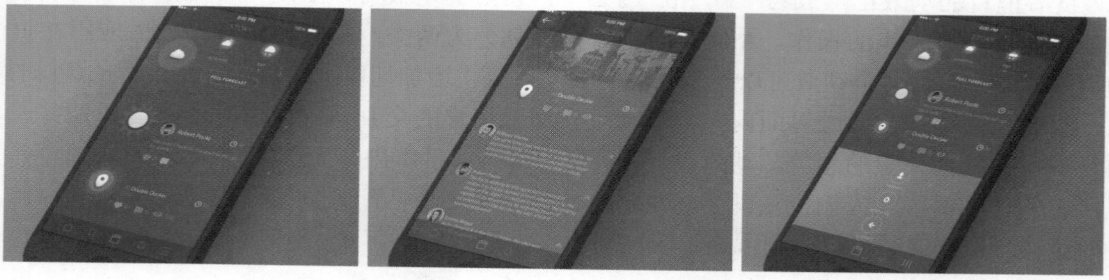

图1.46 交互反馈的生命力效果

1.9 动效设计常用的软件

动效设计都是由动画软件来完成的，针对不同的软件所擅长的优势，可以制作出富有特点的动画效果。

1.9.1 Adobe After Effects

After Effects 属于设计师学习动效的首选，其功能十分强大，基本上在动效设计过程中想要的功能都有，而且只需要掌握该软件的一些基本功能，制作动效就能得心应手。它本身是一款影视后期软件，主要用于后期合成制作，结合 Photoshop 和 Illustrator 等软件，得益于格式的互通性，会更加得心应手。软件启动界面如图 1.47 所示。

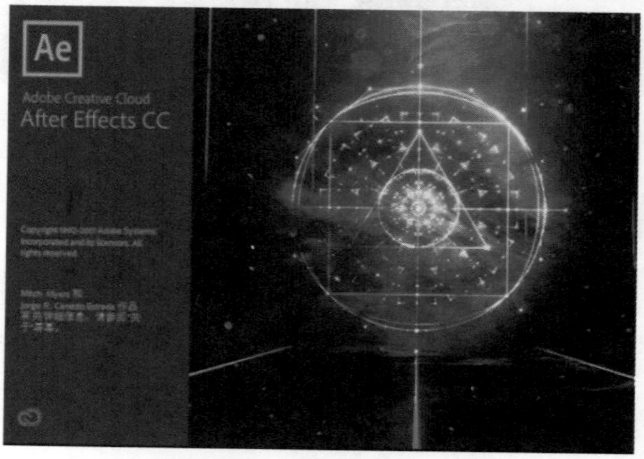

图1.47 Ater Effects软件启动界面

1.9.2 Adobe Photoshop

当 After Effects 还没有被大众所接受的时候，设计师都是用 Photoshop 制作 GIF 动画的。Photoshop 最大的优势在于可以对图像进行更为细致的调整，毕竟它是一款以图像处理为著称的软件。软件启动界面如图 1.48 所示。

图1.48 Photoshop软件启动界面

1.9.3 Adobe Animate（Flash）

Adobe Animate（Flash）作为同是 Adobe 公司的软件，在某些地方与 After Effects 比较相似，如码表、时间线等功能。软件启动界面如图 1.49 所示。

图1.49 Adobe Animate（Flash）软件启动界面

1.9.4 pixate

pixate 是图层类交互原型软件，优点是可交互、共享性强，与 Sketch 结合性很强，同时对 Google Material Design 的支持也很好，有许多 MD 相关预设。pixate 的缺点是没有时间线，层级管理不是很明确，图层一多就会变得非常繁杂，因此它的针对性也更强。软件工作界面如图 1.50 所示。

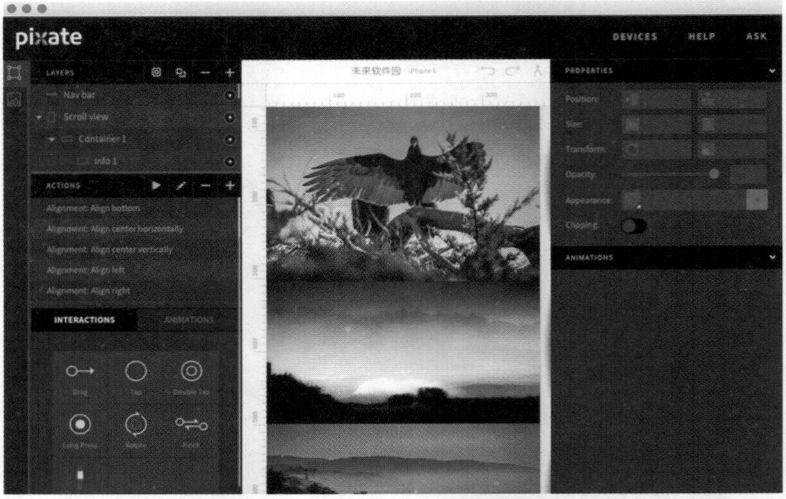

图1.50 pixate软件工作界面

1.9.5 Hype 3

Hype 3 可以像 After Effects 一样使用时间轴制作互动的动画，PC、手机、Pad 端都可以以 Web 形式直接访问，也可以导出视频或 GIF 动画。Hype 3.0 版还有物理特性和弹性曲线功能，可以发挥更强大的动画效果，更难得的是支持中文。配合 sketch 使用，效果也非常出色。软件工作界面如图 1.51 所示。

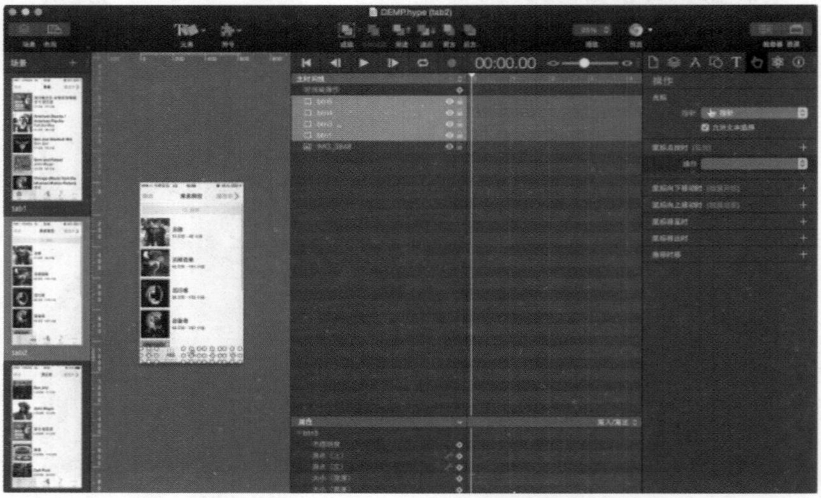

图1.51 Hype 3 软件工作界面

第2章

自然反馈动效设计

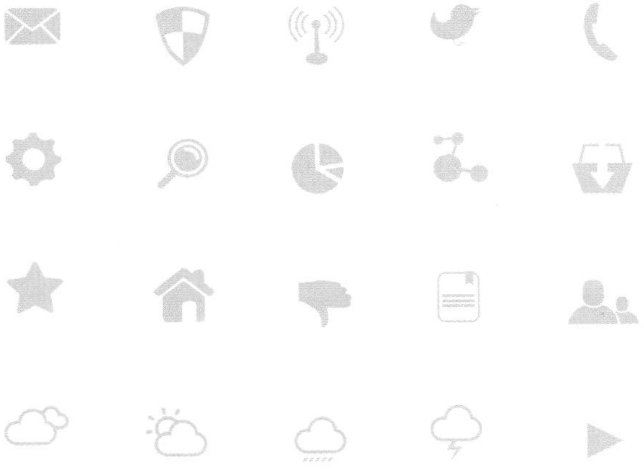

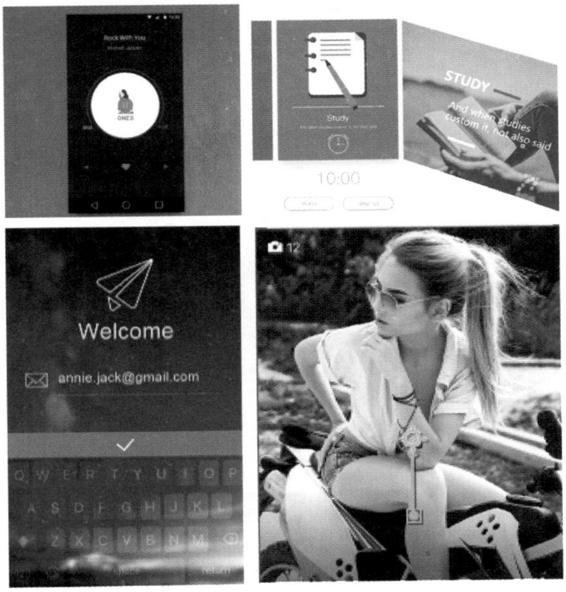

本章介绍

本章主要讲解自然反馈动效设计，通过自然反馈让用户觉得一切尽在掌握、可以预期，而这种掌握和预期意味着用户能够明白和理解目前的内容和状态。本章列举了比如登录框输入动效设计、书写动效设计、图像切换动效设计、刷新动效设计等多种动效实例的制作，通过对本章内容的学习可以掌握自然反馈动效设计的要点。

要点索引

- 登录框输入动效设计
- 邮箱登录界面动效设计
- 图像切换动效设计
- 拨号界面动效设计
- 翻滚动效设计

2.1 登录框输入动效设计

设计构思

本例主要讲解登录框输入动效设计，制作过程中主要用到动画中的【偏移】功能，通过添加关键帧制作出文字输入效果，动画流程画面如图2.1所示。

视频分类：自然反馈动效类

工程文件：下载文件\工程文件\第2章\登录框输入动效设计

视频文件：下载文件\movie\视频讲座\2.1.avi

学习目标：【偏移】

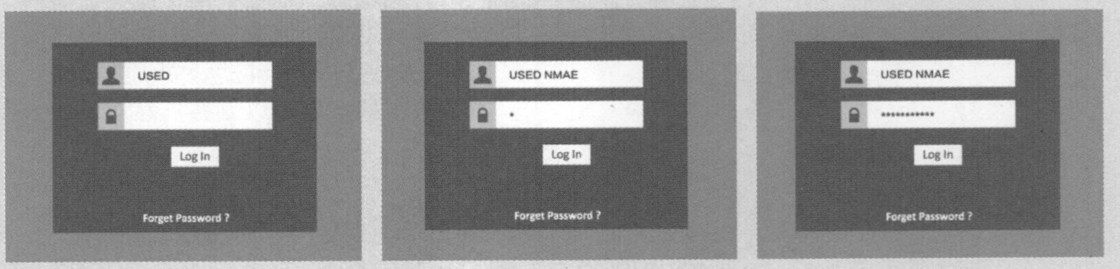

图2.1 动画流程画面

操作步骤

步骤 01 执行菜单栏中的【合成】|【新建合成】命令，打开【合成设置】对话框，设置【合成名称】为“登录框”，【宽度】为500，【高度】为300，【帧速率】为25，并设置【持续时间】为00:00:02:00秒，【背景颜色】为青色（R：97，G：216，B：212），完成之后单击【确定】按钮，如图2.2所示。

步骤 02 执行菜单栏中的【文件】|【导入】|【文件】命令，选择“工程文件\第2章\登录框输入动效设计\界面.jpg”素材，单击【导入】按钮，如图2.3所示。

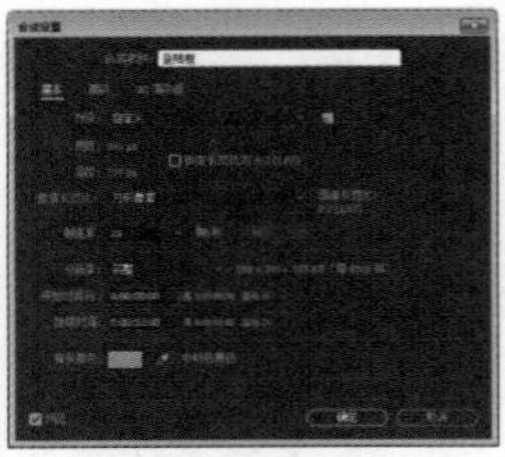

图2.2 新建合成

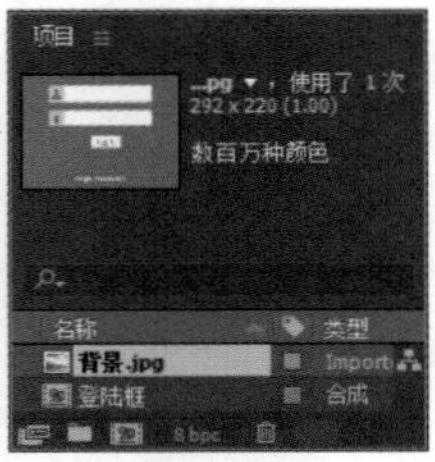

图2.3 导入素材

步骤 03 选择工具箱中的【横排文字工具】，在图像中添加文字（方正兰亭中黑），如图2.4所示。

图2.4 添加文字

步骤 04 将时间调整到00:00:00:00帧的位置，选中文字层将其展开，单击动画：按钮，在弹出的菜单中选择【不透明度】选项，将其更改为0；展开【文本】|【动画制作工具1】|【范围选择器 1】选项组，设置【偏移】的值为0，单击【偏移】左侧的码表按钮，在当前位置添加关键帧。

步骤 05 将时间调整到00:00:01:00帧的位置，设置【偏移】的值为100%，系统会自动设置关键帧，如图2.5所示。

步骤 06 选中文字图层，按Ctrl+D组合键将图层复制一份，在图像中将文字向下移动并更改为“************”字符，如图2.6所示。

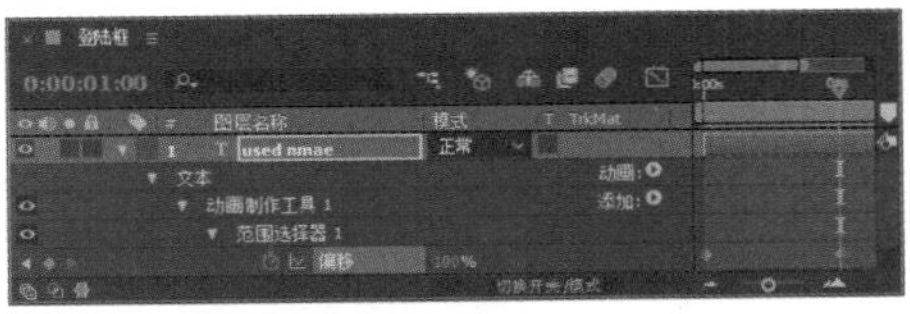

图2.5 添加【偏移】关键帧

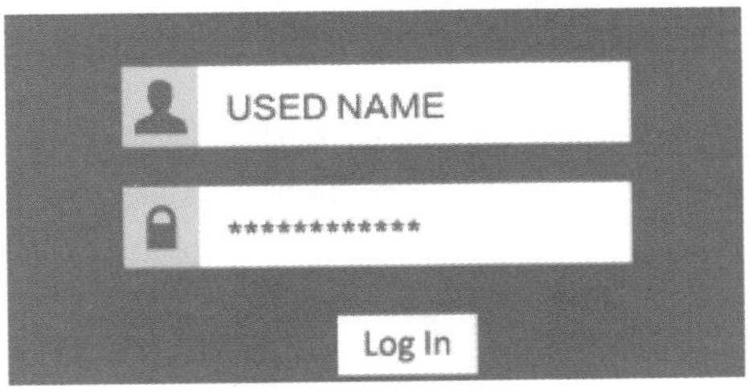

图2.6 更改字符

步骤07 在时间线面板中选中【*************】层，将时间调整至0:00:01:00帧的位置，按[键将入场定位至当前位置，如图2.7所示。

图2.7 更改入场

步骤08 这样就完成了整体效果的制作，按小键盘上的0键即可在合成窗口中预览效果。

2.2 照片操作动效设计

设计构思

本例主要讲解照片操作动效设计，在制作过程中以向下滑动为动效反馈效果，在滑动的同时通过添加模糊特效使照片产生毛玻璃效果，动画流程画面如图2.8所示。

视频分类：自然反馈动效类
工程文件：下载文件\工程文件\第2章\照片操作动效设计
视频文件：下载文件\movie\视频讲座\2.2.avi
学习目标：【位置】、【快速模糊】

图2.8 动画流程画面

操作步骤

步骤01 执行菜单栏中的【合成】|【新建合成】命令，打开【合成设置】对话框，设置【合成名称】为“相册界面”，【宽度】为1000，【高度】为900，【帧速率】为25，并设置【持续时间】为00:00:05:00秒，【背景颜色】为浅紫色（R：227，G：218，B：255），完成之后单击【确定】按钮，如图2.9所示。

步骤02 执行菜单栏中的【文件】|【导入】|【文件】命令，打开【导入文件】对话框，选择下载文件中的“工程文件\第2章\数据应用loading动效设计\数据界面.psd”素材，单击【导入】按钮，在弹出的对话框中选择【导入种类】为【合成-保持

图层大小】，并选中【可编辑的图层样式】单选按钮，完成之后单击【确定】按钮，如图2.10所示。

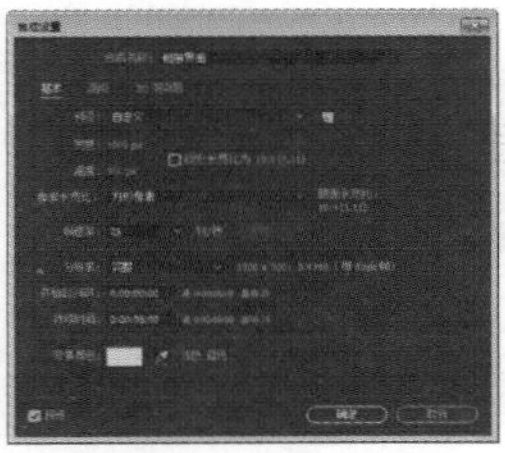

图2.9 新建合成

图2.10 导入素材

步骤03 在【项目】面板中选择【相册界面 个图层】素材，将其拖动到【相册界面】合成的时间线面板中，如图2.11所示。

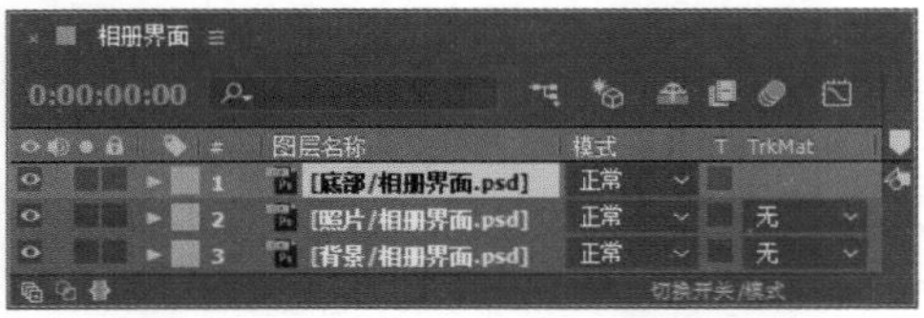

图2.11 添加素材

步骤04 分别选中素材图像所对应的图层，在图像中拖动，更改图像位置，如图2.12所示。

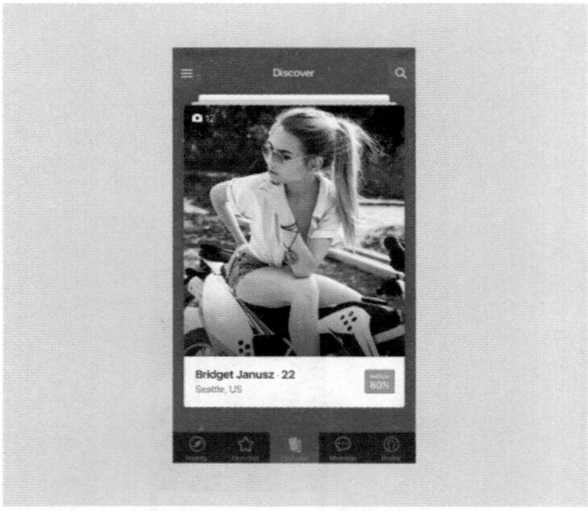

图2.12 更改图像位置

步骤05 在时间线面板中选择【照片】层，将时间调整至0:00:00:00帧的位置，按P键打开【位置】，单击【位置】左侧的码表按钮，在当前位置添加关键帧；将时间调整至0:00:01:00帧的位置，将图像向上稍微移动，系统会自动添加关键帧，如图2.13所示。

步骤06 在时间线面板中，将时间调整至0:00:00:00帧的位置，选中【照片/相册界面.psd】图层，在【效果和预设】面板中展开【过时】特效组，然后双击【快速模糊】特效。

步骤07 在【效果控件】面板中修改【快速模糊】特效的参数，设置【模糊度】数值为0，单击【模糊度】左侧的码表按钮，在当前位置添加关键帧，如图2.14所示。

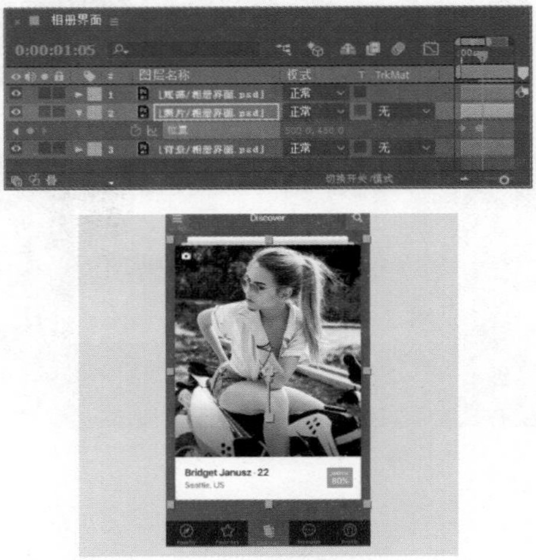

图2.13 移动图像

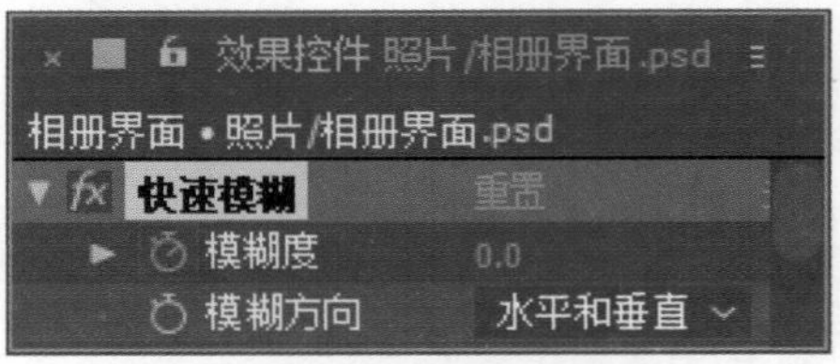

图2.14 设置【模糊度】数值

步骤08 在时间线面板中，将时间调整至0:00:01:00帧的位置，将【模糊度】更改为10；将时间调整至0:00:01:05帧的位置，将【模糊度】更改为0，在图像中将图像向上拖动至原来的位置，系统会自动添加关键帧，如图2.15所示。

图2.15 拖动图像

步骤09 这样就完成了整体效果的制作，按小键盘上的0键即可在合成窗口中预览效果。

2.3 名片界面动效设计

设计构思

本例主要讲解名片界面动效设计，在制作过程中通过对【位置】功能的灵活运用，制作出非常实用的动效，动画流程画面如图2.16所示。

视频分类：自然反馈动效类
工程文件：下载文件\工程文件\第2章\名片界面动效设计
视频文件：下载文件\movie\视频讲座\2.3.avi
学习目标：【位置】

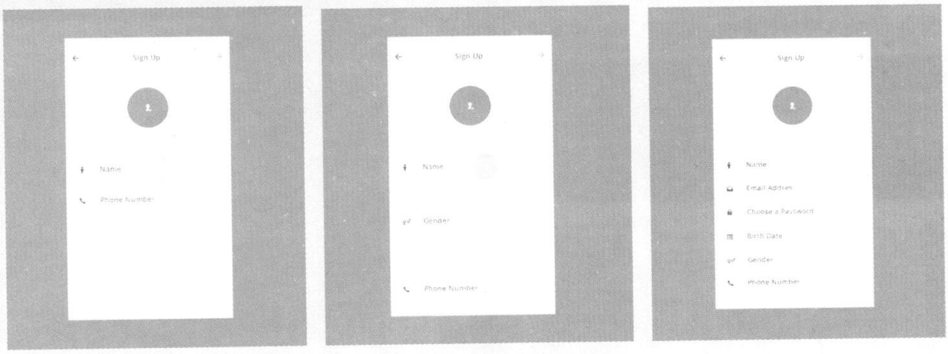

图2.16 动画流程画面

操作步骤

步骤 01 执行菜单栏中的【合成】|【新建合成】命令，打开【合成设置】对话框，设置【合成名称】为“名片界面”，【宽度】为800，【高度】为800，【帧速率】为25，并设置【持续时间】为00:00:06:00秒，【背景颜色】为绿色（R：138，G：191，B：79），完成之后单击【确定】按钮，如图2.17所示。

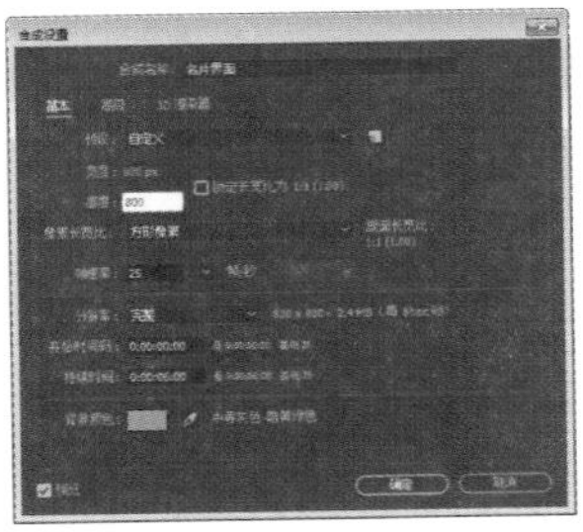

图2.17 新建合成

步骤 02 执行菜单栏中的【文件】|【导入】|【文件】命令，选择下载文件中的“工程文件\第2章\名片界面动效设计\名片界面.psd”素材，单击【导入】按钮，在弹出的对话框中选择【导入种类】为【合成-保持图层大小】，并选中【2】编辑的【图层样式】单选按钮，完成之后单击【确定】按钮，如图2.18所示。

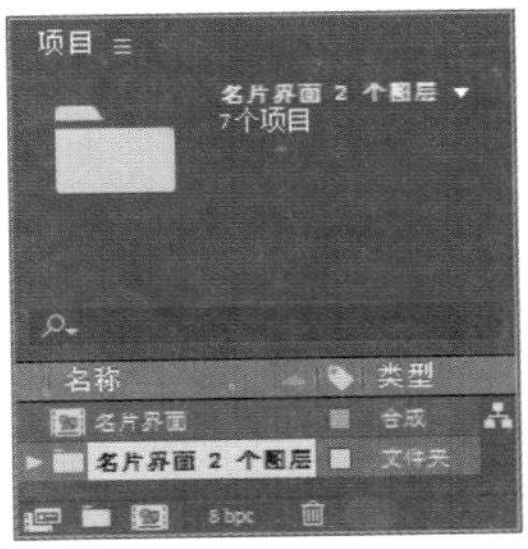

图2.18 导入素材

步骤 03 在【项目】面板中选择【名片界面 2 个图层】素材，将其拖动到【名片界面】合成的时间线面板中，将【背景/名片界面.psd】图层移至所有图层下方，如图2.19所示。

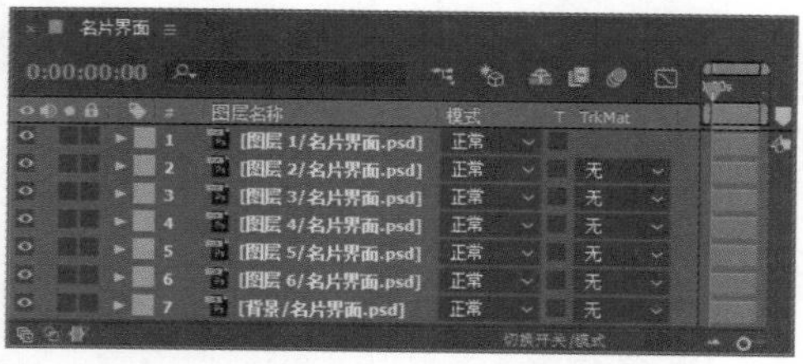

图2.19 添加素材

步骤 04 在时间线面板中选中【图层 6/名片界面.psd】图层，将时间调整至0:00:00:00帧的位置，按P键打开【位置】，单击【位置】左侧的码表按钮，在当前位置添加关键帧；将时间调整至0:00:00:12帧的位置，在界面中将图像向下垂直移动，系统会自动添加关键帧，如图2.20所示。

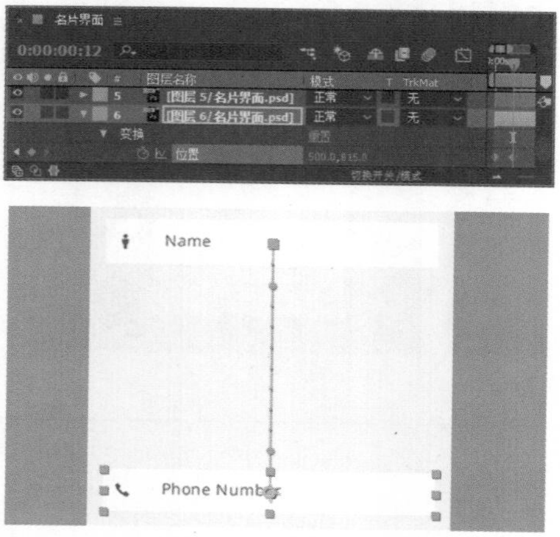

图2.20 移动图像

步骤 05 在时间线面板中选中【图层 5/名片界面.psd】图层，将时间调整至0:00:00:12帧的位置，按P键打开【位置】，单击【位置】左侧的码表按钮，在当前位置添加关键帧；将时间调整至0:00:01:00帧的位置，在界面中将图像向下垂直移动，系统会自动添加关键帧，如图2.21所示。利用同样的方法为其他几个图层制作动画。

步骤 06 选择工具箱中的【椭圆工具】，按住Shift键在适当的位置绘制一个圆，设置其【填充】为绿色（R：138，G：191，B：79），【描边】为无，将生成一个【形状图层1】图层，如图2.22所示。

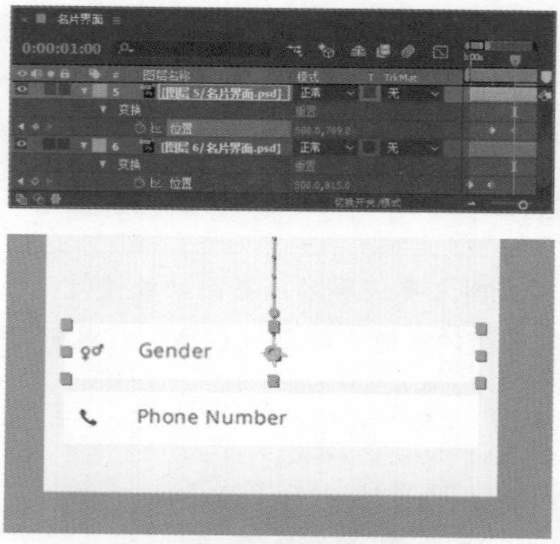

图2.21 移动图像

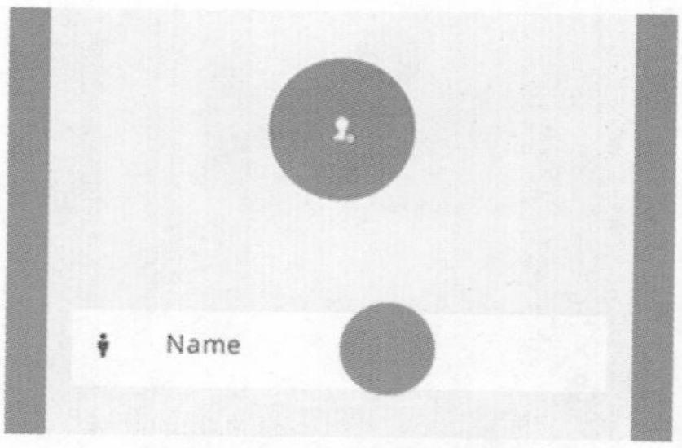

图2.22 绘制图形

步骤 07 在时间线面板中选中【形状图层 1】图层，将时间调整至0:00:00:00帧的位置，按T键打开【不透明度】，单击【不透明度】左侧的码表按钮，在当前位置添加关键帧，将其数值更改为0；将时间调整至0:00:00:12帧的位置，将其数值更改为50%；将时间调整至0:00:01:00帧的位置，将其数值更改为0，如图2.23所示。

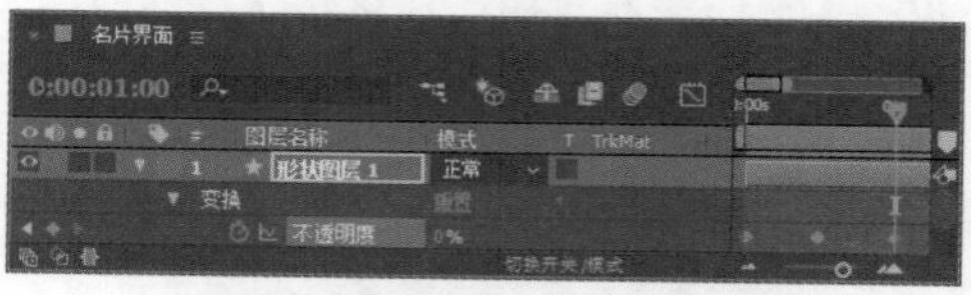

图2.23 添加【不透明度】关键帧

步骤 08 这样就完成了整体效果的制作，按小键盘上的0键即可在合成窗口中预览效果。

2.4 书写动效设计

设计构思

本例主要讲解书写动效设计，在制作过程中以【蒙版】功能与【位置】功能相结合，使整体动画效果十分自然，动画流程画面如图2.24所示。

视频分类：自然反馈动效类
工程文件：下载文件\工程文件\第2章\书写动效设计
视频文件：下载文件\movie\视频讲座\2.4.avi
学习目标：【蒙版】、【位置】

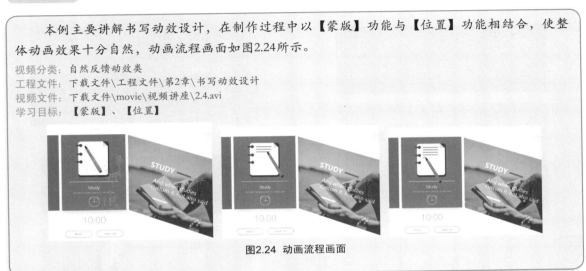

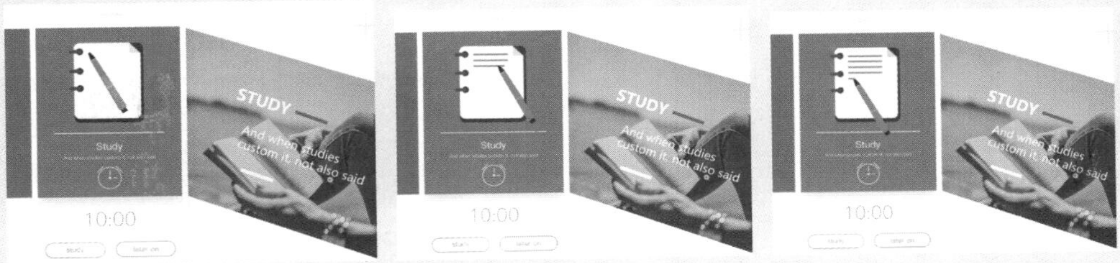

图2.24 动画流程画面

操作步骤

步骤 01 执行菜单栏中的【合成】|【新建合成】命令，打开【合成设置】对话框，设置【合成名称】为“书写动效”，【宽度】为700，【高度】为550，【帧速率】为25，并设置【持续时间】为00:00:10:00秒，【背景颜色】为黑色，完成之后单击【确定】按钮，如图2.25所示。

步骤 02 执行菜单栏中的【文件】|【导入】|【文件】命令，打开【导入文件】对话框，选择下载文件中的“工程文件\第2章\书写动效设计\书写界面.jpg”素材，单击【导入】按钮，在弹出的对话框中选择【导入种类】为【合成-保持图层大小】，并选中【2】编辑的【图层大小】单选按钮，完成之后单击【确定】按钮，如图2.26所示。

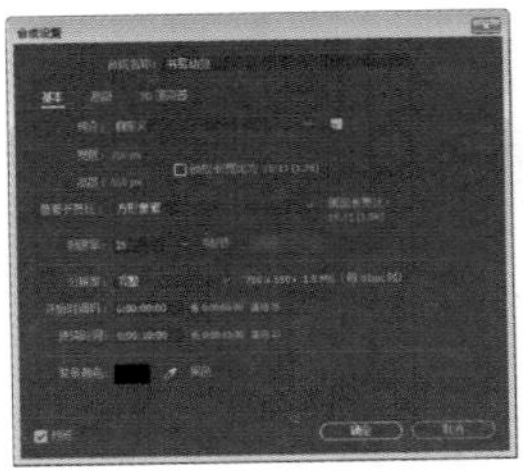

图2.25 新建合成

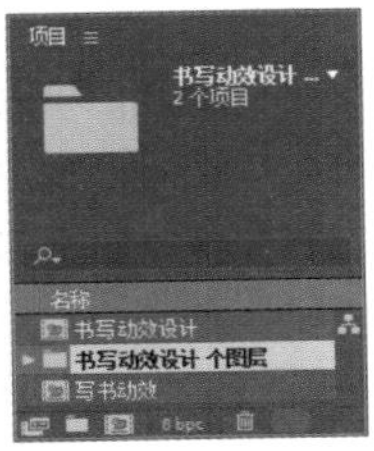

图2.26 导入素材

步骤 03 在【项目】面板中选择【书写动效设计 个图层】素材，将其拖动到【书写动效】合成的时间线面板中，将【钢笔/书写动效设计.psd】图层移至上方，如图2.27所示。

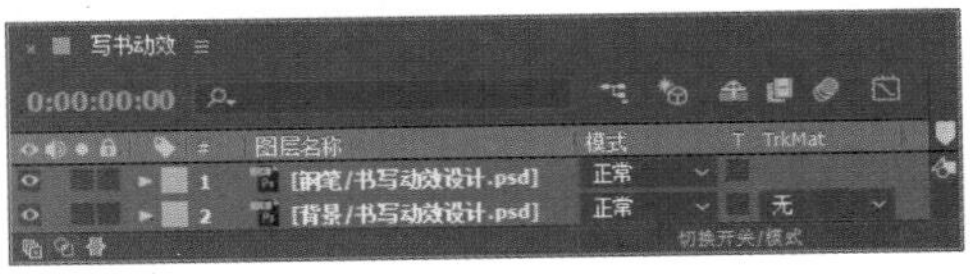

图2.27 添加素材

步骤 04 选择工具箱中的【矩形工具】，在界面中书本位置绘制一个矩形，设置其【填充】为橙色（R：231，G：67，B：50），【描边】为无，将生成一个【形状图层1】图层，如图2.28所示。

步骤 05 选择工具箱中的【矩形工具】，在矩形左侧绘制一个矩形蒙版，如图2.29所示。

图2.28 绘制图形

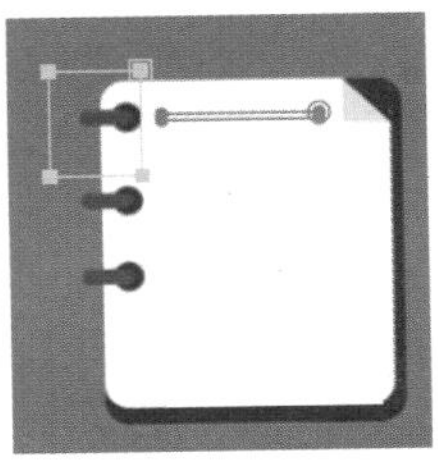

图2.29 绘制蒙版

步骤06 在时间线面板中，将时间调整至0:00:00:00帧的位置，展开【形状图层 1】|【蒙版】|【蒙版1】，单击【蒙版路径】左侧的码表按钮，在当前位置添加关键帧；将时间调整至0:00:01:00帧的位置，同时选中蒙版右侧的两个锚点，向右侧拖动，将图形部分显示，系统会自动添加关键帧，如图2.30所示。

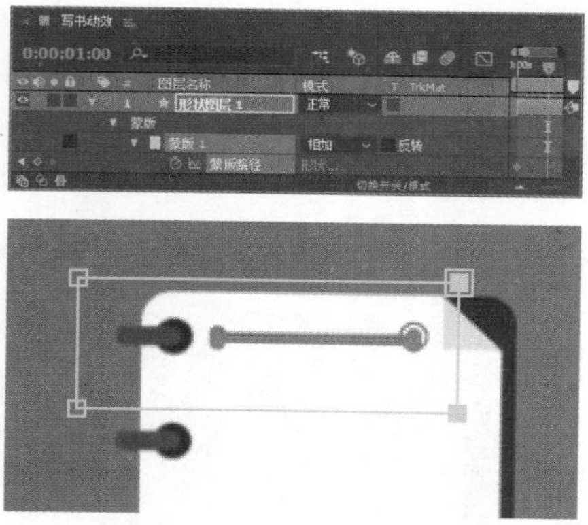

图2.30 拖动锚点

步骤07 在时间线面板中选中【形状图层 1】图层，按Ctrl+D组合键复制一个【形状图层 2】图层；同时选中【形状图层2】图层中两个关键帧，向右侧拖动，将左侧关键帧移至0:00:01:00位置，如图2.31所示。

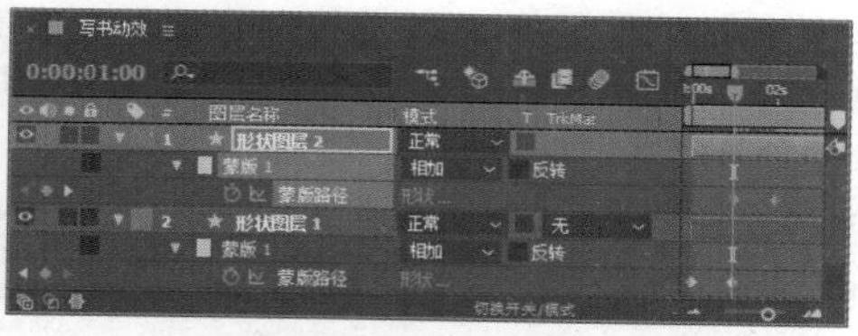

图2.31 拖动关键帧

步骤08 选中【形状图层2】图层，在图像中将图形向下移动，如图2.32所示。

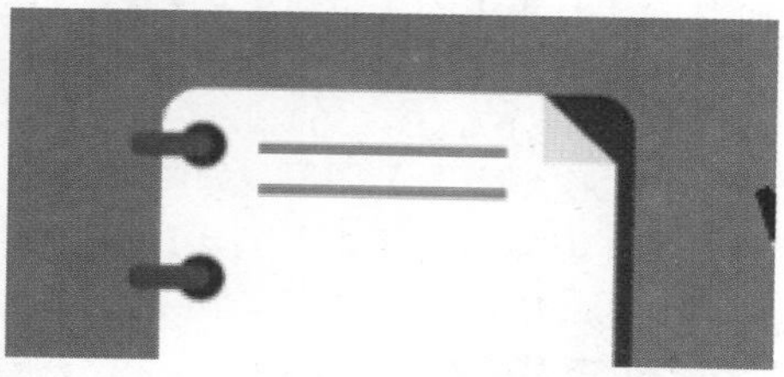

图2.32 移动图形

步骤09 以同样的方法将图层再复制数份，并调整关键帧，如图2.33所示。

步骤10 在时间线面板中选中【钢笔/书写动效设计.psd】图层，将其移至所有图层上方，将时间调整至0:00:00:00帧的位置，按P键打开【位置】，单击【位置】左侧的码表按钮，在当前位置添加关键帧；将时间调整至0:00:01:00帧的位置，在图像中将笔图像向右侧拖动，系统会自动添加关键帧，如图2.34所示。

图2.33 复制图层调整关键帧

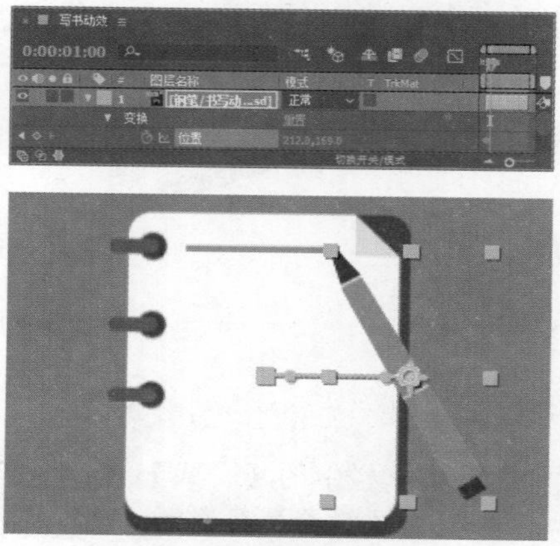

图2.34 拖动图像

步骤11 在时间线面板中选中【钢笔/书写动效设计.psd】图层，将时间调整至0:00:01:02帧的位置，将笔图像向左下角拖动使笔尖对着图形，系统会自动添加关键帧，如图2.35所示。

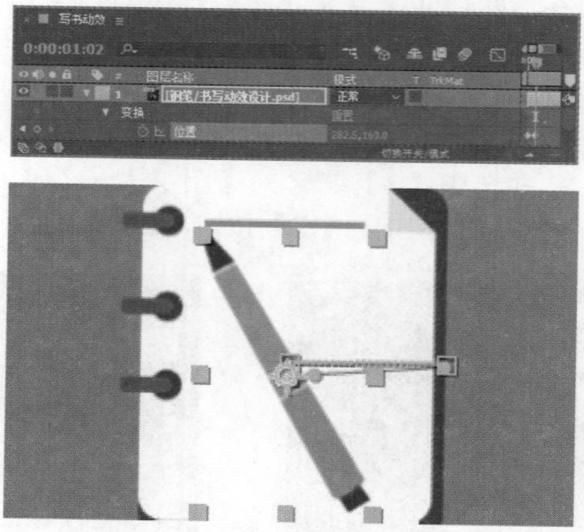

图2.35 拖动图像

步骤12 在时间线面板中，将时间调整至0:00:02:00

帧的位置，在图像中将笔图像向右侧拖动，系统会自动添加关键帧，如图2.36所示。

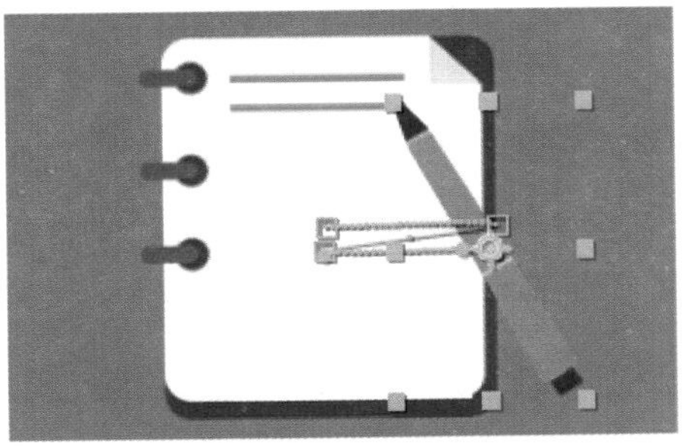

图2.36 拖动图像

步骤 13 以同样的方法为笔制作跟随笔触的动画，如图2.37所示。

图2.37 制作动画

步骤 14 这样就完成了整体效果的制作，按小键盘上的0键即可在合成窗口中预览效果。

2.5 密码输入动效设计

设计构思

本例主要讲解密码输入动效设计，在制作过程中以直观的密码界面为主视觉，通过点击屏幕可输入密码，同时生成对应的动效，动画流程画面如图2.38所示。

视频分类：自然反馈动效类

工程文件：下载文件\工程文件\第2章\密码输入动效设计

视频文件：下载文件\movie\视频讲座\2.5.avi

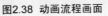

学习目标：【入场】、【出场】

图2.38 动画流程画面

操作步骤

步骤 01 执行菜单栏中的【合成】|【新建合成】命令，打开【合成设置】对话框，设置【合成名称】为“输入密码”，【宽度】为1000，【高度】为800，【帧速率】为25，并设置【持续时间】为00:00:02:00秒，【背景颜色】为青色（R：59，G：179，B：187），完成之后单击【确定】按钮，如图2.39所示。

步骤 02 执行菜单栏中的【文件】|【导入】|【文件】命令，选择下载文件中的“工程文件\第2章\密码输入动效设计\界面.jpg”素材，单击【导入】按钮，如图2.40所示。

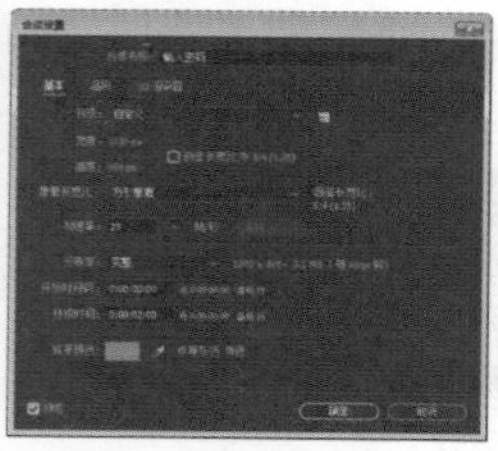

图2.39 新建合成

图2.40 导入素材

步骤 03 在【项目】面板中选择【界面.jpg】素材，将其拖动到【输入密码】合成的时间线面板中，如图2.41所示。

图2.41 添加素材

步骤 04 选择工具箱中的【椭圆工具】，按住Shift键在键盘左上角绘制一个正圆，将生成一个【形状图层 1】图层，如图2.42所示。

步骤 05 在时间线面板中，将【形状图层1】图层模式更改为【柔光】，效果如图2.43所示。

图2.42 绘制图形

图2.43 更改模式

步骤 06 将时间调整至0:00:00:05帧的位置，按Alt+[组合键设置入场，如图2.44所示。

图2.44 设置入场

步骤 07 将时间调整至0:00:00:10帧的位置，按按Alt+]组合键设置出场，如图2.45所示。

图2.45 设置出场

步骤 08 选中【形状图层 1】图层，按Ctrl+D组合键将图层复制3份，并在图像中移动图形位置，如图2.46所示。

图2.46 复制图层

步骤 09 在时间线面板中，分别选中【形状图层 2】图层、【形状图层 3】图层、【形状图层 4】图层，更改为不同的入场顺序，如图2.47所示。

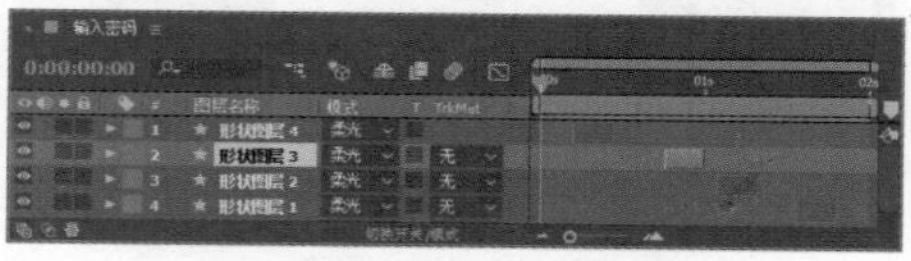

图2.47 更改顺序

步骤 10 选择工具箱中的【椭圆工具】，按住Shift键在【输入密码】文字下方绘制一个正圆，将生成一个【形状图层 5】图层，如图2.48所示。

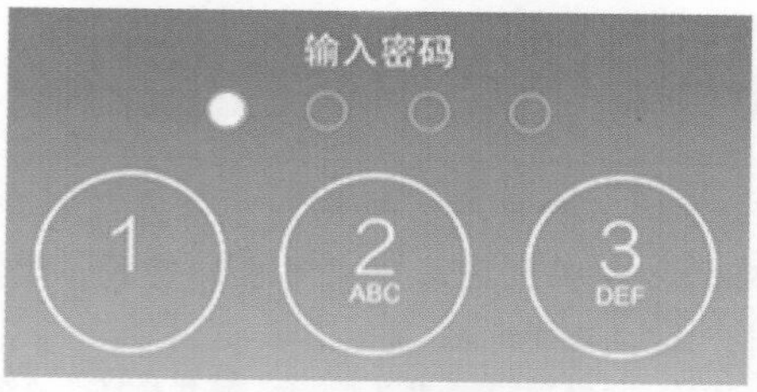

图2.48 绘制正圆

步骤 11 将时间调整至0:00:00:10帧的位置，按按Alt+[组合键设置入场，如图2.49所示。

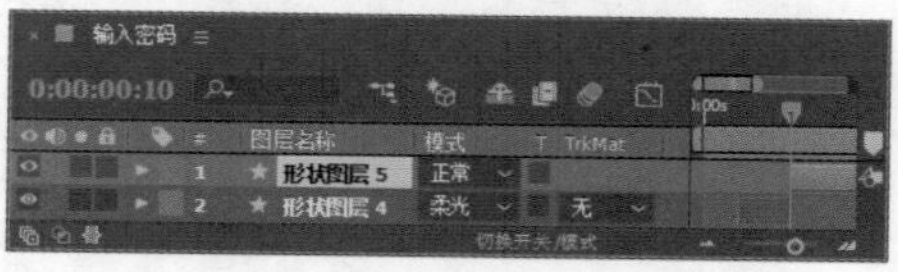

图2.49 设置入场

步骤 12 选中【形状图层6】图层，将其更改为与【形状图层3】图层相同的入场顺序，如图2.50所示。

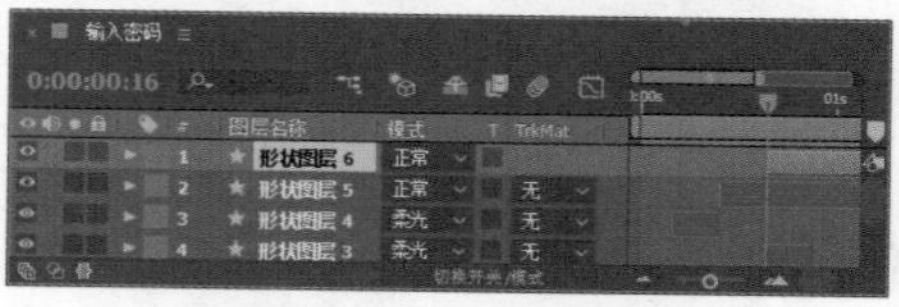

图2.50 更改入场顺序

步骤 13 以同样的方法更改其他两个图层的入场顺序，这样就完成了整体效果的制作，按小键盘上的0键即可在合成窗口中预览效果。

2.6 邮箱登录界面动效设计

设计构思

本例主要讲解邮箱登录界面动效设计，本例动效由滑动键盘及输入状态提示两部分组成，键盘滑动效果十分简单，主要用到【位置】关键帧，而提示功能主要以图形和颜色相结合的形式呈现，动画流程画面如图2.51所示。

视频分类：自然反馈动效类
工程文件：下载文件\工程文件\第2章\邮箱登录界面动效设计
视频文件：下载文件\movie\视频讲座\2.6.avi
学习目标：【蒙版路径】

图2.51 动画流程画面

操作步骤

步骤 01 执行菜单栏中的【合成】|【新建合成】命令，打开【合成设置】对话框，设置【合成名称】为“登录界面”，【宽度】为1000，【高度】为1200，【帧速率】为25，并设置【持续时间】为00:00:02:00秒，【背景颜色】为青色（R：59，G：179，B：187），完成之后单击【确定】按钮，如图2.52所示。

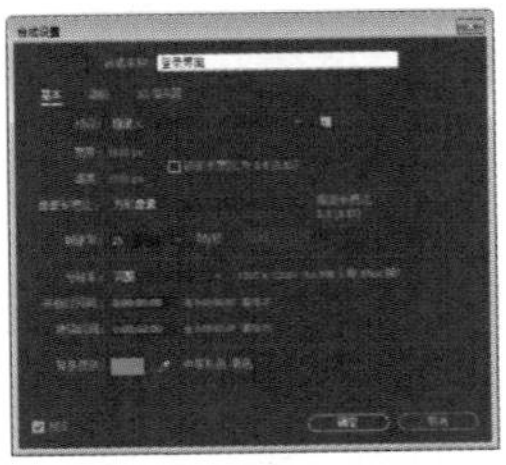

图2.52 新建合成

步骤 02 执行菜单栏中的【文件】|【导入】|【文件】命令，选择下载文件中的“工程文件\第2章\邮箱登录界面动效设计\界面.psd”素材，单击【导入】按钮，在弹出的对话框中选择【导入种类】为【合成-保持图层大小】，并选中【可编辑的图层样式】单选按钮，完成之后单击【确定】按钮，如图2.53所示。

图2.53 导入素材

步骤 03 在【项目】面板中选择【界面 个图层】素材，将其拖动到【输入密码】合成的时间线面板中，将【键盘/界面.psd】图层移至上方，并更改其图层模式为【柔光】，如图2.54所示。

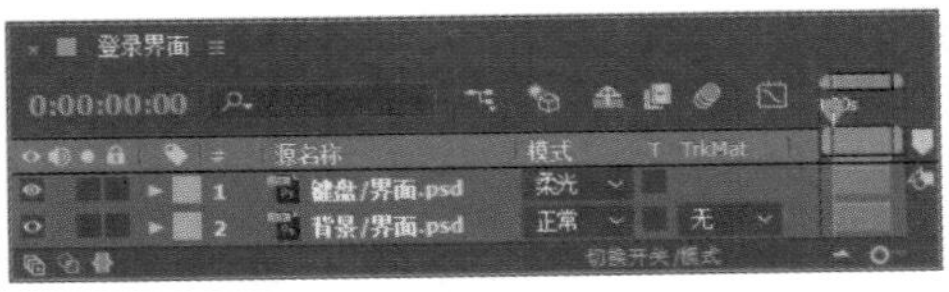

图2.54 添加素材

步骤 04 选中【键盘/界面.psd】图层，将时间调整至0:00:00:00帧的位置，按P键打开【位置】，单击【位置】左侧的码表按钮，在当前位置添加关键帧，将键盘图像向下方移出背景界面范围；将时间调整至0:00:00:10帧的位置，在图像中将键盘图像向上移动，系统会自动添加关键帧，如图2.55所示。

步骤 05 选中【背景/界面.psd】图层，按Ctrl+D组合键复制一份并移至所有图层上方，再将【键盘/界面.psd】图层轨道遮罩更改为【Alpha 遮罩 背景/界面.psd】，如图2.56所示。

图2.55 移动图像

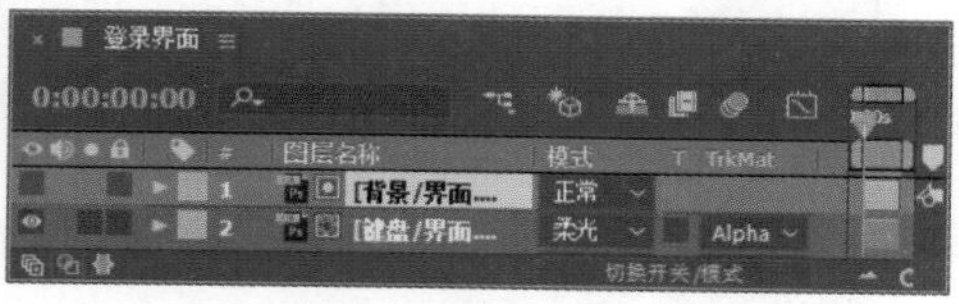

图2.56 复制图层

步骤 06 选择工具箱中的【矩形工具】，在封面位置绘制一个矩形，设置其【填充】为蓝色（R：28，G：46，B：127），【描边】为无，将生成一个【形状图层1】图层，如图2.57所示。

图2.57 绘制图形

步骤 07 将时间调整至0:00:00:10帧的位置，按Alt+[组合键设置图层入场，如图2.58所示。

图2.58 设置入场

步骤 08 按S键打开【缩放】，单击【缩放】左侧的码表按钮，在当前位置添加关键帧，单击【约束比例】按钮，将数值更改为（0，100），如图2.59所示。

图2.59 添加【缩放】关键帧

步骤 09 将时间调整至0:00:00:15帧的位置，将【缩放】数值更改为（100，100），如图2.60所示。

图2.60 更改【缩放】值

步骤 10 选择工具箱中的【椭圆工具】，按住Shift键在刚才绘制的矩形中间绘制一个圆，设置其【填充】为无，【描边】为白色，【描边宽度】为3像素，将生成一个【形状图层 2】图层，如图2.61所示。

图2.61 绘制图形

步骤 11 选择工具箱中的【矩形工具】，单击选项栏中【工具创建蒙版】按钮，在正圆右侧绘制一个矩形蒙版，隐藏部分图形，如图2.62所示。

图2.62 绘制蒙版

步骤 12 将时间调整至0:00:00:15帧的位置，按R键打开【旋转】，单击【旋转】左侧的码表按钮，在当前位置添加关键帧，如图2.63所示。

图2.63 添加关键帧

步骤 13 将时间调整至0:00:01:24帧的位置，将【旋转】数值更改为1x，如图2.64所示。

图2.64 更改【旋转】值

步骤 14 选中【形状图层1】图层，按Ctrl+D组合键复制一个【形状图层3】图层，将其【填充】更改为蓝色（R：0，G：117，B：192），再将其移至所有图层上方；将时间调整至0:00:01:05帧的位置，按[键将入场动画定位到当前位置，如图2.65所示。

图2.65 定位入场

步骤 15 选择工具箱中的【钢笔工具】，在蓝色矩形位置绘制一个对号图形，设置其【填充】为无，【描边】为白色，【描边宽度】为3像素，如图2.66所示。

图2.66 绘制图形

步骤 16 将时间调整至0:00:01:10帧的位置，按[键将入场定位到当前位置，如图2.67所示。

图2.67 定位入场

步骤 17 选择工具箱中的【矩形工具】，单击选项栏中【工具创建蒙版】按钮，在对号左侧绘制一个矩形蒙版，隐藏对号，如图2.68所示。

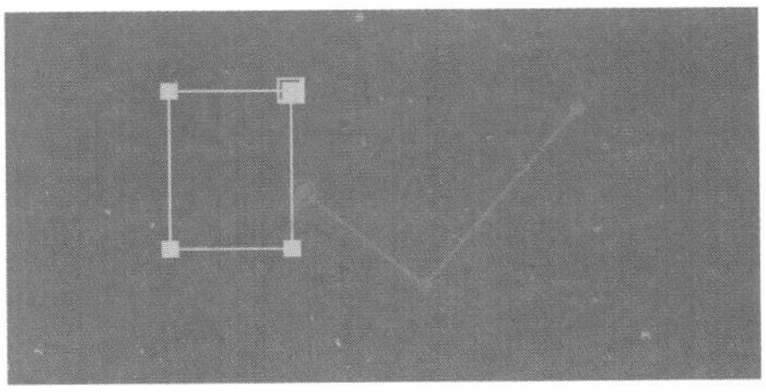

图2.68 绘制蒙版

步骤 18 将时间调整至0:00:01:10帧的位置，单击【形状图层 4】图层中【蒙版路径】左侧的码表按钮，在当前位置添加关键帧，如图2.69所示。

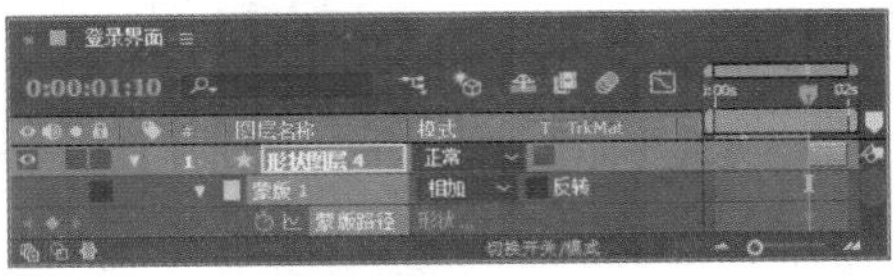

图2.69 添加关键帧

步骤 19 将时间调整至0:00:01:17帧的位置，选择工具箱中的【选取工具】，分别向右侧拖动蒙版路径右上角和右下角锚点，将对号完全显示，如图2.70所示。

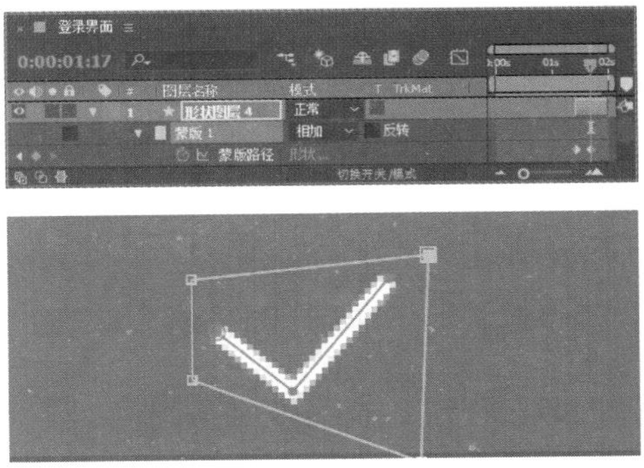

图2.70 拖动锚点

步骤 20 这样就完成了整体效果的制作，按小键盘上的0键即可在合成窗口中预览效果。

2.7 图像切换动效设计

设计构思

本例主要讲解图像切换动效设计，在制作过程中主要用到【位置】和【旋转】功能，动画流程画面如图2.71所示。

视频分类：自然反馈动效类

工程文件：下载文件\工程文件\第2章\图像切换动效设计

视频文件：下载文件\movie\视频讲座\2.7.avi

学习目标：【位置】、【旋转】

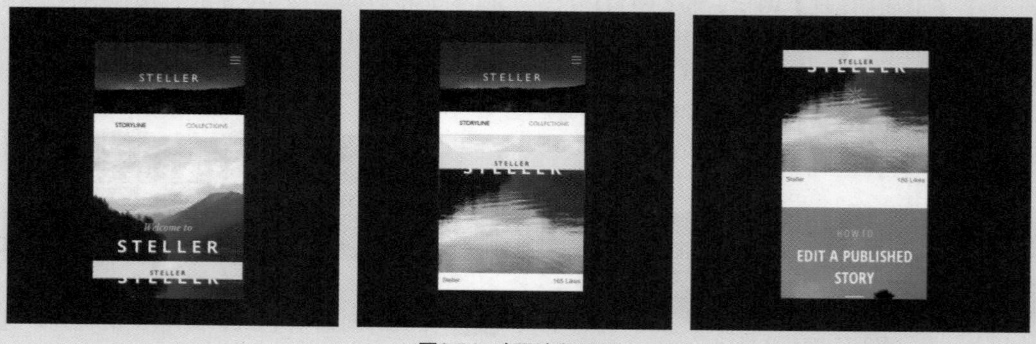

图2.71 动画流程画面

操作步骤

步骤 01 执行菜单栏中的【合成】|【新建合成】命令，打开【合成设置】对话框，设置【合成名称】为“图像切换”，【宽度】为1000，【高度】为800，【帧速率】为25，并设置【持续时间】为00:00:05:00秒，【背景颜色】为深蓝色（R：5，G：20，B：36），完成之后单击【确定】按钮，如图2.72所示。

步骤 02 执行菜单栏中的【文件】|【导入】|【文件】命令，打开【导入文件】对话框，选择下载文件中的“工程文件\第2章\图像切换动效设计\图像.jpg、图像2.jpg”素材，单击【导入】按钮，如图2.73所示。

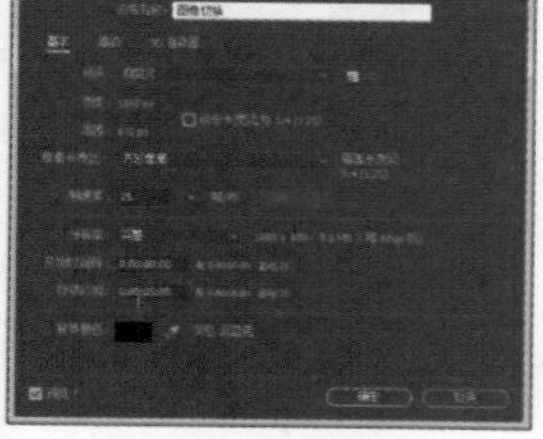

图2.72 新建合成

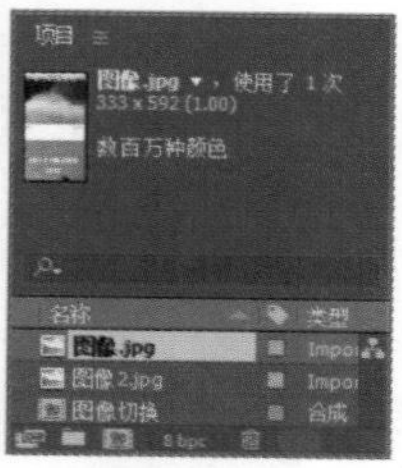

图2.73 导入素材

步骤 03 在【项目】面板中同时选中两个图像素材，将其拖动到【图像切换】合成时间线面板中，如图2.74所示。

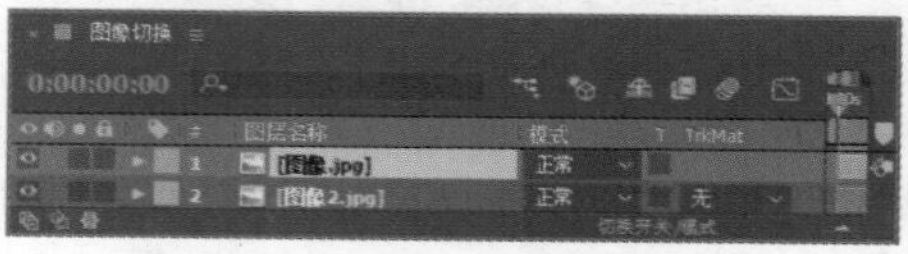

图2.74 添加素材

步骤 04 选中【图像.jpg】图层，在画布中将图像向下垂直移动，如图2.75所示。

图2.75 移动图像

步骤05 在时间线面板中选中【图像.jpg】图层，将时间调整至0:00:00:00帧的位置，按P键打开【位置】，单击【位置】左侧的码表按钮，在当前位置添加关键帧；将时间调整至0:00:02:00帧的位置，将界面图像向上拖动与原图像完全重合，系统会自动添加关键帧，如图2.76所示。

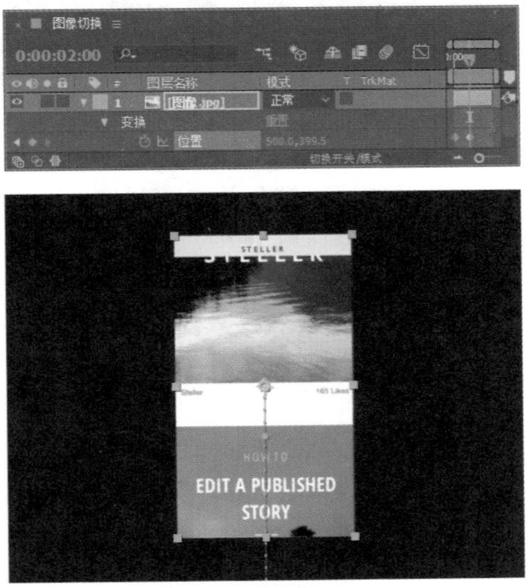

图2.76 拖动图像

步骤06 在时间线面板中选中【图像2.jpg】图层，按Ctrl+D组合键复制一个【图像2.jpg】图层，并将其移至【图像】图层上方，再将【图像.jpg】图层轨道遮罩更改为【Alpha 遮罩“图像2.jpg”】，如图2.77所示。

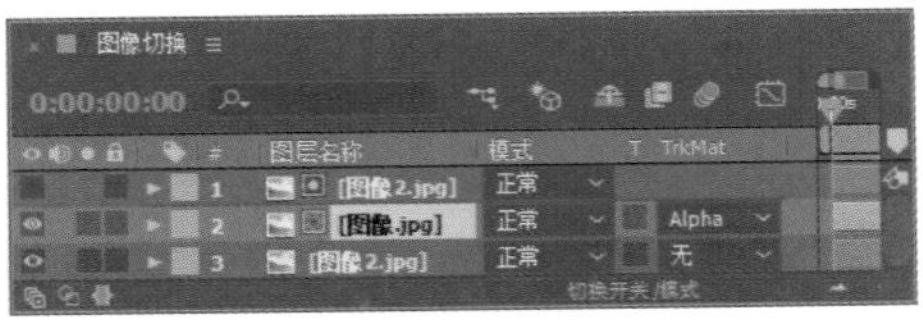

图2.77 添加轨道遮罩

步骤07 选择工具箱中的【矩形工具】，在封面位置绘制一个细长小矩形，设置其【填充】为白色，【描边】为无，将生成一个【形状图层1】图层，如图2.78所示。

图2.78 绘制图形

步骤08 在时间线面板中选中【形状图层1】图层，选择工具箱中的【向后平移（锚点）工具】，向下拖动定位点，如图2.79所示。

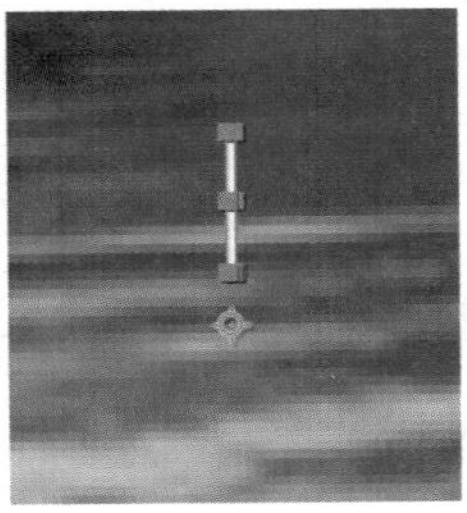

图2.79 更改定位点

步骤09 在时间线面板中，将时间调整至0:00:02:00帧的位置，选中【形状图层2】图层，按住Alt键单击【旋转】左侧的码表按钮，输入表达式（index*40），如图2.80所示

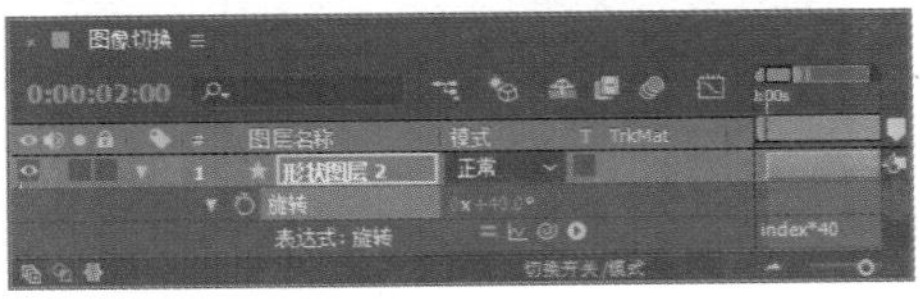

图2.80 添加表达式

步骤10 在时间线面板中选中【形状图层1】图层，按Ctrl+D组合键复制多个图形，将生成多个对应的图层，如图2.81所示。

图2.81 复制图形

步骤11 在时间线面板中，同时选中所有和细长小矩形相关的图层，按[键将动画入场更改至当前位置，如图2.82所示。

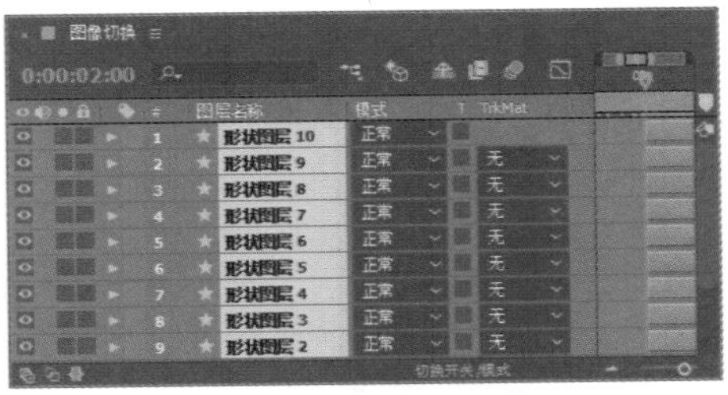

图2.82 更改动画入场

步骤12 在时间线面板中，保持小矩形图层选中状态下，单击鼠标右键，从弹出的快捷菜单中选择【预合成】选项，在弹出的对话框中将【新合成

名称】更改为【加载】，完成之后单击【确定】按钮，如图2.83所示。

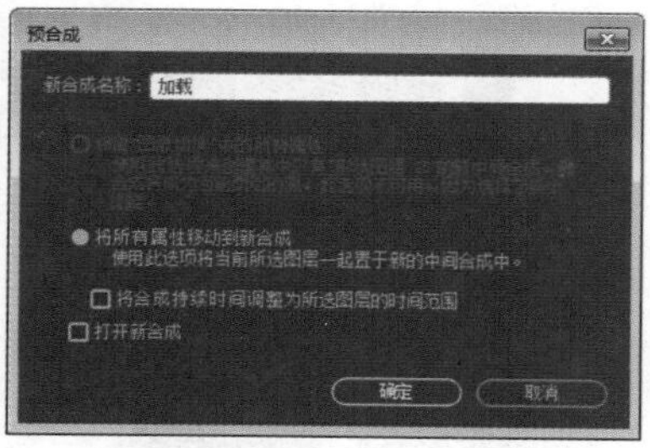

图2.83 设置预合成

步骤 13 在时间线面板中选中【加载】合成，选择工具箱中的【向后平移（锚点）工具】，拖动定位点至图像中间位置，如图2.84所示。

图2.84 更改定位点

步骤 14 在时间线面板中选中【加载】合成，按R键打开【旋转】，单击【旋转】左侧的码表按钮，在当前位置添加关键帧；将时间调整至0:00:04:24帧的位置，将【旋转】更改为1，系统会自动添加关键帧，如图2.85所示。

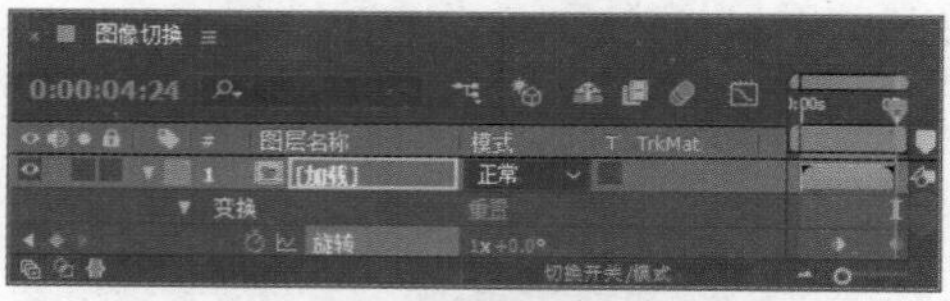

图2.85 更改【旋转】值

步骤 15 这样就完成了整体效果的制作，按小键盘上的0键即可在合成窗口中预览效果。

2.8 拨号界面动效设计

设计构思

本例主要讲解拨号界面动效设计，在制作过程中主要用到【不透明度】及【缩放】功能，整体的制作过程比较简单，动画流程画面如图2.86所示。

视频分类：自然反馈动效类

工程文件：下载文件\工程文件\第2章\拨号界面动效设计

视频文件：下载文件\movie\视频讲座\2.8.avi

学习目标：【缩放】、【不透明度】、【蒙版】

图2.86 动画流程画面

操作步骤

2.8.1 绘制触控元件

步骤 01 执行菜单栏中的【合成】|【新建合成】命令，打开【合成设置】对话框，设置【合成名称】为“拨号界面”，【宽度】为750，【高度】为600，【帧速率】为25，并设置【持续时间】为00:00:10:00秒，【背景颜色】为黑色，完成之后单击【确定】按钮，如图2.87所示。

步骤 02 执行菜单栏中的【文件】|【导入】|【文件】命令，打开【导入文件】对话框，选择下载文件中的“工程文件\第2章\拨号界面动效设计\界面.jpg、界面2.jpg”素材，单击【导入】按钮，如图2.88所示。

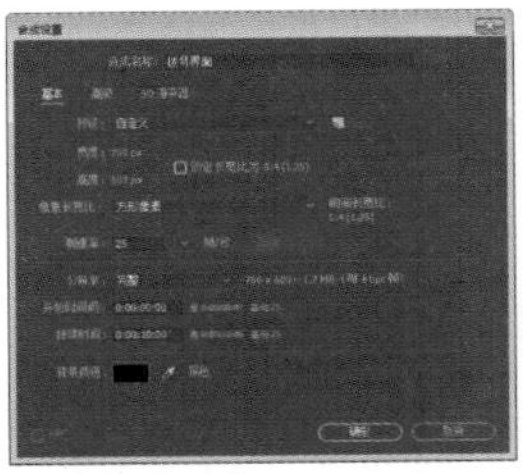

图2.87 新建合成

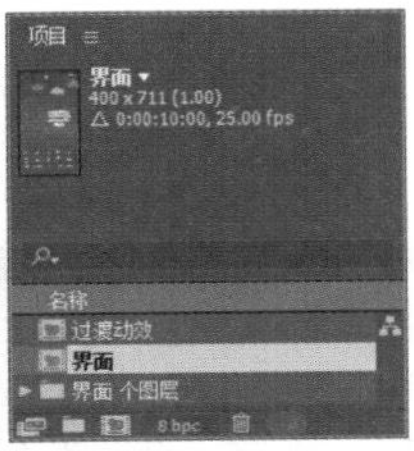

图2.88 导入素材

步骤 03 在【项目】面板中同时选择【界面.jpg】及【界面2.jpg】素材，将其拖动到【拨号界面】合成的时间线面板中，如图2.89所示。

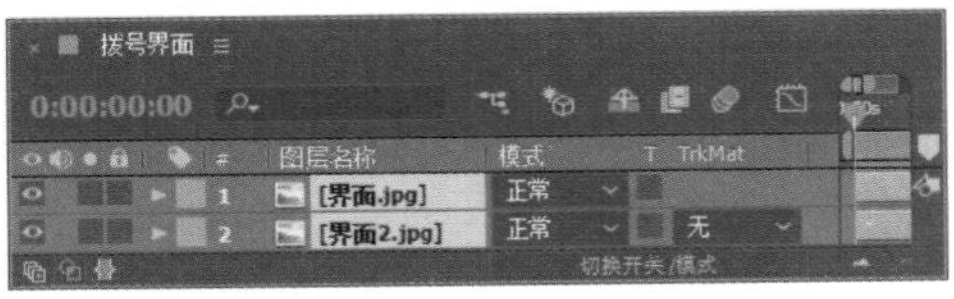

图2.89 添加素材

步骤 04 选择工具箱中的【椭圆工具】，按住Shift键绘制一个正圆，设置其【填充】为红色（R：246，G：57，B：86），【描边】为无，将生成一个【形状图层 1】图层，如图2.90所示。

图2.90 绘制图形

步骤 05 在时间线面板中选中【形状图层1】图层，将时间调整至0:00:00:00帧的位置，按T键打开【不透明度】，单击【不透明度】左侧的码表按钮，在当前位置添加关键帧，将【不透明度】数值更改为0；将时间调整至0:00:00:05帧的位置，将【不透明度】数值更改为30%；将时间调整至0:00:00:10帧的位置，将【不透明度】数值更改为0，系统会自动添加关键帧，如图2.91所示。

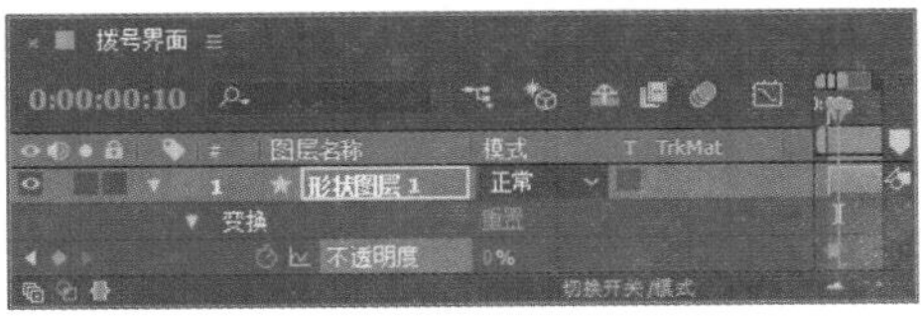

图2.91 更改【不透明度】数值

步骤 06 在时间线面板中选中【形状图层1】图层，按Ctrl+D组合键复制一个【形状图层2】图层；将时间调整至0:00:00:15帧的位置，同时选中当前图层的3个关键帧，将其向右侧拖动，将最左侧关键帧拖至当前时间，如图2.92所示。

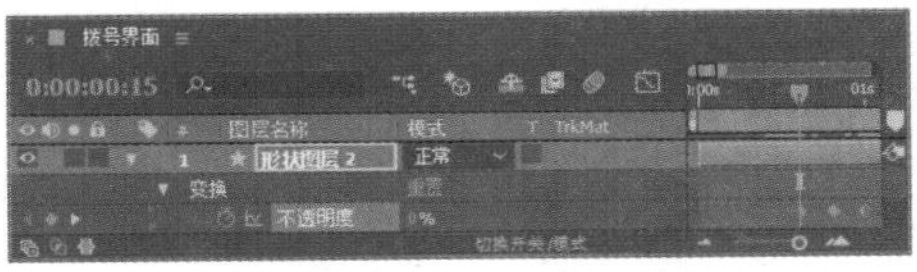

图2.92 拖动关键帧

步骤 07 在时间线面板中选中【形状图层2】图层，在图像中将图形移至其他数字位置，如图2.93所示。

图2.93 拖动图形

步骤 08 以同样的方法将图形所在图层再复制数份，在时间线面板中更改时间并拖动关键帧，同时在图像中调整图形位置，如图2.94所示。

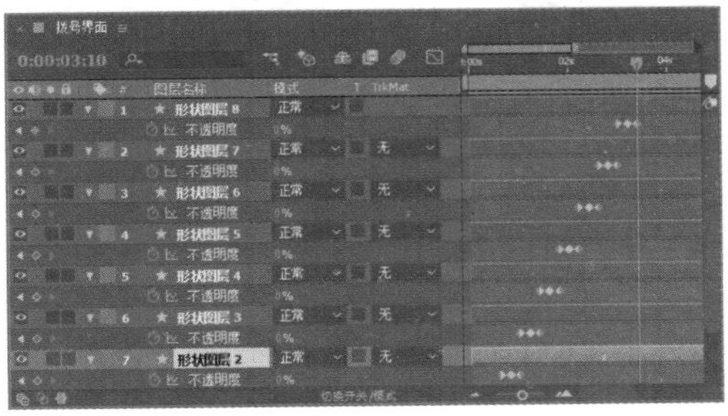

图2.94 复制图层并调整关键帧

提示与技巧

如果在图像中不调整图形的位置，就代表连按两次当前数字键。

2.8.2 制作结果动画

步骤 01 选择工具箱中的【横排文字工具】，在图像适当位置添加文字（方正兰亭纤黑），如图2.95所示。

步骤 02 选择工具箱中的【矩形工具】，选中数字所在图层，在图像中左侧绘制一个矩形蒙版，如图2.96所示。

图2.95 添加文字

图2.96 绘制蒙版

步骤 03 将时间调整至0:00:00:00帧的位置，展开【15886309】|【蒙版】|【蒙版 1】，单击【蒙版路径】左侧的码表按钮，在当前位置添加关键帧；将时间调整至0:00:03:10帧的位置，同时选中矩形右上角和右下角的锚点，向右侧拖动，系统会自动添加关键帧，如图2.97所示。

图2.97 拖动锚点

提示与技巧

0:00:03:10帧位置是由最后一个按键结束时间决定的。

步骤 04 在时间线面板中，将时间调整至0:00:03:10帧的位置，选中【界面2.jpg】图层，将其移至所有图层上方，再按Alt+[组合键设置当前图层入场，如图2.98所示。

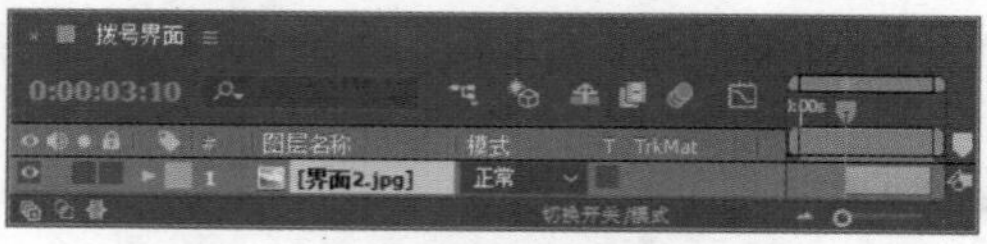

图2.98 设置图层入场

步骤 05 选择工具箱中的【横排文字工具】，在图像适当位置添加文字（方正兰亭纤黑），如图2.99所示。

步骤 06 选择工具箱中的【矩形工具】，选中文字所在图层，在图像中左侧绘制一个矩形蒙版，如图2.100所示。

图2.99 添加文字

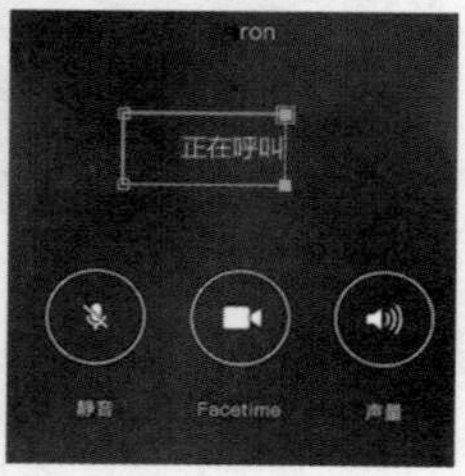

图2.100 绘制蒙版

步骤 07 在时间线面板中，将时间调整至0:00:03:10帧的位置，展开【正在呼叫......】|【蒙版】|【蒙版 1】，单击【蒙版路径】左侧的码表按钮，在当前位置添加关键帧；将时间调整至0:00:03:15帧的位置，同时选中矩形右上角和右下角的锚点，向右侧拖动，系统会自动添加关键帧，如图2.101所示。

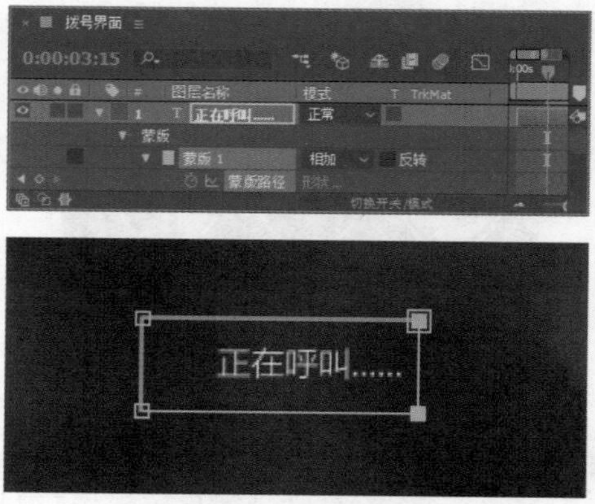

图2.101 拖动锚点

步骤08 将时间调整至0:00:04:00帧的位置，同时选中矩形右上角和右下角的锚点，向左侧拖动，系统会自动添加关键帧；将时间调整至0:00:04:10帧的位置，同时选中矩形右上角和右下角的锚点，向右侧拖动，系统会自动添加关键帧，如图2.102所示。

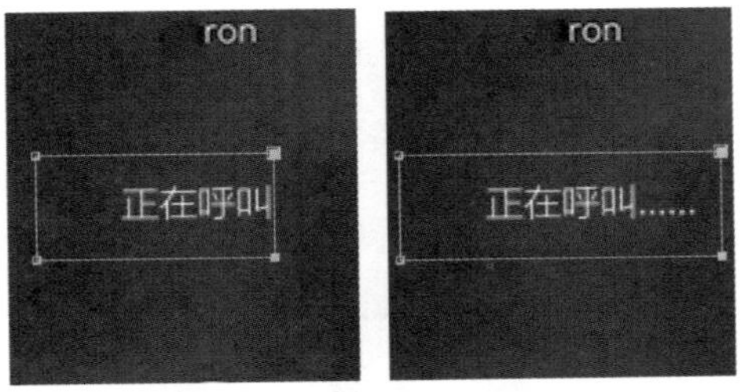

图2.102 拖动锚点

步骤09 以同样的方法调整时间并左右拖动右侧的两个锚点，制作出来回滚动的省略号动画，如图2.103所示。

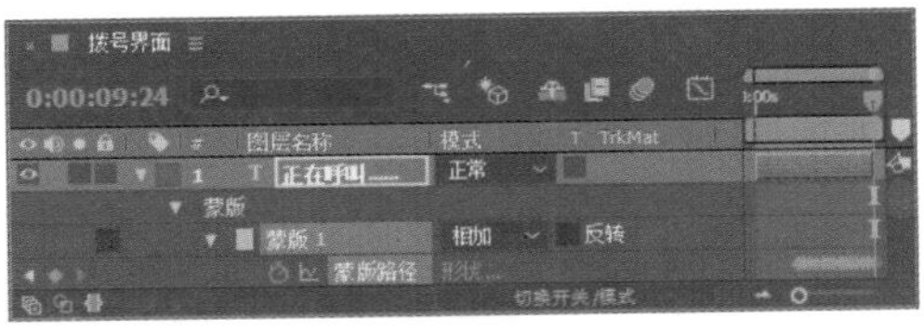

图2.103 制作滚动动画

步骤10 选择工具箱中的【椭圆工具】，按住Shift键在界面底部红色正圆位置绘制一个圆，设置其【填充】为白色，【描边】为无，将生成一个【形状图层 9】图层，如图2.104所示。

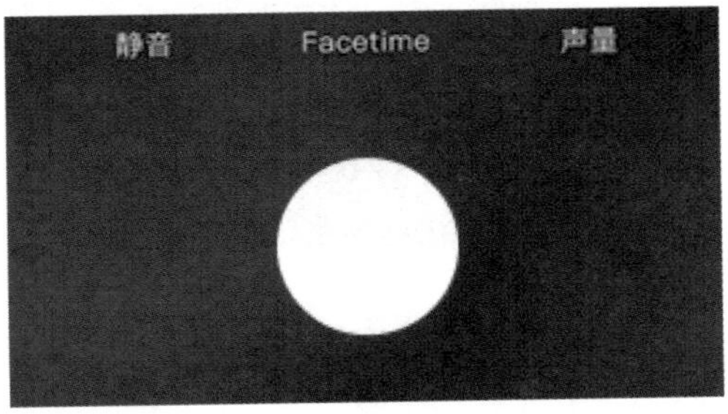

图2.104 绘制图形

步骤11 在时间线面板中选中【形状图层 9】图层，将时间调整至0:00:03:10帧的位置，分别单击【缩放】及【不透明度】左侧的码表按钮，在当前位置添加关键帧，将【缩放】更改为（0，0），【不透明度】更改为0；将时间调整至0:00:04:00帧的位置，将【缩放】更改为（100，100），【不透明度】更改为5%；将时间调整至0:00:04:10帧的位置，将【缩放】更改为（0，0），【不透明度】更改为0，将时间调整至0:00:05:00帧的位置，将【缩放】更改为（130，130），【不透明度】更改为5%，将时间调整至0:00:05:10帧的位置，将【缩放】更改为（0，0），【不透明度】更改为0；将时间调整至0:00:06:00帧的位置，将【缩放】更改为（100，100），【不透明度】更改为5%；将时间调整至0:00:06:10帧的位置，将【缩放】更改为（0，0）；【不透明度】更改为0；将时间调整至0:00:07:00帧的位置，将【缩放】更改为（120，120），【不透明度】更改为3%；将时间调整至0:00:07:10帧的位置，将【缩放】更改为（0，0），【不透明度】更改为0；将时间调整至0:00:08:00帧的位置，将【缩放】更改为（150，150），【不透明度】更改为5%；将时间调整至0:00:08:10帧的位置，将【缩放】更改为（0，0），【不透明度】更改为0；将时间调整至0:00:09:00帧的位置，将【缩放】更改为（100，100），【不透明度】更改为5%；将时间调整至0:00:09:24帧的位置，将【缩放】更改为（0，0），【不透明度】更改为0，如图2.105所示。

图2.105 更改数值

步骤12 在时间线面板中，将时间调整至0:00:03:10帧的位置，选中【形状图层 9】图层，将其移至所有图层上方，再按Alt+[组合键设置当前图层入场，如图2.106所示。

图2.106 设置入场

步骤13 这样就完成了整体效果的制作，按小键盘上的0键即可在合成窗口中预览效果。

2.9 翻滚动效设计

设计构思

本例主要讲解翻滚动效设计，在设计过程中以直观的交互操作为依据，通过左右滚动产生翻滚的动效，动画流程画面如图2.107所示。

视频分类：自然反馈动效类

工程文件：下载文件\工程文件\第2章\翻滚动效设计

视频文件：下载文件\movie\视频讲座\2.9.avi

学习目标：【位置】、【快速模糊】、【缩放】

图2.107 动画流程画面

操作步骤

2.9.1 制作主视觉动效

步骤01 执行菜单栏中的【合成】|【新建合成】命令，打开【合成设置】对话框，设置【合成名称】为“翻滚动效”，【宽度】为600，【高度】为450，【帧速率】为25，并设置【持续时间】为00:00:10:00秒，【背景颜色】为黑色，完成之后单击【确定】按钮，如图2.108所示。

步骤02 执行菜单栏中的【文件】|【导入】|【文件】命令，打开【导入文件】对话框，选择下载文件中的“工程文件\第2章\翻滚动效设计\界面.psd”素材，单击【导入】按钮，在弹出的对话框中选择【导入种类】为【合成-保持图层大小】，并选中【可编辑的图层样式】单选按钮，完成之后单击【确定】按钮，如图2.109所示。

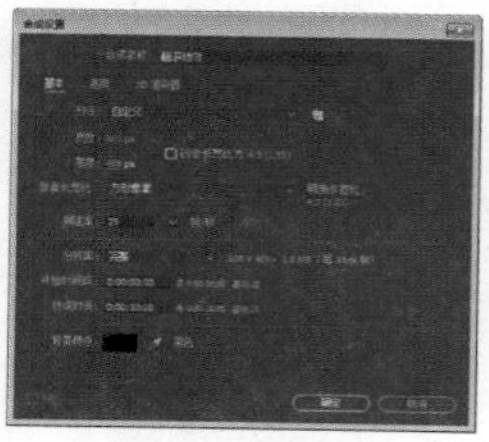

图2.108 新建合成

图2.109 导入素材

步骤03 在【项目】面板中选择【界面 个图层】素材，将其拖动到【翻滚动效】合成的时间线面板中，将【背景/界面.psd】图层移至底部，并在图像中调整素材图形位置，如图2.110所示。

图2.110 添加素材

步骤04 在时间线面板中选中【左/界面.psd】图层，在【效果和预设】面板中展开【过时】特效组，然后双击【快速模糊】特效。

步骤 05 在【效果控件】面板中修改【快速模糊】特效的参数，设置【模糊度】为4，按Ctrl+C组合键复制效果，如图2.111所示。

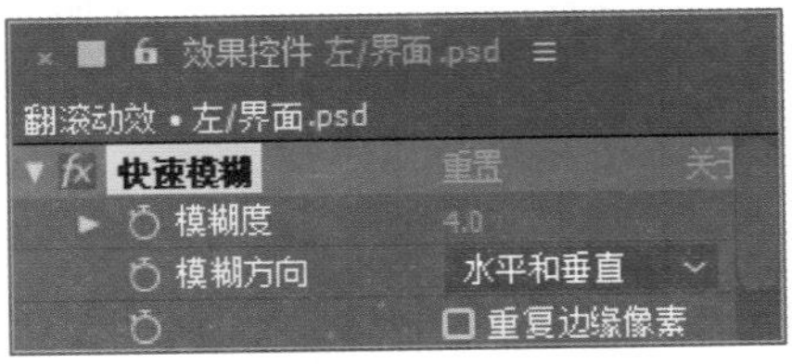

图2.111　设置【快速模糊】特效参数

步骤 06 在时间线面板中选中【右/界面.psd】图层，在【项目】面板中，按Ctrl+V组合键粘贴效果，如图2.112所示。

图2.112　复制并粘贴效果

步骤 07 在时间线面板中选中【中/界面.psd】图层，将时间调整至0:00:00:00帧的位置，分别单击【位置】及【缩放】左侧的码表按钮，在当前位置添加关键帧；将时间调整至0:00:01:00帧的位置，将图像向左侧稍微移动并适当缩小，系统会自动添加关键帧，如图2.113所示。

图2.113　移动图像

步骤 08 在时间线面板中选中【中/界面.psd】图层，将时间调整至0:00:00:00帧的位置，在【效果和预设】面板中展开【过时】特效组，然后双击【快速模糊】特效。

步骤 09 在【效果控件】面板中修改【快速模糊】特效的参数，设置【模糊度】为0，单击【模糊度】左侧的码表按钮，在当前位置添加关键帧，如图2.114所示。

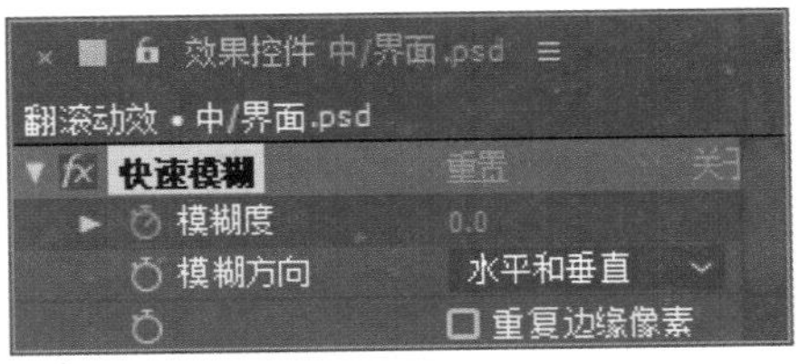

图2.114　设置【快速模糊】特效参数

步骤 10 将时间调整至0:00:01:00帧的位置，将【模糊度】更改为1，系统会自动添加关键帧，如图2.115所示。

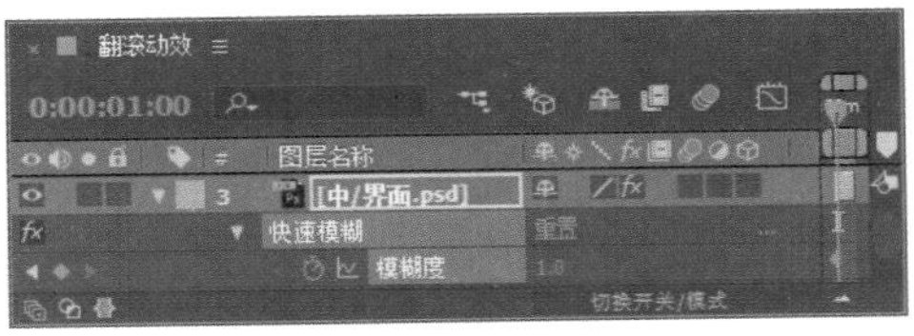

图2.115　更改【模糊度】数值

步骤 11 在时间线面板中选中【左/界面.psd】图层，将时间调整至0:00:00:00帧的位置，按P键打开【位置】，单击【位置】左侧的码表按钮，在当前位置添加关键帧；将时间调整至0:00:01:00帧的位置，将图像向左侧拖动，系统会自动添加关键帧，如图2.116所示。

图2.116　移动图像

步骤 12 在时间线面板中选中【右/界面.psd】图层，将时间调整至0:00:00:00帧的位置，在【效果控件】面板中单击【模糊度】左侧的码表按钮，在当前位置添加关键帧，如图2.117所示。

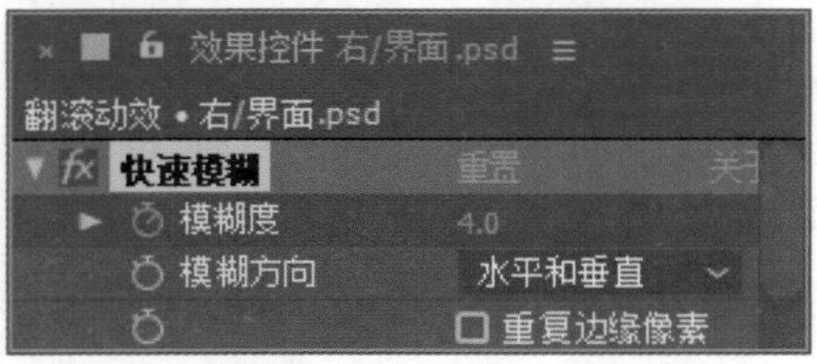

图2.117 添加关键帧

步骤 13 将时间调整至0:00:01:00帧的位置，将【模糊度】更改为1，系统会自动添加关键帧，如图2.118所示。

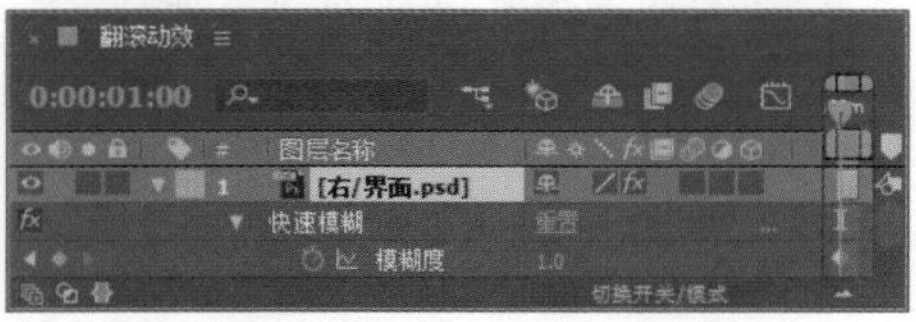

图2.118 更改模糊度数值

步骤 14 将时间调整至0:00:00:00帧的位置，分别单击【位置】及【缩放】左侧的码表按钮，在当前位置添加关键帧；将时间调整至0:00:01:00帧的位置，将图像向左侧稍微移动并适当放大，系统会自动添加关键帧，如图2.119所示。

图2.119 放大图像

2.9.2 制作触控动效

步骤 01 选择工具箱中的【椭圆工具】，按住Shift键绘制一个正圆，设置其【填充】为白色，【描边】为无，将生成一个【形状图层 1】图层，如图2.120所示。

图2.120 绘制图形

步骤 02 在时间线面板中选中【形状图层 1】图层，按T键打开【不透明度】，将【不透明度】更改为40%，如图2.121所示。

图2.121 更改不透明度

步骤 03 在时间线面板中，将时间调整至0:00:00:00帧的位置，按P键打开【位置】，单击【位置】左侧的码表按钮，在当前位置添加关键帧；将时间调整至0:00:00:05帧的位置，在图像中将图形向左侧拖动，系统会自动添加关键帧，如图2.122所示。

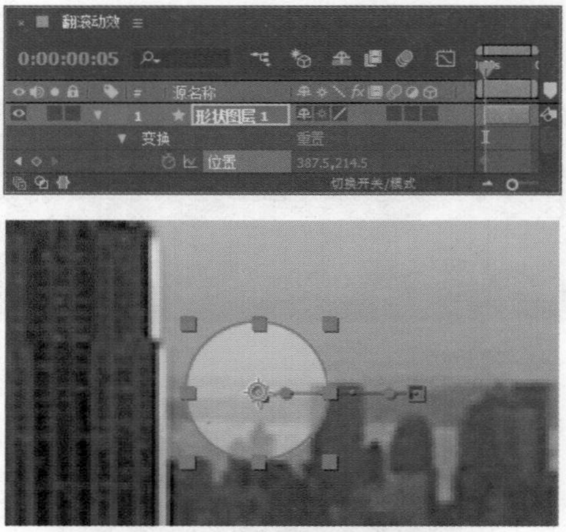

图2.122 拖动图形

步骤 04 将时间调整至0:00:00:15帧的位置，向左侧拖动图形；将时间调整至0:00:01:00帧的位置，再次向左侧拖动图形，系统会自动添加关键帧，如图2.123所示。

图2.123 拖动图形

提示与技巧

拖动图形过程中注意调整平衡杆，使路径更加平滑顺畅。

步骤 05 这样就完成了整体效果的制作，按小键盘上的0键即可在合成窗口中预览效果。

2.10 确认按钮动效设计

设计构思

本例主要讲解确认按钮动效设计，首先绘制出按钮轮廓，然后利用【效果和预设】为其添加特效，动画流程画面如图2.124所示。

视频分类：自然反馈动效类

工程文件：下载文件\工程文件\第2章\确认按钮动效设计

视频文件：下载文件\movie\视频讲座\2.10.avi

学习目标：【蒙版】、【缩放】、【位置】、【不透明度】、【发光】

图2.124 动画流程画面

操作步骤

2.10.1 制作触控按钮

步骤 01 执行菜单栏中的【合成】|【新建合成】命令，打开【合成设置】对话框，设置【合成名称】为“确认按钮动效”，【宽度】为700，【高度】为400，【帧速率】为25，并设置【持续时间】为00:00:06:00秒，【背景颜色】为紫色（R：36，G：25，B：63），完成之后单击【确定】按钮，如图2.125所示。

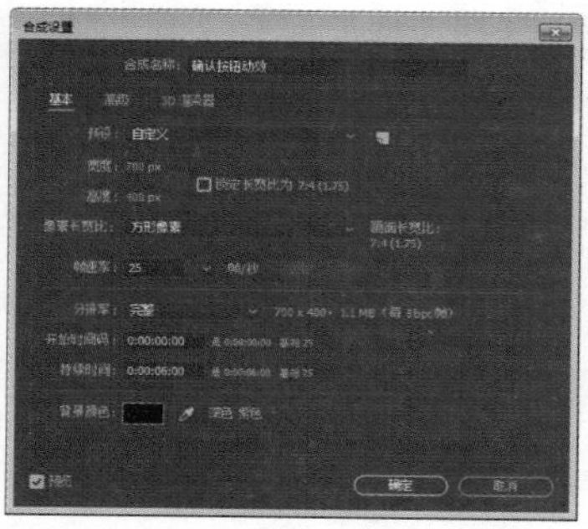

图2.125 新建合成

步骤02 选中工具箱中的【圆角矩形工具】，绘制一个圆角矩形，设置其【填充】为无，【描边】为青色（R：10，G：232，B：219），【描边宽度】为5像素，将生成一个【形状图层 1】图层，如图2.126所示。

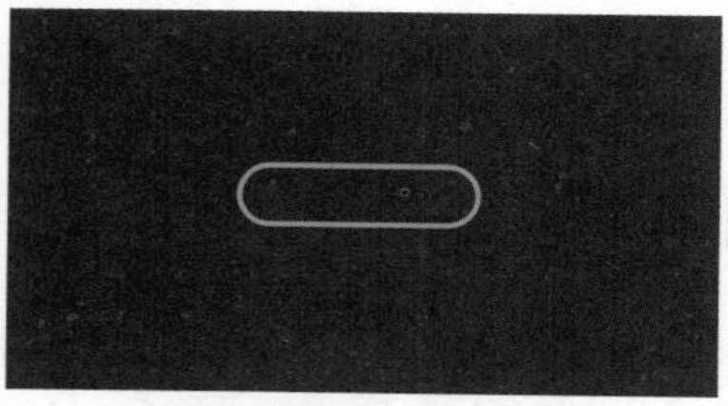

图2.126 绘制圆角矩形

> **提示与技巧**
>
> 绘制圆角矩形之后，在时间线面板中选中所在图层，依次展开【内容】|【矩形 1】|【矩形路径 1】，更改其圆度值，数值越大两端越圆。

步骤03 在时间线面板中选中【形状图层 1】图层，按Ctrl+D组合键复制一个【形状图层 2】图层，将【形状图层 2】图层中的图形【填充】更改为青色（R：10，G：232，B：219），【描边】更改为无，再将图形等比缩小，如图2.127所示。

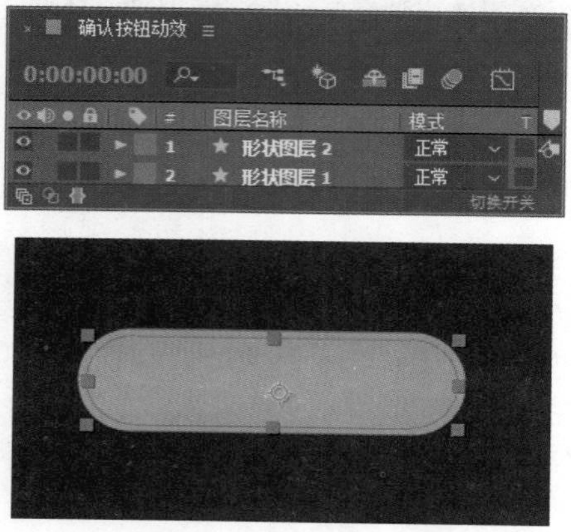

图2.127 复制并缩小图形

步骤04 在时间线面板中选中【形状图层 2】图层，将时间调整至0:00:00:00帧的位置，按T键打开【不透明度】，单击【不透明度】左侧的码表按钮，在当前位置添加关键帧，将【不透明度】更改为0；将时间调整至0:00:00:12帧的位置，将【不透明度】更改为100%，系统会自动添加关键帧，如图2.128所示。

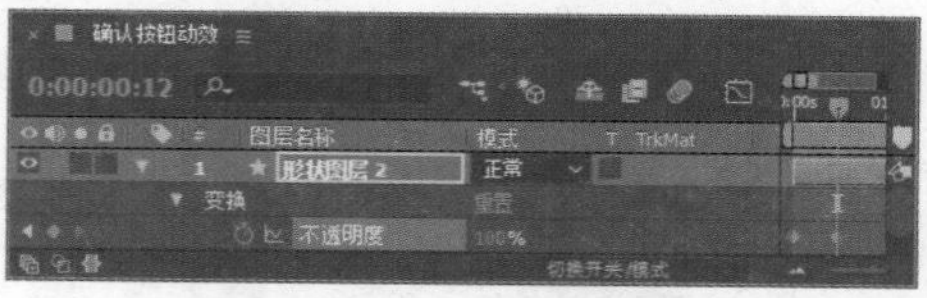

图2.128 添加关键帧

步骤05 选择工具箱中的【横排文字工具】，在图像适当位置添加文字（Arial），如图2.129所示。

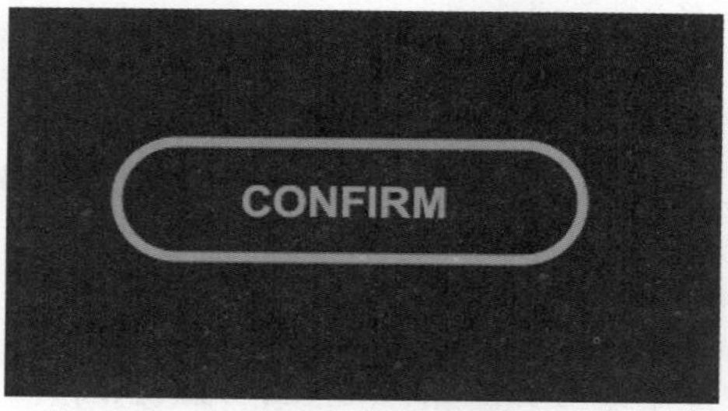

图2.129 添加文字

> **提示与技巧**
>
> 添加的文字与刚才绘制的图形保持相同的颜色，同时将【形状图层 2】图层暂时隐藏，以方便观察添加的文字位置及大小。

步骤06 在时间线面板中选中【confirm】图层，按Ctrl+D组合键复制一个【confirm 2】图层，将【confirm 2】图层暂时隐藏。

步骤07 在时间线面板中，将时间调整至0:00:00:00帧的位置，选中【confirm】图层，按T键打开【不透明度】，单击【不透明度】左侧的码表按钮，在当前位置添加关键帧；将时间调整至0:00:00:12帧的位置，将其数值更改为0，系统会自动添加关键帧，如图2.130所示。

图2.130 添加关键帧

步骤08 选中【confirm 2】图层，将文字【填充颜色更改为紫色（R：36，G：25，B：63）；将时间调整至0:00:00:00帧的位置，按T键打开【不透明度】，单击【不透明度】左侧的码表按钮，在当前位置添加关键帧，将其数值更改为0；将时间调整至0:00:00:12帧的位置，将其数值更改为100%，系统会自动添加关键帧，如图2.131所示。

图2.131　添加关键帧

步骤 09　在时间线面板中，将时间调整至0:00:00:12帧的位置，选中【confirm 2】图层，按S键打开【缩放】，单击【缩放】左侧的码表按钮，在当前位置添加关键帧；将时间调整至0:00:01:00帧的位置，将【缩放】更改为（115，115），【不透明度】更改为0，系统会自动添加关键帧，制作文字消失效果，如图2.132所示。

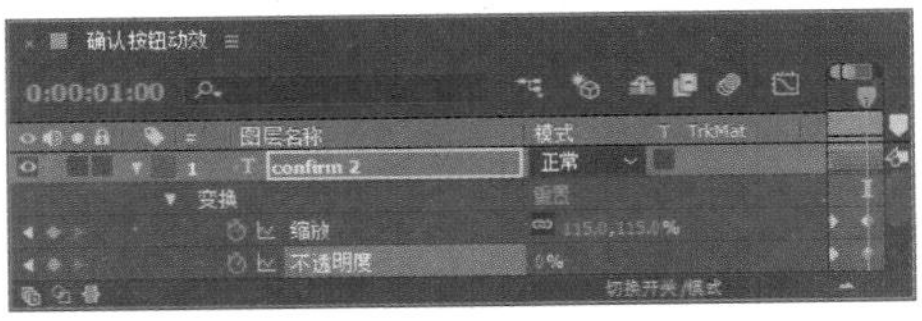

图2.132　制作文字消失效果

步骤 10　将时间调整至0:00:00:10帧的位置，在时间线面板中选中【形状图层 1】图层，在【效果和预设】面板中展开【风格化】特效组，然后双击【发光】特效。

步骤 11　在【效果控件】面板中将【发光强度】更改为0.7，【发光半径】更改为0，单击【发光半径】左侧的码表按钮，系统会自动添加关键帧，如图2.133所示。

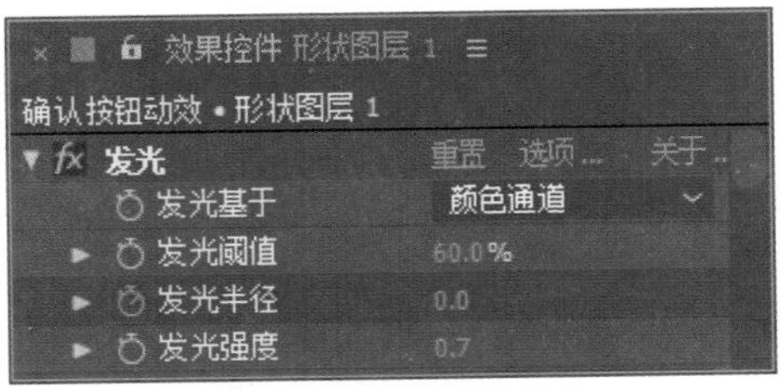

图2.133　设置【发光】特效参数

步骤 12　将时间调整至0:00:00:16帧的位置，更改【发光半径】数值为30；将时间调整至0:00:01:00帧的位置，更改【发光半径】数值为0，系统会自动添加关键帧，如图2.134所示。

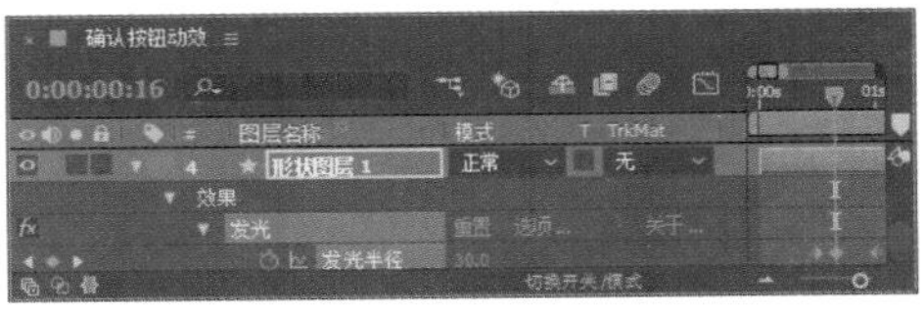

图2.134　更改【发光半径】数值

2.10.2　制作结束动效

步骤 01　选择工具箱中的【椭圆工具】，按住Shift键绘制一个圆，设置其【填充】为无，【描边】为紫色（R：36，G：25，B：63），【描边宽度】为4像素，将生成一个【形状图层 3】图层，如图2.135所示。

步骤 02　选择工具箱中的【钢笔工具】，在圆形内部绘制一个对号图形，设置其【填充】为无，【描边】为紫色（R：36，G：25，B：63），【描边宽度】为4像素，将生成一个【形状图层 4】图层，如图2.136所示。

图2.135　绘制图形

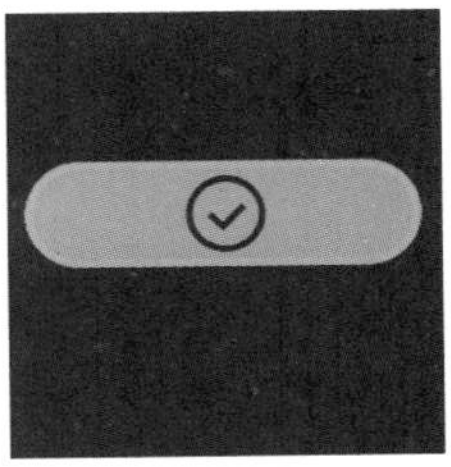

图2.136　绘制线段

步骤 03　在时间线面板中选中【形状图层 4】图层，展开【内容】|【形状1】|【描边1】，将【线段端点】更改为【圆头端点】，【线段连接】更改为【圆角连接】，将时间调整至0:00:01:00帧的位置，按[键将入场定位到当前位置，如图2.137所示。

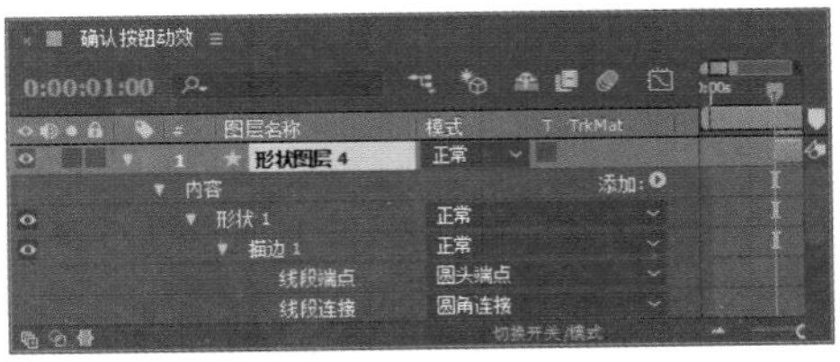

图2.137　更改描边样式

步骤 04　选择工具箱中的【矩形工具】，单击选项栏中【工具创建蒙版】按钮，在对号左侧绘制一个矩形蒙版，将对号隐藏，如图2.138所示。

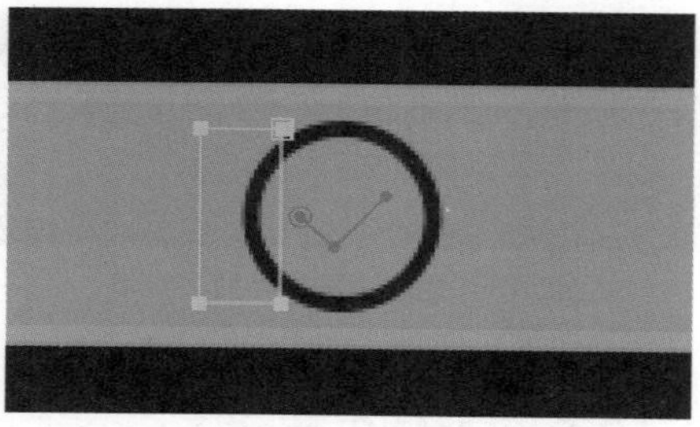

图2.138 绘制蒙版

步骤 05 单击【形状图层 4】图层中【蒙版路径】左侧的码表按钮，在当前位置添加关键帧，如图2.139所示。

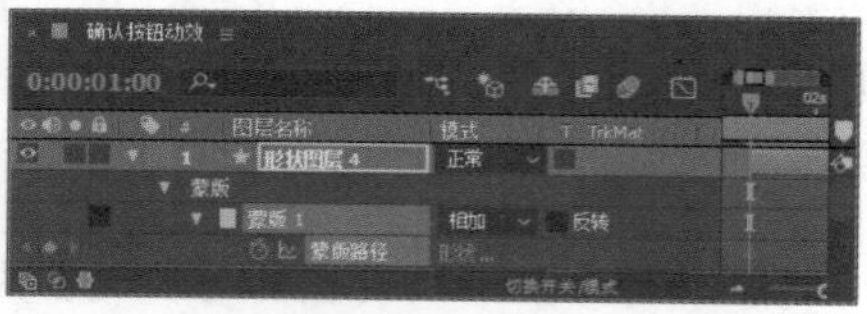

图2.139 添加关键帧

步骤 06 将时间调整至0:00:01:10帧的位置，选择工具箱中的【选取工具】，选中蒙版右上角锚点并向右上角拖动，将对号完全显示，系统会自动添加关键帧，如图2.140所示。

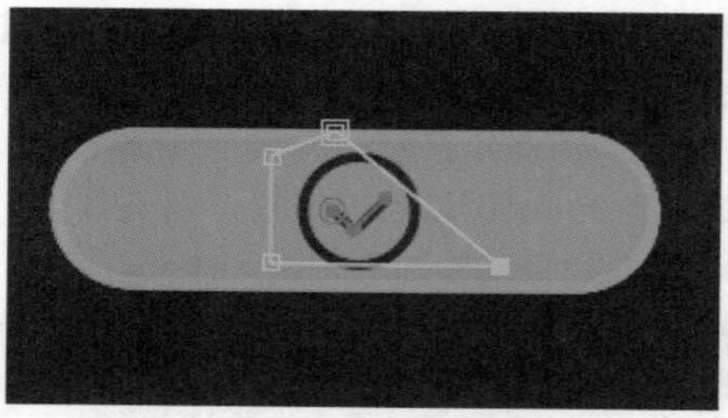

图2.140 拖动锚点

步骤 07 在时间线面板中选中【形状图层 3】图层，将时间调整至0:00:01:00帧的位置，按[键将其入场定位至当前位置，如图2.141所示。

图2.141 更改入场

步骤 08 这样就完成了整体效果的制作，按小键盘上的0键即可在合成窗口中预览效果。

2.11 开关控件动效设计

设计构思

本例主要讲解开关控件动效设计，在设计过程中通过【位置】及【不透明度】功能完成打开或关闭效果，动画流程画面如图2.142所示。

视频分类：自然反馈动效类
工程文件：下载文件\工程文件\第2章\开关控件动效设计
视频文件：下载文件\movie\视频讲座\2.11.avi
学习目标：【不透明度】、【位置】

图2.142 动画流程画面

操作步骤

2.11.1 绘制控件图形

步骤 01 执行菜单栏中的【合成】|【新建合成】命令，打开【合成设置】对话框，设置【合成名称】为“控件动效”，【宽度】为700，【高度】为500，【帧速率】为25，并设置【持续时间】为00:00:10:00秒，【背景颜色】为灰色（R：207，G：215，B：221），完成之后单击【确定】按钮，如图2.143所示。

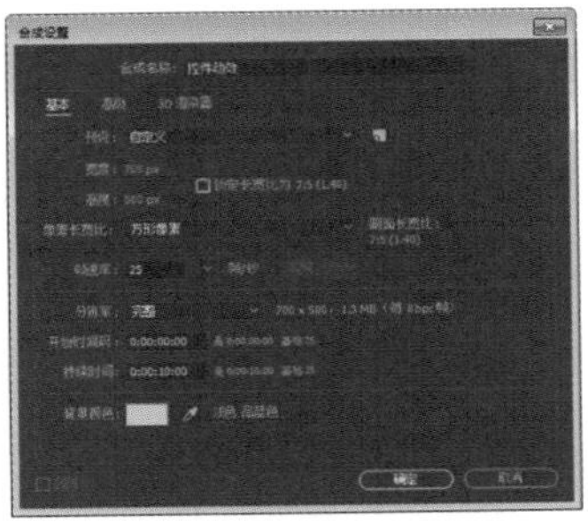

图2.143 新建合成

步骤 02 选中工具箱中的【圆角矩形工具】，绘制一个圆角矩形，设置其【填充】为蓝色（R：73，G：208，B：247），【描边】为无，将生成一个【形状图层 1】图层，如图2.144所示。

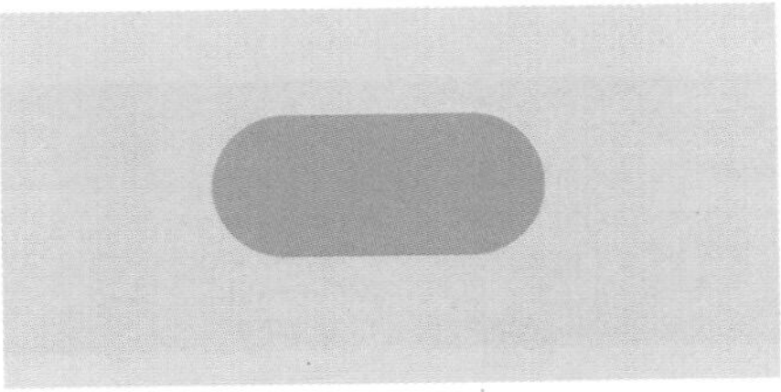

图2.144 绘制图形

步骤 03 在时间线面板中选中【形状图层 1】图层，按Ctrl+D组合键复制一个【形状图层 2】图层，并将【形状图层 2】图层中图形的【填充】更改为橙色（R：255，G：132，B：0），如图2.145所示。

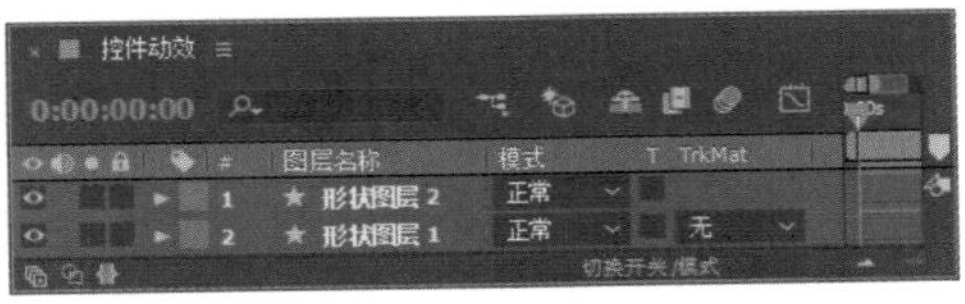

图2.145 复制图层

步骤 04 选择工具箱中的【椭圆工具】，按住Shift键绘制一个圆，设置其【填充】为灰色（R：207，G：215，B：221），【描边】为无，将生成一个【形状图层 3】图层，如图2.146所示。

图2.146 绘制图形

步骤 05 在时间线面板中，将时间调整至0:00:00:00帧的位置，按P键打开【位置】，单击【位置】左侧的码表按钮，在当前位置添加关键帧；将时间调整至0:00:00:10帧的位置，在图像中将正圆向右侧拖动，系统会自动添加关键帧，如图2.147所示。

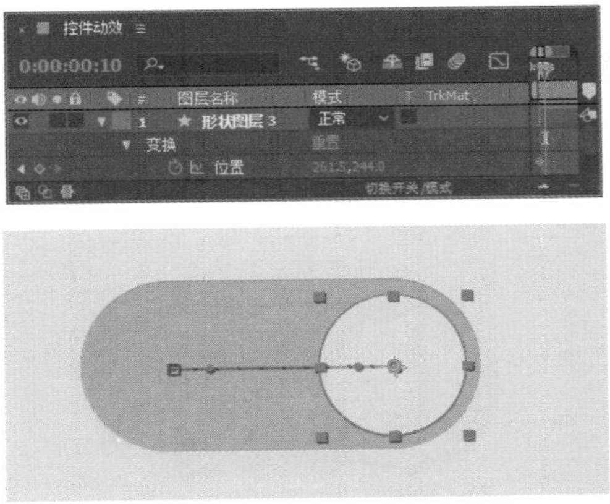

图2.147 拖动图形

步骤 06 选择工具箱中的【矩形工具】，选中【形状图层2】图层，在图像中绘制一个矩形蒙版，如图2.148所示。

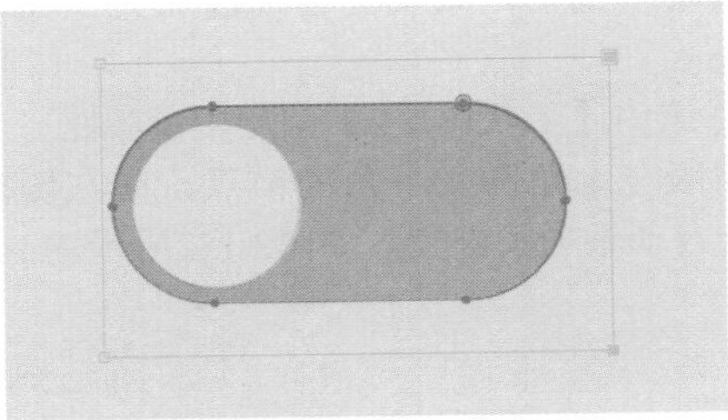

图2.148 绘制蒙版

步骤 07 在时间线面板中，将时间调整至0:00:00:00帧的位置，展开【形状图层2】|【蒙版】|【蒙版1】，单击【蒙版路径】左侧的码表按钮，在当前位置添加关键帧；将时间调整至0:00:00:10帧的位置，同时选中左上角和左下角的锚点，向右侧

拖动，系统会自动添加关键帧，如图2.149所示。

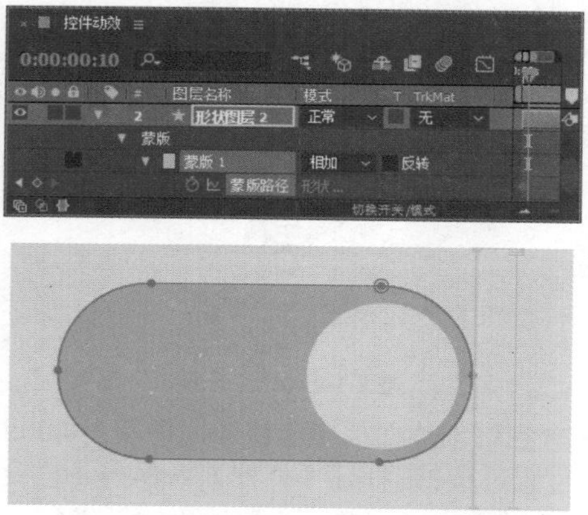

图2.149 拖动锚点

2.11.2 绘制切换动画

步骤 01 在时间线面板中，将时间调整至0:00:00:10帧的位置，选中【形状图层1】图层，选择工具箱中的【矩形工具】，在图像中绘制一个矩形蒙版，如图2.150所示。

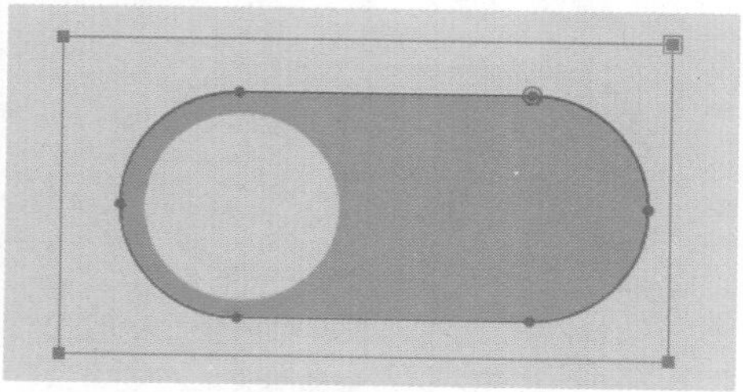

图2.150 绘制蒙版

步骤 02 在时间线面板中，将时间调整至0:00:00:20帧的位置，同时选中蒙版右上角和右下角的锚点，向左侧拖动，系统会自动添加关键帧，如图2.151所示。

步骤 03 选中【形状图层2】图层中蒙版路径，同时选中蒙版左上角和左下角的锚点，向左侧拖动，系统会自动添加关键帧，如图2.152所示。

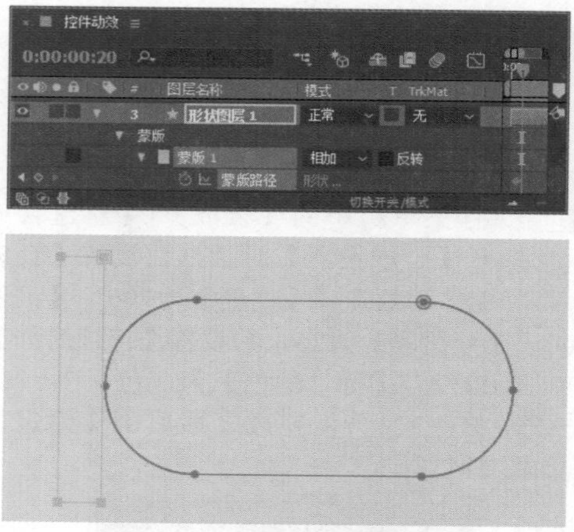

图2.151 拖动锚点

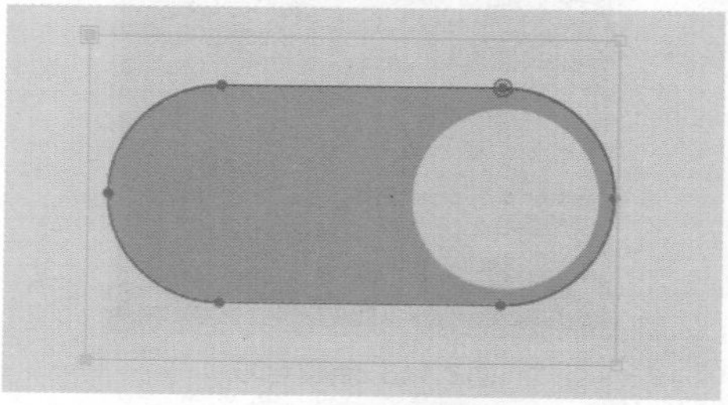

图2.152 拖动锚点

步骤 04 在时间线面板中，将时间调整至0:00:00:20帧的位置，选中【形状图层3】图层，在图像中将正圆向左侧拖动，系统会自动添加关键帧，如图2.153所示。

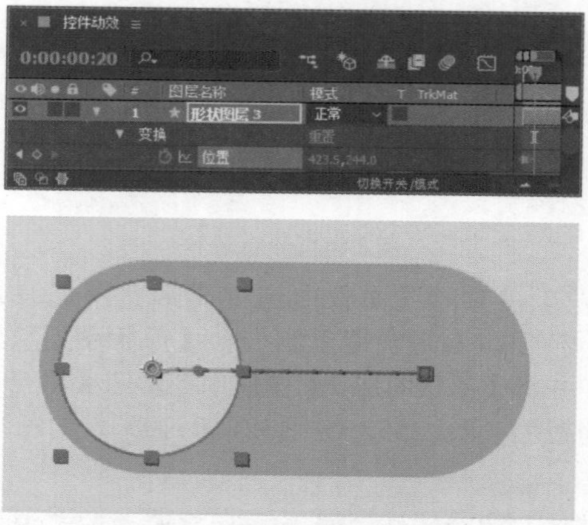

图2.153 拖动图形

步骤 05 在时间线面板中，将时间调整至0:00:00:00帧的位置，选择工具箱中的【横排文字工具】，在图像适当位置添加文字（Arial），如图2.154所示。

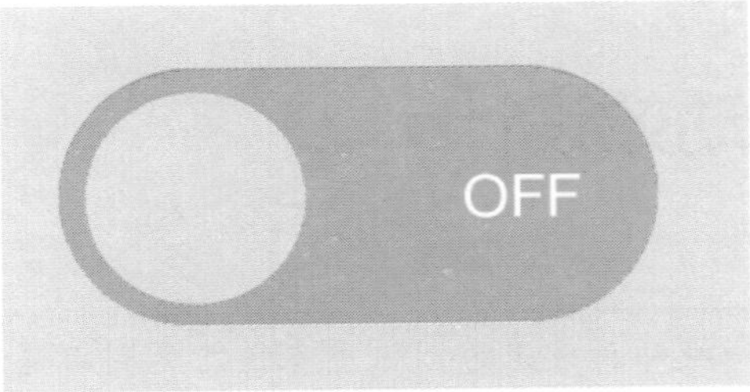

图2.154　添加文字

步骤 06 在时间线面板中选中【OFF】图层，将时间调整至0:00:00:00帧的位置，按S键打开【缩放】，单击【缩放】左侧的码表按钮，在当前位置添加关键帧；将时间调整至0:00:00:10帧的位置，将【缩放】更改为（0，0）；将时间调整至0:00:00:20帧的位置，将【缩放】更改为（100，100），系统会自动添加关键帧，如图2.155所示。

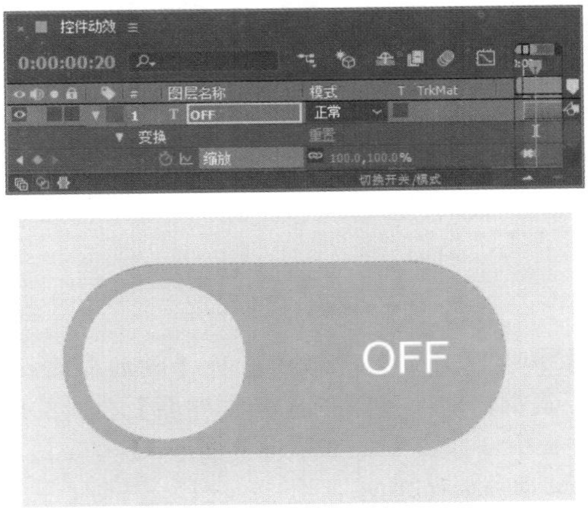

图2.155　更改【缩放】数值及效果

步骤 07 在时间线面板中选中【OFF】图层，按Ctrl+D组合键复制一个【OFF 2】图层，在图像中更改文字信息，再将其向左侧平移，如图2.156所示。

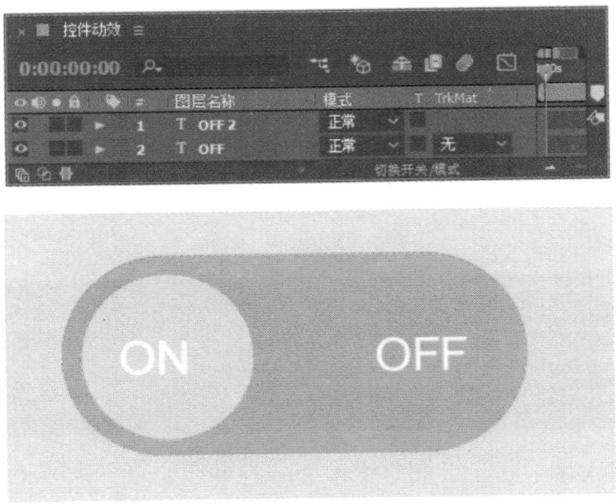

图2.156　移动文字

步骤 08 在时间线面板中选中【OFF 2】图层，将时间调整至0:00:00:00帧的位置，将【缩放】更改为（0，0）；将时间调整至0:00:00:10帧的位置，将【缩放】更改为（100，100）；将时间调整至0:00:00:20帧的位置，将【缩放】更改为（0，0），系统会自动添加关键帧，如图2.157所示。

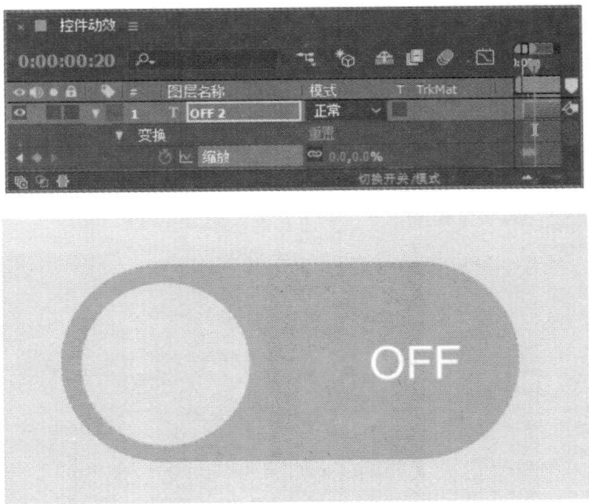

图2.157　更改【缩放】数值及效果

步骤 09 在时间线面板中，单击【“运动模糊”开关的所有图层启用运动模糊】图标，再选中【形状图层 3】图层，单击【运动模糊】图标，如图2.158所示。

图2.158　启用运动模糊

步骤 10 这样就完成了整体效果的制作，按小键盘上的0键即可在合成窗口中预览效果。

2.12 换歌界面动效设计

设计构思

本例主要讲解换歌界面动效设计，主要以突出切换动画效果为制作重点，首先利用【旋转】功能将图像进行旋转，然后绘制图形制作出触控效果，动画流程画面如图2.159所示。

视频分类：自然反馈动效类

工程文件：下载文件\工程文件\第2章\换歌界面动效设计

视频文件：下载文件\movie\视频讲座\2.12.avi

学习目标：【旋转】、【位置】

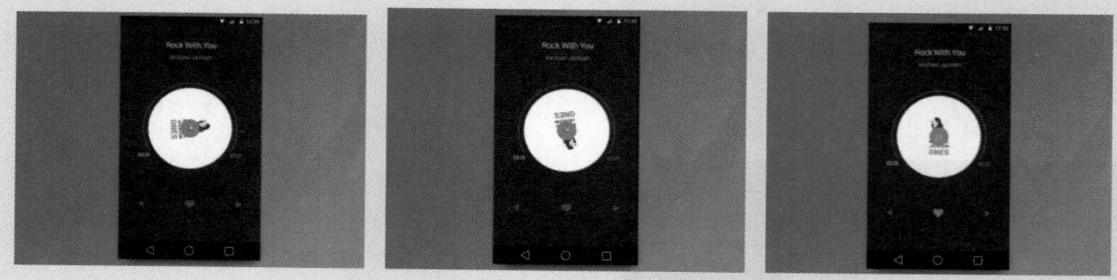

图2.159 动画流程画面

操作步骤

2.12.1 制作光盘控件效果

步骤 01 执行菜单栏中的【合成】|【新建合成】命令，打开【合成设置】对话框，设置【合成名称】为“换歌界面”，【宽度】为800，【高度】为600，【帧速率】为25，并设置【持续时间】为00:00:03:00秒，【背景颜色】为黑色，完成之后单击【确定】按钮，如图2.160所示。

步骤 02 执行菜单栏中的【文件】|【导入】|【文件】命令，选择下载文件中的“工程文件\第2章\换歌界面动效设计\歌曲界面.psd”素材，单击【导入】按钮，在弹出的对话框中选择【导入种类】为【合成-保持图层大小】，并选中【可编辑的图层样式】单选按钮，完成之后单击【确定】按钮，如图2.161所示。

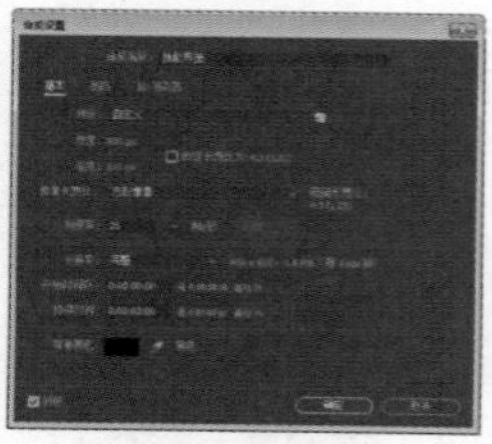

图2.160 新建合成

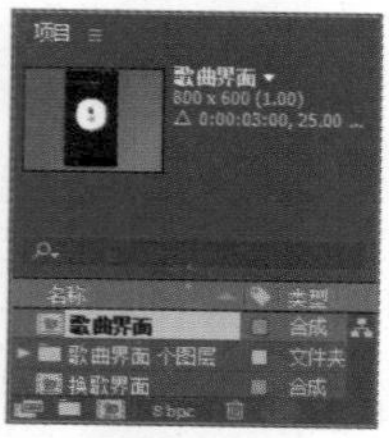

图2.161 导入素材

步骤 03 在【项目】面板中选择【歌曲界面 个图层】素材，将其拖动到【换歌界面】合成的时间线面板中，并将【封面/歌曲界面.psd】移至最上方位置，如图2.162所示。

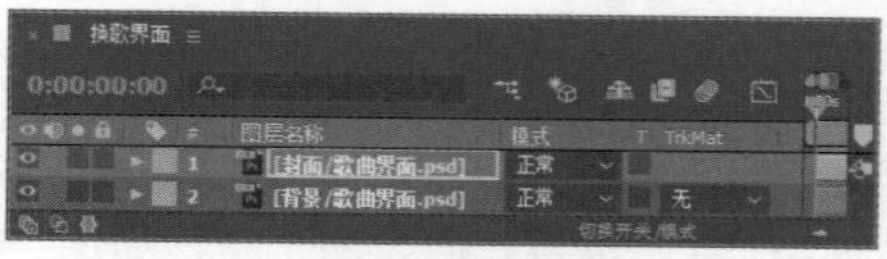

图2.162 添加素材

步骤 04 在时间线面板中选中【封面/歌曲界面.psd】图层，将时间调整至0:00:00:00帧的位置，按R键打开【旋转】，单击【旋转】左侧的码表按钮，在当前位置添加关键帧；将时间调整至0:00:02:00帧的位置，将【旋转】更改为1x，如图2.163所示。

图2.163 添加关键帧

步骤 05 选择工具箱中的【椭圆工具】，按住Shift键在封面图像中间绘制一个圆，设置其【填充】为紫色（R:205，G:69，B:125），【描边】为无，将生成一个【形状图层 1】图层，如图2.164所示。

步骤 06 在时间线面板中选中【形状图层 1】图层，按Ctrl+D组合键复制一个【形状图层 2】图层，并将【形状图层 2】图层中图形的【填充】更改为白色，再将图形等比缩小，如图2.165所示。

图2.164 绘制图形

图2.165 复制图形

步骤 07 在时间线面板中选中【形状图层 2】层，在【效果和预设】面板中展开【生成】特效组，然后双击【梯度渐变】特效。

步骤 08 在【效果控件】面板中修改【梯度渐变】特效的参数，设置【渐变起点】为（402，276），【起始颜色】为白色，【渐变终点】为（398，284），【结束颜色】为黑色，【渐变形状】为径向渐变，如图2.166所示。

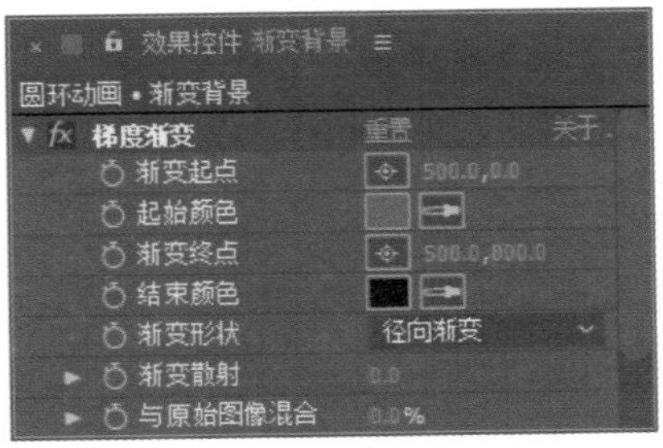

图2.166 添加梯度渐变特效参数

步骤 09 在时间线面板中选中【形状图层 2】图层，将时间调整至0:00:02:00帧的位置，按]键设置动画出场，如图2.167所示。

图2.167 设置动画出场

步骤 10 选择工具箱中的【矩形工具】，在封面位置绘制一个矩形，设置其【填充】为白色，【描边】为无，将生成一个【形状图层3】，如图2.168所示。

图2.168 绘制图形

步骤 11 在时间线面板中选中【形状图层3】图层，将其模式更改为【柔光】，如图2.169所示。

图2.169 设置模式

步骤 12 在时间线面板中，将时间调整至0:00:02:00帧的位置，按[键设置动画入场，如图2.170所示。

图2.170 设置动画入场

步骤 13 在时间线面板中选中【形状图层 3】图层，按Ctrl+D组合键复制一个【形状图层 4】图层，在图像中将其向右侧平移，如图2.171所示。

图2.171 移动图形

2.12.2 制作装饰动画

步骤 01 选择工具箱中的【钢笔工具】，在底部位置绘制一个心形，设置其【填充】为紫色（R：205，G：69，B：125），【描边】为无，如图2.172所示。

图2.172 绘制图形

步骤02 在时间线面板中选中【形状图层 2】图层，将时间调整至0:00:02:00帧的位置，按[键设置动画入场，如图2.173所示。

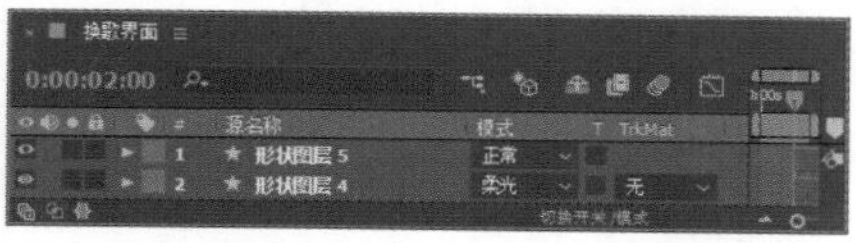

图2.173 设置动画入场

步骤03 在时间线面板中选中【形状图层 5】图层，按Ctrl+D组合键复制一个【形状图层 6】图层，分别单击【位置】及【不透明度】左侧的码表，在当前位置添加关键帧，如图2.174所示。

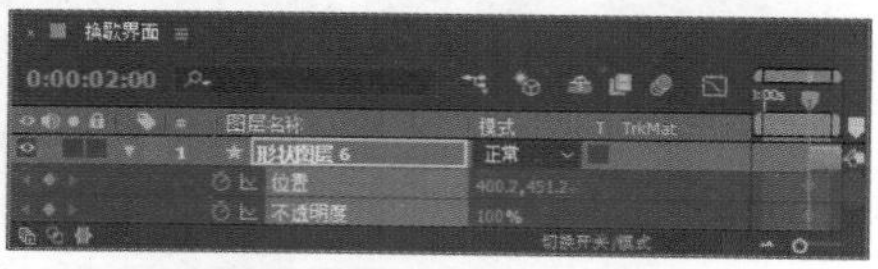

图2.174 添加关键帧

步骤04 将时间调整至0:00:02:24帧的位置，将【不透明度】更改为0，将图形向上移动，如图2.175所示。

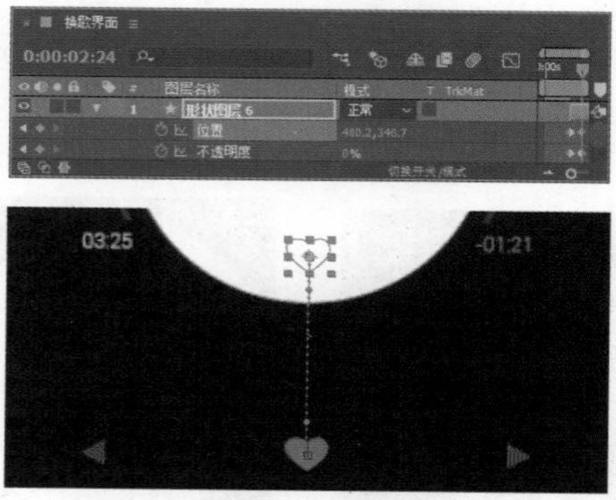

图2.175 更改不透明度及位置

步骤05 这样就完成了整体效果的制作，按小键盘上的0键即可在合成窗口中预览效果。

2.13 滑动解锁动效设计

设计构思

本例主要讲解滑动解锁动效设计，在设计过程中通过【位置】和【缩放】功能制作出形象的滑动解锁效果，动画流程画面如图2.176所示。

视频分类：自然反馈动效类

工程文件：下载文件\工程文件\第2章\滑动解锁动效设计

视频文件：下载文件\movie\视频讲座\2.13.avi

学习目标：【位置】、【缩放】、【不透明度】

图2.176 动画流程画面

操作步骤

2.13.1 编辑状态动画

步骤 01 执行菜单栏中的【合成】|【新建合成】命令，打开【合成设置】对话框，设置【合成名称】为“滑动解锁”，【宽度】为1000，【高度】为1200，【帧速率】为25，并设置【持续时间】为00:00:03:00秒，【背景颜色】为蓝色（R：76，G：184，B：234），完成之后单击【确定】按钮，如图2.177所示。

步骤 02 执行菜单栏中的【文件】|【导入】|【文件】命令，选择下载文件中的“工程文件\第2章\滑动解锁动效设计\背景.jpg”素材，单击【导入】按钮，如图2.178所示。

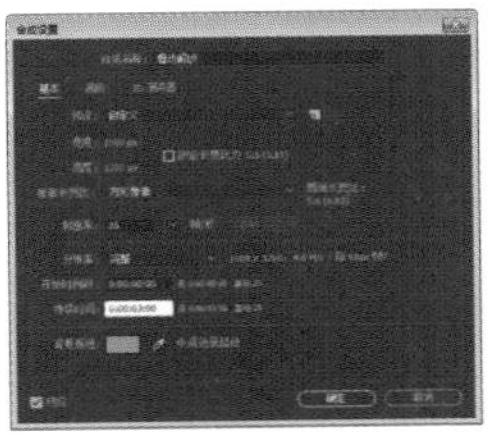

图2.177 新建合成

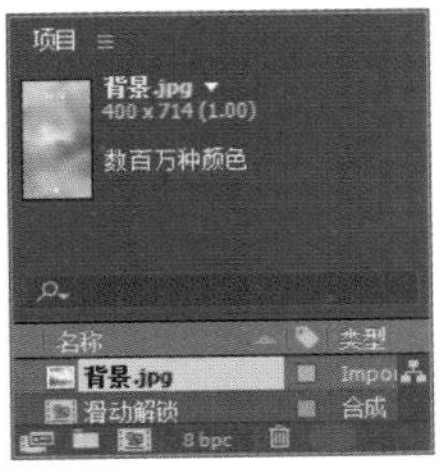

图2.178 导入素材

步骤 03 在【项目】面板中选择【背景.jpg】素材，将其拖动到【滑动解锁】合成的时间线面板中，如图2.179所示。

图2.179 添加素材

步骤 04 选择工具箱中的【椭圆工具】，按住Shift键在界面中间绘制一个圆，设置其【填充】为无，【描边】为白色，【描边宽度】为8像素，将生成一个【形状图层 1】图层，如图2.180所示。

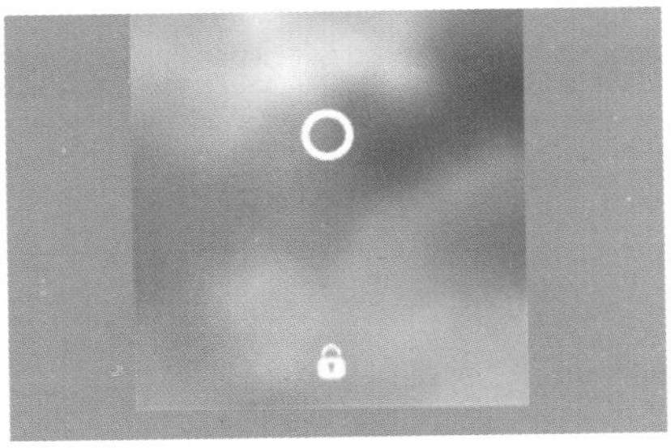

图2.180 绘制图形

步骤 05 在时间线面板中选中【形状图层 1】图层，按Ctrl+D组合键复制一个【形状图层 2】图层。将【形状图层 2】中图形的【描边宽度】更改为3像素，再将其图层【模式】更改为【柔光】并适当放大，如图2.181所示。

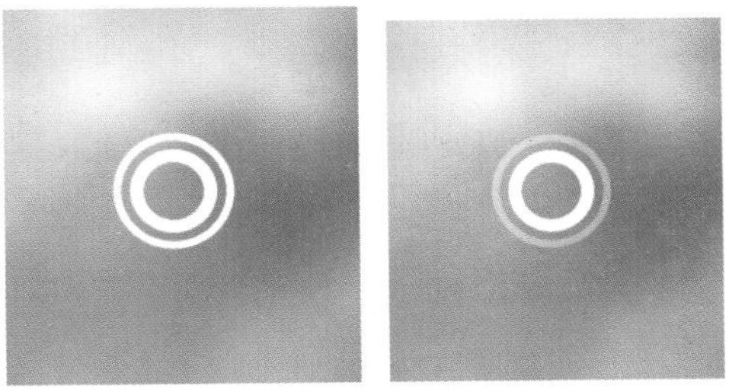

图2.181 复制图形并更改模式

步骤 06 以同样的方法再复制一个【形状图层 3】图层，并将图形放大，如图2.182所示。

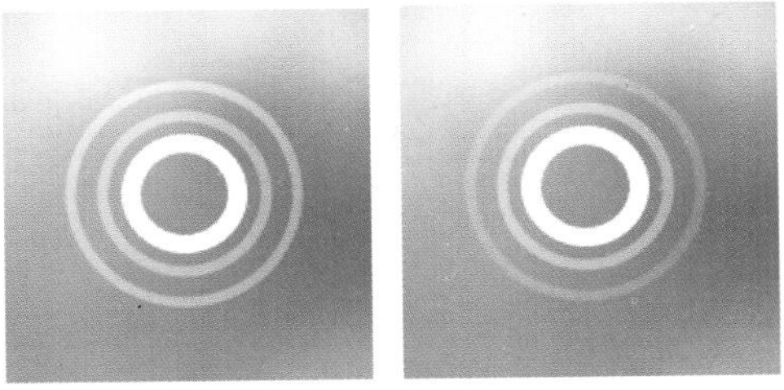

图2.182 复制并变换图形

步骤 07 在时间线面板中选中【形状图层 2】图层，将时间调整至0:00:00:00帧的位置，按S键打开【缩放】，单击【缩放】左侧的码表按钮，在当前位置添加关键帧；将时间调整至0:00:01:00帧的位置，将图形等比缩小，系统会自动添加关键帧，如图2.183所示。

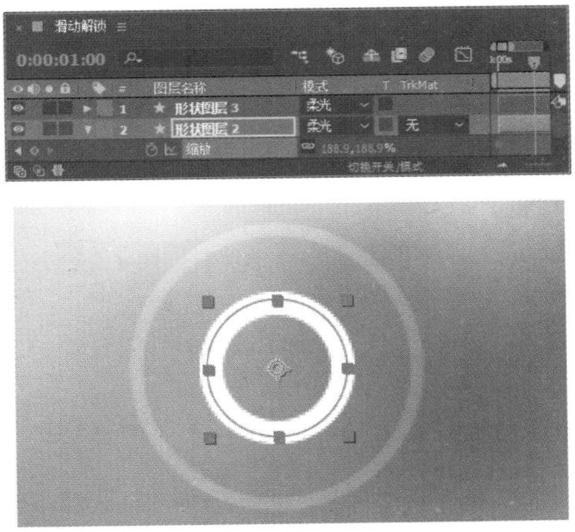

图2.183 缩小图形

步骤 08 在时间线面板中选中【形状图层 3】图层，将时间调整至0:00:00:00帧的位置，按S键打开【缩放】，单击【缩放】左侧的码表按钮，在当前位置添加关键帧；将时间调整至0:00:00:12帧的位置，将图形等比缩小，系统会自动添加关键帧，如图2.184所示。

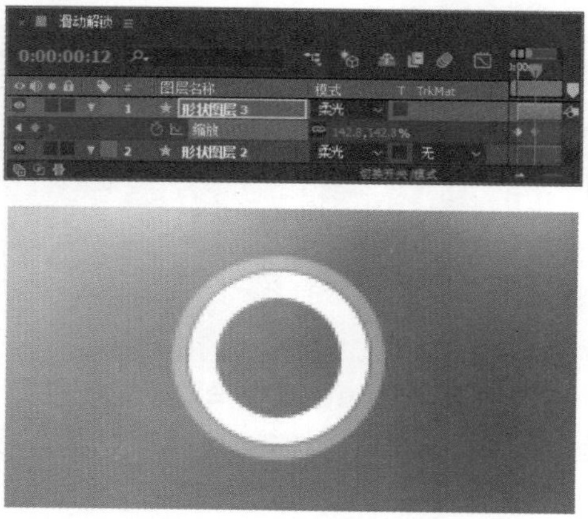

图2.184 缩小图形

步骤 09 在时间线面板中选中【形状图层 3】图层，将时间调整至0:00:01:00帧的位置，将图形等比放大，系统会自动添加关键帧。

步骤 10 选中【形状图层 2】图层，将时间调整至0:00:02:00帧的位置，将图形等比放大，系统会自动添加关键帧，如图2.185所示。

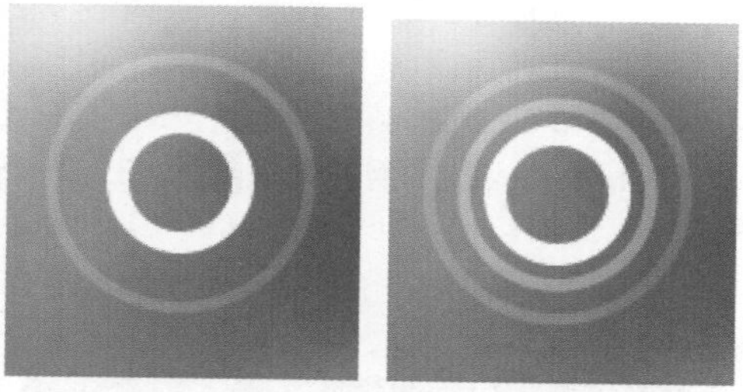

图2.185 将图形放大

2.13.2 绘制触控图形

步骤 01 选择工具箱中的【椭圆工具】，按住Shift键在刚才制作的动画下方绘制一个圆，设置其【填充】为白色，【描边】为无，将生成一个【形状图层 4】图层，如图2.186所示。

步骤 02 选中【形状图层 4】图层，将其图层【模式】更改为【柔光】，如图2.187所示。

步骤 03 在时间线面板中选中【形状图层 4】图层，将时间调整至0:00:00:00帧的位置，按P键打开【位置】，单击【位置】左侧的码表按钮，在当前位置添加关键帧，将时间调整至0:00:02:00帧的位置，将图形向下垂直移动，系统会自动添加关键帧，如图2.188所示。

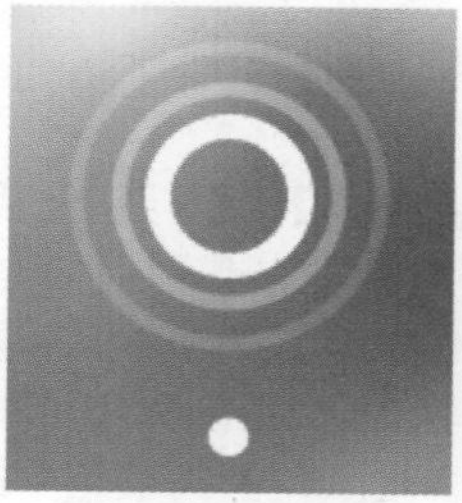

图2.186 绘制图形

图2.187 更改模式

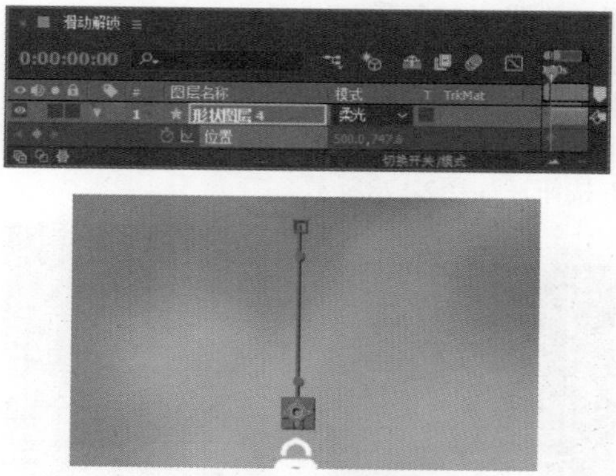

图2.188 移动图形

步骤 04 在时间线面板中选中【形状图层 4】图层，按Ctrl+D组合键复制一个【形状图层 5】图层，在图像中将其向上稍微移动，系统会自动添加关键帧。

步骤 05 以同样的方法将图层再复制两份，并分别向上稍微移动，如图2.189所示。

图2.189 复制及移动图形

提示与技巧

在移动图形时需要注意时间始终都处在0:00:02:00帧的位置。

步骤 06 这样就完成了整体效果的制作，按小键盘上的0键即可在合成窗口中预览效果。

2.14 刷新动效设计

设计构思

本例主要讲解刷新动效设计，在制作过程中，首先将图形变形并结合关键帧制作出图形变形动画，然后利用【位置】及【不透明度】功能制作出装饰元素，动画流程画面如图2.190所示。

视频分类：自然反馈动效类
工程文件：下载文件\工程文件\第2章\刷新动效设计
视频文件：下载文件\movie\视频讲座\2.14.avi
学习目标：【位置】、【不透明度】

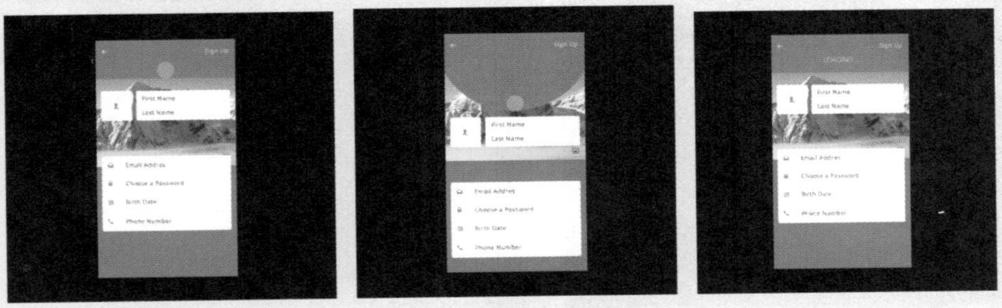

图2.190 动画流程画面

设计构思

2.14.1 制作滑动效果

步骤 01 执行菜单栏中的【合成】|【新建合成】命令，打开【合成设置】对话框，设置【合成名称】为“刷新动效”，【宽度】为1200，【高度】为900，【帧速率】为25，并设置【持续时间】为00:00:10:00秒，【背景颜色】为深蓝色（R：5，G：25，B：44），完成之后单击【确定】按钮，如图2.191所示。

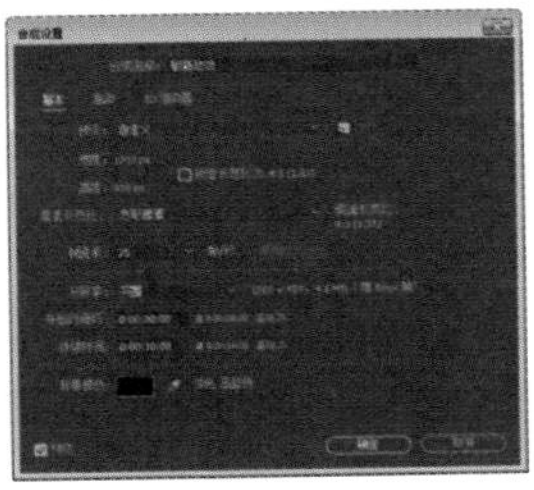

图2.191 新建合成

步骤 02 执行菜单栏中的【文件】|【导入】|【文件】命令，打开【导入文件】对话框，选择下载文件中的“工程文件\第2章\刷新动效设计\界面.psd”素材，单击【导入】按钮，在弹出的对话框中选择【导入种类】为【合成-保持图层大小】，并选中【可编的图层样式】单选按钮，完成之后单击【确定】按钮，如图2.192所示。

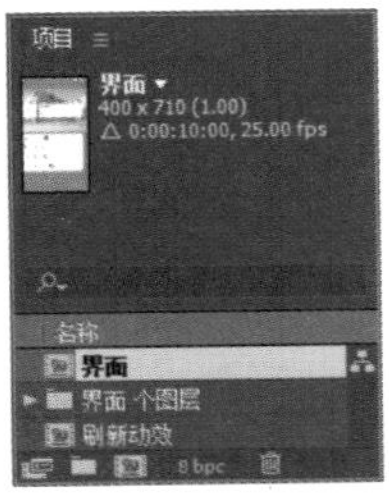

图2.192 导入素材

步骤 03 在【项目】面板中选择【界面 个图层】素材，将其拖动到【刷新动效】合成的时间线面板中，将【背景/界面.psd】图层移至底部，在图像中调整素材图像位置，如图2.193所示。

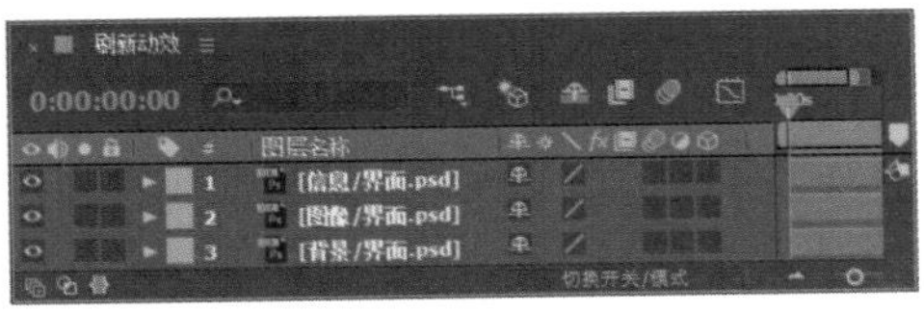

图2.193 添加素材

步骤 04 在时间线面板中选中【信息/界面.psd】图层，将时间调整至0:00:00:00帧的位置，按P键打开【位置】，单击【位置】左侧的码表按钮，在当前位置添加关键帧；将时间调整至0:00:01:00帧的位置，将图像向下移动，系统会自动添加关键帧，如图2.194所示。

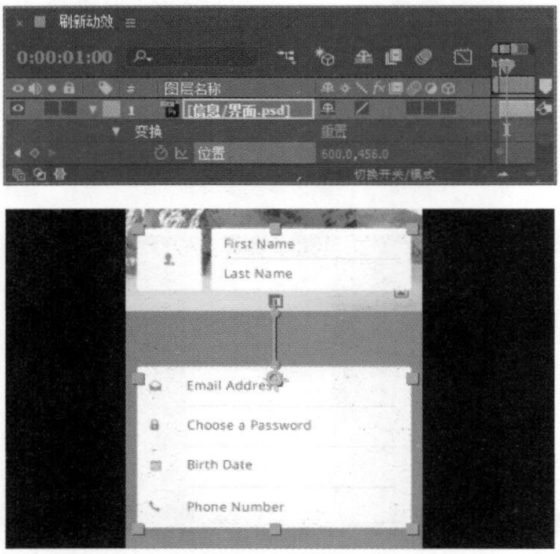

图2.194 移动图像

步骤 05 选择工具箱中的【矩形工具】，在靠上方位置绘制一个矩形，设置其【填充】为蓝色（R：72，G：160，B：220），【描边】为无，将生成一个【形状图层1】图层，如图2.195所示。

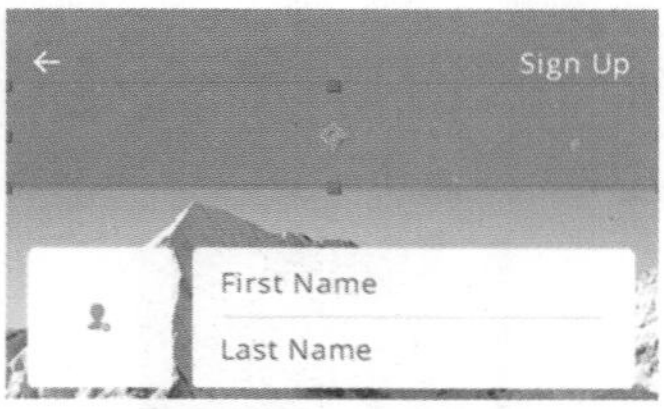

图2.195 绘制图形

2.14.2 制作拉伸动效

步骤 01 选择工具箱中的【添加“顶点”工具】，在矩形中间底部单击添加锚点，选择工具箱中的【转换“顶点”工具】，单击添加的锚点，如图2.196所示。

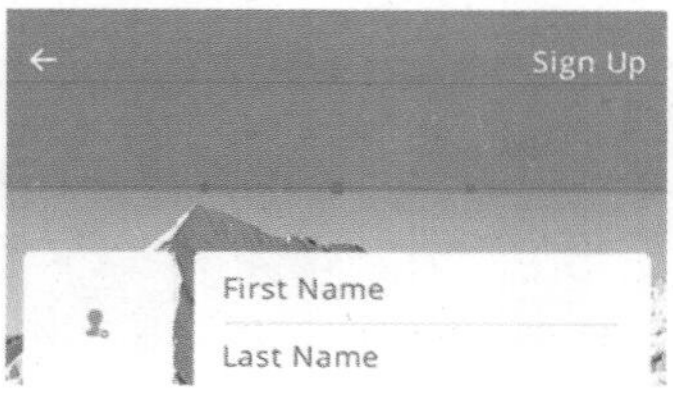

图2.196 添加锚点

步骤 02 在时间线面板中，将时间调整至0:00:00:00帧的位置，展开【形状图层1】|【内容】|【矩形1】，单击【路径】左侧的码表按钮，在当前位置添加关键帧；将时间调整至0:00:01:00帧的位置，向下拖动图形底部锚点，系统会自动添加关键帧，如图2.197所示。

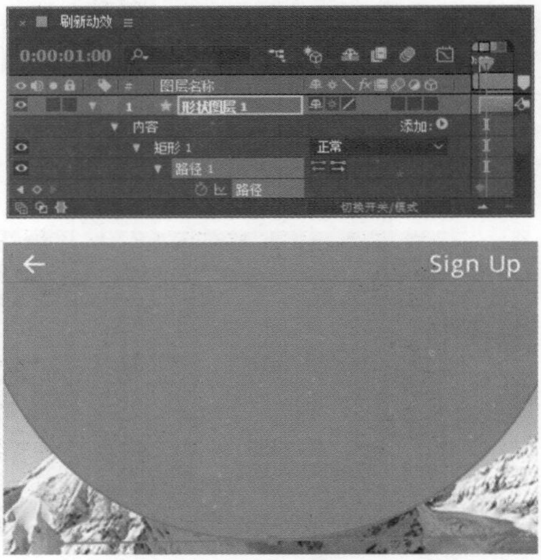

图2.197 拖动锚点

步骤 03 将时间调整至0:00:01:05帧的位置，向上拖动中间锚点，系统会自动添加关键帧，如图2.198所示。

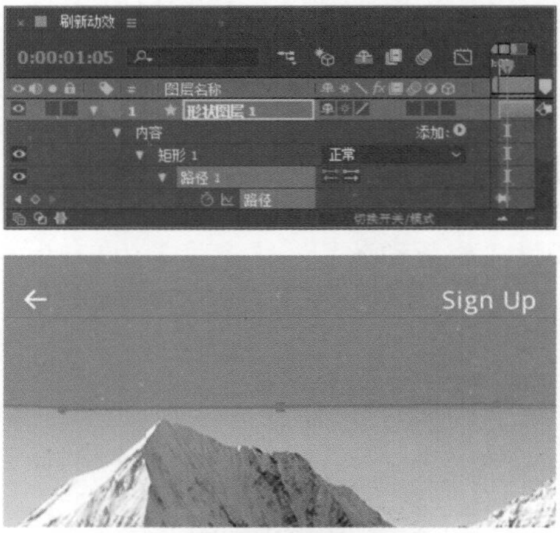

图2.198 拖动锚点

步骤 04 选中【信息/界面.psd】图层，在图像中将其向上拖动，系统会自动添加关键帧，如图2.199所示。

图2.199 拖动图像

步骤 05 选择工具箱中的【椭圆工具】，按住Shift键在图像顶部绘制一个圆，设置其【填充】为无，【描边】为白色，【描边宽度】为无，将生成一个【形状图层2】图层，如图2.200所示。

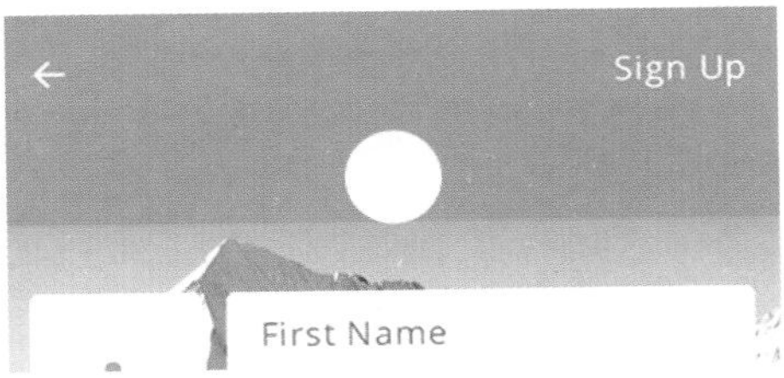

图2.200 绘制图形

步骤 06 在时间线面板中选中【形状图层 2】，按T键打开【不透明度】，将【不透明度】更改为30%，如图2.201所示。

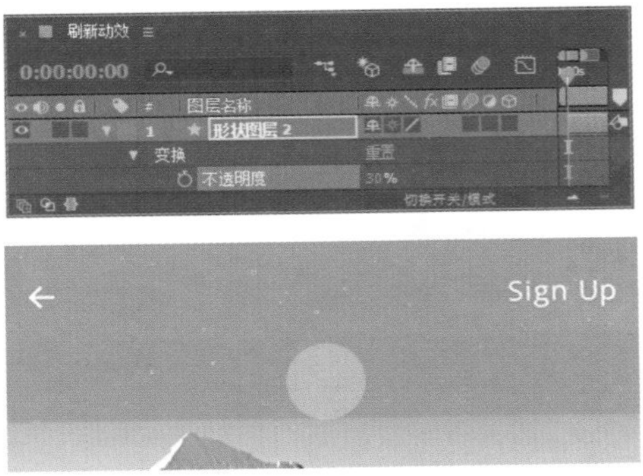

图2.201 更改不透明度

步骤 07 在时间线面板中，将时间调整至0:00:00:00帧的位置，按P键打开【位置】，单击【位置】左侧的码表按钮，在当前位置添加关键帧；将时间调整至0:00:01:00帧的位置，将其向下拖动，系统会自动添加关键帧，如图2.202所示。

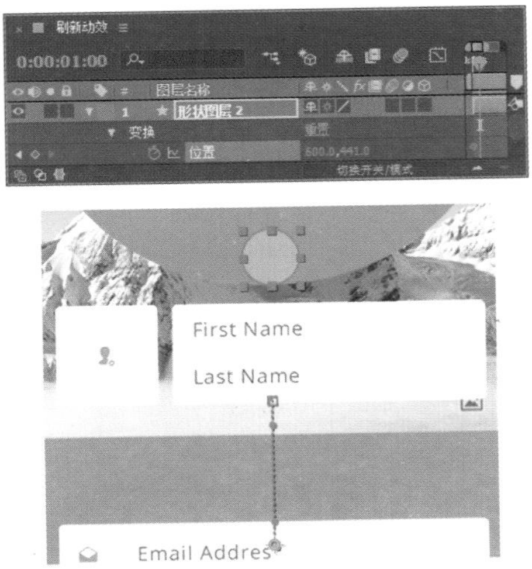

图2.202 拖动图形

步骤 08 将时间调整至0:00:01:05帧的位置，将圆形向上拖动至界面图像之外，系统会自动添加关键帧，如图2.203所示。

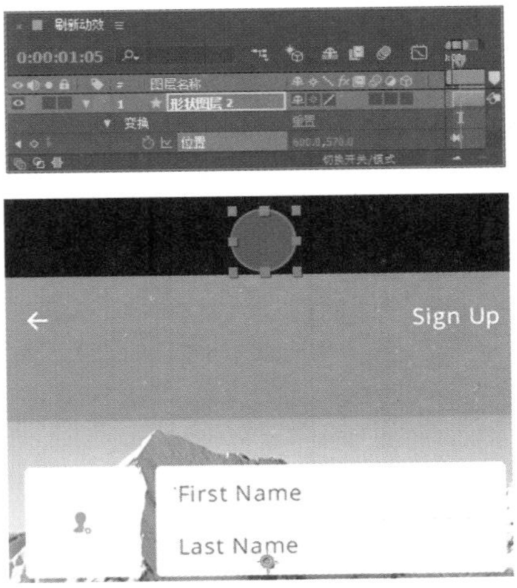

图2.203 拖动图形

步骤 09 将时间调整至0:00:01:00帧的位置，按T键打开【不透明度】，单击【不透明度】左侧的码表按钮，在当前位置添加关键帧；将时间调整至0:00:01:05帧的位置，将【不透明度】更改为0，系统会自动添加关键帧，如图2.204所示。

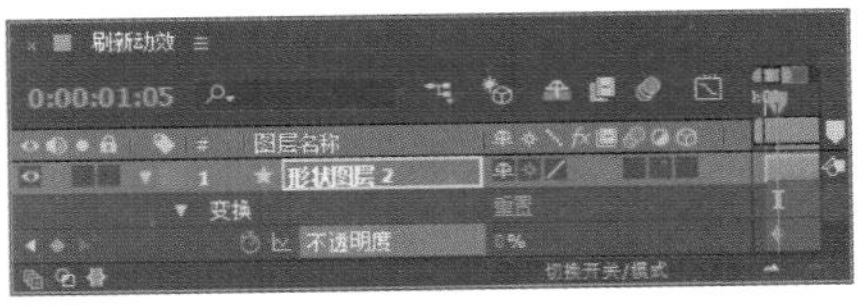

图2.204 更改【不透明度】数值

2.14.3 添加文字动画

步骤 01 选择工具箱中的【横排文字工具】，在图像中适当位置添加文字（方正兰亭纤黑），如图2.205所示。

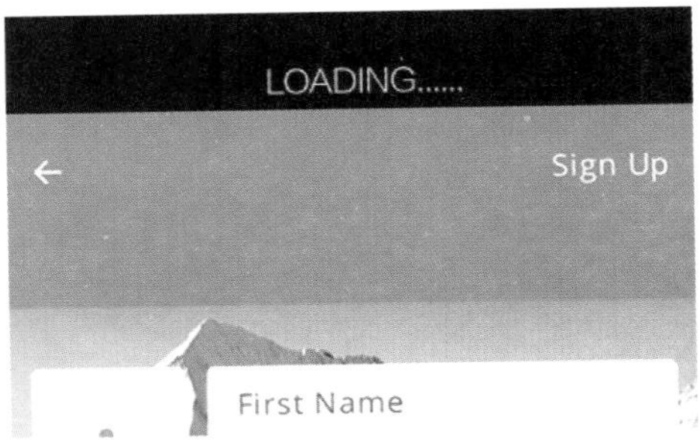

图2.205 添加文字

步骤 02 在时间线面板中选中【loading......】图层，

将时间调整至0:00:01:00帧的位置，分别单击【位置】及【不透明度】左侧的码表按钮，将【不透明度】更改为0，在当前位置添加关键帧，如图2.206所示。

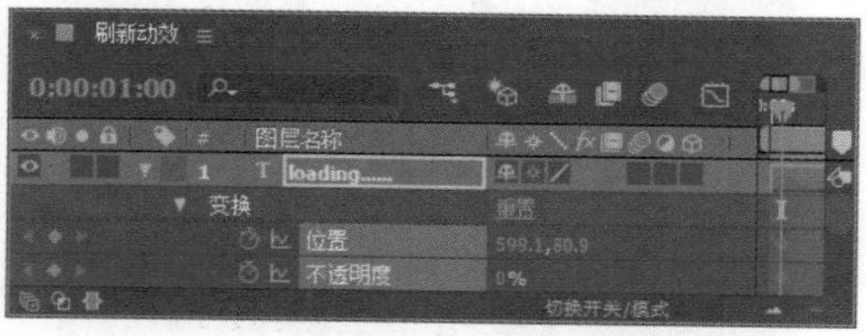

图2.206 添加关键帧

步骤 03 将时间调整至0:00:01:05帧的位置，将文字向下拖动，将【不透明度】更改为100%，系统会自动添加关键帧，如图2.207所示。

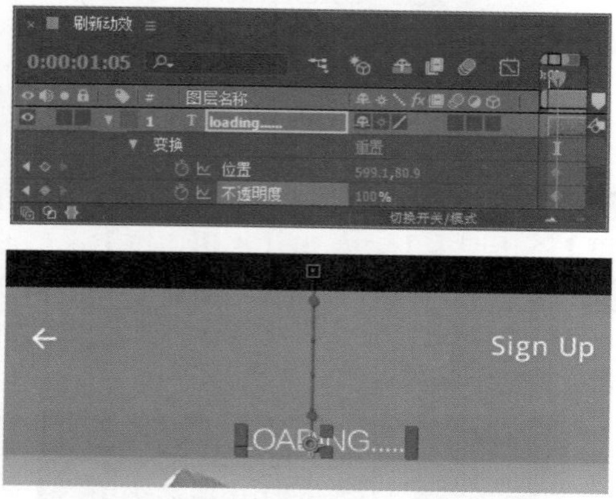

图2.207 拖动文字

步骤 04 将时间调整至0:00:01:10帧的位置，将文字向上拖动，系统会自动添加关键帧，如图2.208所示。

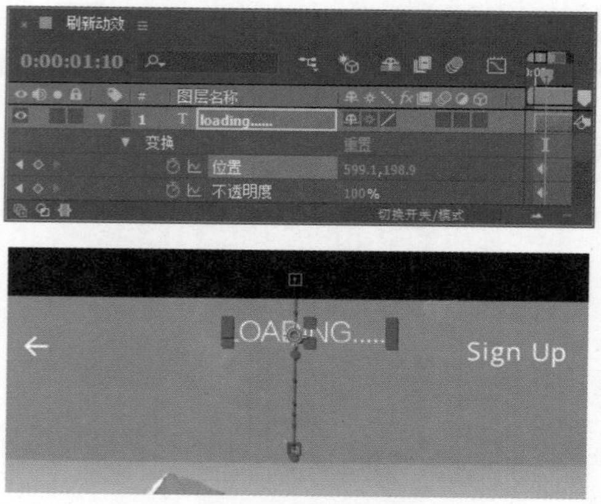

图2.208 拖动文字

步骤 05 将时间调整至0:00:02:00帧的位置，将文字向下拖动，系统会自动添加关键帧，如图2.209所示。

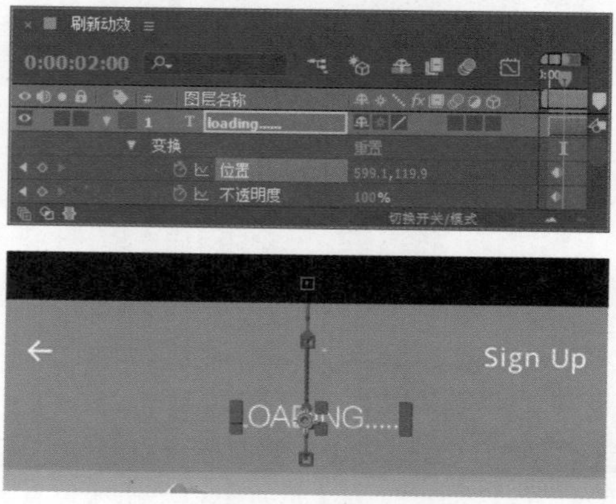

图2.209 拖动文字

步骤 06 这样就完成了整体效果的制作，按小键盘上的0键即可在合成窗口中预览效果。

第3章

层级关系动效设计

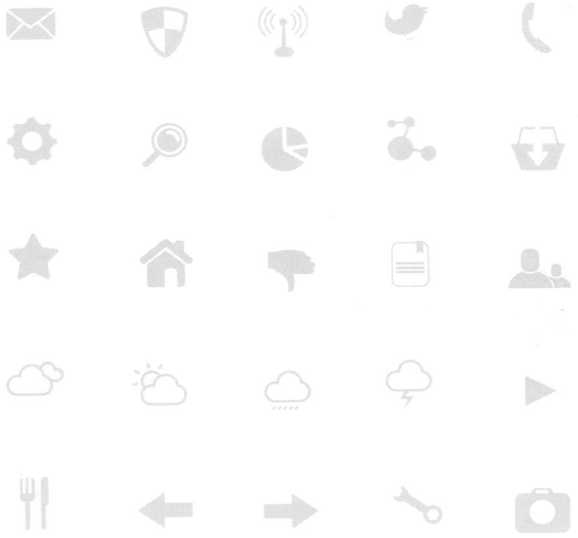

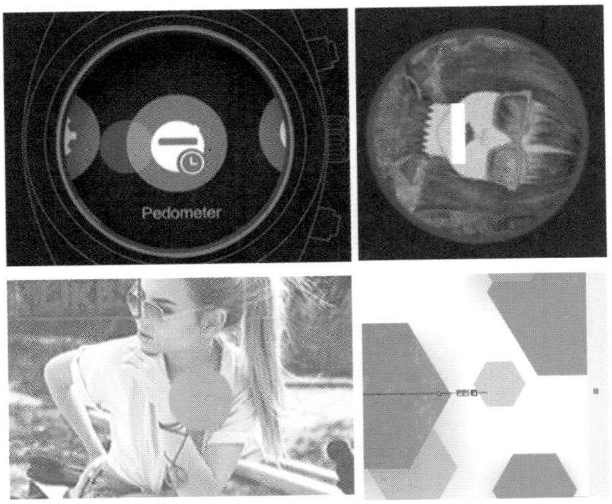

本章介绍

本章主要讲解层级关系动效设计，所谓层级关系动效设计，可以理解为在动效设计过程中的层级表现形式，如上下级关系，父子级关系等，动效常见的如弹出式菜单、滑动列表、转盘式选项等。通过对本章内容的学习，可以掌握层级关系动效设计的技巧。

要点索引

- 收音机启动界面动效设计
- 相册界面切换动效设计
- 分享动效设计
- 图表数据动效设计
- 手表界面切换动效设计
- 卡片切换动效设计

3.1 收音机启动界面动效设计

设计构思

本例主要讲解收音机启动界面动效设计，在制作过程中主要用到【缩放】功能，首先将两个图像分别缩小或放大，然后将动画完美衔接，即可完成效果制作，动画流程画面如图3.1所示。

视频分类：层级关系动效类

工程文件：下载文件\工程文件\第3章\收音机启动界面动效设计

视频文件：下载文件\movie\视频讲座\3.1.avi

学习目标：【定位点】

图3.1 动画流程画面

操作步骤

步骤01 执行菜单栏中的【合成】|【新建合成】命令，打开【合成设置】对话框，设置【合成名称】为“启动效果”，【宽度】为1000，【高度】为800，【帧速率】为25，并设置【持续时间】为00:00:02:00秒，【背景颜色】为蓝色（R：70，G：146，B：210），完成之后单击【确定】按钮，如图3.2所示。

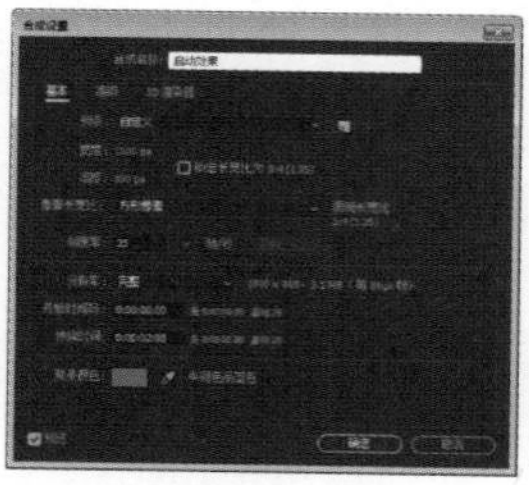

图3.2 新建合成

步骤02 执行菜单栏中的【文件】|【导入】|【文件】命令，打开【导入文件】对话框，选择下载文件中的“工程文件\第3章\收音机启动界面动效设计\界面素材.psd”素材，单击【导入】按钮，在弹出的对话框中选择【导入种类】为【合成-保持图层大小】，并选中【可编辑的图层样式】单选按钮，完成之后单击【确定】按钮，如图3.3所示。

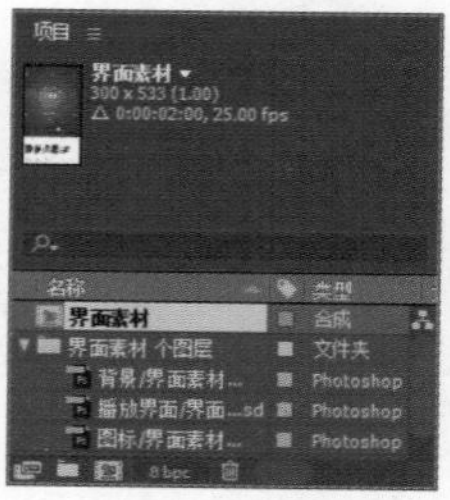

图3.3 导入素材

步骤03 在【项目】面板中选择【界面素材 个图层】素材，将其拖动到【启动效果】合成的时间线面板中。

步骤04 将【图标/界面素材.psd】图层移至【背景/界面素材.psd】上方位置，将【播放界面/界面素材.psd】置于所有图层上方并隐藏，如图3.4所示。

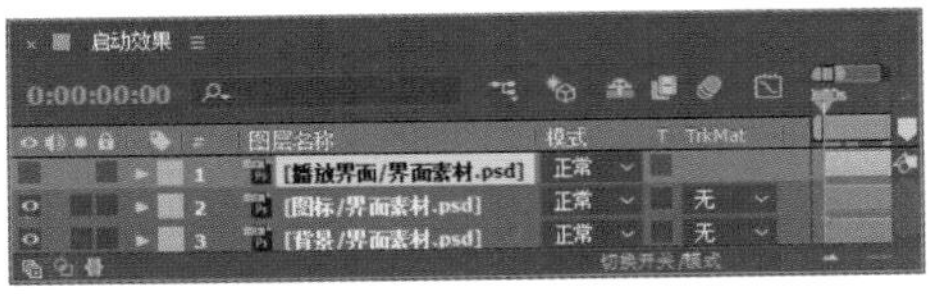

图3.4 添加素材

步骤 05 选中【图标/界面素材.psd】图层，选择工具箱中的【向后平移（锚点）工具】，在图像上将定位点移至图标左上角位置，如图3.5所示。

图3.5 更改定位点

步骤 06 在时间线面板中选中【图标/界面素材.psd】图层，将时间调整至0:00:00:00帧的位置，分别单击【缩放】及【不透明度】左侧的码表按钮，在当前位置添加关键帧，如图3.6所示。

图3.6 添加关键帧

步骤 07 将时间调整至0:00:00:10帧的位置，将【缩放】更改为（300，300），【不透明度】更改为0，系统会自动添加关键帧，如图3.7所示。

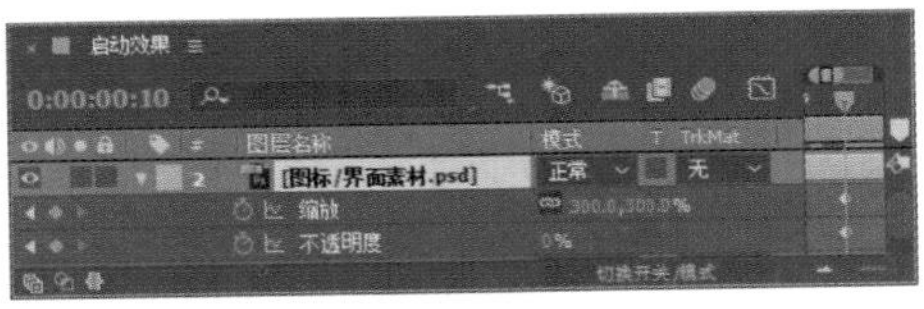

图3.7 更改数值

步骤 08 选中【播放界面/界面素材.psd】图层，选择工具箱中的【向后平移（锚点）工具】，在图像上将定位点移至图像左上角位置，如图3.8所示。

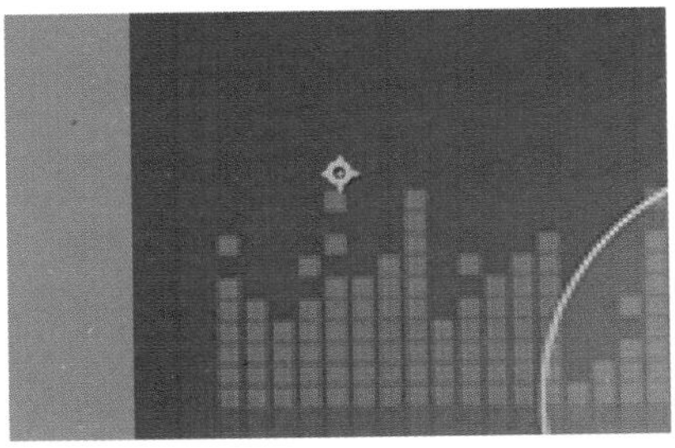

图3.8 更改定位点

步骤 09 将时间调整至0:00:00:06帧的位置，选中【播放界面/界面素材.psd】图层，分别单击【缩放】及【不透明度】左侧的码表按钮，在当前位置添加关键帧，将【缩放】更改为（0，0），【不透明度】更改为0，如图3.9所示。

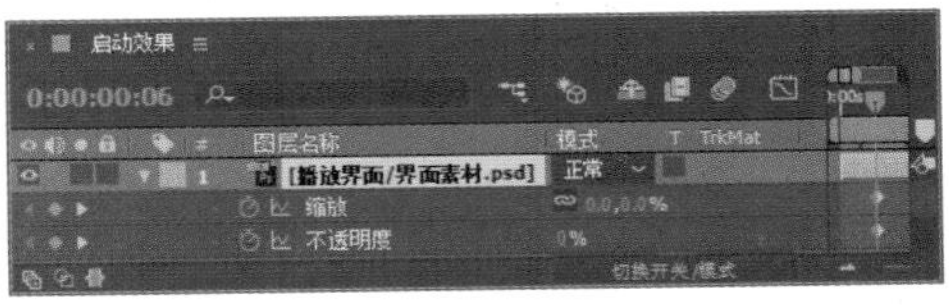

图3.9 添加【缩放】及【不透明度】关键帧

步骤 10 将时间调整至0:00:00:20帧的位置，将【缩放】更改为（100，100），将【不透明度】更改为100%，系统会自动添加关键帧，如图3.10所示。

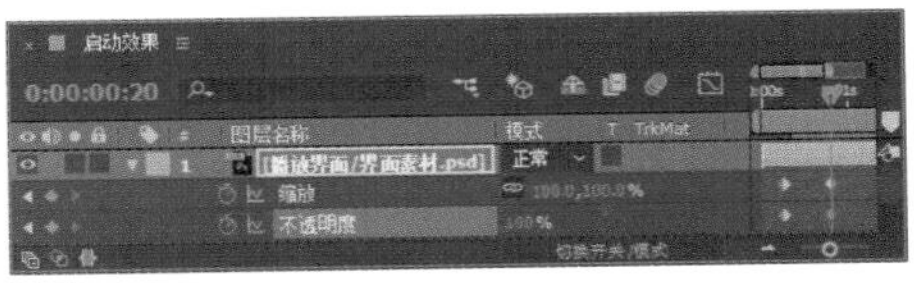

图3.10 更改数值

步骤 11 这样就完成了整体效果的制作，按小键盘上的0键即可在合成窗口中预览效果。

3.2 相册界面切换动效设计

设计构思

本例主要讲解相册界面切换动效，该动效主要体现在界面文字信息与二级界面的衔接，通过界面的转换来表现主题动画，动画流程画面如图3.11所示。

视频分类：层级关系动效类

工程文件：下载文件\工程文件\第3章\相册界面切换动效设计

视频文件：下载文件\movie\视频讲座\3.2.avi

学习目标：【入场】、【出场】

图3.11 动画流程画面

操作步骤

步骤 01 执行菜单栏中的【合成】|【新建合成】命令，打开【合成设置】对话框，设置【合成名称】为“切换动画”，【宽度】为1000，【高度】为800，【帧速率】为25，并设置【持续时间】为00:00:02:00秒，【背景颜色】为青色（R：97，G：216，B：212），完成之后单击【确定】按钮，如图3.12所示。

步骤 02 执行菜单栏中的【文件】|【导入】|【文件】命令，选择下载文件中的“工程文件\第3章\相册界面切换动效设计\相册界面.psd”素材，单击【导入】按钮，在弹出的对话框中选择【导入种类】为【合成-保持图层大小】，选中【可编辑的图层样式】单选按钮，完成之后单击【确定】按钮，如图3.13所示。

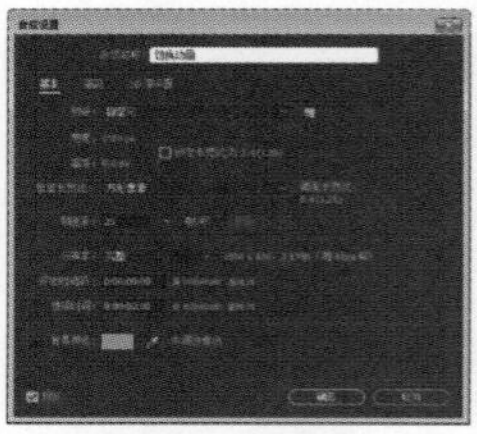

图3.12 新建合成

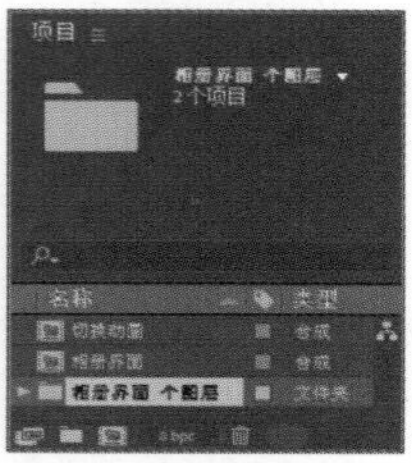

图3.13 导入素材

步骤 03 在【项目】面板中选择【相册界面 个图层】文件夹，将其拖动到【切换动画】合成的时间线面板中，将【二级界面/相册界面.psd】图层移至上方，如图3.14所示。

图3.14 添加素材

步骤 04 在时间线面板中选中【二级界面/相册界面.psd】图层，将时间调整至0:00:00:00帧的位置，单击【缩放】及【位置】左侧的码表按钮，在当前位置添加关键帧，如图3.15所示。

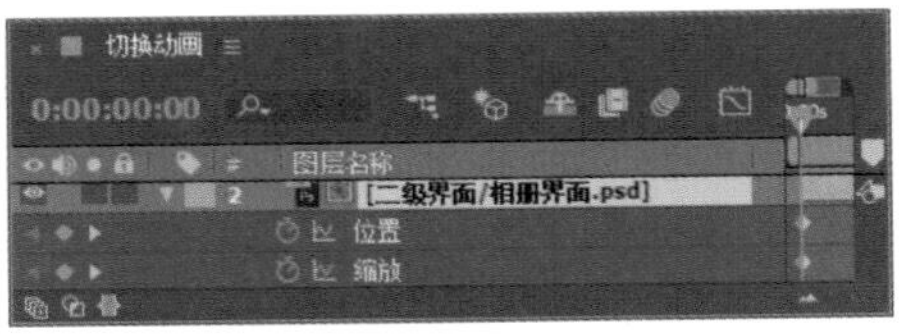

图3.15 添加【位置】和【缩放】关键帧

步骤 05 将时间调整至0:00:00:07帧的位置，将【位置】更改为（728，400），【缩放】更改为（50，50），系统会自动添加关键帧，如图3.16所示。

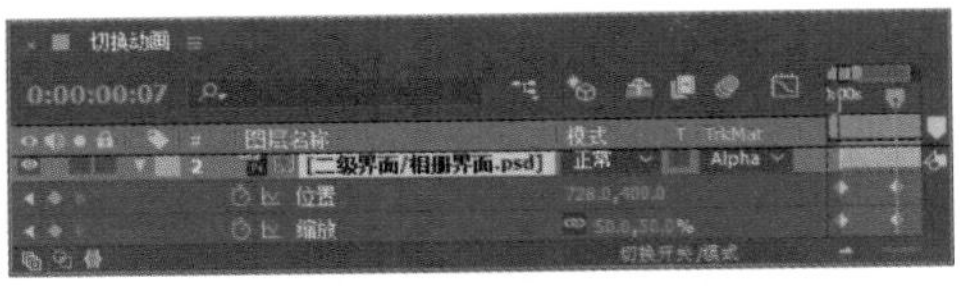

图3.16 更改数值

步骤 06 选中【背景/相册界面.psd】图层，按Ctrl+D组合键复制一份，并移至【二级界面/相册界面.psd】图层上方，将【二级界面/相册界面.psd】图层轨道遮罩更改为【Alpha遮罩“背景/相册界面.psd”】，如图3.17所示。

图3.17 设置轨道遮罩

步骤 07 选择工具箱中的【横排文字工具】，在图像中适当位置添加文字，如图3.18所示。

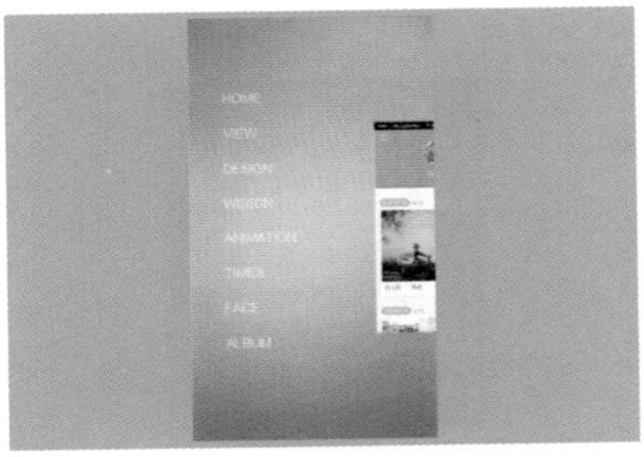

图3.18 添加文字

步骤 08 在时间线面板中，将时间调整至0:00:00:00帧的位置，同时选中下半部分4行文字所在图层，分别单击【位置】及【不透明度】左侧的码表按钮，在当前位置添加关键帧，将【不透明度】数值更改为0，并在图像中按住Shift键将文字向左侧平移至界面以外区域，如图3.19所示。

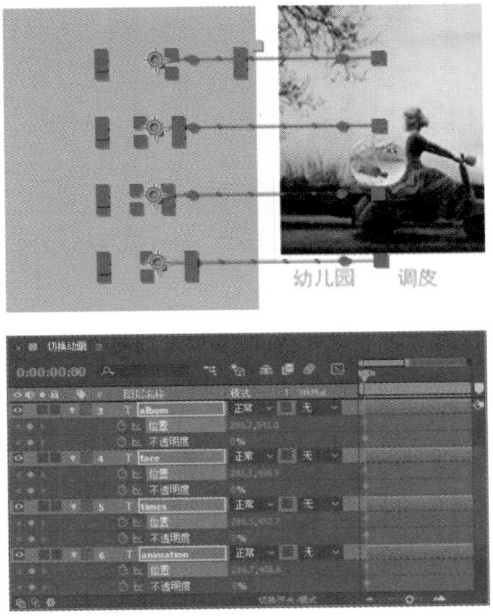

图3.19 添加关键帧及移动文字

步骤 09 将时间调整至0:00:00:07帧的位置，按住Shift键将文字向右侧平移，将【不透明度】更改为100%，如图3.20所示。

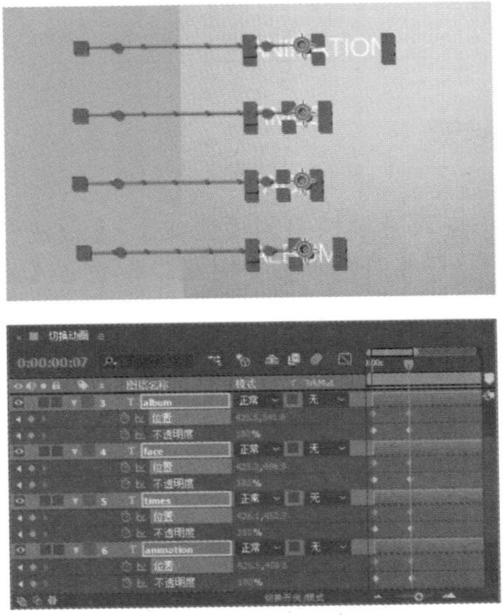

图3.20 更改数值

步骤 10 这样就完成了整体效果的制作，按小键盘上的0键即可在合成窗口中预览效果。

3.3 票务界面动效设计

设计构思

本例主要讲解票务界面动效设计，该动效通过【缩放】功能为图像制作缩放效果，从而达到页面切换的目的，动画流程画面如图3.21所示。

视频分类：层级关系动效类

工程文件：下载文件\工程文件\第3章\票务界面动效设计

视频文件：下载文件\movie\视频讲座\3.3.avi

学习目标：【缩放】、【定位点】

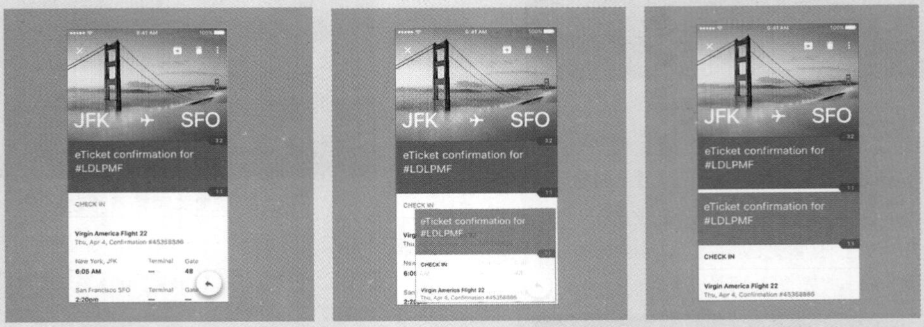

图3.21 动画流程画面

操作步骤

步骤01 执行菜单栏中的【合成】|【新建合成】命令，打开【合成设置】对话框，设置【合成名称】为“界面动效”，【宽度】为1000，【高度】为800，【帧速率】为25，并设置【持续时间】为00:00:03:00秒，【背景颜色】为青色（R：97，G：216，B：212），完成之后单击【确定】按钮，如图3.22所示。

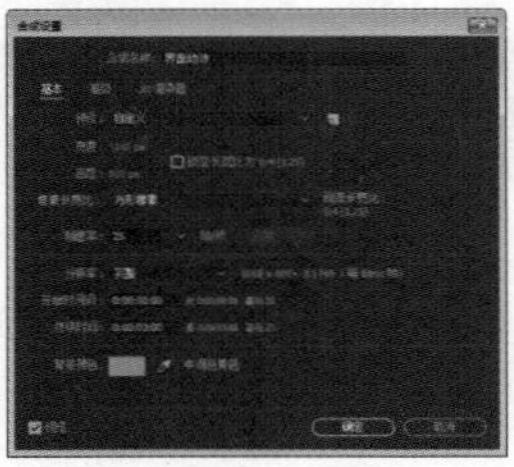

图3.22 新建合成

步骤02 执行菜单栏中的【文件】|【导入】|【文件】命令，选择下载文件中的“工程文件\第3章\票务界面动效设计\票务界面.psd”素材，单击【导入】按钮，在弹出的对话框中选择【导入种类】为【合成-保持图层大小】，并选中【可编辑的图层样式】单选按钮，完成之后单击【确定】按钮，如图3.23所示。

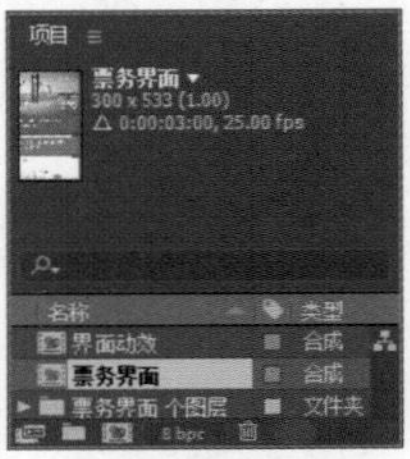

图3.23 导入素材

步骤03 在【项目】面板中选择【票务界面 个图层】文件夹，将其拖动到【界面动效】合成的时间线面板中，将【二级页面/票务界面.psd】图层移至上方，如图3.24所示。

图3.24 添加素材

步骤04 选中【二级页面/票务界面.psd】图层，选择工具箱中的【向后平移（锚点）工具】，在图像上将定位点移至图像右下角位置，如图3.25所示。

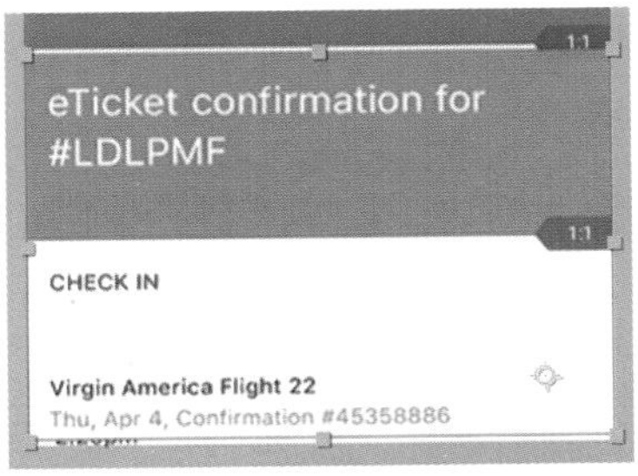

图3.25 更改定位点

提示与技巧

在更改当前图像定位点时，可适当降低图层的不透明度，这样更加方便观察实际的定位效果。

步骤 05 在时间线面板中选中【二级页面/票务界面.psd】图层，将时间调整至0:00:00:10帧的位置，分别单击【缩放】及【不透明度】左侧的码表按钮，在当前位置添加关键帧，将【缩放】更改为（0，0），【不透明度】更改为0，按Alt+[组合键设置入场位置，如图3.26所示。

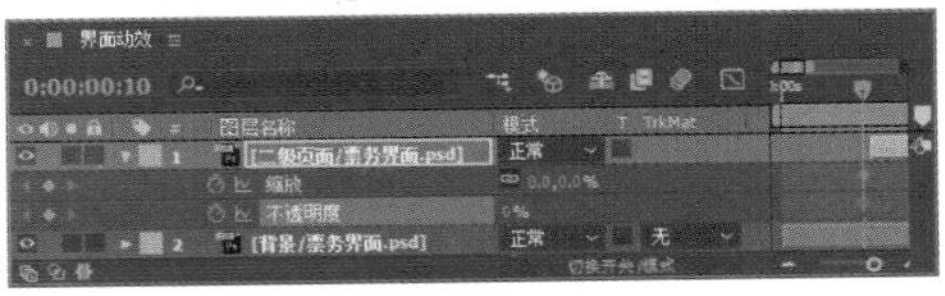

图3.26 添加关键帧

步骤 06 将时间调整至0:00:01:00帧的位置，将【缩放】更改为（100，100），【不透明度】更改为100%，系统会自动添加关键帧，如图3.27所示。

图3.27 更改数值

步骤 07 选择工具箱中的【椭圆工具】，按住Shift键在界面右下角按钮位置绘制一个圆，设置其【填充】为紫色（R：239，G：48，B：161），【描边】为无，将生成一个【形状图层1】图层，如图3.28所示。

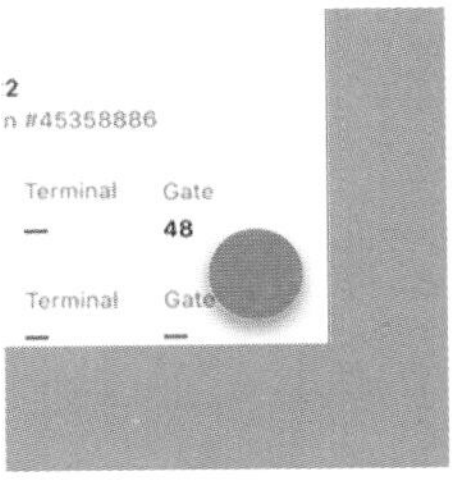

图3.28 绘制图形

步骤 08 在时间线面板中选中【形状图层 1】图层，将其模式更改为【柔光】，如图3.29所示。

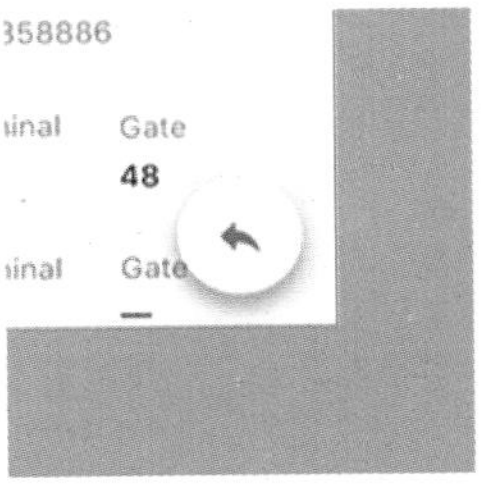

图3.29 更改模式

步骤 09 选中【形状图层 1】，将时间调整至0:00:00:05帧的位置，按Alt+[组合键更改动画入场位置；再将时间调整至0:00:00:10帧的位置，按Alt+]组合键设置动画出场位置，如图3.30所示。

图3.30 设置动画出/入场

步骤 10 这样就完成了整体效果的制作，按小键盘上的0键即可在合成窗口中预览效果。

3.4 音乐播放界面动效设计

设计构思

本例主要讲解音乐播放界面动效设计，该动效主要分为两部分，第一部分是封面图像的转动，主要用到【旋转】功能，第二部分是选择条动画，主要用到【位置】功能，动画流程画面如图3.31所示。

视频分类：层级关系动效类

工程文件：下载文件\工程文件\第3章\音乐播放界面动效设计

视频文件：下载文件\movie\视频讲座\3.4.avi

学习目标：【入场】、【出场】

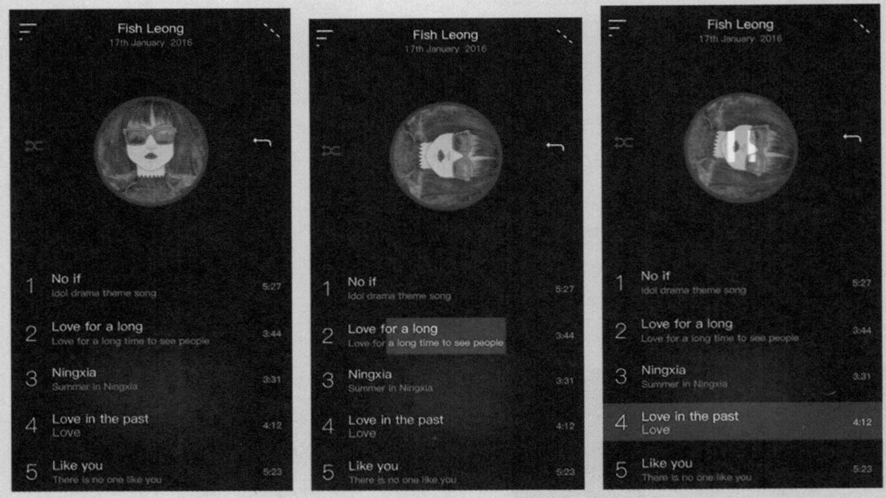

图3.31 动画流程画面

操作步骤

3.4.1 制作选择动画

步骤 01 执行菜单栏中的【合成】|【新建合成】命令，打开【合成设置】对话框，设置【合成名称】为“音乐播放界面动效”，【宽度】为1000，【高度】为800，【帧速率】为25，并设置【持续时间】为00：00：05：00秒，【背景颜色】为紫色（R：159，G：118，B：233），完成之后单击【确定】按钮，如图3.32所示。

步骤 02 执行菜单栏中的【文件】|【导入】|【文件】命令，选择下载文件中的“工程文件\第3章\音乐播放界面动效设计\音乐界面.psd”素材，单击【导入】按钮，在弹出的对话框中选择【导入种类】为【合成-保持图层大小】，选中【可编辑的图层样式】单选按钮，完成之后单击【确定】按钮，如图3.33所示。

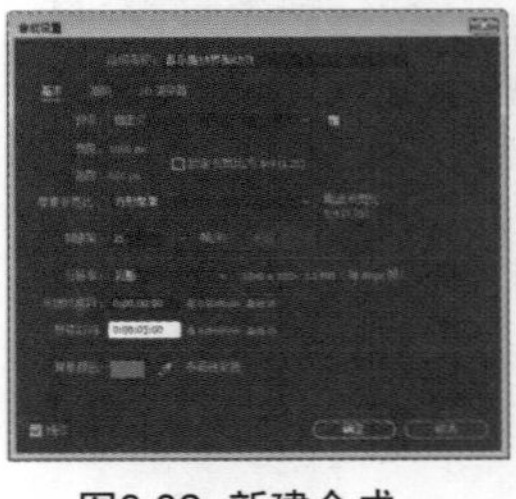

图3.32 新建合成

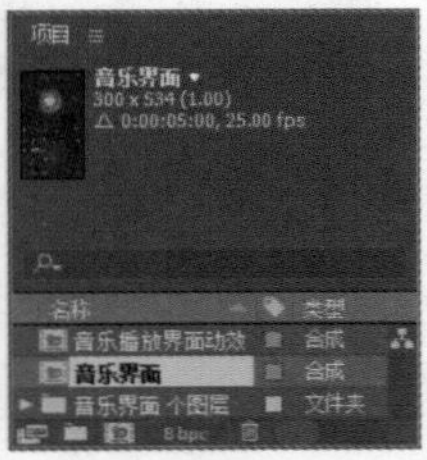

图3.33 导入素材

步骤 03 在【项目】面板中选择【音乐界面 个图层】文件夹，将其拖动到【音乐播放界面动效】合成的时间线面板中，将【封面/音乐界面.psd】图层移至上方，并在图像中将其移动至界面适当位置，如图3.34所示。

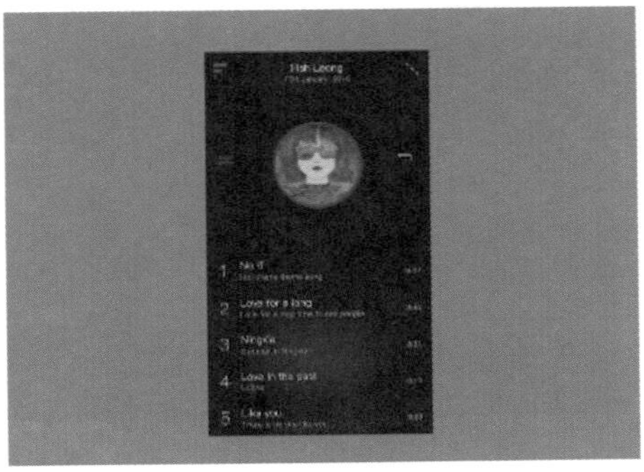

图3.34　添加素材

步骤 04　将时间调整至0:00:00:00帧的位置，在时间线面板中选中【封面/音乐界面.psd】层，按R键打开【旋转】，单击【旋转】左侧的码表按钮，在当前位置添加关键帧，如图3.35所示。

图3.35　添加关键帧

步骤 05　将时间调整至0:00:01:20帧的位置，将【旋转】数值更改为100，如图3.36所示。

图3.36　更改【旋转】数值

步骤 06　选择工具箱中的【矩形工具】，在界面下半部分位置绘制一个矩形，设置其【填充】为白色，将生成一个【形状图层1】图层，如图3.37所示。

步骤 07　在时间线面板中，将【形状图层1】图层的模式更改为【柔光】，如图3.38所示。

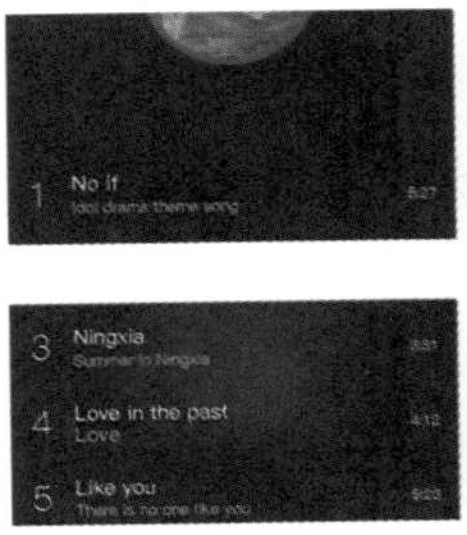

图3.37　绘制图形

图3.38　更改模式

步骤 08　将时间调整至0:00:01:13帧的位置，在时间线面板中，单击【缩放】左侧的码表按钮，在当前位置添加关键帧，单击【约束比例】按钮，将数值更改为（0，100），如图3.39所示。

图3.39　添加关键帧

步骤 09　将时间调整至0:00:01:20帧的位置，将【缩放】数值更改为（100，100），单击【位置】左侧的码表按钮，在当前位置添加关键帧，如图3.40所示。

图3.40　更改数值

步骤 10　将时间调整至0:00:02:06帧的位置，将【位置】数值更改为（500，500），系统会自动添加关键帧，如图3.41所示。

图3.41　更改【位置】数值

步骤 11　选中【封面/音乐界面.psd】图层，单击【旋转】前方【在当前位置添加或移除关键帧】，将【旋转】更改为100，在当前位置添加延时帧，如图3.42所示。

图3.42　添加延时帧

步骤 12　将时间调整至0:00:04:24帧的位置，将【旋转】更改为280，如图3.43所示。

图3.43　更改【旋转】数值

3.4.2　绘制控制动画元素

步骤 01　选择工具箱中的【矩形工具】，在封面位置绘制一个矩形，设置其【填充】为白色，【描边】为无，将生成一个【形状图层2】图层，如图3.44所示。

步骤 02　在时间线面板中选中【形状图层2】图层，

将其模式更改为【叠加】，如图3.45所示。

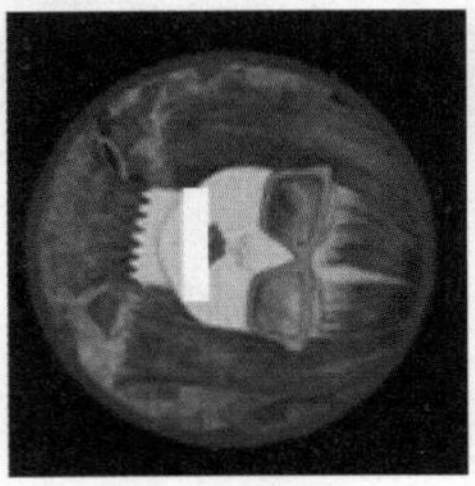

图3.44 绘制图形

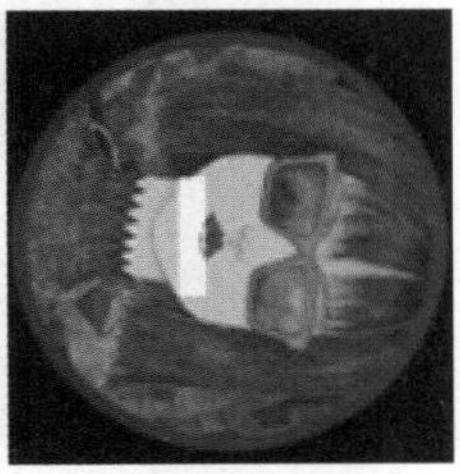

图3.45 更改模式

步骤 03 在时间线面板中选中【形状图层2】图层，按Ctrl+D组合键复制一个【形状图层 3】图层，在图像中将其向右侧平移，如图3.46所示。

步骤 04 将时间调整至0:00:01:20帧的位置，同时选中【形状图层 2】及【形状图层 3】图层，按Alt+[组合键设置入场；将时间调整至0:00:02:06帧的位置，同时按Alt+]组合键设置出场，如图3.47所示。

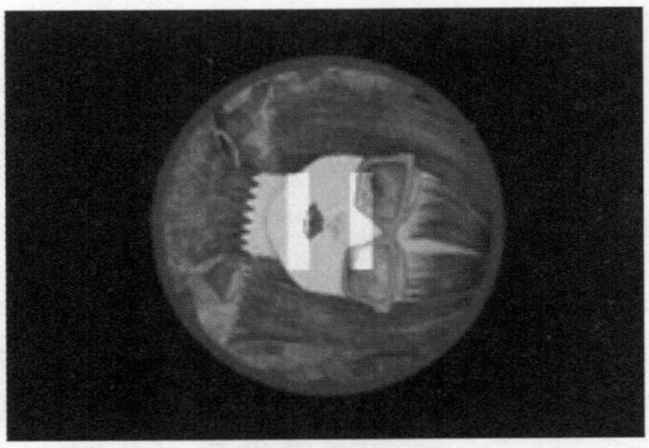

图3.46 移动图形

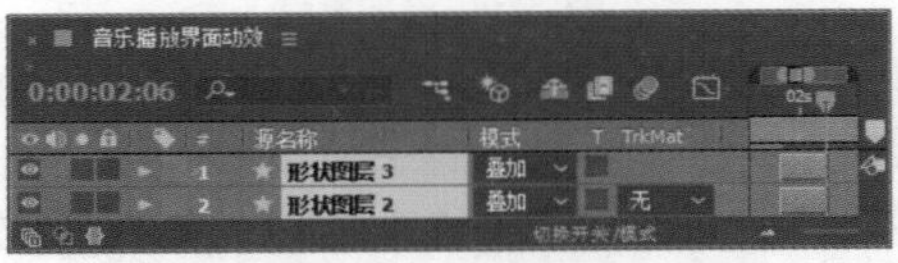

图3.47 设置出场

步骤 05 这样就完成了整体效果的制作，按小键盘上的0键即可在合成窗口中预览效果。

3.5 好友列表动效设计

设计构思

本例主要讲解好友列表动效设计，在设计过程中，首先使用【位置】功能制作出列表图像动效，然后使用【偏移】功能制作文字输入效果，动画流程画面如图3.48所示。

视频分类：层级关系动效类

工程文件：下载文件\工程文件\第3章\好友列表界面设计

视频文件：下载文件\movie\视频讲座\3.5.avi

学习目标：【缩放】、【位置】、【偏移】

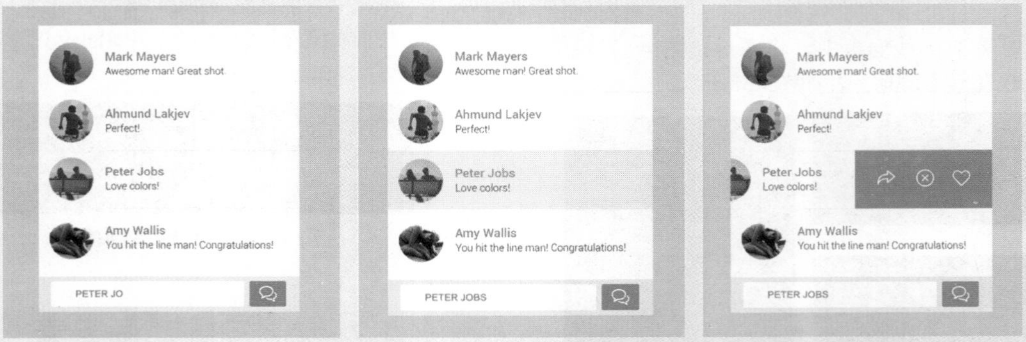

图3.48 动画流程画面

操作步骤

3.5.1 制作动效元素

步骤01 执行菜单栏中的【合成】|【新建合成】命令，打开【合成设置】对话框，设置【合成名称】为“列表动效”，【宽度】为1000，【高度】为800，【帧速率】为25，并设置【持续时间】为00:00:03:00秒，【背景颜色】为浅红色（R：255，G：179，B：229），完成之后单击【确定】按钮，如图3.49所示。

步骤02 执行菜单栏中的【文件】|【导入】|【文件】命令，选择下载文件中的“工程文件\第3章\好友列表动效设计\界面.psd”素材，单击【导入】按钮，在弹出的对话框中选择【导入种类】为【合成-保持图层大小】，并选中【可编辑的图层样式】单选按钮，完成之后单击【确定】按钮，如图3.50所示。

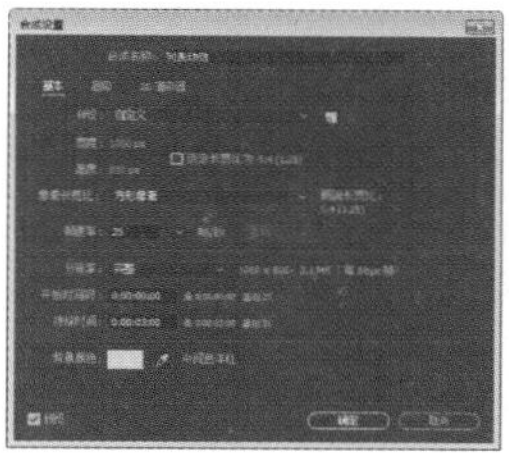

图3.49 新建合成

图3.50 导入素材

步骤03 在【项目】面板中选择【界面 个图层】文件夹，将其拖动到【列表动效】合成的时间线面板中，将【界面/界面.psd】移至最底部，【更多/界面.psd】移至顶部，将【更多/界面.psd】图层隐藏，如图3.51所示。

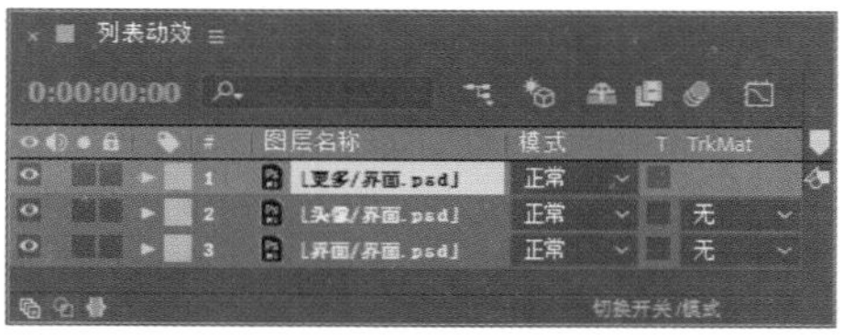

图3.51 添加素材

步骤04 选择工具箱中的【横排文字工具】，在界面底部添加文字（方正兰亭中黑），如图3.52所示。

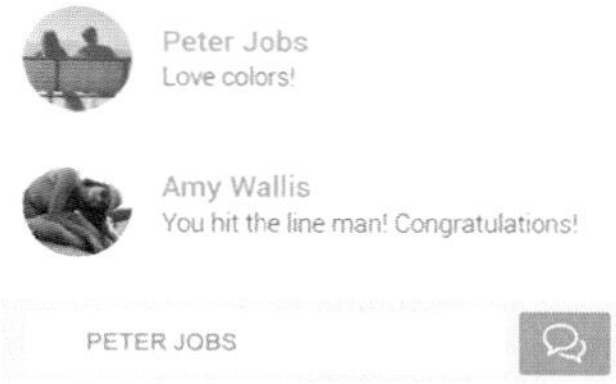

图3.52 添加文字

步骤05 在时间线面板中选中文字图层，将时间调整至00:00:00:00帧的位置，单击动画：按钮，在弹出的菜单中选择【不透明度】选项，将其更改为0；展开【文本】|【动画制作工具1】|【范围选择器 1】选项组，设置【偏移】的值为0，单击【偏移】左侧的码表按钮，在当前位置添加关键帧。

步骤06 将时间调整至00:00:01:00帧的位置，设置【偏移】的值为100%，系统会自动设置关键帧，如图3.53所示。

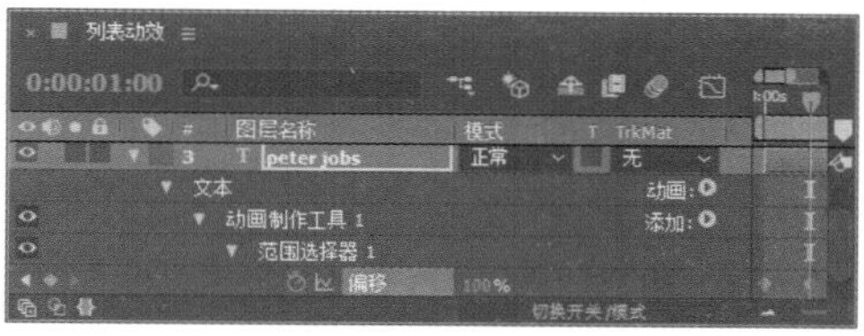

图3.53 添加【偏移】关键帧

步骤07 选择工具箱中的【矩形工具】，在列表位置绘制一个矩形，将其移至【头像/界面.psd】图层下方，设置其【填充】为红色（R：255，G：179，B：229），【描边】为无，将生成一个【形状图层 1】图层，如图3.54所示。

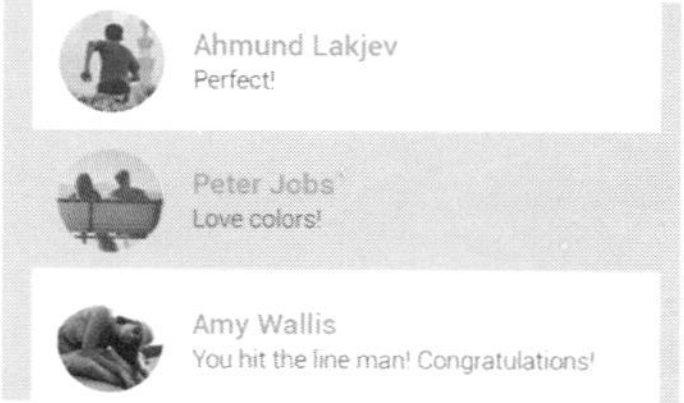

图3.54 绘制图形

步骤08 在时间线面板中【形状图层 1】图层，将时间调整至0:00:01:00帧的位置，按T键打开【不透明度】，单击【不透明度】左侧的码表按钮，在当前位置添加关键帧，将其数值更改为0；将时间调整至0:00:01:10帧的位置，将其数值更改为40%；将时间调整至0:00:02:00帧的位置，将其数值更改为0，如图3.55所示。

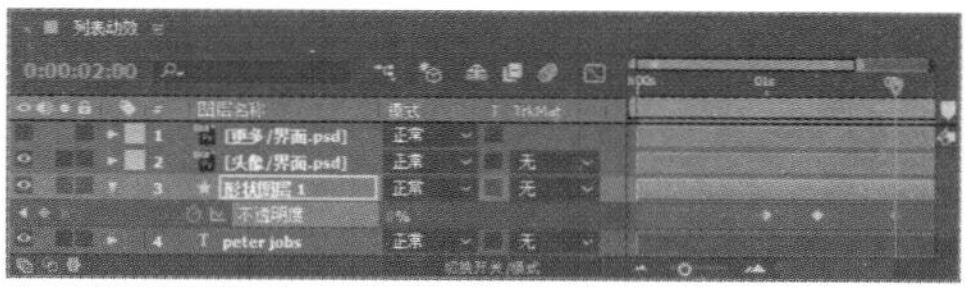

图3.55 添加【不透明度】关键帧

3.5.2 处理动画细节

步骤01 在时间线面板中，将时间调整至0:00:01:17

帧的位置，选中【头像/界面.psd】图层，按P键打开【位置】，单击【位置】左侧的码表按钮，在当前位置添加关键帧；将时间调整至0:00:02:00帧的位置，将图像向左侧平移，系统会自动添加关键帧，如图3.56所示。

图3.56 添加关键帧

步骤 02 在时间线面板中选中【更多/界面.psd】图层，将其平移至图像右侧位置，并分别在0:00:01:17和0:00:02:09位置，以同样的方法为其添加关键帧制作动画效果，如图3.57所示。

步骤 03 选中【界面/界面.psd】图层，按Ctrl+D组合键复制一份并移至【更多/界面.psd】图层上方，选中【更多/界面.psd】图层，将其【轨道遮罩】设置为【Alpha 遮罩“界面/界面.psd”】，如图3.58所示。

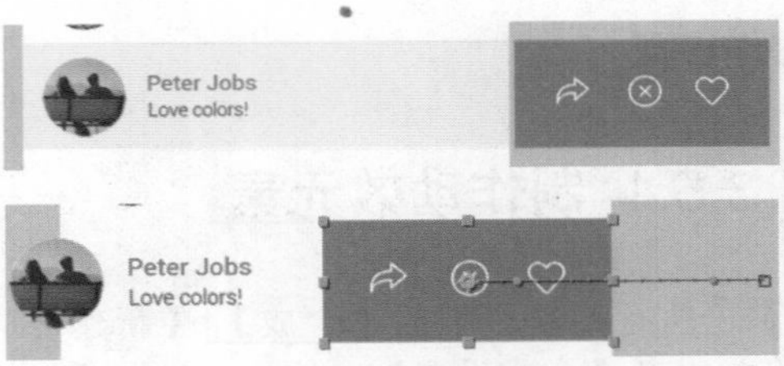

图3.57 制作动画效果

图3.58 更改轨道遮罩

步骤 04 以同样的方法将【界面/界面.psd】图层再复制一份并移至【头像/界面.psd】图层上方后设置轨道遮罩，如图3.59所示。

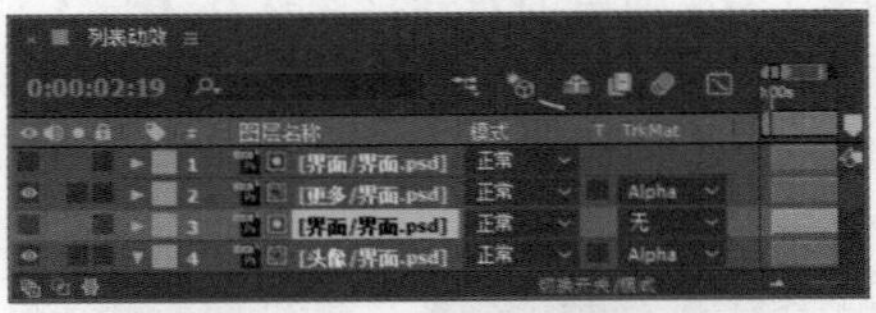

图3.59 设置轨道遮罩

步骤 05 这样就完成了整体效果的制作，按小键盘上的0键即可在合成窗口中预览效果。

3.6 分享动效设计

设计构思

本例主要讲解分享动效设计，该动效的设计过程比较简单，主要以体现分享内容为主，整体界面十分规范，动画流程画面如图3.60所示。

视频分类：层级关系动效类
工程文件：下载文件\工程文件\第3章\分享动效设计
视频文件：下载文件\movie\视频讲座\3.6.avi
学习目标：【位置】、【不透明度】、【旋转】

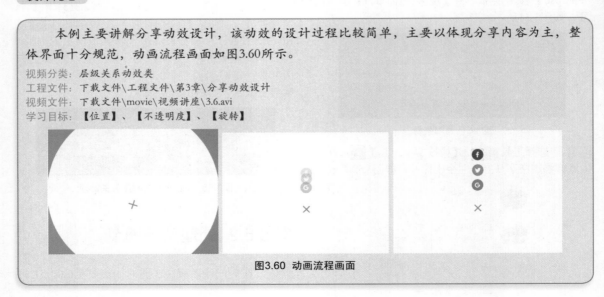

图3.60 动画流程画面

操作步骤

3.6.1 处理主体动画效果

步骤 01 执行菜单栏中的【合成】|【新建合成】命令，打开【合成设置】对话框，设置【合成名称】为“分享界面”，【宽度】为800，【高度】为600，【帧速率】为25，并设置【持续时间】为00:00:10:00秒，【背景颜色】为浅灰色（R：244，G：244，B：244），完成之后单击【确定】按钮，如图3.61所示。

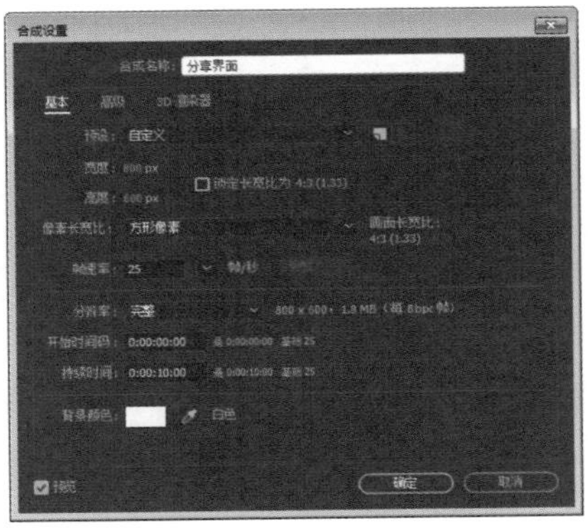

图3.61 新建合成

步骤 02 执行菜单栏中的【图层】|【新建】|【纯色】命令，在弹出的对话框中将【名称】更改为“底色”，【颜色】更改为青色（R：0，G：210，B：255），完成之后单击【确定】按钮。

步骤 03 选择工具箱中的【椭圆工具】，按住Shift键绘制一个圆，设置其【填充】为浅灰色（R：244，G：244，B：244），【描边】为无，将生成一个【形状图层 1】图层，如图3.62所示。

图3.62 绘制图形

步骤 04 选择工具箱中的【钢笔工具】，绘制一条线段，设置其【填充】为无，【描边】为青色（R：0，G：210，B：255），【描边粗细】为5，将生成一个【形状图层 2】图层。

步骤 05 在时间线面板中选中【形状图层 2】图层，依次展开【内容】|【形状1】|【描边1】，将【线段端点】更改为【圆头端点】，如图3.63所示。

图3.63 绘制线段

步骤 06 在时间线面板中选中【形状图层 2】图层，按Ctrl+D组合键复制一个【形状图层 3】图层。选中【形状图层 3】图层，按R键打开【旋转】，将【旋转】更改为90，如图3.64所示。

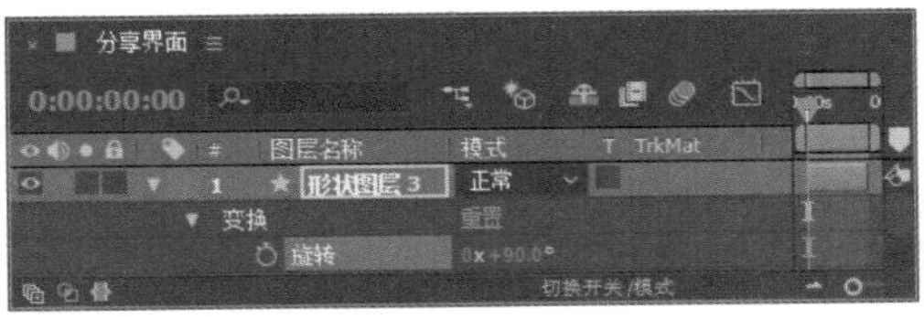

图3.64 设置【旋转】数值

步骤 07 在时间线面板中选中【底色】图层，在【效果和预设】面板中展开【过渡】特效组，然后双击【CC Radial ScaleWipe】特效。

步骤 08 将时间调整至0:00:00:00帧的位置，在【效果控件】面板中修改【CC Radial ScaleWipe】特效的参数，单击【Completion】左侧的码表按钮，在当前位置添加关键帧；将时间调整至0:00:00:10帧的位置，将【Completion】更改为100%，系统会自动添加关键帧，如图3.65所示。

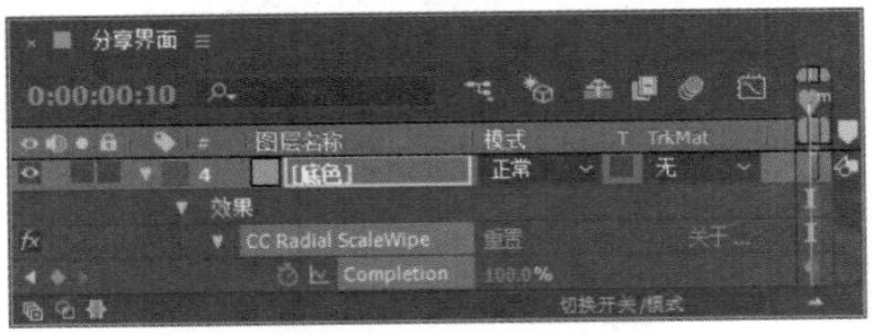

图3.65 更改数值

步骤 09 在时间线面板中，将时间调整至0:00:00:00帧的位置，同时选中【形状图层1】、【形状图层2】及【形状图层3】图层，分别单击【位置】和

【旋转】左侧的码表⏱按钮，在当前位置添加关键帧；将时间调整至0:00:00:10帧的位置，将【形状图层3】图层中的【旋转】更改为225，【形状图层2】图层中的【旋转】更改为135，【形状图层1】图层中的【旋转】更改为135，在图像中将图形向下垂直移动，系统会自动添加关键帧，如图3.66所示。

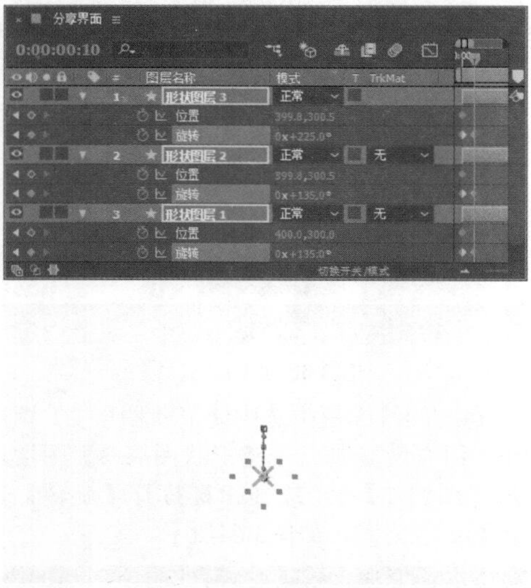

图3.66 移动图像

3.6.2 制作跟随元素动画

步骤 01 执行菜单栏中的【文件】|【导入】|【文件】命令，打开【导入文件】对话框，选择下载文件中的“工程文件\第3章\分享动效设计\图标.psd”素材，单击【导入】按钮，在弹出的对话框中选择【导入种类】为【合成-保持图层大小】，并选中【可编辑的图层样式】单选按钮，完成之后单击【确定】按钮，如图3.67所示。

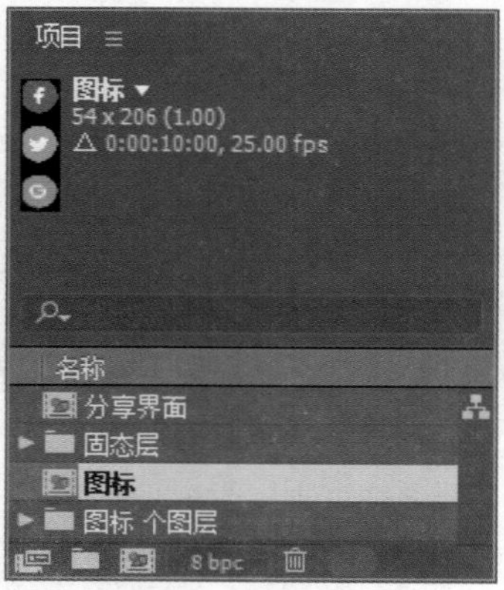

图3.67 导入素材

步骤 02 在【项目】面板中选择【图标 个图层】素材，将其拖动到【分享界面】合成的时间线面板中，将时间调整至0:00:00:00帧的位置，分别选中素材图像所对应的图层，在图像中拖动调整位置，如图3.68所示。

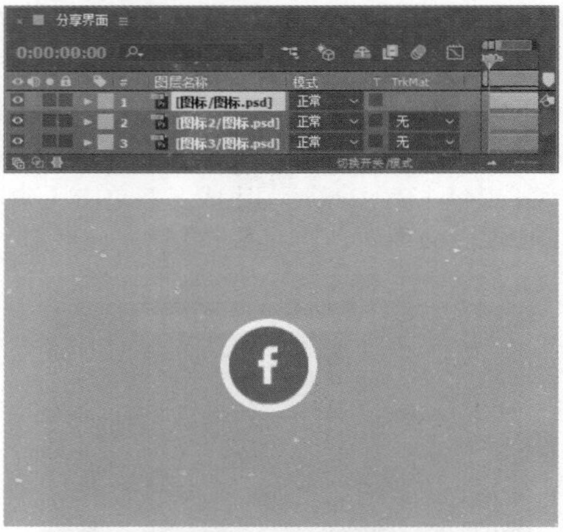

图3.68 添加素材

提示与技巧

调整位置之后，将3个图标所在图层移至【底色】图层上方。

步骤 03 在时间线面板中，同时选中3个图标所在的图层，将时间调整至0:00:00:10帧的位置，分别单击【位置】和【不透明度】左侧的码表⏱按钮，在当前位置添加关键帧，将【不透明度】更改为0；将时间调整至0:00:00:13帧的位置，选中【图标3/图标.psd】图层，将【不透明度】更改为100%，将图标向上稍微移动，系统会自动添加关键帧，如图3.69所示。

图3.69 拖动图像

步骤 04 选中【图标2/图标.psd】图层，将时间调整至0:00:00:16帧的位置，将【不透明度】更改为100%，在图像中将图标向上稍微移动，系统会自动添加关键帧，如图3.70所示。

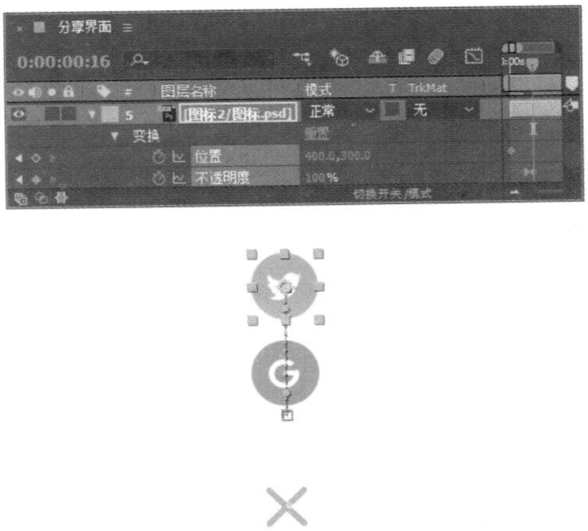

图3.70 拖动图像

步骤 05 选中【图标/图标.psd】图层，将时间调整至0:00:00:20帧的位置，将【不透明度】更改为100%，将图标向上稍微移动，系统会自动添加关键帧，如图3.71所示。

图3.71 拖动图像

步骤 06 这样就完成了整体效果的制作，按小键盘上的0键即可在合成窗口中预览效果。

3.7 图表数据动效设计

设计构思

本例主要讲解图表数据动效设计，该动效在制作过程中需要绘制走势图形，同时利用蒙版等功能制作出动画效果，动画流程画面如图3.72所示。

视频分类：层级关系动效类

工程文件：下载文件\工程文件\第3章\图表数据动效设计

视频文件：下载文件\movie\视频讲座\3.7.avi

学习目标：【蒙版】、【缩放】、【位置】、【不透明度】

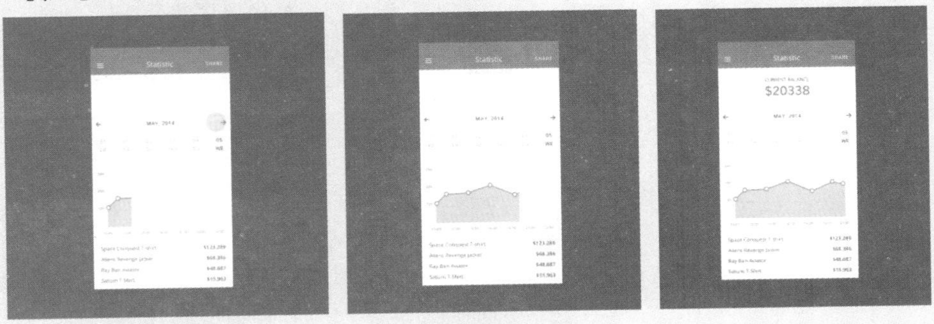

图3.72 动画流程画面

操作步骤

3.7.1 处理细节元素动画

步骤01 执行菜单栏中的【合成】|【新建合成】命令，打开【合成设置】对话框，设置【合成名称】为“图表动效”，【宽度】为1000，【高度】为800，【帧速率】为25，并设置【持续时间】为00:00:05:00秒，【背景颜色】为蓝色（R：35，G：118，B：173），完成之后单击【确定】按钮，如图3.73所示。

步骤02 执行菜单栏中的【文件】|【导入】|【文件】命令，打开【导入文件】对话框，选择下载文件中的“工程文件\第3章\图表数据动效设计\图表.jpg”素材，单击【导入】按钮，如图3.74所示。

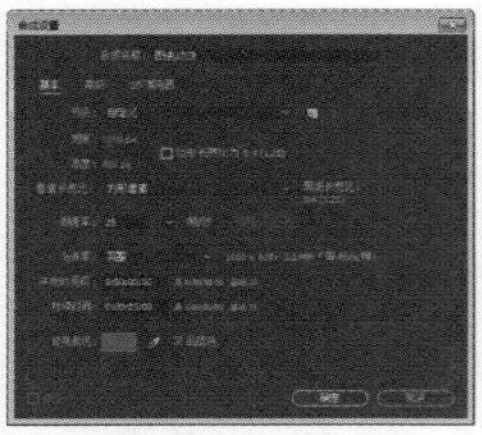

图3.73 新建合成

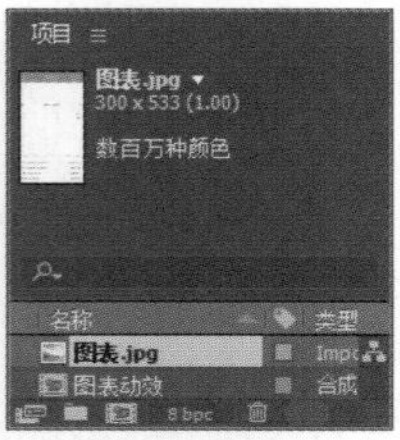

图3.74 导入素材

步骤03 在【项目】面板中选择【图表.jpg】素材，将其拖动到【图表动效】合成的时间线面板中，如图3.75所示。

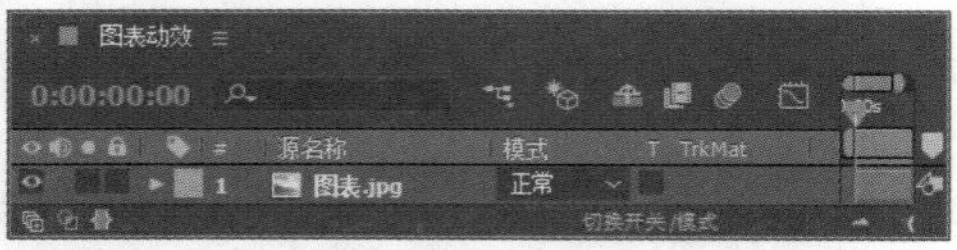

图3.75 添加素材

步骤04 选择工具箱中的【椭圆工具】，按住Shift键在界面右上角绘制一个圆，设置其【填充】为绿色（R：137，G：191，B：79），【描边】为无，将生成一个【形状图层 1】图层，如图3.76所示。

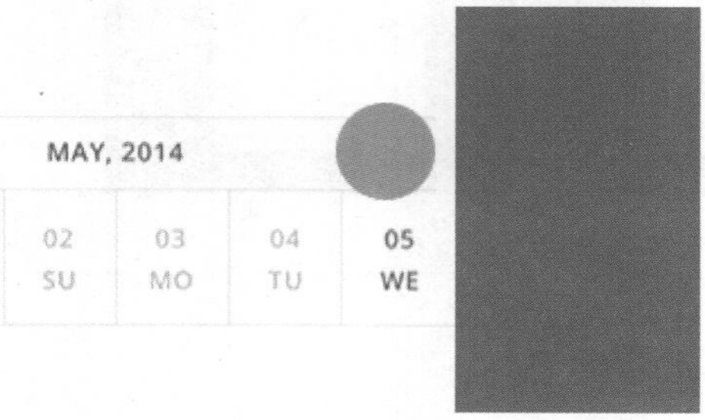

图3.76 绘制图形

步骤05 在时间线面板中，将时间调整至0:00:00:00帧的位置，按T键打开【不透明度】，单击【不透明度】左侧的码表按钮，在当前位置添加关键帧，将其数值更改为0；将时间调整至0:00:00:12帧的位置，将其数值更改为30%；将时间调整至0:00:01:00帧的位置，将其数值更改为0，如图3.77所示。

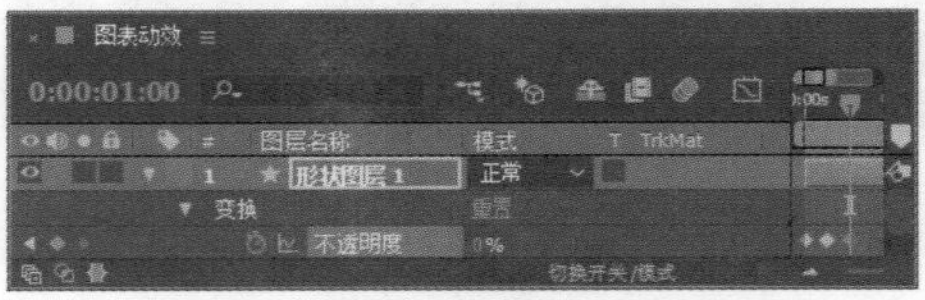

图3.77 制作动画

步骤06 选择工具箱中的【横排文字工具】，在图像中适当位置添加文字（Myriad Pro、NewsGoth BT），如图3.78所示。

图3.78 添加文字

步骤07 在时间线面板中选中两个文字图层，将时间调整至0:00:01:00帧的位置，分别单击【位置】及【不透明度】左侧的码表按钮，在当前位置添加关键帧，将【不透明度】更改为0，在图像中将文字向上移动，如图3.79所示。

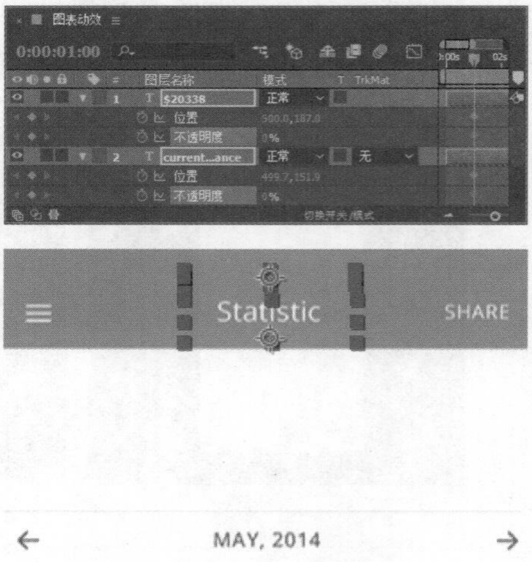

图3.79 添加关键帧

步骤08 将时间调整至0:00:01:12帧的位置，将【不透明度】更改为100%，在图像中将文字向下移动，系统会自动添加关键帧，如图3.80所示。

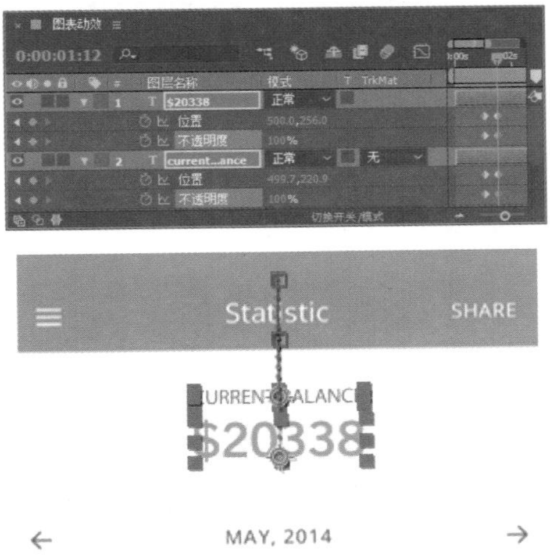

图3.80 制作动画

3.7.2 制作主体状态动画

步骤 01 选择工具箱中的【钢笔工具】，绘制一条线段，其设置【填充】为无，【描边】为绿色（R：137，G：190，B：79），【描边宽度】为2，如图3.81所示。

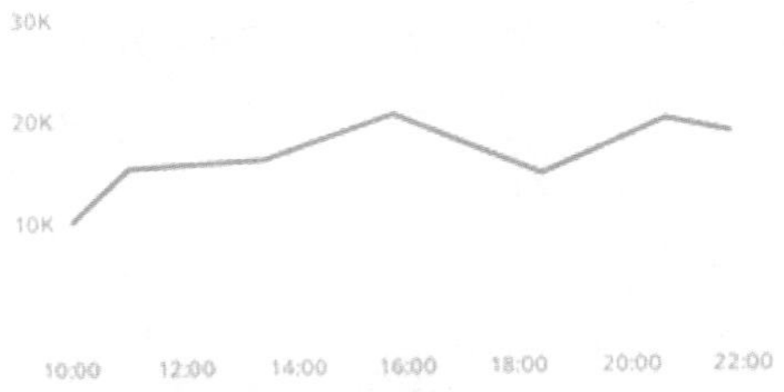

图3.81 绘制线段

步骤 02 选择工具箱中的【椭圆工具】，按住Shift键绘制一个正圆，设置其【填充】为白色，【描边】为绿色（R：137，G：190，B：79），【描边】为2。在时间线面板中，选中圆所在的图层，按Ctrl+D组合键复制多个图层，并将其移至线段折角位置，如图3.82所示。

步骤 03 选择工具箱中的【钢笔工具】，在刚才绘制的线段与圆形位置绘制一个不规则图形，设置其【填充】为绿色（R：137，G：190，B：79），【描边】为无，如图3.83所示。

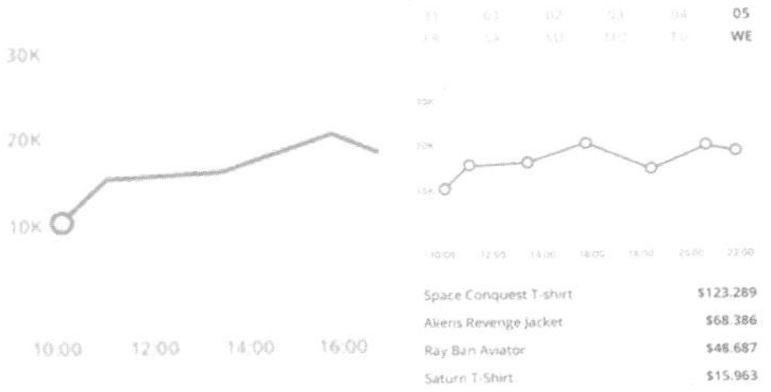

图3.82 绘制及复制图形

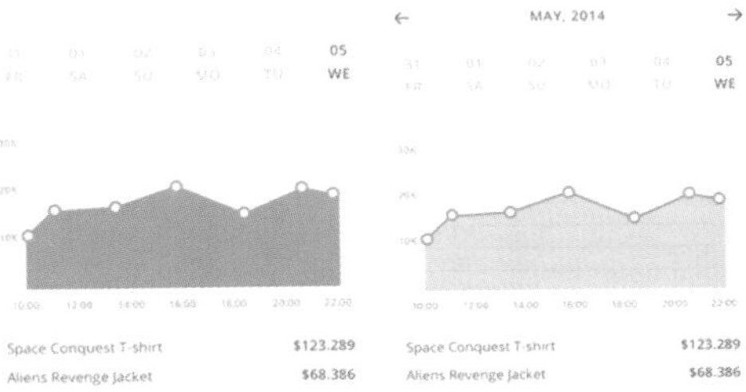

图3.83 绘制图形

步骤 04 在时间线面板中，同时选中刚才绘制的几个绿色图形所在图层，单击鼠标右键，在弹出的快捷菜单中选择【预合成】选项，在弹出的对话框中将【新合成名称】更改为【走势图】，完成之后单击【确定】按钮，如图3.84所示。

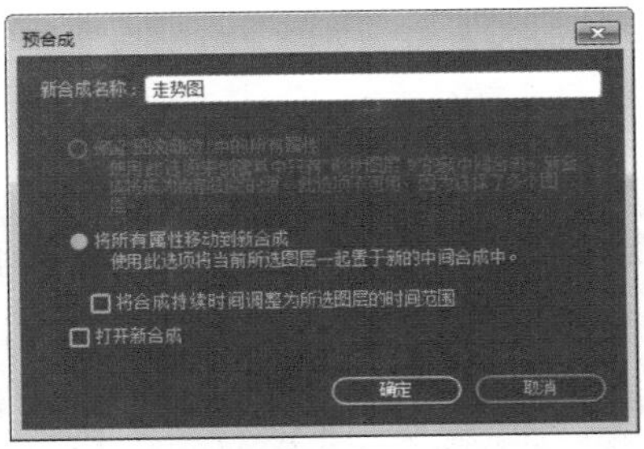

图3.84 设置预合成

步骤 05 选中【走势图】合成，选择工具箱中的【矩形工具】，在图形左侧绘制一个矩形蒙版，如图3.85所示。

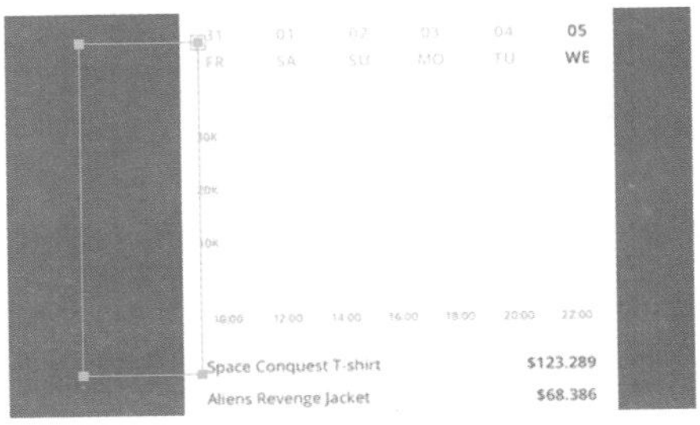

图3.85 绘制蒙版

步骤 06 在时间线面板中，将时间调整至0:00:00:00帧的位置，选中【走势图】合成，依次展开【蒙版】|【蒙版1】，单击【蒙版路径】左侧的码表

按钮，在当前位置添加关键帧；再将时间调整至0:00:02:00帧的位置，同时选中蒙版右侧的两个锚点并向右侧拖动，系统会自动添加关键帧制作动画，如图3.86所示。

步骤 07 这样就完成了整体效果的制作，按小键盘上的0键即可在合成窗口中预览效果。

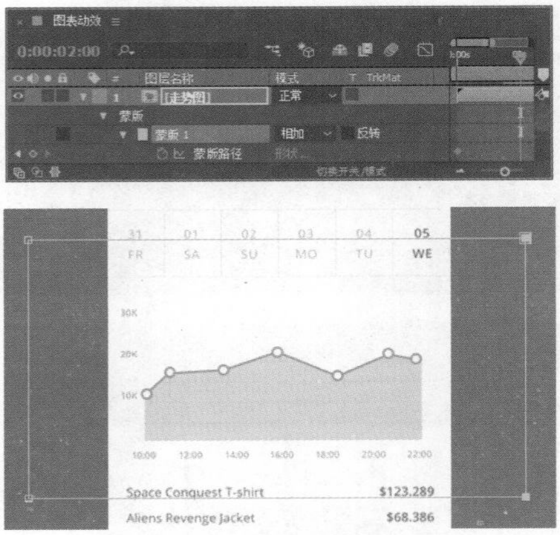

图3.86 制作动画

3.8 手表界面切换动效设计

设计构思

本例主要讲解手表界面切换动效设计，在设计过程中利用【旋转扭曲】特效制作出切换动画，整体效果十分自然，动画流程画面如图3.87所示。

视频分类：层级关系动效类

工程文件：下载文件\工程文件\第3章\手表界面切换动效设计

视频文件：下载文件\movie\视频讲座\3.8.avi

学习目标：【位置】、【旋转扭曲】、【不透明度】

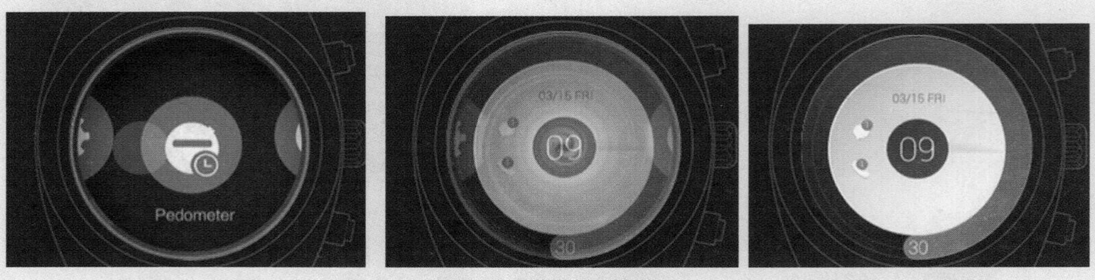

图3.87 动画流程画面

操作步骤

3.8.1 绘制主界面动画

步骤 01 执行菜单栏中的【合成】|【新建合成】命令，打开【合成设置】对话框，设置【合成名称】为“切换动效”，【宽度】为280，【高度】为210，【帧速率】为25，并设置【持续时间】为00:00:06:00秒，【背景颜色】为黑色，完成之后单击【确定】按钮，如图3.88所示。

步骤 02 执行菜单栏中的【文件】|【导入】|【文件】命令，打开【导入文件】对话框，选择下载文件中的“工程文件\第3章\手表界面切换动效设计\手表界面.psd”素材，单击【导入】按钮，在弹出的对话框中选择【导入种类】为【合成-保持图层大小】，并选中【可编辑的图层样式】单选按钮，完成之后单击【确定】按钮，如图3.89所示。

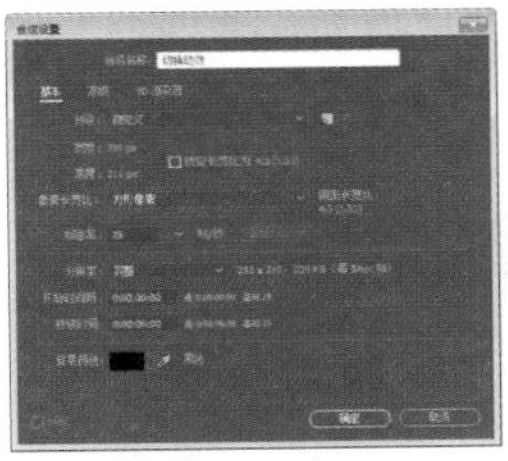

图3.88 新建合成

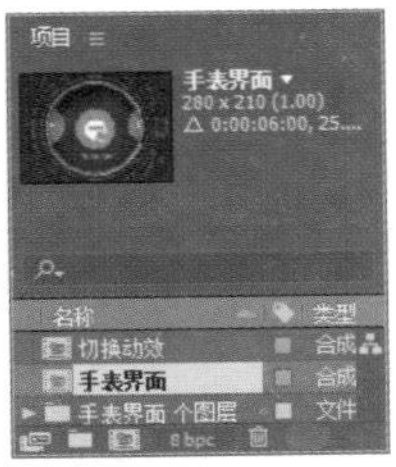

图3.89 导入素材

步骤 03 在【项目】面板中选择【手表界面 个图层】素材，将其拖动到【切换动效】合成的时间线面板中，将【背景/手表界面.psd】图层移至最底部，如图3.90所示。

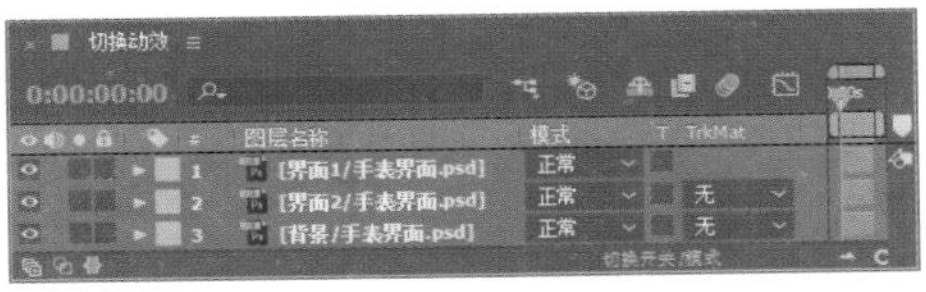

图3.90 添加素材

提示与技巧

添加素材之后，需要注意在图像中适当调整其位置。

步骤 04 在时间线面板中选中【界面1/手表界面.psd】图层，将时间调整至0:00:02:00帧的位置，在【效果和预设】面板中展开【扭曲】特效组，然后双击【旋转扭曲】特效。

步骤 05 在【效果控件】面板中修改【旋转扭曲】特效的参数，设置【角度】为0，【旋转扭曲半径】为0，分别单击其左侧的码表按钮，在当前位置添加关键帧，如图3.91所示。

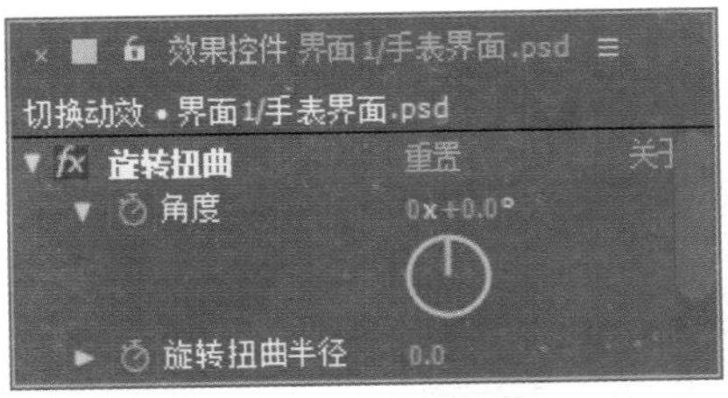

图3.91 添加关键帧

步骤 06 在时间线面板中选中【界面1/手表界面.psd】图层，将时间调整至0:00:03:00帧的位置，将【角度】更改为10x，【旋转扭曲半径】更改为50，系统会自动添加关键帧，如图3.92所示。

图3.92 更改数值

步骤 07 在时间线面板中选中【界面1/手表界面.psd】图层，将时间调整至0:00:02:00帧的位置，按T键打开【不透明度】，单击【不透明度】左侧的码表按钮，在当前位置添加关键帧；将时间调整至0:00:03:00帧的位置，将【不透明度】更改为0，系统会自动添加关键帧，如图3.93所示。

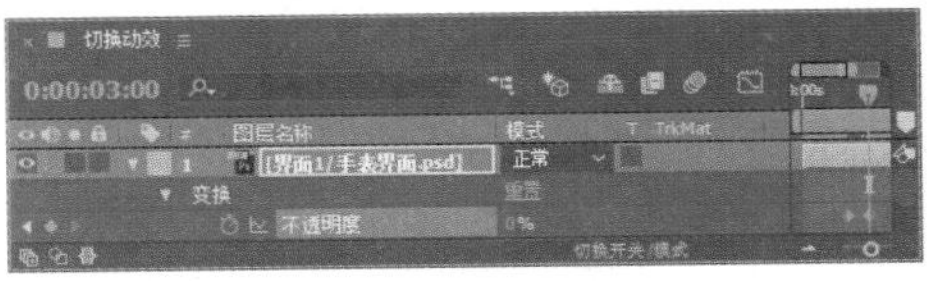

图3.93 添加关键帧

3.8.2 制作触控动画

步骤 01 选择工具箱中的【椭圆工具】，按住Shift键在界面左侧绘制一个圆，设置其【填充】为白色，【描边】为无，将生成一个【形状图层 1】图层，如图3.94所示。

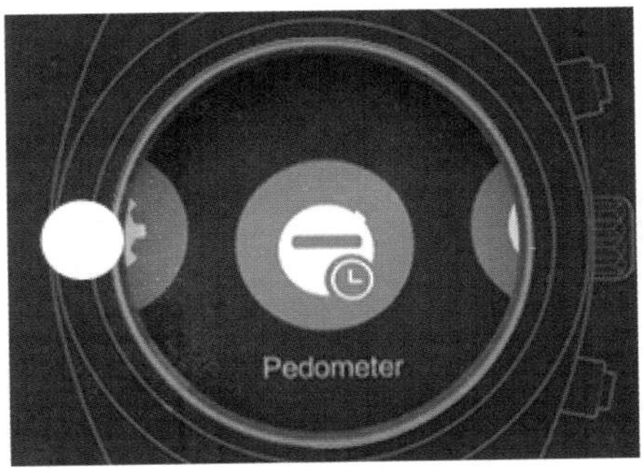

图3.94 绘制图形

步骤 02 将时间调整至0:00:00:00帧的位置，在时间线面板中选中【形状图层1】图层，分别单击【缩放】和【不透明度】左侧的码表按钮，在当前位置添加关键帧，将【不透明度】更改为0；将时间调整至0:00:01:00帧的位置，将【缩放】更改为（130，130），【不透明度】更改为30%；将时间调整至0:00:02:00帧的位置，将【缩放】更改为（100，100），【不透明度】更改为0，系统会自动添加关键帧制作动画，如图3.95所示。

图3.95 添加关键帧

步骤 03 在时间线面板中选中【形状图层1】图层，将时间调整至0:00:00:00帧的位置，按P键打开【位置】，单击【位置】左侧的码表⏱按钮，在当前位置添加关键帧；将时间调整至0:00:01:00帧的位置，将圆形向右侧拖动至界面中心位置，系统会自动添加关键帧，如图3.96所示。

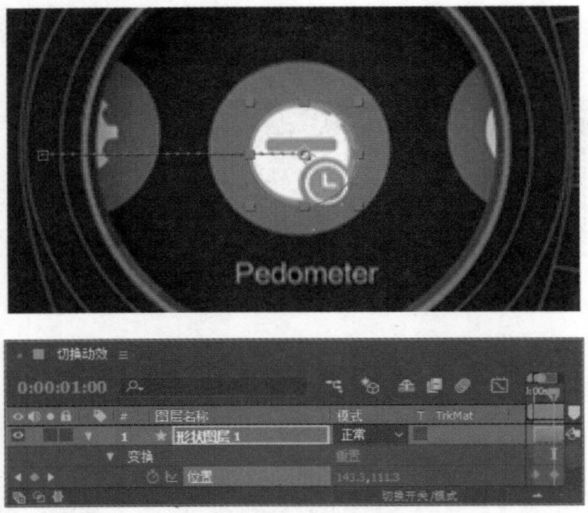

图3.96 拖动图像

步骤 04 将时间调整至0:00:02:00帧的位置，再次向右侧拖动图像，系统会自动添加关键帧，如图3.97所示。

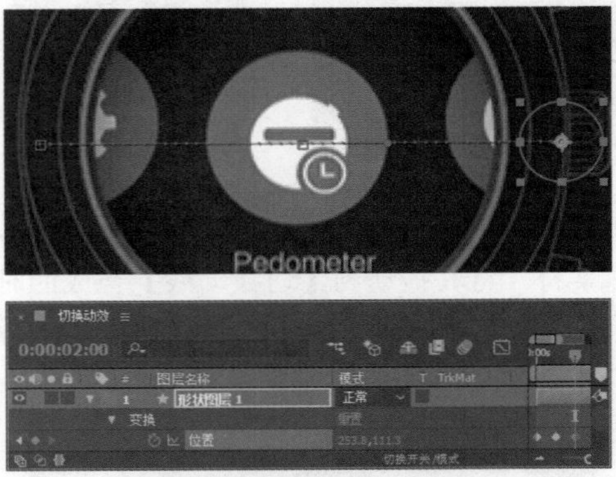

图3.97 拖动图像

步骤 05 这样就完成了整体效果的制作，按小键盘上的0键即可在合成窗口中预览效果。

3.9 卡片切换动效设计

设计构思

本例主要讲解卡片切换动效设计，此款动效设计的关键点在于突出卡片式的切换效果，通过【位置】、【旋转】及【不透明度】功能制作出十分自然的卡片式切换效果，动画流程画面如图3.98所示。

视频分类：层级关系动效类

工程文件：下载文件\工程文件\第3章\卡片切换动效设计

视频文件：下载文件\movie\视频讲座\3.9.avi

学习目标：【旋转】、【位置】、【不透明度】

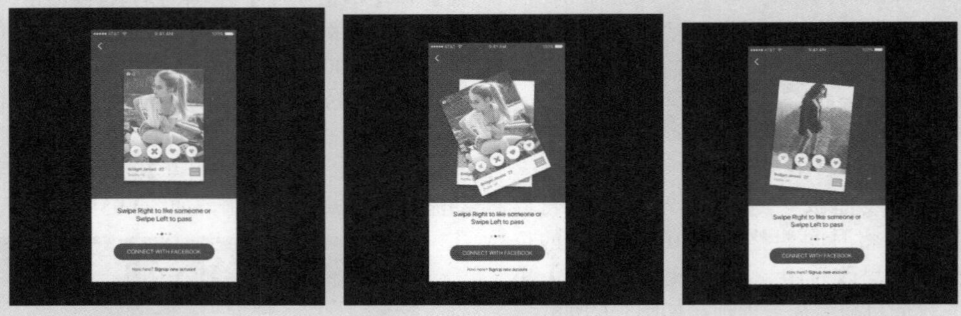

图3.98 动画流程画面

操作步骤

3.9.1 制作主体动画

步骤01 执行菜单栏中的【合成】|【新建合成】命令，打开【合成设置】对话框，设置【合成名称】为“切换动效”，【宽度】为1200，【高度】为900，【帧速率】为25，并设置【持续时间】为00:00:10:00秒，【背景颜色】为深蓝色（R：3，G：17，B：49），完成之后单击【确定】按钮，如图3.99所示。

步骤02 执行菜单栏中的【文件】|【导入】|【文件】命令，打开【导入文件】对话框，选择下载文件中的“工程文件\第3章\卡片切换动效设计\界面.psd”素材，单击【导入】按钮，在弹出的对话框中选择【导入种类】为【合成-保持图层大小】，并选中【可编辑的图层样式】单选按钮，完成之后单击【确定】按钮，如图3.100所示。

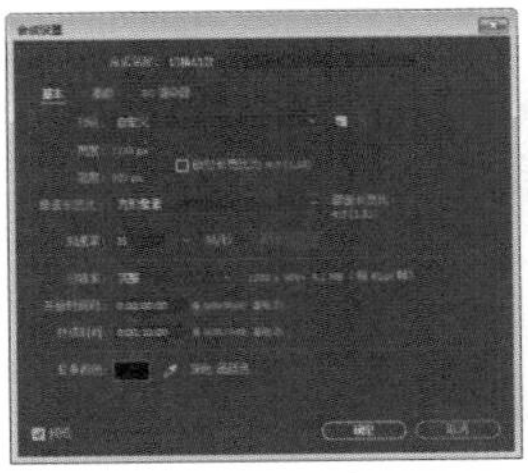

图3.99 新建合成

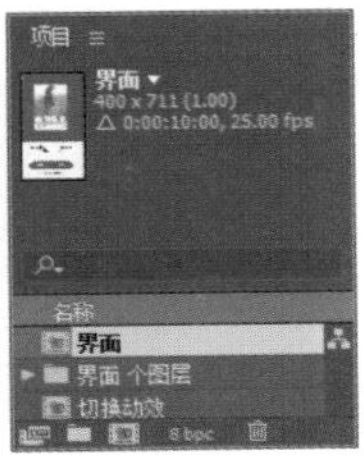

图3.100 导入素材

步骤03 在【项目】面板中选择【界面 个图层】素材，将其拖动到【切换动效】合成的时间线面板中，将【背景/界面.psd】图层移至底部，如图3.101所示。

图3.101 添加素材

步骤04 在图像中调整素材的位置，如图3.102所示。

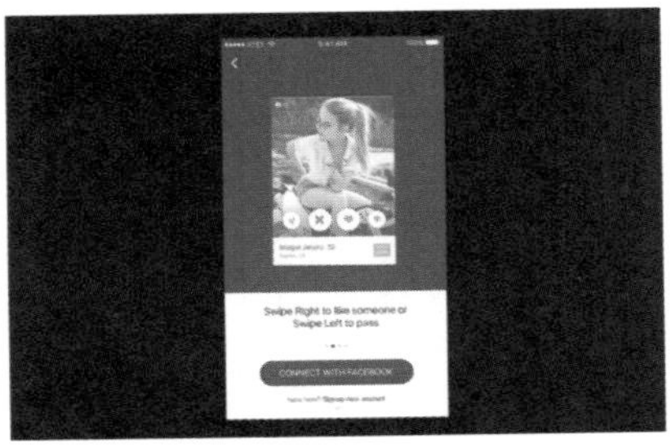

图3.102 调整图像位置

步骤05 在时间线面板中选中【卡片2/界面.psd】图层，在【效果和预设】面板中展开【透视】特效组，然后双击【投影】特效。

步骤06 在【效果控件】面板中修改【投影】特效的参数，设置【阴影颜色】为黑色，【不透明度】为30%，【方向】为180，【距离】为6，【柔和度】为25，单击【投影】名称，按Ctrl+C组合键将其复制，如图3.103所示。

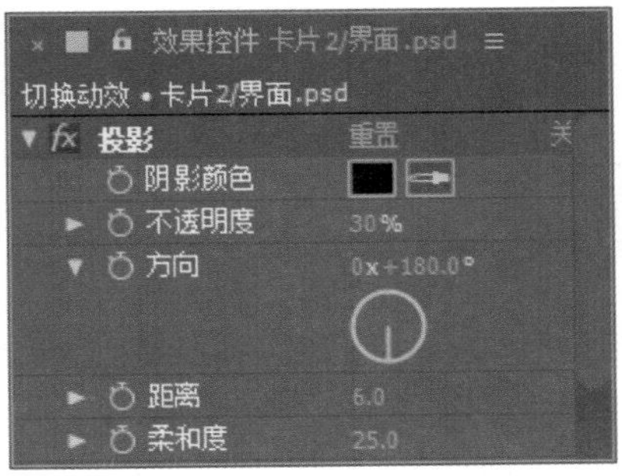

图3.103 设置【投影】特效参数

步骤07 选中【卡片/界面.psd】图层，在【效果控件】面板中，按Ctrl+V组合键将其粘贴，如图3.104所示。

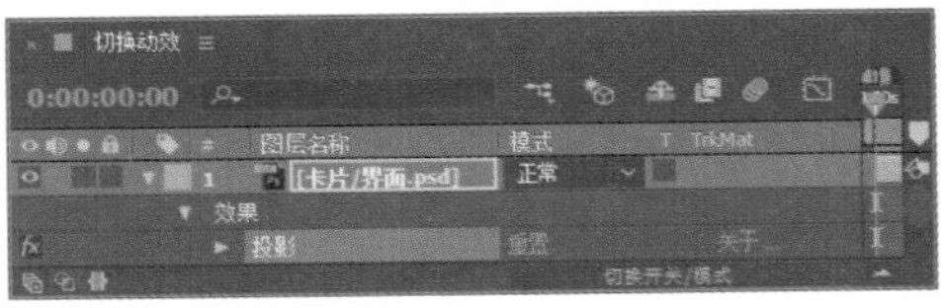

图3.104 粘贴投影

步骤08 在时间线面板中选中【卡片/界面.psd】图层，将时间调整至0:00:00:00帧的位置，分别单击【位置】和【旋转】左侧的码表按钮，在当前位置添加关键帧；将时间调整至0:00:00:10帧的位置，将【旋转】更改为-8，在图像中将其向左侧拖动，系统会自动添加关键帧，如图3.105所示。

图3.105 拖动图像

步骤09 在时间线面板中，暂时隐藏【卡片/界面.psd】图层。再选中【卡片2/界面.psd】图层，选择工具箱中的【向后平移（锚点）工具】，拖动图像中定位点至顶部位置，如图3.106所示。

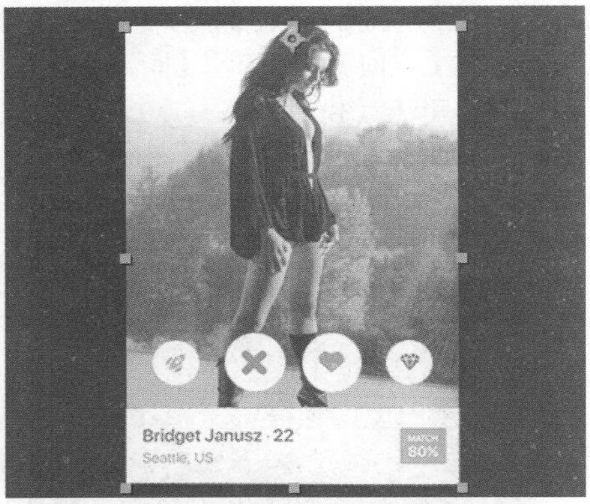

图3.106 更改定位点

步骤10 将时间调整至0:00:00:00帧的位置，选中【卡片2/界面.psd】图层，按R键打开【旋转】，单击【旋转】左侧的码表按钮，在当前位置添加关键帧；将时间调整至0:00:00:05帧的位置，将【旋转】更改为8；将时间调整至0:00:00:10帧的位置，将【旋转】更改为-8；将时间调整至0:00:00:18帧的位置，将【旋转】更改为10；将时间调整至0:00:01:05帧的位置，将【旋转】更改为-10；将时间调整至0:00:01:15帧的位置，将【旋转】更改为6；将时间调整至0:00:01:24帧的位置，将【旋转】更改为-4；将时间调整至0:00:02:05帧的位置，将【旋转】更改为0，系统会自动添加关键帧，如图3.107所示。

图3.107 更改数值

步骤11 在时间线面板中选中【背景/界面.psd】图层，按Ctrl+D组合键复制一个【背景/界面.psd】图层并移至【卡片/界面.psd】图层上方，再将【卡片/界面.psd】合并轨道遮罩更改为【Alpha 遮罩“背景/界面.psd”】，如图3.108所示。

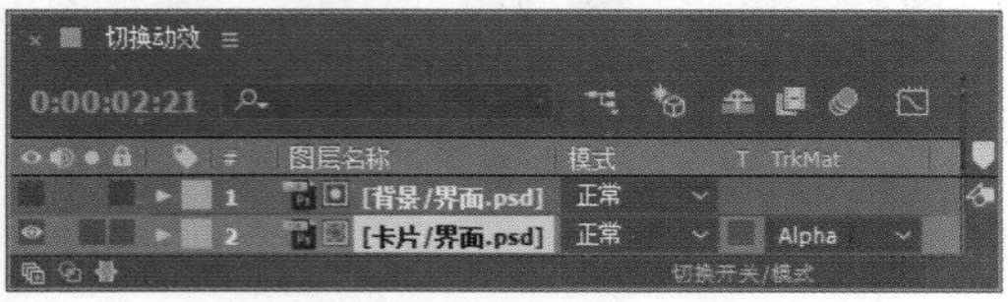

图3.108 设置轨道遮罩

3.9.2 处理触控元素动画

步骤01 选择工具箱中的【椭圆工具】，按住Shift键绘制一个圆，设置其【填充】为紫色（R：255，G：134，B：188），【描边】为无，将生成一个【形状图层 1】图层，如图3.109所示。

图3.109 绘制图形

步骤02 在时间线面板中选中【形状图层 1】图层，按T键打开【不透明度】，将其数值更改为70%，如图3.110所示。

图3.110 更改不透明度

步骤03 在时间线面板中选中【形状图层 1】图层，在【效果和预设】面板中展开【透视】特效组，然后双击【投影】特效。

步骤04 在【效果控件】面板中修改【投影】特效的参数，设置【阴影颜色】为黑色，【不透明度】为50%，【方向】为180，【距离】为3，【柔和度】为10，如图3.111所示。

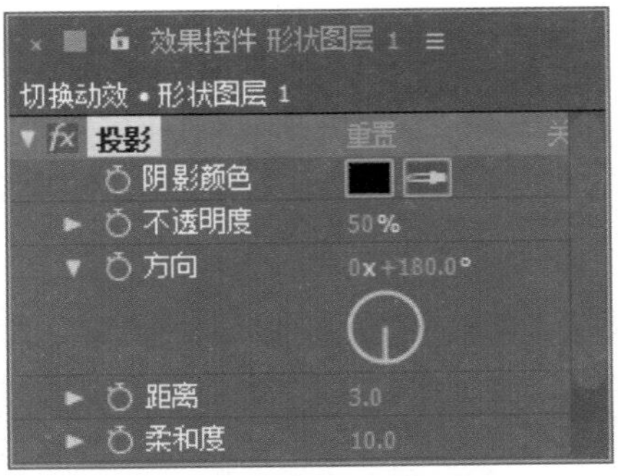

图3.111 设置【投影】特效参数

步骤 05 在时间线面板中选中【形状图层 1】图层，将时间调整至0:00:00:00帧的位置，分别单击【位置】、【缩放】及【不透明度】左侧的码表按钮，在当前位置添加关键帧；将时间调整至0:00:00:10帧的位置，在图像中将其向左侧拖动并等比放大，再将【不透明度】更改为0，系统会自动添加关键帧，拖动位置控制杆制作出曲线效果，如图3.112所示。

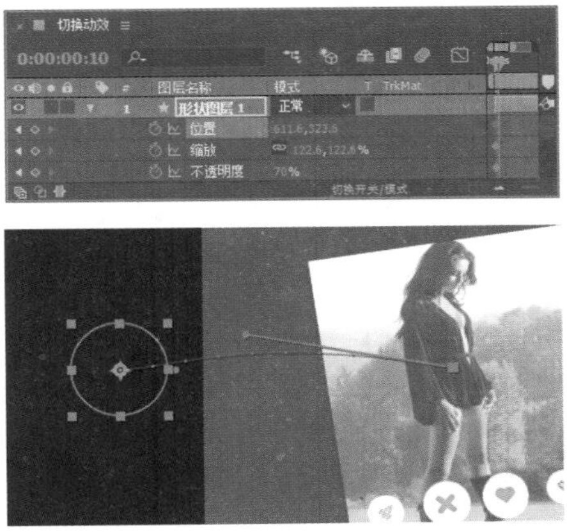

图3.112 更改数值

步骤 06 这样就完成了整体效果的制作，按小键盘上的0键即可在合成窗口中预览效果。

3.10 系统提示动效设计

设计构思

本例主要讲解系统提示动效设计，该动效在设计过程中以原界面图像为基础，利用【缩放】、【旋转】等功能为图形制作动效，动画流程画面如图3.113所示。

视频分类：层级关系动效类

工程文件：下载文件\工程文件\第3章\系统提示动效设计

视频文件：下载文件\movie\视频讲座\3.10.avi

学习目标：【缩放】、【不透明度】、【蒙版】、【旋转】

图3.113 动画流程画面

操作步骤

3.10.1 绘制主体动效元素

步骤01 执行菜单栏中的【合成】|【新建合成】命令，打开【合成设置】对话框，设置【合成名称】为“提示动效”，【宽度】为570，【高度】为420，【帧速率】为25，并设置【持续时间】为00:00:10:00秒，【背景颜色】为黑色，完成之后单击【确定】按钮，如图3.114所示。

步骤02 执行菜单栏中的【文件】|【导入】|【文件】命令，打开【导入文件】对话框，选择下载文件中的“工程文件\第3章\系统提示动效设计\界面.jpg”素材，单击【导入】按钮，如图3.115所示。

图3.114 新建合成

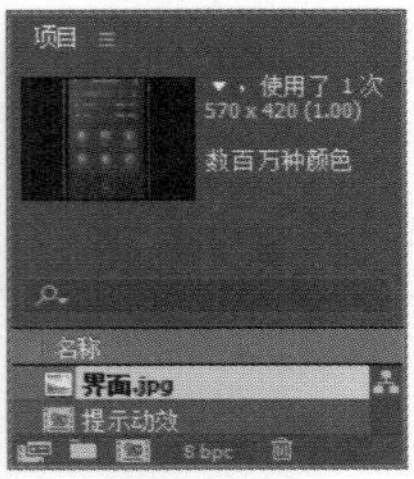

图3.115 导入素材

步骤03 在【项目】面板中选择【界面.jpg】素材，将其拖动到【提示动效】合成的时间线面板中，如图3.116所示。

图3.116 添加素材

步骤04 选择工具箱中的【椭圆工具】，按住Shift键在图像中图标位置绘制一个圆，设置其【填充】为蓝色（R：0，G：198，B：255），【描边】为无，将生成一个【形状图层 1】图层，如图3.117所示。

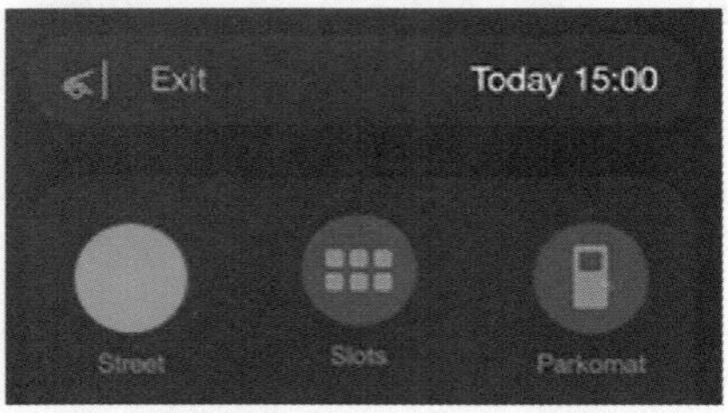

图3.117 绘制图形

步骤05 在时间线面板中选中【形状图层1】图层，将其模式更改为【叠加】，如图3.118所示。

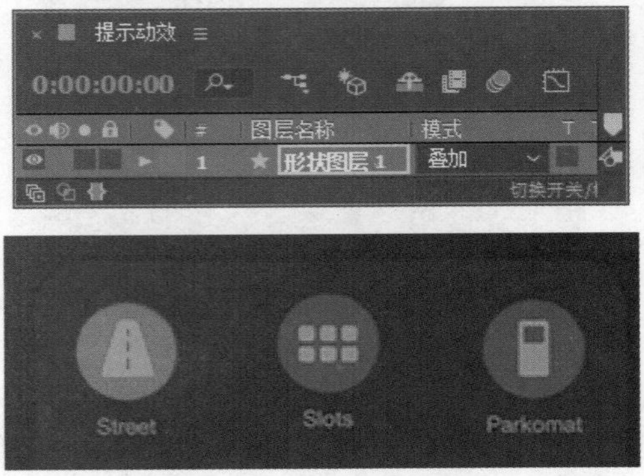

图3.118 设置图层模式

步骤06 在时间线面板中选中【形状图层 1】图层，将时间调整至0:00:00:00帧的位置，按S键打开【缩放】，单击【缩放】左侧的码表按钮，在当前位置添加关键帧，将时间调整至0:00:00:12帧的位置，将【缩放】更改为（0，0），系统会自动添加关键帧，如图3.119所示。

图3.119 调整大小

步骤07 在时间线面板中选中【形状图层 1】图层，按Ctrl+D组合键复制一个【形状图层 2】图层，同时选中【形状图层2】图层中的两个关键帧并向右侧拖动，将起始关键帧移至0:00:00:12位置，将圆形移动到其他位置，如图3.120所示。

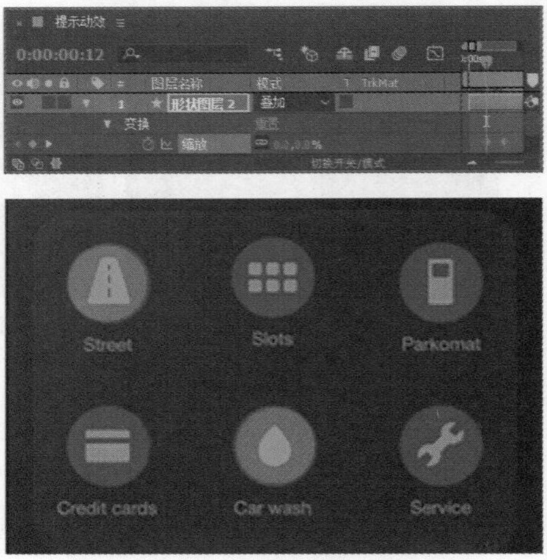

图3.120 拖动关键帧

步骤08 以同样的方法将图层复制两份，并拖动其关键帧，注意将左侧关键帧对应时间，如图3.121所示。

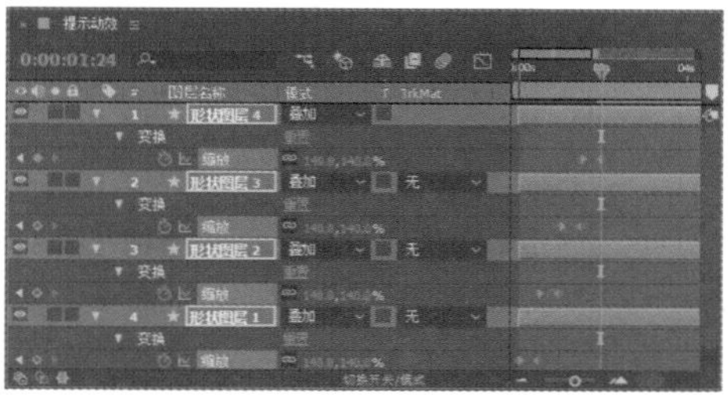

图3.121 复制图层并调整时间

步骤 09 选择工具箱中的【椭圆工具】，按住Shift键在图像中底部图标位置绘制一个圆，设置其【填充】为蓝色（R：0，G：198，B：255），【描边】为无，将生成一个【形状图层 5】图层，如图3.122所示。

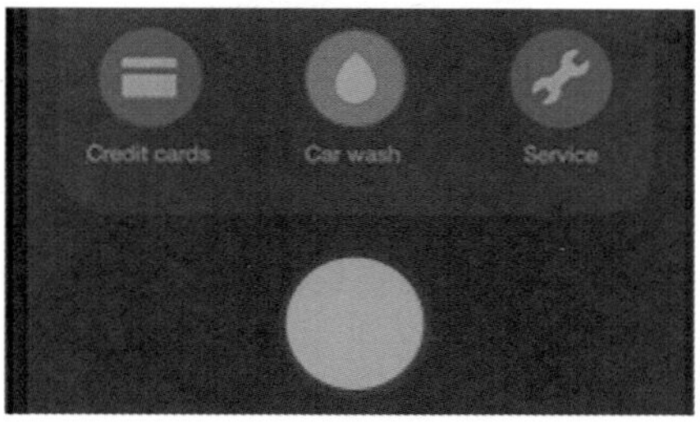

图3.122 绘制图形

步骤 10 在时间线面板中选中【形状图层5】图层，将其模式更改为【线性光】，如图3.123所示。

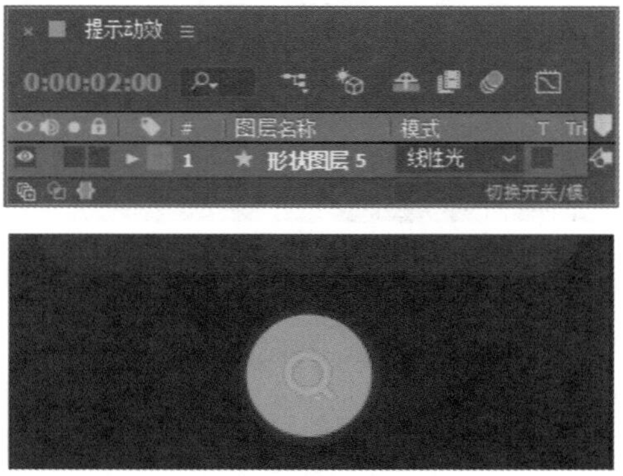

图3.123 设置图层模式

步骤 11 在时间线面板中选中【形状图层 5】图层，将时间调整至0:00:02:00帧的位置，分别单击【缩放】及【不透明度】左侧的码表按钮，在当前位置添加关键帧，将【缩放】更改为（0，0）；将时间调整至0:00:02:10帧的位置，将【缩放】更改为（100，100），【不透明度】更改为0，系统会自动添加关键帧，如图3.124所示。

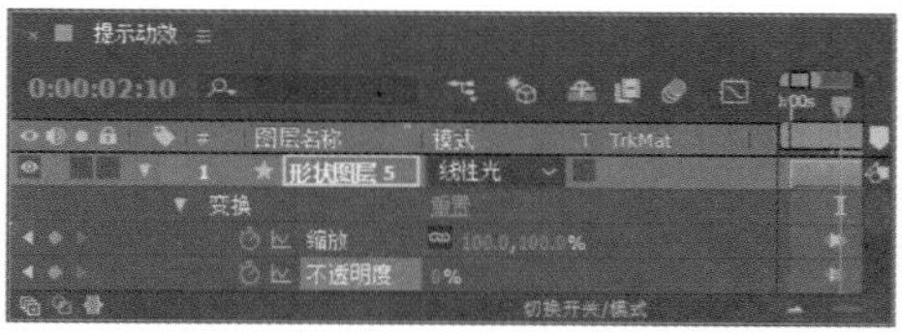

图3.124 更改数值

步骤 12 选择工具箱中的【椭圆工具】，按住Shift键绘制一个正圆，设置其【填充】为蓝色（R：0，G：198，B：255），【描边】为无，将生成一个【形状图层 6】图层，如图3.125所示。

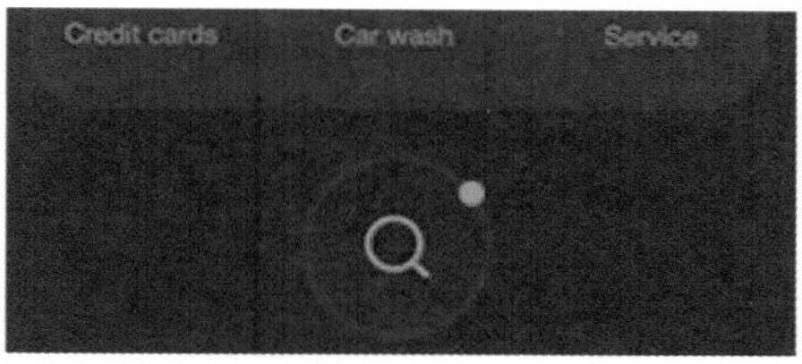

图3.125 绘制图形

步骤 13 在时间线面板中选中【形状图层 6】图层，将时间调整至0:00:02:10帧的位置，按Alt+[组合键设置当前动画入场，如图3.126所示。

图3.126 设置动画入场

步骤 14 选中【形状图层 6】图层，选择工具箱中的【向后平移（锚点）工具】，在图形上拖动定位点至底部图标中心位置，如图3.127所示。

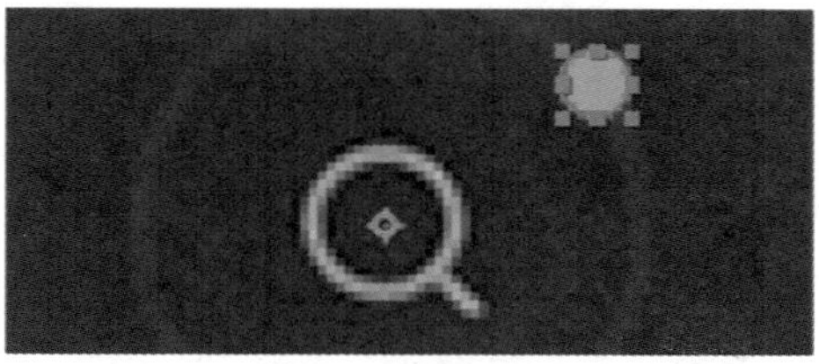

图3.127 更改定位点

步骤 15 在时间线面板中选中【形状图层 6】图层，将时间调整至0:00:02:10帧的位置，分别单击【旋转】及【不透明度】左侧的码表按钮，将【不透明度】更改为0，在当前位置添加关键帧；将时间调整至0:00:03:00帧的位置，将【旋转】更改为1X，【不透明度】更改为100%，系统会自动添加关键帧，如图3.128所示。

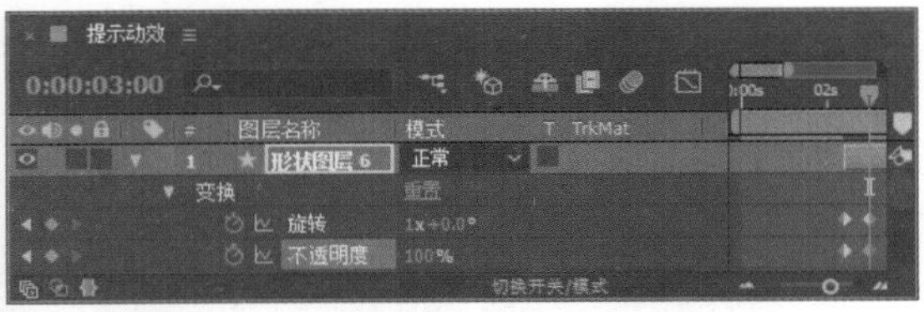

图3.128 更改数值

步骤 16 将时间调整至0:00:05:00帧的位置，将【旋转】更改为5X，系统会自动添加关键帧，再单击【“运动模糊”开关的所有图层启用运动模糊】图标，再选中【形状图层 6】图层，单击【运动模糊】图标，如图3.129所示。

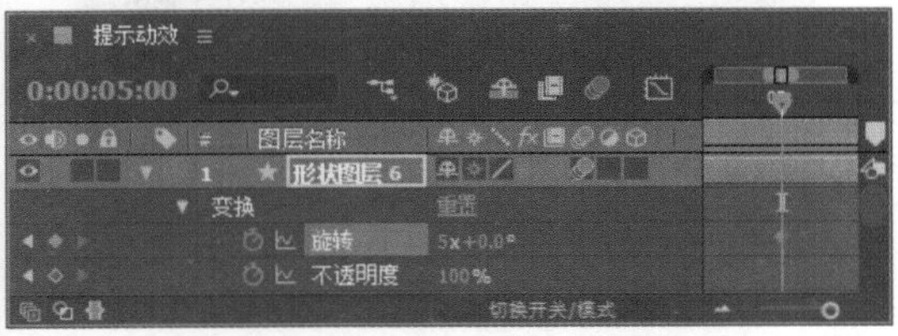

图3.129 更改数值

3.10.2 制作主界面反馈动画

步骤 01 选中工具箱中的【圆角矩形工具】，绘制一个圆角矩形，设置其【填充】为橙色（R：255，G：168，B：0），【描边】为无，如图3.130所示。

图3.130 绘制图形

步骤 02 选择工具箱中的【添加“顶点”工具】，在圆角矩形底部中间位置单击添加3个锚点，如图3.131所示。

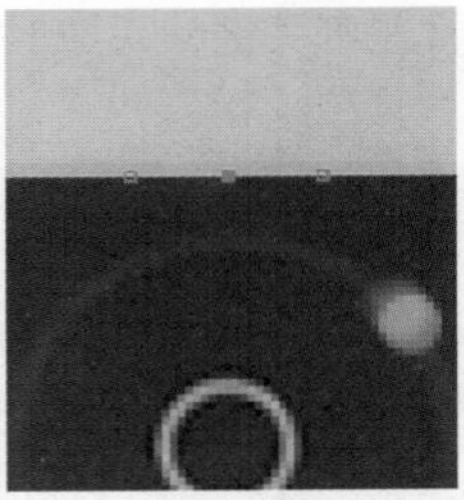

图3.131 添加锚点

步骤 03 选择工具箱中的【转换“顶点”工具】，单击中间锚点，再选中中间锚点向下拖动，将图形变形，如图3.132所示。

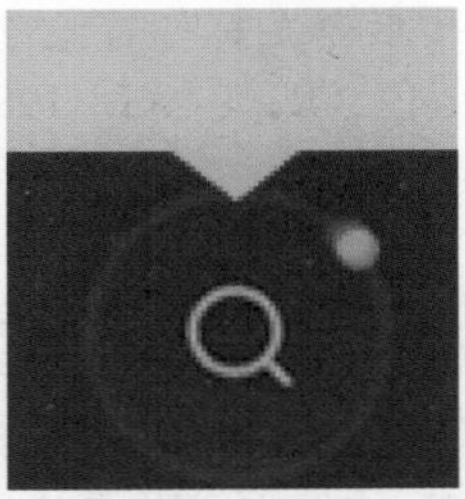

图3.132 添加及拖动锚点

步骤 04 选择工具箱中的【横排文字工具】，在图形位置添加文字（方正兰亭纤黑），如图3.133所示。

图3.133 添加文字

步骤 05 在时间线面板中，同时选中【warning!!!】和【形状图层7】图层，将时间调整至0:00:05:00帧的位置，分别单击【位置】及【不透明度】左侧的码表按钮，将【不透明度】更改为0，在当前位置添加关键帧，并将图文向下稍微移动，如图3.134所示。

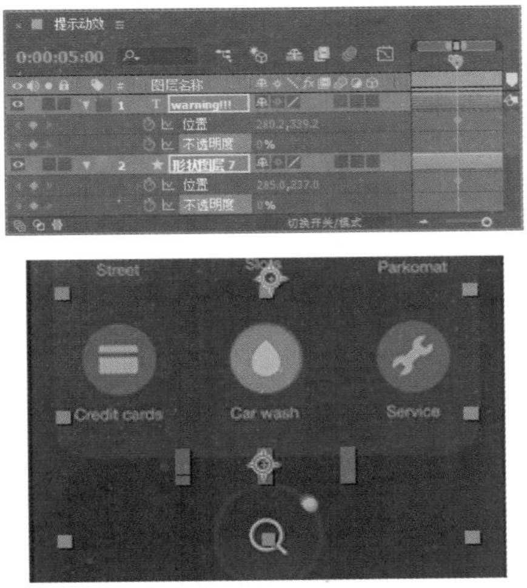

图3.134 移动图文

步骤 06 将时间调整至0:00:06:00帧的位置，同时选中文字及形状所在图层，将【不透明度】更改为100%，再将其向上稍微移动，系统会自动添加关键帧，如图3.135所示。

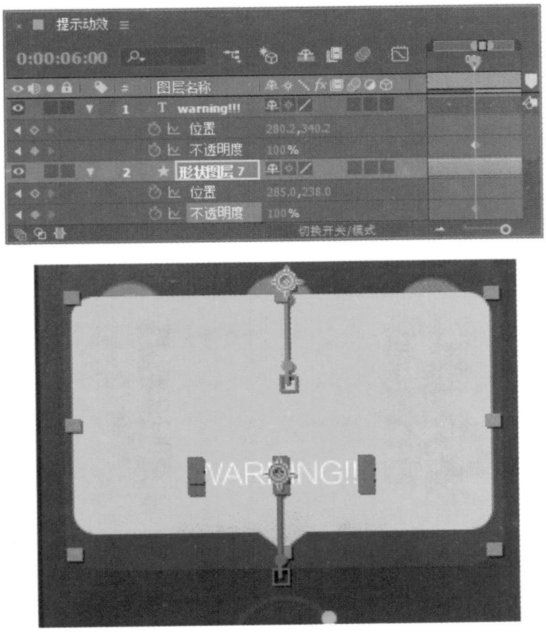

图3.135 拖动图形

3.10.3 制作文字动画

步骤 01 选择工具箱中的【横排文字工具】，在图形位置添加文字（方正兰亭中黑），如图3.136所示。

图3.136 添加文字

步骤 02 选择工具箱中的【矩形工具】，在文字左侧绘制一个矩形蒙版，如图3.137所示。

图3.137 绘制蒙版

步骤 03 在【图层】面板中，将时间调整至0:00:06:00帧的位置，展开【形状图层 1】|【蒙版】|【蒙版 1】，单击【蒙版路径】左侧的码表按钮，在当前位置添加关键帧；将时间调整至0:00:09:24帧的位置，同时选中蒙版右侧的两个锚点，向右侧拖动，显示部分文字，系统会自动添加关键帧，如图3.138所示。

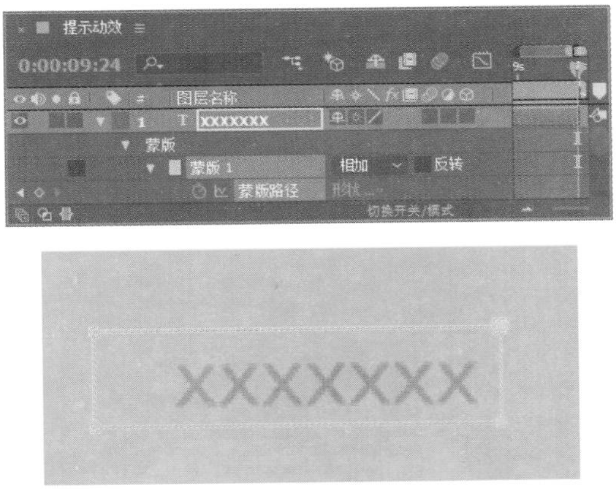

图3.138 拖动锚点

步骤 04 这样就完成了整体效果的制作，按小键盘上的0键即可在合成窗口中预览效果。

3.11 功能交互动效设计

设计构思

本例主要讲解功能交互动效设计，该动效的制作分为两部分，第一部分是制作功能按钮，并制作出交互动画，第二部分是交互功能动画消失之后呈现出主体界面，动画流程画面如图3.139所示。

视频分类：层级关系动效类

工程文件：下载文件\工程文件\第3章\功能交互动效设计

视频文件：下载文件\movie\视频讲座\3.11.avi

学习目标：【缩放】、【延时帧】、【位置】、【不透明度】

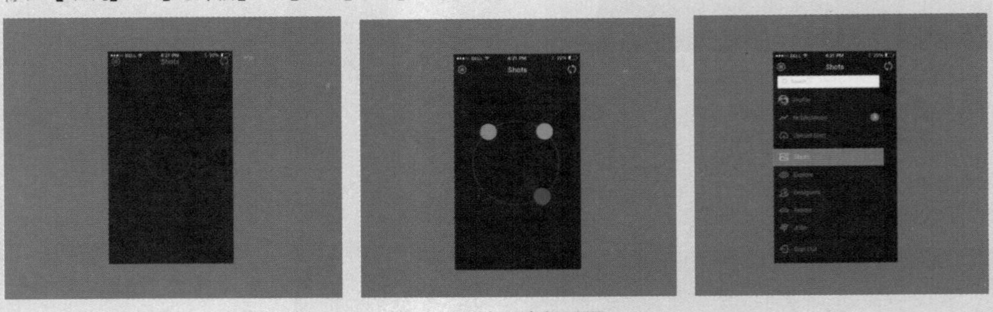

图3.139 动画流程画面

操作步骤

3.11.1 制作状态栏动画

步骤01 执行菜单栏中的【合成】|【新建合成】命令，打开【合成设置】对话框，设置【合成名称】为“功能动效”，【宽度】为1000，【高度】为800，【帧速率】为25，并设置【持续时间】为00：00：05：00秒，【背景颜色】为蓝色（R：0，G：144，B：217），完成之后单击【确定】按钮，如图3.140所示。

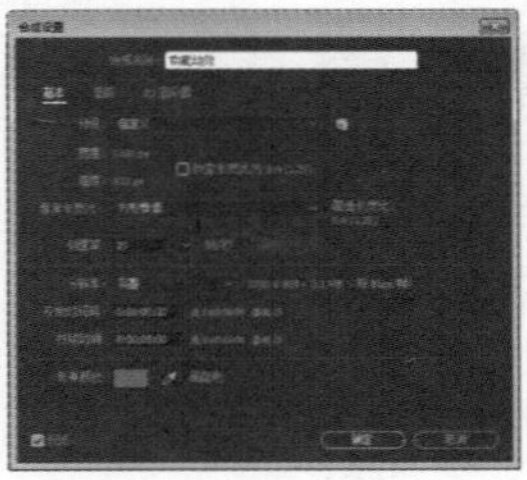

图3.140 新建合成

步骤02 执行菜单栏中的【文件】|【导入】|【文件】命令，打开【导入文件】对话框，选择下载文件中的“工程文件\第3章\功能交互动效设计\背景.jpg、列表.jpg、小控件.png”素材，单击【导入】按钮，如图3.141所示。

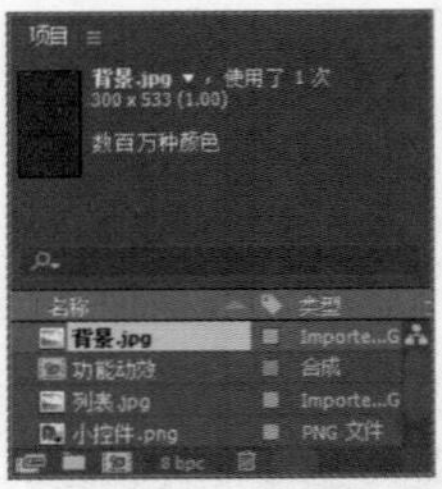

图3.141 导入素材

步骤03 在【项目】面板中同时选择【背景.jpg】及【小控件.png】素材，将其拖动到【功能动效】合成的时间线面板中，并将【小控件.png】置于上方，如图3.142所示。

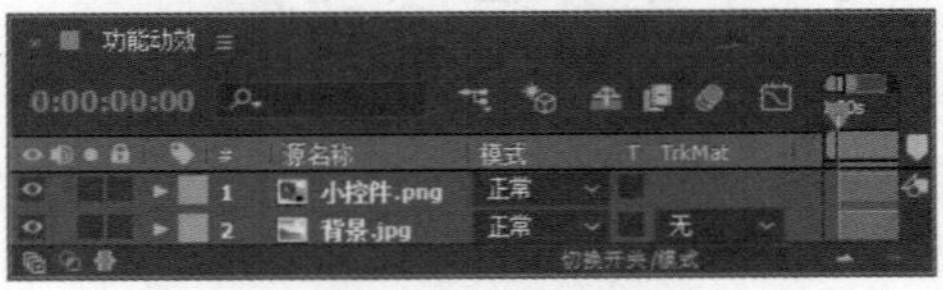

图3.142 添加素材

步骤04 选中【小控件.png】图层，在图像中将其移至状态栏位置与之重叠，如图3.143所示。

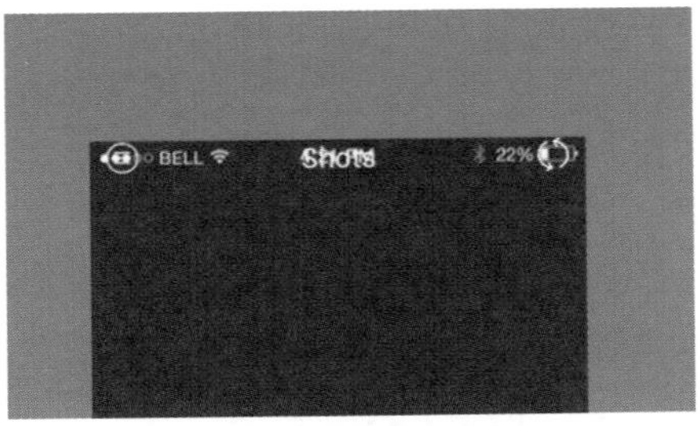

图3.143　移动图像

步骤 05　在时间线面板中选中【小控件.png】图层，将时间调整至0:00:00:00帧的位置，分别单击【位置】及【不透明度】左侧的码表按钮，在当前位置添加关键帧，将【不透明度】更改为0。

步骤 06　将时间调整至0:00:01:00帧的位置，将【不透明度】更改为100%，并将图像向下移动，系统会自动添加关键帧，如图3.144所示。

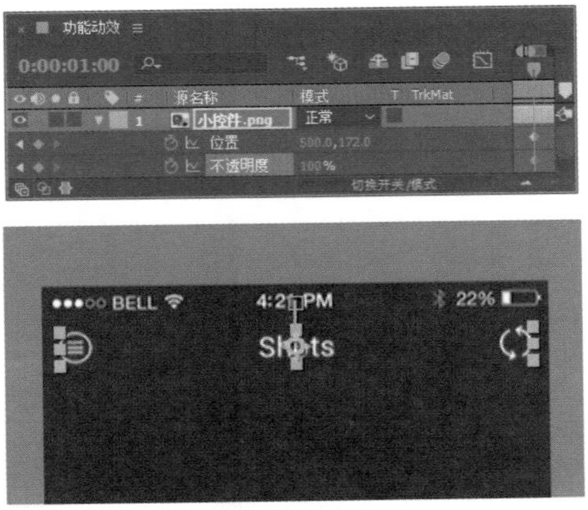

图3.144　移动图像

3.11.2 制作主体动画控件

步骤 01　选择工具箱中的【椭圆工具】，按住Shift键在界面中间绘制一个正圆，设置其【填充】为无，【描边】为紫色（R：198，G：0，B：255），【描边宽度】为1像素，将生成一个【形状图层 1】图层。

步骤 02　在时间线面板中选中【形状图层 1】图层，依次展开【内容】|【椭圆 1】|【描边 1】|【虚线】，将数值更改为2，如图3.145所示。

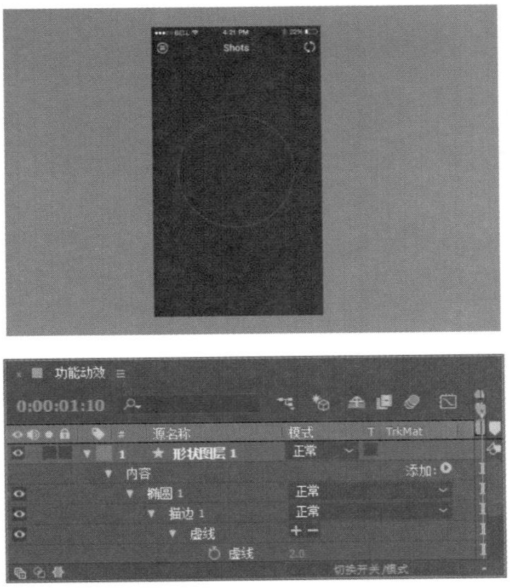

图3.145　绘制图形

步骤 03　在时间线面板中选中【形状图层 1】图层，将时间调整至0:00:00:00帧的位置，按S键打开【缩放】，单击【缩放】左侧的码表按钮，在当前位置添加关键帧，将数值更改为（0，0）；将时间调整至0:00:01:00帧的位置，将数值更改为（100，100），系统会自动添加关键帧，如图3.146所示。

图3.146　添加关键帧

步骤 04　选择工具箱中的【椭圆工具】，按住Shift键在圆形位置绘制一个正圆，设置其【填充】为紫色（R：198，G：0，B：255），【描边】为无，将生成一个【形状图层 2】图层，如图3.147所示。

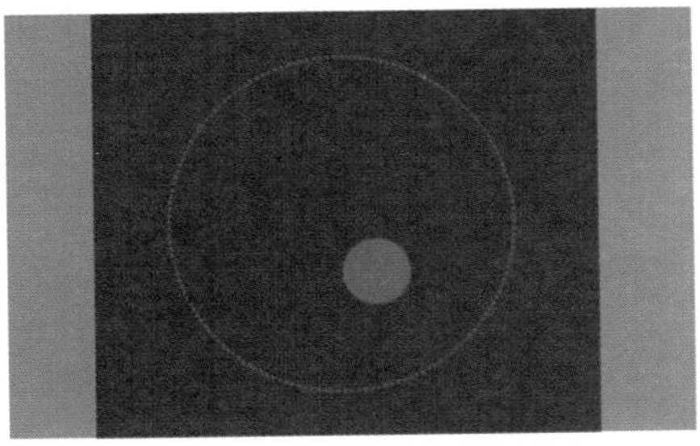

图3.147　绘制正圆

步骤 05　在时间线面板中选中【形状图层 2】图层，将时间调整至0:00:01:00帧的位置，按Alt+[组合键设置动画入场，如图3.148所示。

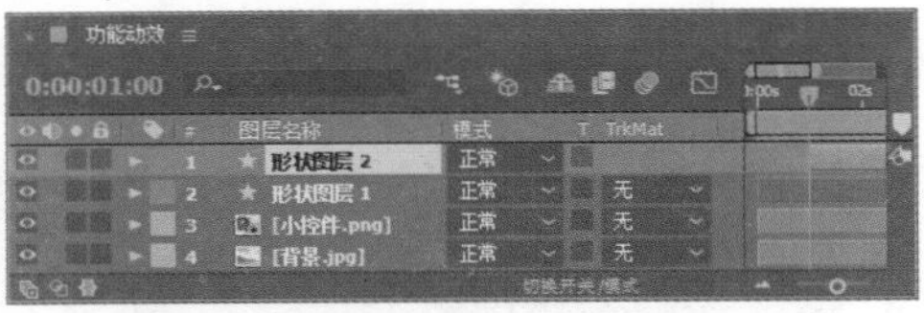

图3.148 设置动画入场

步骤 06 在时间线面板中选中【形状图层 2】图层，将时间调整至0:00:01:00帧的位置，分别单击【位置】和【不透明度】左侧的码表⏱按钮，在当前位置添加关键帧，将【不透明度】更改为0。

步骤 07 将时间调整至0:00:01:12帧的位置，将【不透明度】更改为100%，并将图像向右下角移动，系统会自动添加关键帧，如图3.149所示。

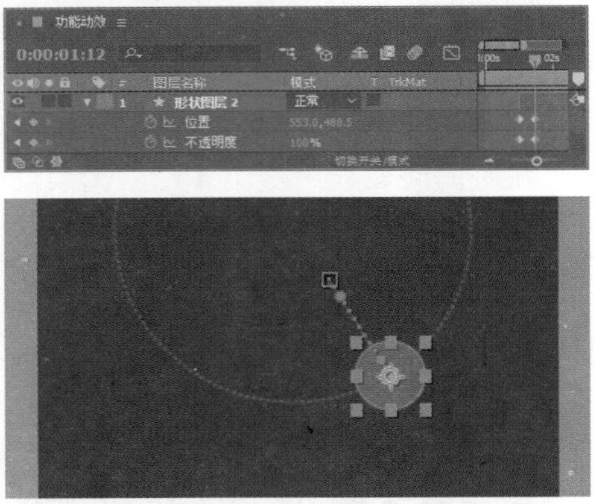

图3.149 制作动画

步骤 08 在时间线面板中，将时间调整至0:00:01:00帧的位置，选中【形状图层 2】图层，按Ctrl+D组合键复制一个【形状图层3】图层。选中【形状图层3】图层，在图像中移动圆形位置，如图3.150所示。

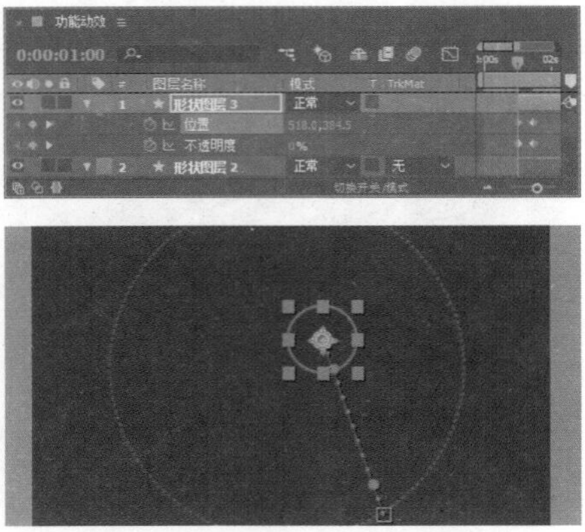

图3.150 更改位置

步骤 09 在时间线面板中，将时间调整至0:00:01:12帧的位置，选中【形状图层 3】图层，选中【位置】关键帧，在图像中再次移动圆形位置，并将图形【填充】更改为蓝色（R：45，G：202，B：241），如图3.151所示。

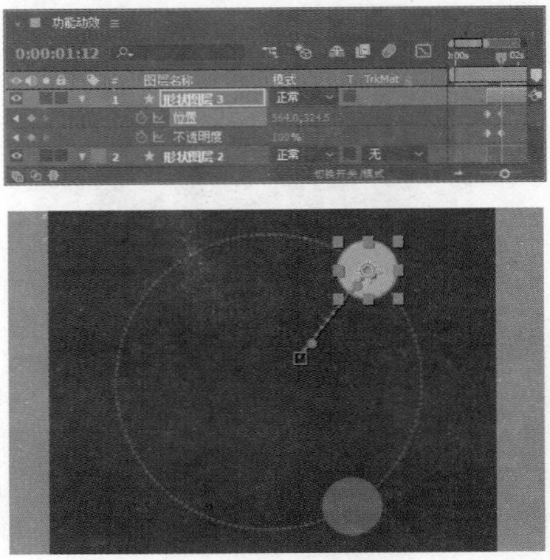

图3.151 更改位置

步骤 10 将时间调整至0:00:01:12帧的位置，选中【形状图层 3】图层，将动画入场拖至当前位置，如图3.152所示。

图3.152 更改动画入场位置

步骤 11 以刚才同样的方法再复制两份圆形，并更改位置、动画入场位置及其颜色，如图3.153所示。

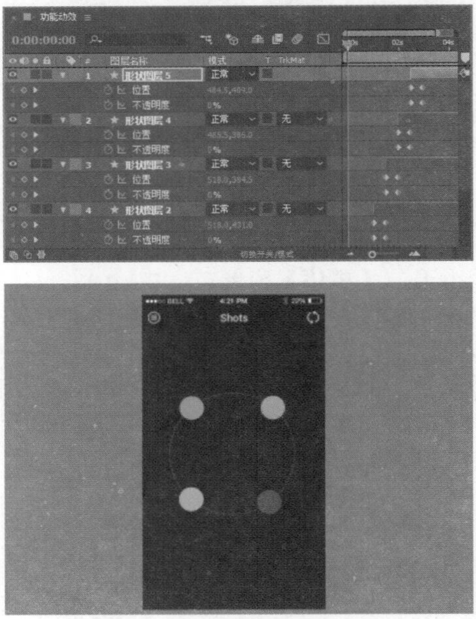

图3.153 复制图层

提示与技巧

可随意更改图形颜色，只要区分出不同的颜色即可。

步骤12 在时间线面板中，将时间调整至0:00:03:00帧的位置，选中【形状图层 2】图层中的【位置】，单击【在当前位置添加或移除关键帧】，添加一个延时帧，如图3.154所示。

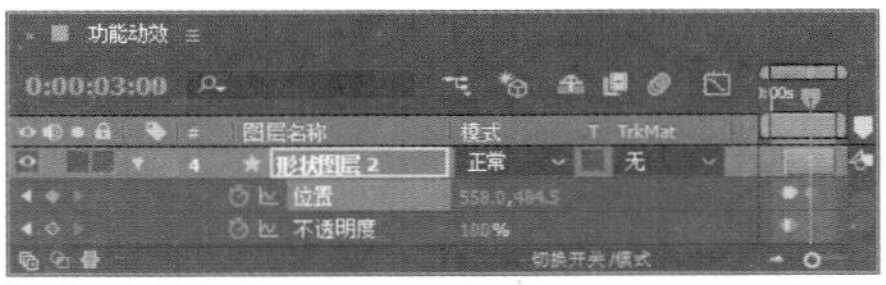

图3.154　添加延时帧

步骤13 将时间调整至0:00:03:12帧的位置，在图像中将正圆移至大圆中心位置，系统会自动添加关键帧，如图3.155所示。

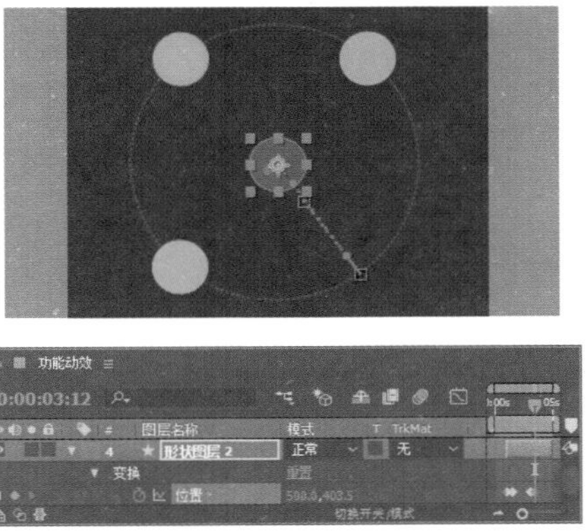

图3.155　移动位置

步骤14 将时间调整至0:00:03:00帧的位置，按S键打开【缩放】，单击【缩放】左侧的码表按钮，在当前位置添加关键帧；将时间调整至0:00:03:12帧的位置，将图形等比放大，系统会自动添加关键帧，如图3.156所示。

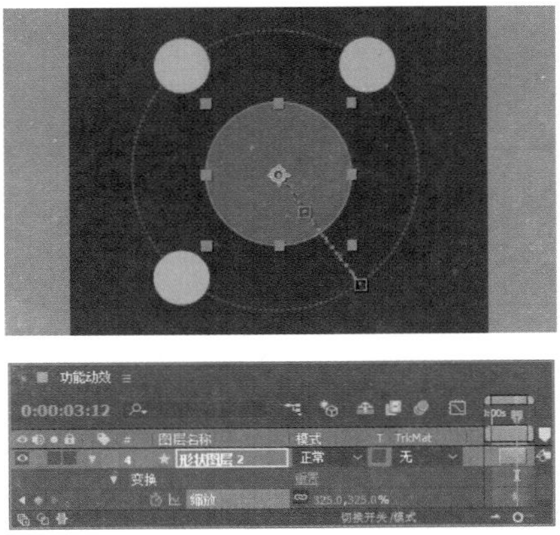

图3.156　放大图形

步骤15 将时间调整至0:00:03:00帧的位置，选中【形状图层 2】图层中的【不透明度】，单击【在当前位置添加或移除关键帧】，添加一个延时帧，如图3.157所示。

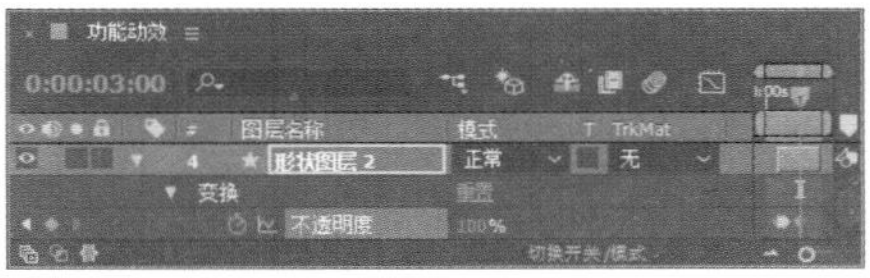

图3.157　添加延时帧

步骤16 将时间调整至0:00:03:12帧的位置，将【不透明度】更改为0，系统会自动添加关键帧，如图3.158所示。

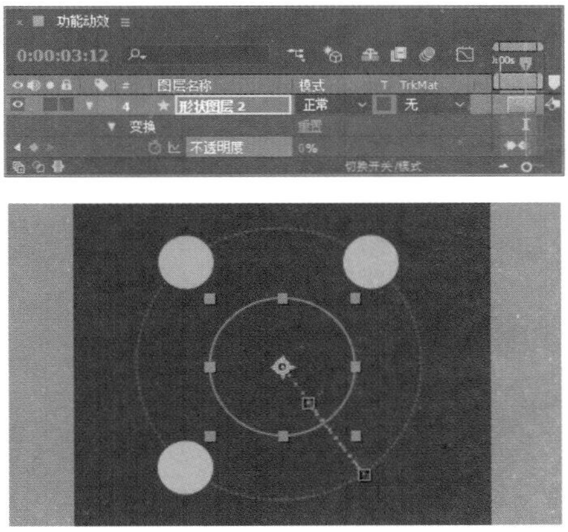

图3.158　更改不透明度

3.11.3 处理反馈动画

步骤01 在【项目】面板中选中【列表】素材，将其拖至时间线面板中，将时间调整至0:00:03:12帧的位置，分别单击【不透明度】及【位置】左侧的码表按钮，在当前位置添加关键帧，将【不透明度】更改为0；将时间调整至0:00:03:20帧的位置，将图像向右侧拖动，系统会自动添加关键帧，将【不透明度】更改为100%，制作位置动画，如图3.159所示。

图3.159 制作位置动画

步骤02 在时间线面板中选中【背景】图层，按Ctrl+D组合键复制一个【背景】图层并移至【列表】图层上方，将【列表】图层轨道遮罩更改为【Alpha 遮罩“背景.jpg”】，如图3.160所示。

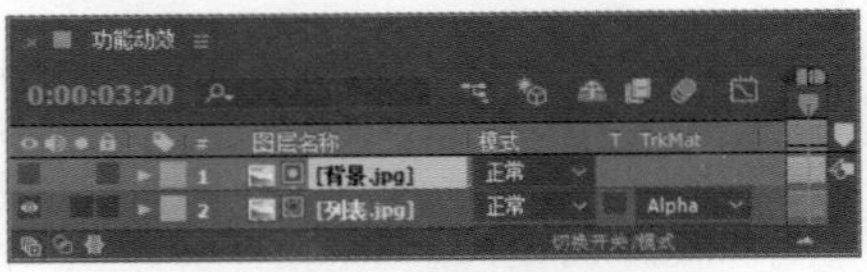

图3.160 设置轨道遮罩

步骤03 这样就完成了整体效果的制作，按小键盘上的0键即可在合成窗口中预览效果。

3.12 卡片式登录界面动效设计

设计构思

本例主要讲解卡片式登录界面动效设计，在设计过程中以常规界面为背景，制作出动感的立体切换效果，动画流程画面如图3.161所示。

视频分类：层级关系动效类

工程文件：下载文件\工程文件\第3章\卡片式登陆界面动效设计

视频文件：下载文件\movie\视频讲座\3.12.avi

学习目标：【3D Stroke】、【位置】、【预合成】、【不透明度】、【缩放】

图3.161 动画流程画面

操作步骤

3.12.1 制作触控动画

步骤01 执行菜单栏中的【合成】|【新建合成】命令，打开【合成设置】对话框，设置【合成名称】为“卡片界面”，【宽度】为1000，【高度】为900，【帧速率】为25，并设置【持续时间】为00：00：10：00秒，【背景颜色】为浅蓝色（R：218，G：229，B：255），完成之后单击

【确定】按钮，如图3.162所示。

步骤 02 执行菜单栏中的【文件】|【导入】|【文件】命令，打开【导入文件】对话框，选择下载文件中的“工程文件\第3章\卡片式登录界面动效设计\界面.psd、标识.png”素材，其中“界面”的【导入种类】为【合成-保持图层大小】的方式，单击【导入】按钮，如图3.163所示。

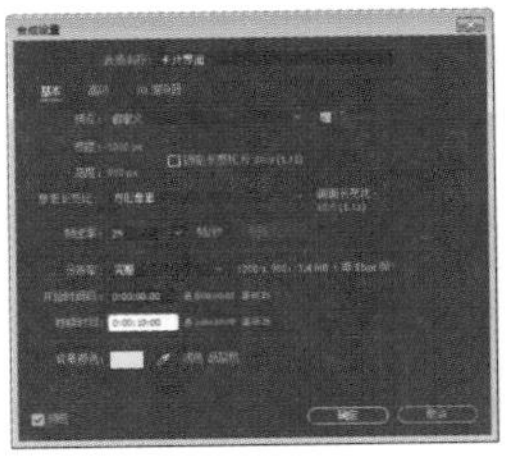

图3.162 新建合成

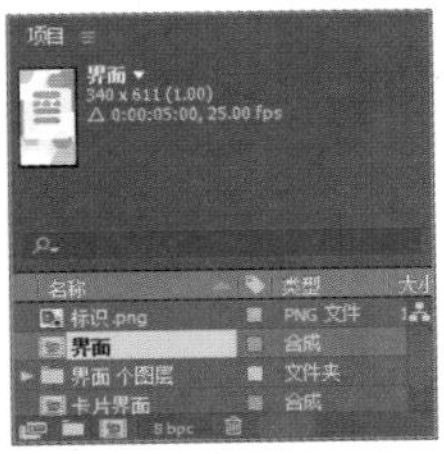

图3.163 导入素材

步骤 03 在【项目】面板中选择【界面 个图层】素材，将其拖动到【卡片界面】合成的时间线面板中，注意分别选中素材图像所对应的图层，在图像中拖动，更改图像位置，如图3.164所示。

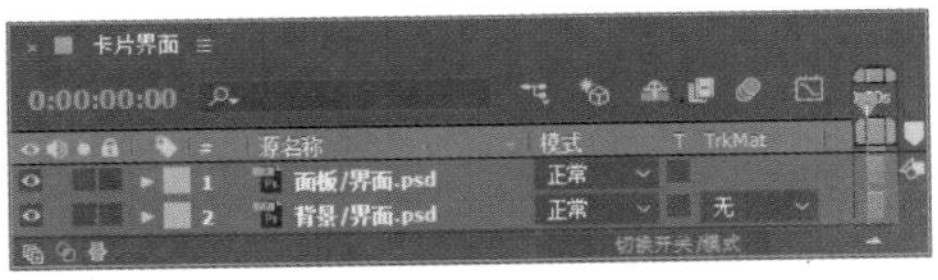

图3.164 添加素材

步骤 04 选择工具箱中的【椭圆工具】，按住Shift键绘制一个正圆，设置其【填充】为红色（R：255，G：55，B：55），【描边】为无，将生成一个【形状图层 1】图层，如图3.165所示。

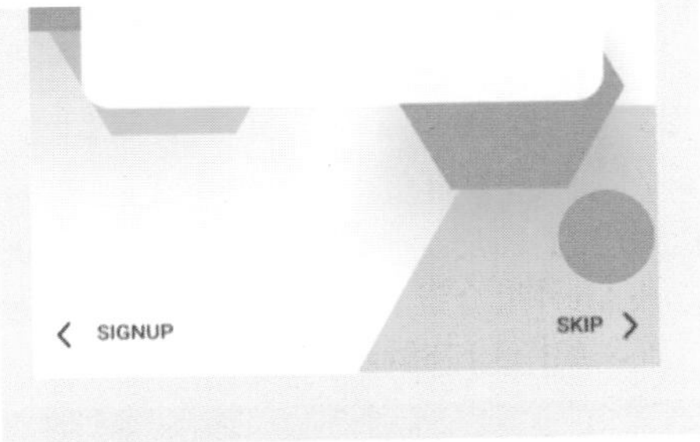

图3.165 绘制图形

步骤 05 在时间线面板中选中【形状图层 1】图层，将时间调整至0:00:00:00帧的位置，分别单击【位置】和【不透明度】左侧的码表按钮，在当前位置添加关键帧，将【不透明度】更改为0，将时间调整至0:00:00:12帧的位置，将【不透明度】更改为30%，在图像中拖动图形，系统会自动添加关键帧，如图3.166所示。

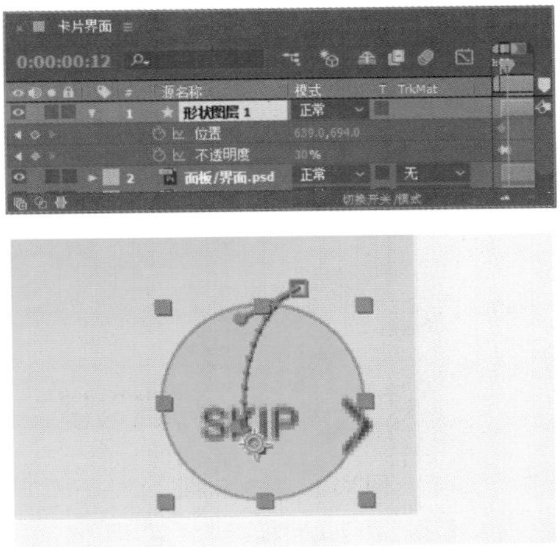

图3.166 拖动图形

步骤 06 将时间调整至0:00:01:00帧的位置，将【不透明度】更改为0，再拖动图形，系统会自动添加关键帧，如图3.167所示。

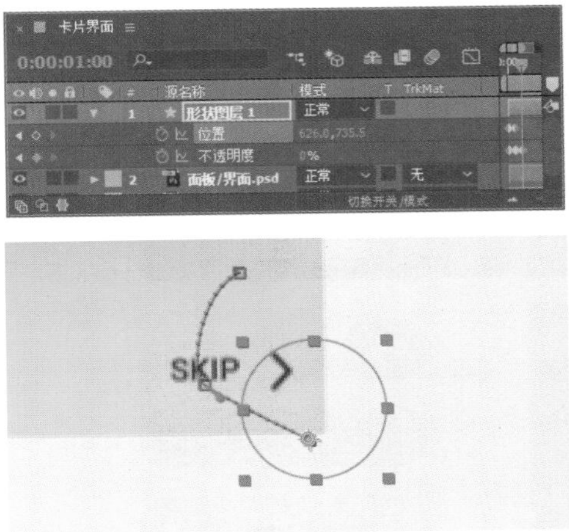

图3.167 拖动图形

3.12.2 制作输入状态

步骤 01 选择工具箱中的【横排文字工具】，在图像中适当位置添加文字（Arial），如图3.168所示。

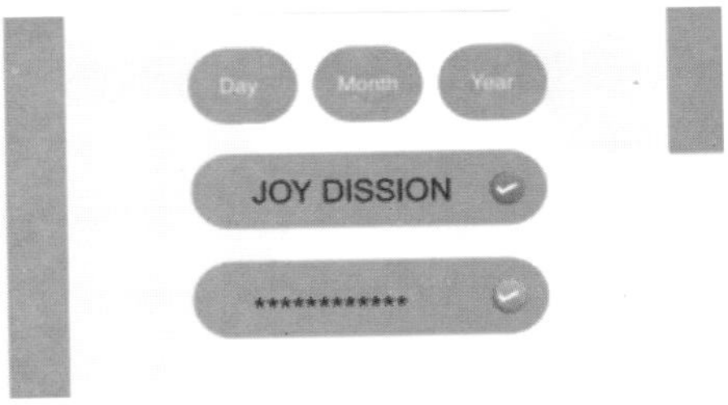

图3.168 添加文字

步骤 02 选择工具箱中的【矩形工具】，选中【joy dission】图层，在图像中文字左侧绘制一个矩形蒙版，如图3.169所示。

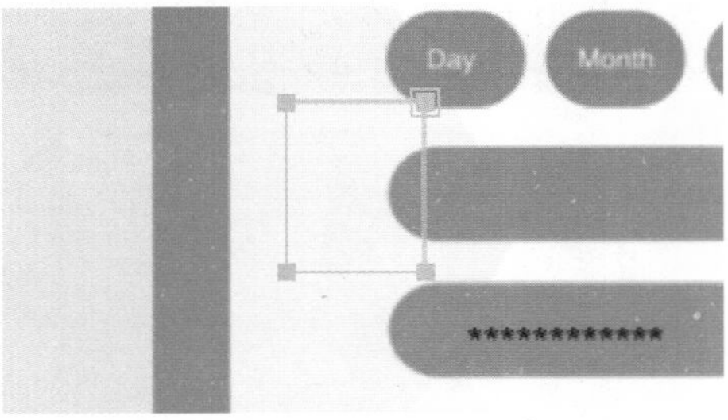

图3.169 绘制蒙版

步骤 03 在【图层】面板中，将时间调整至0:00:02:00帧的位置，展开【joy dission】|【蒙版】|【蒙版 1】，单击【蒙版路径】左侧的码表按钮，在当前位置添加关键帧；将时间调整至0:00:05:00帧的位置，同时选中蒙版右侧的两个锚点，将其向右侧拖动，显示部分文字，系统会自动添加关键帧，如图3.170所示。

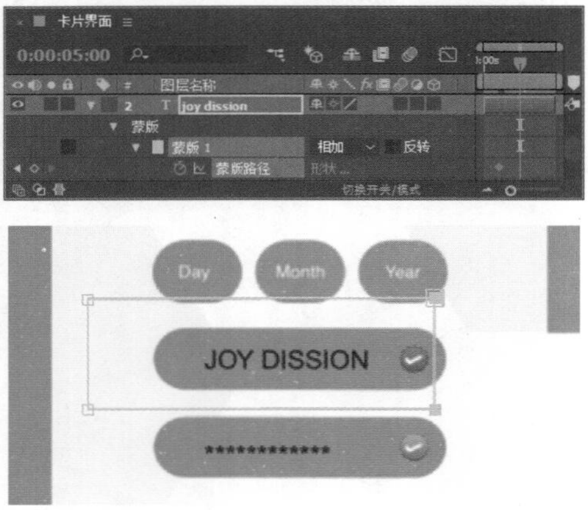

图3.170 拖动锚点

步骤 04 输入新的文字，然后选择工具箱中的【矩形工具】，以刚才同样的方法绘制蒙版，如图3.171所示。

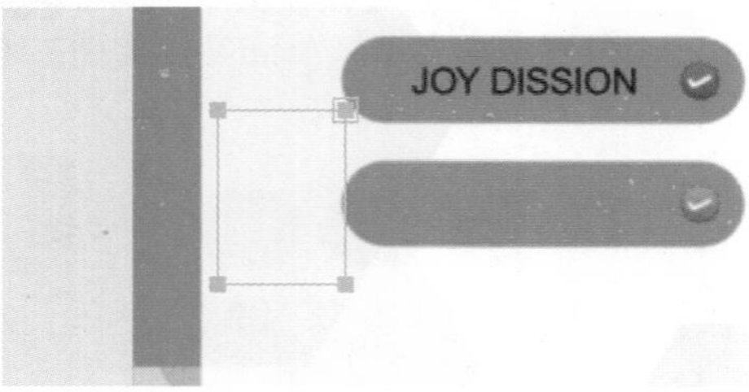

图3.171 绘制蒙版

步骤 05 在时间线面板中，将时间调整至0:00:05:00帧的位置，展开【joy dission】|【蒙版】|【蒙版 1】，单击【蒙版路径】左侧的码表按钮；将时间调整至0:00:07:00帧的位置，同时选中蒙版右侧的两个锚点，将其向右侧拖动，显示部分文字，系统会自动添加关键帧，如图3.172所示。

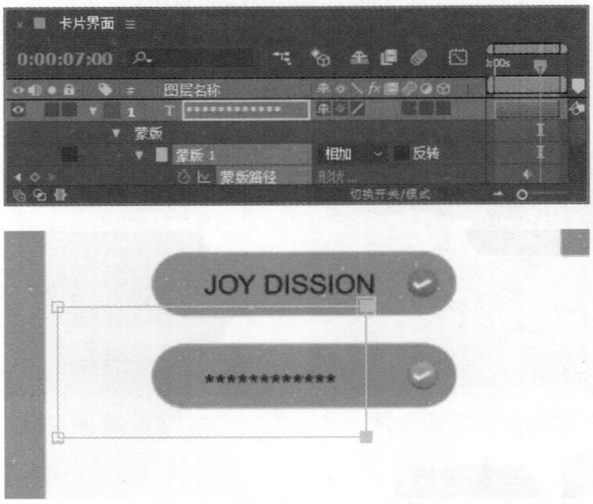

图3.172 拖动锚点

步骤 06 选中工具箱中的【圆角矩形工具】，绘制一个圆角矩形，设置其【填充】为红色（R：247，G：46，B：99），【描边】为无，将生成一个【形状图层 2】图层，如图3.173所示。

步骤 07 选择工具箱中的【横排文字工具】，在刚才绘制的圆角矩形位置添加文字（Arial），如图3.174所示。

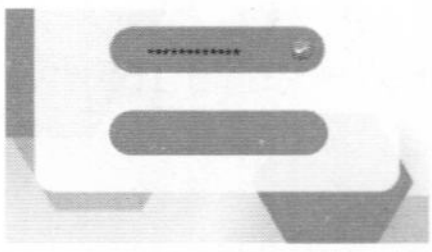

图3.173 绘制图形

图3.174 添加文字

步骤 08 在【图层】面板中同时选中【next step】及【形状图层2】图层，将时间调整至0:00:02:00帧的位置，按Alt+[组合键将当前图层动画入场定位至当前位置，如图3.175所示。

图3.175 设置动画入场

步骤 09 在时间线面板中，将时间调整至0:00:07:00帧的位置，按S键打开【缩放】，单击【缩放】左侧的码表按钮，在当前位置添加关键帧；将时间调整至0:00:07:05帧的位置，将【缩放】更改为90%；将时间调整至0:00:07:10帧的位置，将【缩放】更改为100%，系统会自动添加关键帧，如图3.176所示。

图3.176　更改数值

步骤 10 在时间线面板中选中【next step】图层，按Alt+]组合键设置动画出场，如图3.177所示。

图3.177　设置动画出场

步骤 11 在时间线面板中，将时间调整至0:00:07:15帧的位置，选中【形状图层 2】图层，按S键打开【缩放】，单击【约束比例】按钮，将数值更改为（0，100），系统会自动添加关键帧，如图3.178所示。

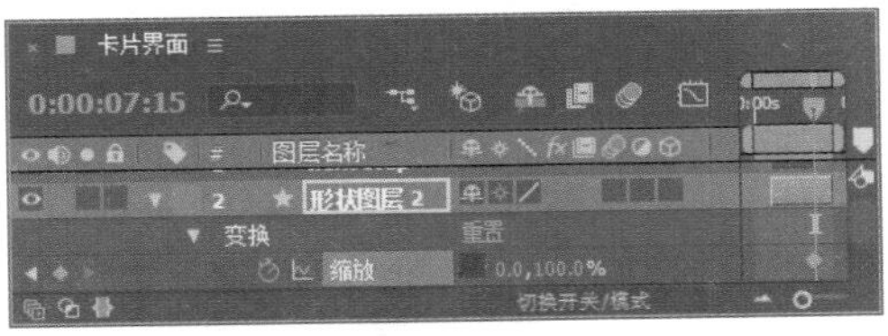

图3.178　更改数值

3.12.3 编辑确认动画

步骤 01 执行菜单栏中的【图层】|【新建】|【纯色】命令，在弹出的对话框中将【名称】更改为“圆”，【颜色】更改为黑色，完成之后单击【确定】按钮。

步骤 02 在时间线面板中选中【圆】图层，按T键打开【不透明度】，将其数值更改为50%，如图3.179所示。

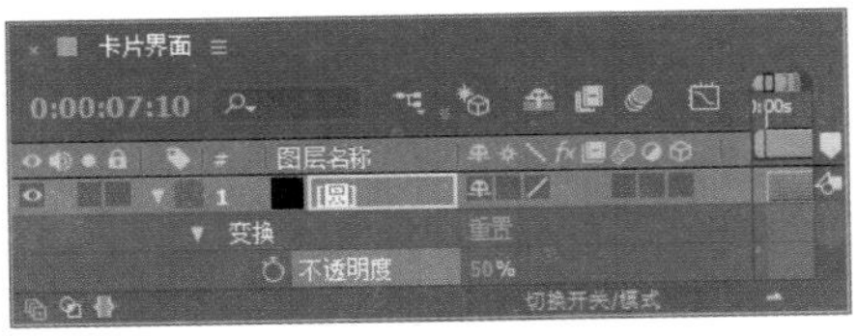

图3.179　更改【不透明度】数值

步骤 03 在时间线面板中，选择工具箱中的【椭圆工具】，按住Shift键在红色按钮位置绘制一个正圆蒙版，如图3.180所示。

图3.180　绘制蒙版

步骤 04 在时间线面板中，将时间调整至0:00:07:15帧的位置，将【圆】图层中的【不透明度】更改为100%。

步骤 05 选中【圆】图层，在【效果和预设】面板中展开【Trapcode】特效组，然后双击【3D Stroke】特效。

步骤 06 在【效果控件】面板中修改【3D Stroke】特效的参数，将【Color】更改为红色（R：247，G：46，B：99），【Thickness】数值更改为2，单击【End】左侧的码表按钮，将其数值更改为0，如图3.181所示。

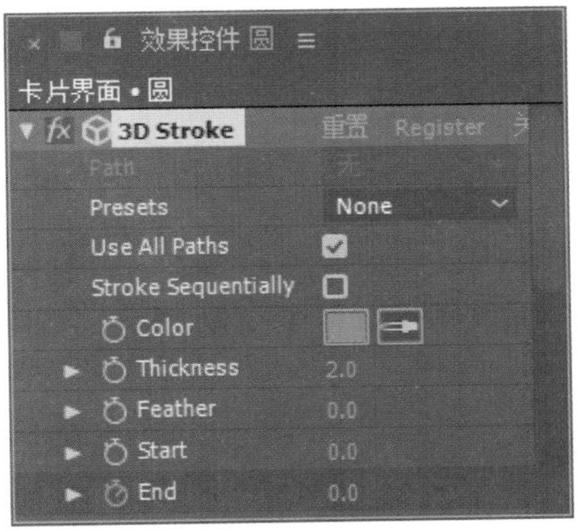

图3.181　设置【3D Stroke】特效参数

步骤 07 将时间调整至0:00:08:00帧的位置，将【End】更改为100，系统会自动添加关键帧，如图3.182所示。

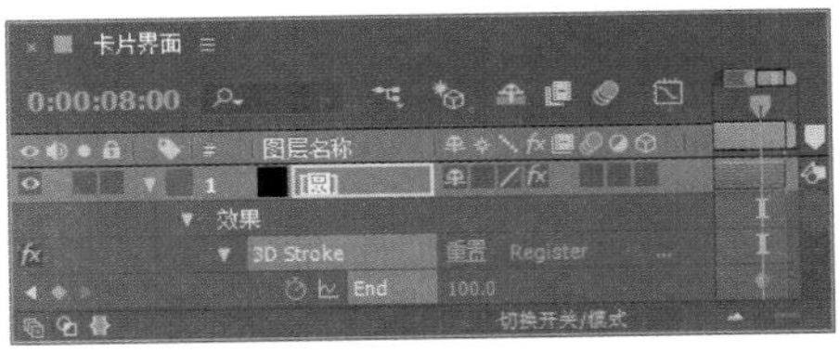

图3.182　更改数值

步骤 08 执行菜单栏中的【图层】|【新建】|【纯色】命令，在弹出的对话框中将【名称】更改为“对号”，【颜色】更改为黑色，完成之后单击

【确定】按钮。

步骤 09 在时间线面板中选中【对号】图层，按T键打开【不透明度】，将其数值更改为50%，如图3.183所示。

图3.183 更改【不透明度】数值

步骤 10 选择工具箱中的【钢笔工具】，在正圆内部绘制一个对号路径，如图3.184所示。

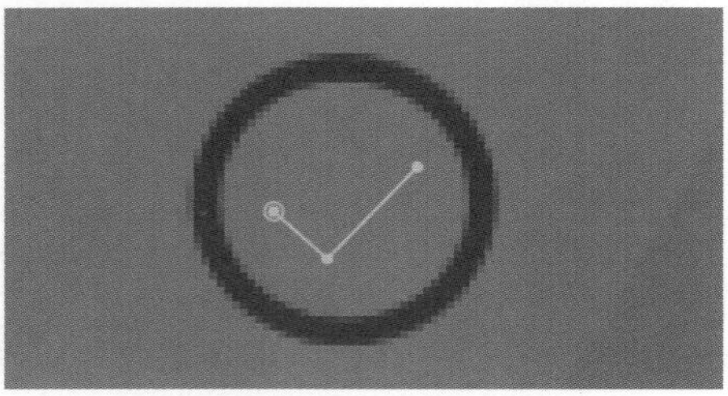

图3.184 绘制路径

步骤 11 在时间线面板中，将时间调整至0:00:08:00帧的位置，将【对号】图层中【不透明度】更改为100%。

步骤 12 选中【对号】图层，在【效果和预设】面板中展开【Trapcode】特效组，然后双击【3D Stroke】特效。

步骤 13 在【效果控件】面板中修改【3D Stroke】特效的参数，将【Color】更改为红色（R：247，G：46，B：99），【Thickness】数值更改为2，单击【End】左侧的码表按钮，将其数值更改为0，如图3.185所示。

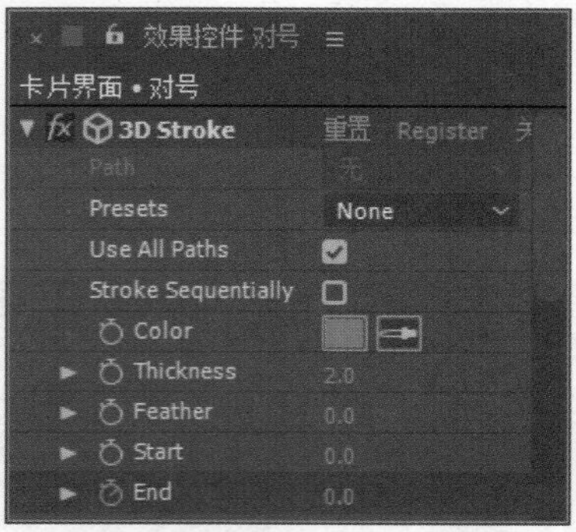

图3.185 设置【3D Stroke】特效参数

步骤 14 在时间线面板中，将时间调整至0:00:08:10帧的位置，将【End】更改为100，系统会自动添加关键帧，如图3.186所示。

图3.186 更改数值

3.12.4 制作切换动画

步骤 01 在时间线面板中，同时选中除【背景/界面.psd】之外的所有图层，单击鼠标右键，在弹出的快捷菜单中选择【预合成】选项，在弹出的对话框中将【新合成名称】更改为“登录框”，完成之后单击【确定】按钮。

步骤 02 在时间线面板中，将时间调整至0:00:08:10帧的位置，选中【登录框】合成，按P键打开【位置】，单击【位置】左侧的码表按钮，在当前位置添加关键帧；将时间调整至0:00:08:12帧的位置，在图像中将登录框向左侧稍微移动，系统会自动添加关键帧，如图3.187所示。

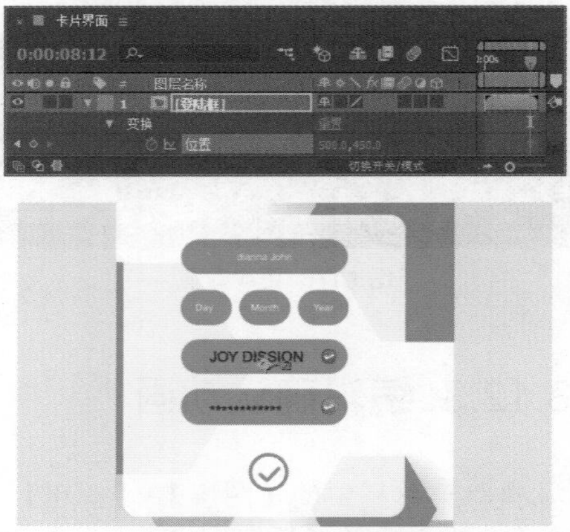

图3.187 移动图像

步骤 03 将时间调整至0:00:08:14帧的位置，将图像向右侧稍微移动；将时间调整至0:00:08:16帧的位置，将图像向右侧再次移动，系统会自动添加关键帧，如图3.188所示。

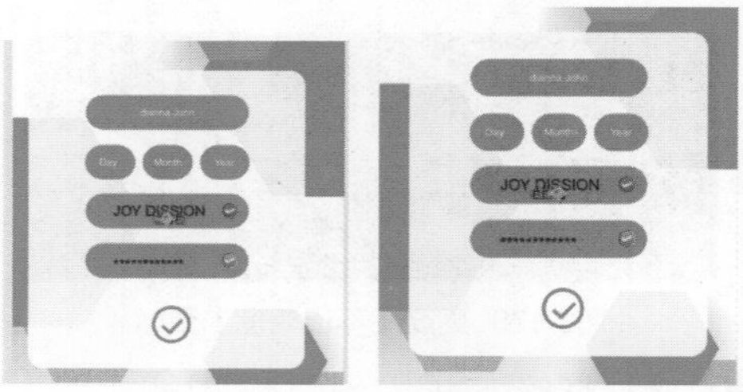

图3.188 移动图像

步骤 04 将时间调整至0:00:09:00帧的位置，将图像向左侧平移出图像之外，系统会自动添加关键帧，如图3.189所示。

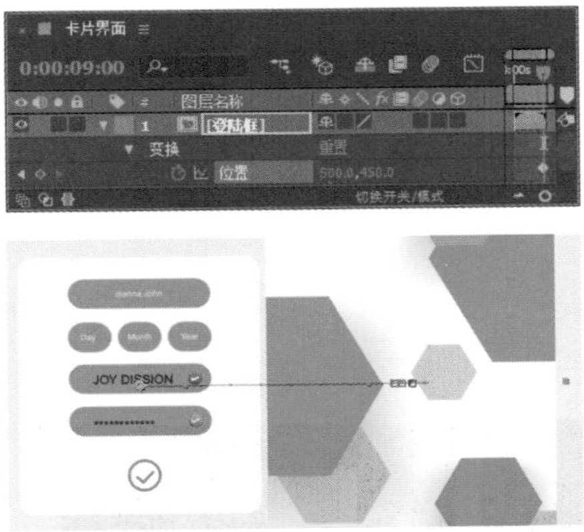

图3.189　移动图像

步骤 05 在时间线面板中选中【背景/界面.psd】图层，按Ctrl+D组合键复制一个【背景/界面.psd】图层并移至【登录框】合成上方，再将【登录框】合成轨道遮罩设置为【Alpha 遮罩“背景/界面.psd”】，如图3.190所示。

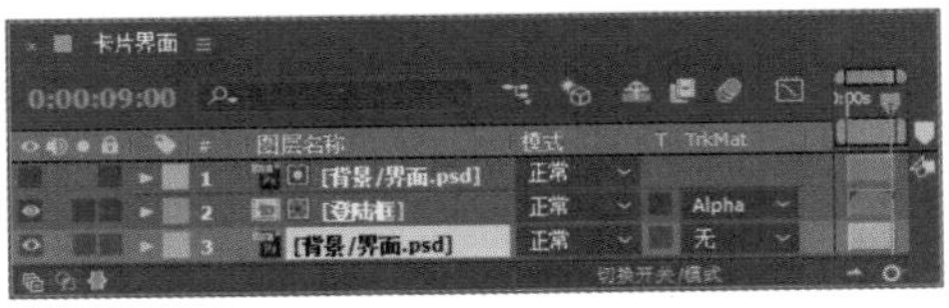

图3.190　设置轨道遮罩

步骤 06 选中工具箱中的【圆角矩形工具】，在原来的登录框位置绘制一个大小相同的圆角矩形，设置其【填充】为白色，【描边】为无，将生成一个【形状图层 1】图层，如图3.191所示。

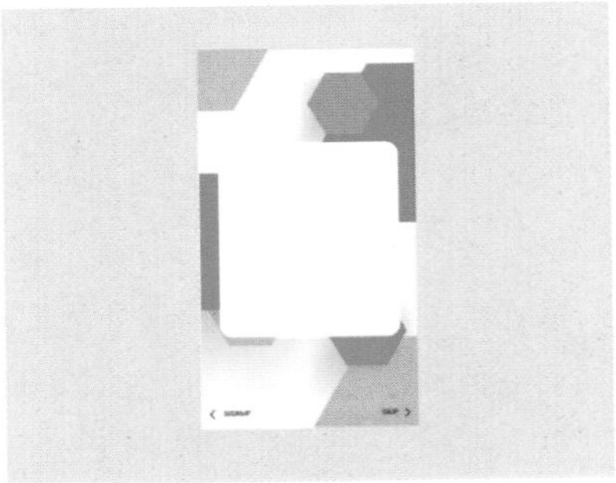

图3.191　绘制图形

步骤 07 在时间线面板中选中【形状图层1】图层，按T键打开【不透明度】，将其数值更改为90%，如图3.192所示。

图3.192　更改【不透明度】数值

步骤 08 在【项目】面板中选中【标识】素材，将其拖至【卡片界面】时间线面板中，如图3.193所示。

步骤 09 将时间调整至0:00:08:00帧的位置，同时选中【标识】和【形状图层 1】图层，将这两个图层也做一个【预合成】，名称为【标识界面】，并将其向右侧平移，如图3.194所示。

图3.193　添加素材

图3.194　移动图像

步骤 10 在时间线面板中选中【标识界面】合成，设置其父级为【登录框】，如图3.195所示。

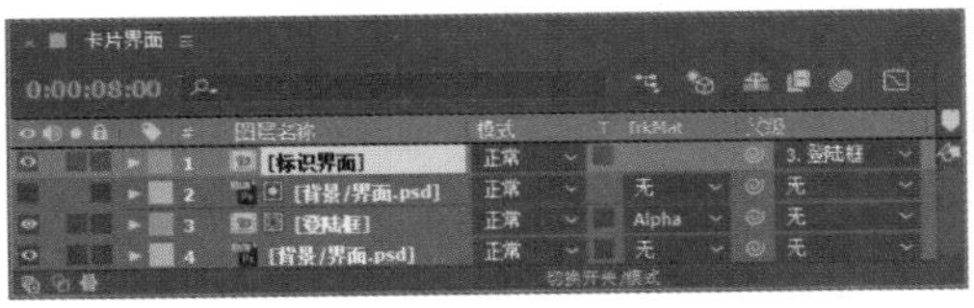

图3.195　添加父级对象

步骤 11 在时间线面板中选中【背景/界面.psd】图层，按Ctrl+D组合键复制一个【背景/界面.psd】图层并移至【标识界面】合成上方，再将【标识界面】合成轨道遮罩设置为【Alpha 遮罩“背景/界面.psd”】，如图3.196所示。

图3.196　设置轨道遮罩

步骤 12 这样就完成了整体效果的制作，按小键盘上的0键即可在合成窗口中预览效果。

3.13 待机滑动动效设计

设计构思

本例主要讲解待机滑动动效设计，在制作过程中，首先利用【缩放】功能制作控件出现效果，然后利用【快速模糊】特效及【缩放】功能制作图标弹出效果，最后通过绘制圆角矩形制作弹出对话框效果，动画流程画面如图3.197所示。

视频分类：层级关系动效类

工程文件：下载文件\工程文件\第3章\待机滑动动效设计

视频文件：下载文件\movie\视频讲座\3.13.avi

学习目标：【缩放】、【快速模糊】、【位置】、【编号】

图3.197 动画流程画面

操作步骤

3.13.1 制作主体状态动画

步骤 01 执行菜单栏中的【合成】|【新建合成】命令，打开【合成设置】对话框，设置【合成名称】为“待机滑动”，【宽度】为900，【高度】为700，【帧速率】为25，并设置【持续时间】为00:00:05:00秒，【背景颜色】为灰色（R：32，G：30，B：29），完成之后单击【确定】按钮，如图3.198所示。

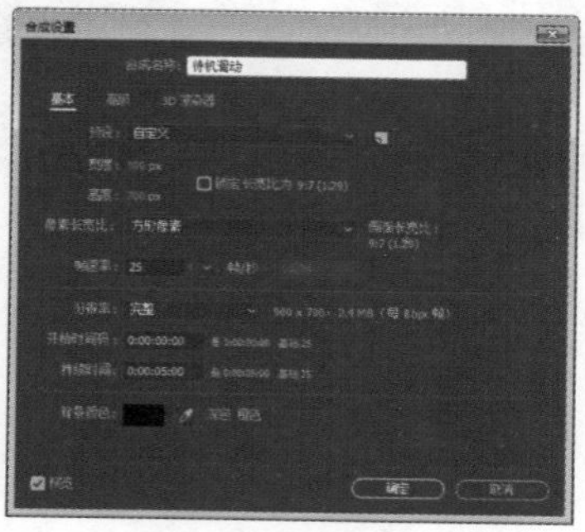

图3.198 新建合成

步骤 02 选择工具箱中的【矩形工具】■，在封面位置绘制一个矩形，设置其【填充】为黄色（R：217，G：166，B：10），【描边】为无，将生成一个【形状图层1】图层，如图3.199所示。

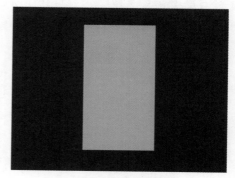

图3.199 绘制矩形

步骤 03 执行菜单栏中的【图层】|【新建】|【纯色】命令，在弹出的对话框中将【名称】更改为“时间”，完成之后单击【确定】按钮。

步骤 04 在【效果和预设】面板中展开【文本】特效组，然后双击【编号】特效，在弹出的对话框中将【字体】更改为Letter Gothic Std，选中【居中对齐】单选按钮，完成之后单击【确定】按钮，如图3.200所示。

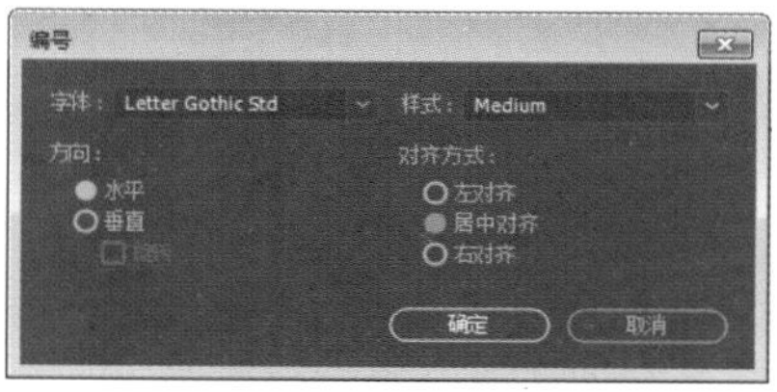

图3.200　【编号】对话框

步骤 05 将时间调整至0:00:00:00帧的位置，在【效果控件】面板中将【类型】更改为【时间】，单击【数值/位移/随机最大】右侧的码表按钮，更改其数值为100，【填充颜色】更改为灰色（R：32，G：30，B：29），【大小】更改为50，如图3.201所示。

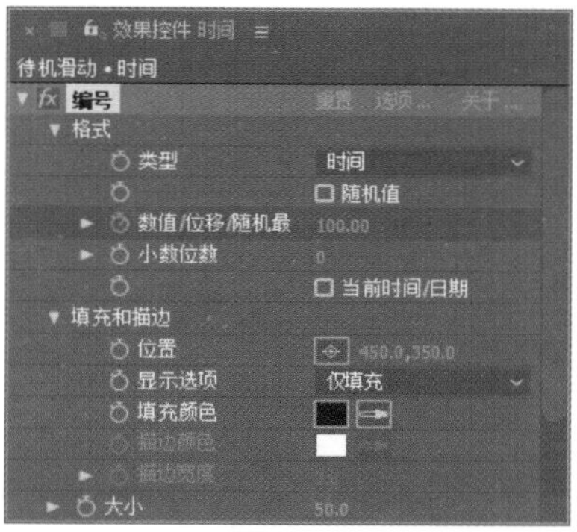

图3.201　设置【编号】参数

步骤 06 将时间调整至0:00:04:24帧的位置，将【数值/位移/随机最大】更改为104.24，系统会自动添加关键帧，如图3.202所示。

图3.202　添加关键帧

3.13.2 添加文字动画

步骤 01 在图像中选中文字，将其向上移动，如图3.203所示。

步骤 02 选择工具箱中的【矩形工具】，在黄色矩形中间绘制一个与其宽度相同的矩形，设置其【填充】为灰色（R：19，G：17，B：16），【描边】为无，如图3.204所示。

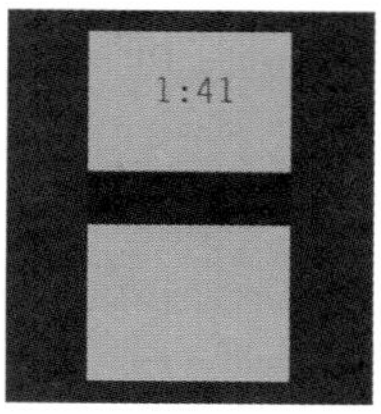

图3.203　移动文字位置　　图3.204　绘制图形

步骤 03 在时间线面板中选中【形状图层 2】图层，将时间调整至0:00:00:00帧的位置，按S键打开【缩放】，单击【约束比例】，将数值更改为（100，0），再单击【缩放】左侧的码表按钮，在当前位置添加关键帧；将时间调整至0:00:00:10帧的位置，将数值更改为（100，150），系统会自动添加关键帧，如图3.205所示。

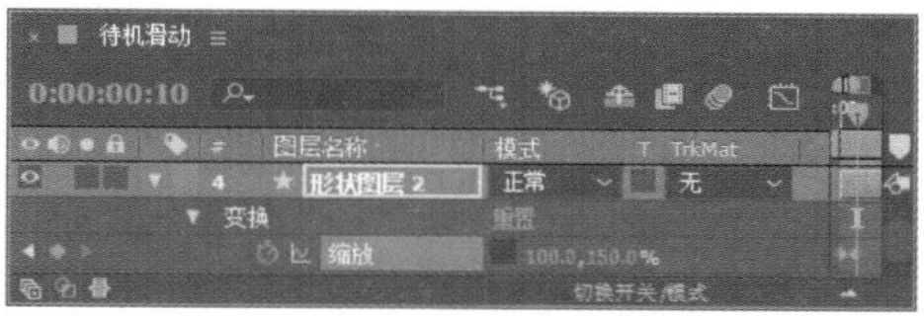

图3.205　更改数值

步骤 04 执行菜单栏中的【文件】|【导入】|【文件】命令，打开【导入文件】对话框，选择下载文件中的“工程文件\第3章\待机滑动动效设计\图标.psd”素材，单击【导入】按钮，在弹出的对话框中选择【导入种类】为【合成-保持图层大小】，并选中【可编辑的图层样式】单选按钮，完成之后单击【确定】按钮，如图3.206所示。

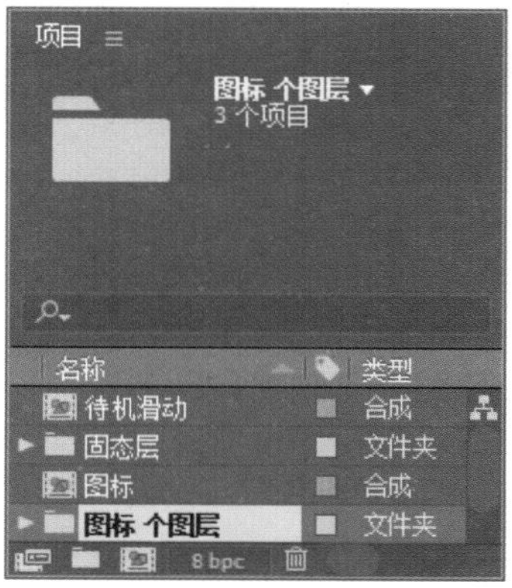

图3.206　导入素材

步骤 05 在【项目】面板中选中【图标 个图层】素材，将其拖入时间线面板中，并分别调整图像大小及位置，如图3.207所示。

图3.207 添加素材

步骤 06 在时间线面板中，将时间调整至0:00:00:10帧的位置，按S键打开【缩放】，单击【缩放】左侧的码表按钮，在当前位置添加关键帧，将其数值更改为（0，0）；将时间调整至0:00:01:00帧的位置，在图像中将图像等比放大，系统会自动添加关键帧，如图3.208所示。

图3.208 放大图像

步骤 07 在时间线面板中选中【电话/图标.psd】图层，在【效果和预设】面板中展开【过时】特效组，然后双击【快速模糊】特效。

步骤 08 在时间线面板中，将时间调整至0:00:00:10帧的位置，在【效果控件】面板中修改【快速模糊】特效的参数，单击【模糊度】左侧的码表按钮，在当前位置添加关键帧，将其数值更改为100，如图3.209所示。

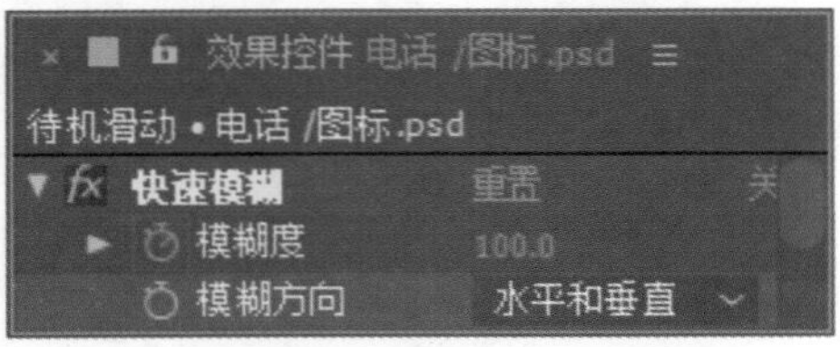

图3.209 更改【模糊度】数值

步骤 09 在时间线面板中，将时间调整至0:00:01:00帧的位置，将【模糊度】更改为0，系统会自动添加关键帧，如图3.210所示。

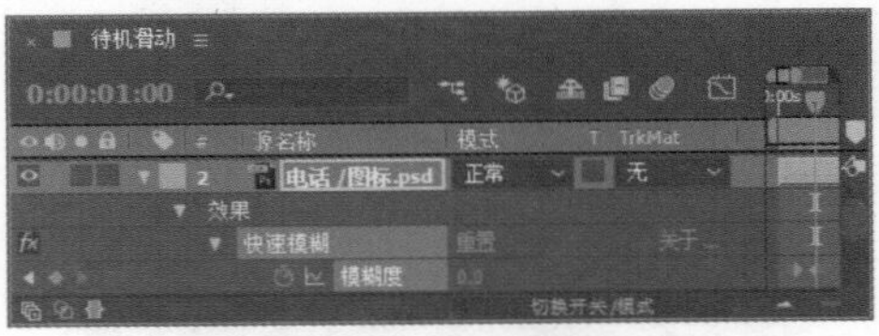

图3.210 添加关键帧

步骤 10 以同样的方法分别为其他两个图标所在图层制作相同的缩放及模糊动画，如图3.211所示。

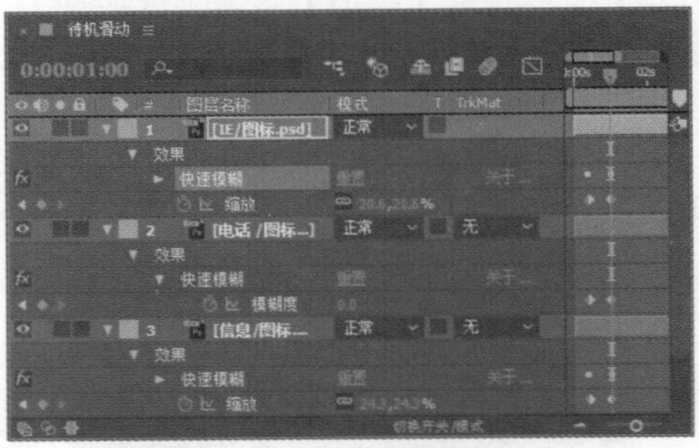

图3.211 制作动画

3.13.3 制作细节元素动画

步骤 01 在时间线面板中选中【信息/图标.psd】图层，将时间调整至0:00:01:00帧的位置，按R键打开【旋转】，单击【旋转】左侧的码表按钮，在当前位置添加关键帧；将时间调整至0:00:01:02帧的位置，将数值更改为10，系统会自动添加关键帧，如图3.212所示。

图3.212 旋转图像

步骤 02 将时间调整至0:00:01:04帧的位置，将【旋转】数值更改为-10；将时间调整至0:00:01:06帧的位置，将【旋转】数值更改为10；将时间调整至0:00:01:08帧的位置，将【旋转】数值更改为-10；将时间调整至0:00:01:10帧的位置，将【旋转】数值更改为0，系统会自动添加关键帧，如图3.213所示。

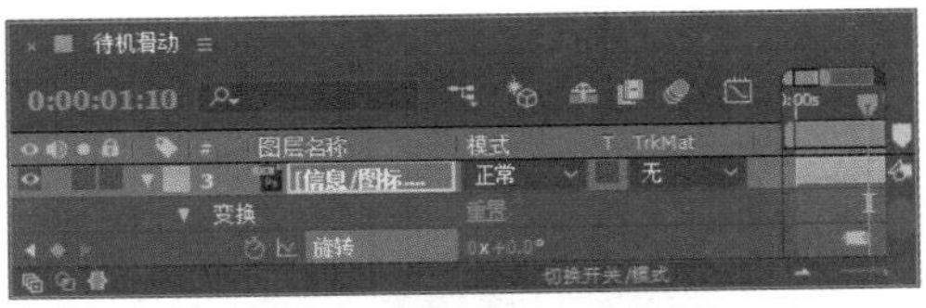

图3.213 更改【旋转】数值

步骤03 选择工具箱中的【椭圆工具】，按住Shift键在信息图标右上角绘制一个圆，设置其【填充】为红色（R：255，G：48，B：0），【描边】为无，将生成一个【形状图层 3】图层，如图3.214所示。

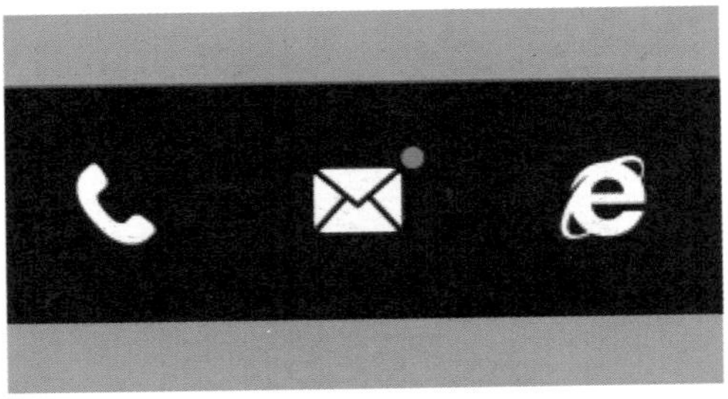

图3.214 绘制图形

步骤04 在时间线面板中选中【形状图层 3】图层，将时间调整至0:00:01:10帧的位置，按S键打开【缩放】，单击【缩放】左侧的码表按钮，在当前位置添加关键帧，将其数值更改为（0，0）。

步骤05 将时间调整至0:00:01:15帧的位置，在图像中将圆形稍微等比放大，系统会自动添加关键帧，如图3.215所示。

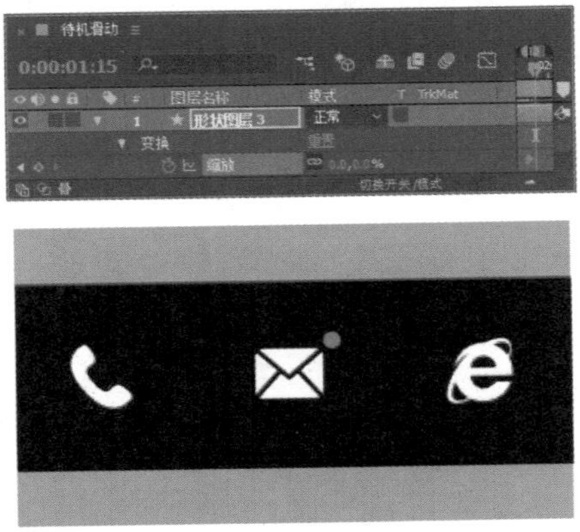

图3.215 放大图形

3.13.4 制作结果动画

步骤01 选中工具箱中的【圆角矩形工具】，绘制一个圆角矩形，设置其【填充】为浅黄色（R：252，G：242，B：211），【描边】为无，将生成一个【形状图层 1】图层，如图3.216所示。

图3.216 绘制图形

步骤02 选择工具箱中的【横排文字工具】，在图像中适当位置添加文字（方正兰亭黑），如图3.217所示。

图3.217 添加文字

步骤03 在时间线面板中同时选中【畅，你几点到？】及【形状图层 4】图层，将时间调整至0:00:01:15帧的位置，分别单击【位置】和【不透明度】左侧的码表按钮，在当前位置添加关键帧，将【不透明度】更改为0，在图像中将圆角矩形及文字向上垂直移动，如图3.218所示。

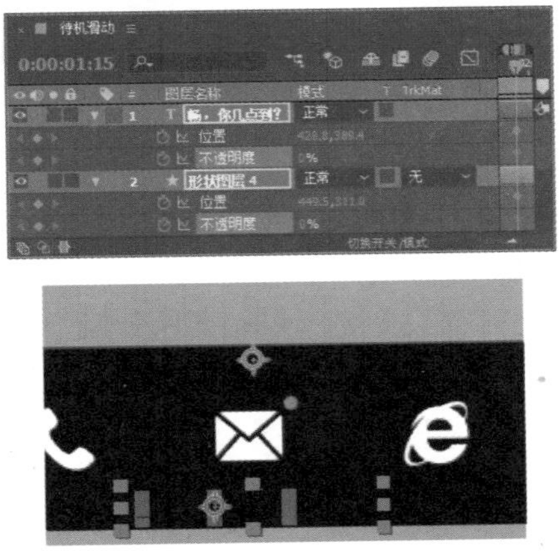

图3.218 移动图像

步骤 04 在时间线面板中同时选中【畅，你几点到？】及【形状图层 4】图层，将时间调整至0:00:02:00帧的位置，将【不透明度】更改为100%，将图像向下垂直移动，系统会自动添加关键帧，如图3.219所示。

步骤 05 这样就完成了整体效果的制作，按小键盘上的0键即可在合成窗口中预览效果。

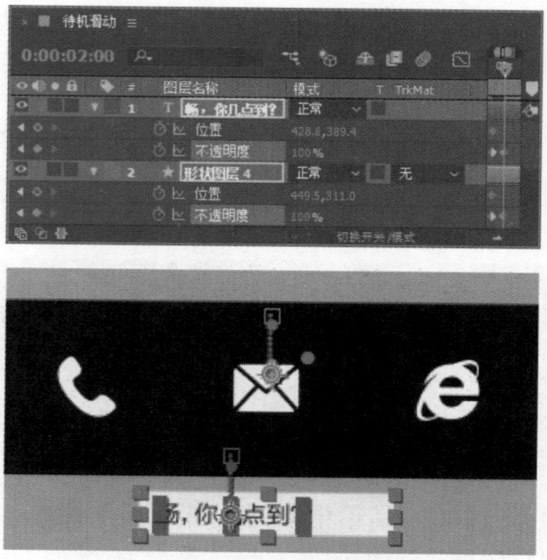

图3.219 拖动图像

3.14 备忘便签动效设计

设计构思

本例主要讲解备忘便签动效设计，在设计过程中，以明显的层级关系来表现便签动效的特点，同时卡片样式的操作让整个图像更加灵动，动画流程画面如图3.220所示。

视频分类：层级关系动效类

工程文件：下载文件\工程文件\第3章\待机滑动动效设计

视频文件：下载文件\movie\视频讲座\3.14.avi

学习目标：【蒙版】、【旋转】、【位置】、【轨道遮罩】

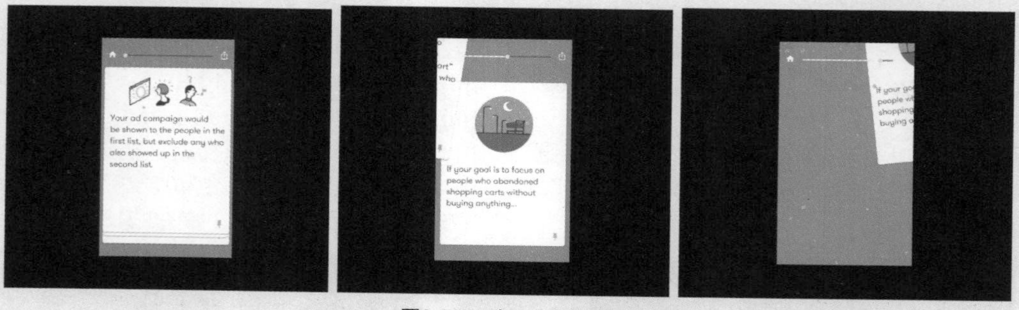
图3.220 动画流程画面

操作步骤

3.14.1 为素材图像添加装饰

步骤 01 执行菜单栏中的【合成】|【新建合成】命令，打开【合成设置】对话框，设置【合成名称】为“便签动效”，【宽度】为1000，【高度】为900，【帧速率】为25，并设置【持续时间】为00:00:02:00秒，【背景颜色】为深紫色（R：26，G：8，B：40），完成之后单击【确定】按钮，如图3.221所示。

步骤 02 执行菜单栏中的【文件】|【导入】|【文件】命令，打开【导入文件】对话框，选择下载文

件中的“工程文件\第3章\备忘便签动效设计\便签界面.psd”素材，单击【导入】按钮，在弹出的对话框中选择【导入种类】为【合成-保持图层大小】，并选中【可编辑的图层样式】单选按钮，完成之后单击【确定】按钮，如图3.222所示。

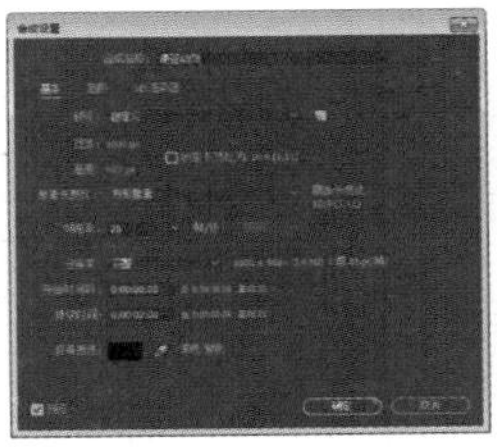
图3.221　新建合成

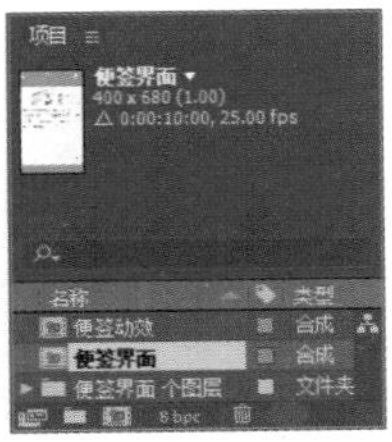

图3.222　导入素材

步骤 03 在【项目】面板中选择【便签界面 个图层】素材，将其拖动到【便签动效】合成的时间线面板中，并调整图像位置及上下顺序，如图3.223所示。

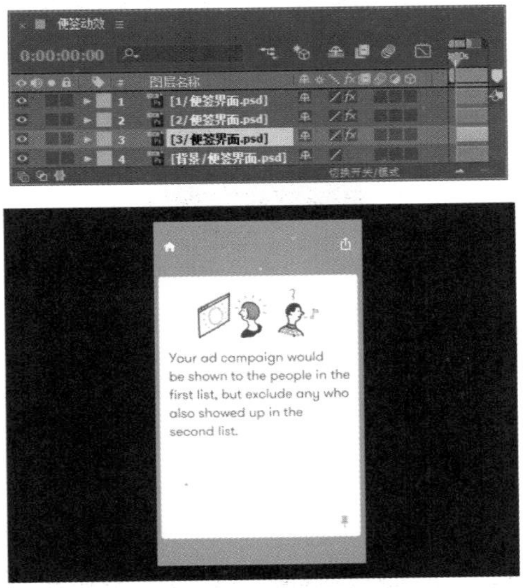

图3.223　添加素材

步骤 04 在时间线面板中选中【3/便签界面.psd】图层，在【效果和预设】面板中展开【透视】特效组，然后双击【投影】特效。

步骤 05 在【效果控件】面板中修改【投影】特效的参数，设置【阴影颜色】为青色（R：14，G：73，B：86），【不透明度】为50%，【方向】为180，【距离】为2，【柔和度】为5，单击特效名称，按Ctrl+C组合键复制，如图3.224所示。

步骤 06 分别选中【2/便签界面.psd】图层及【1/便签界面.psd】图层，按Ctrl+V组合键粘贴特效。

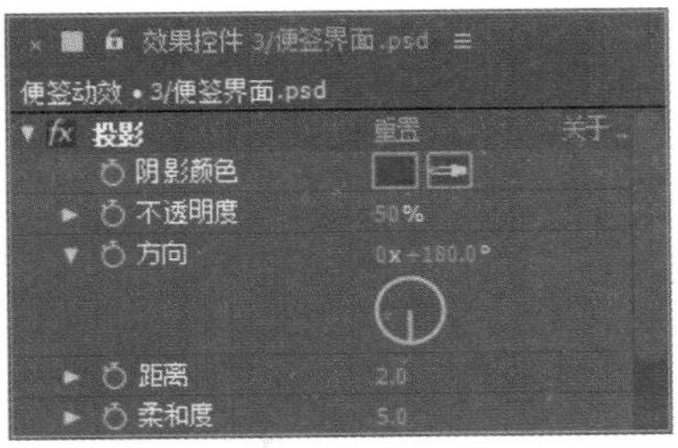

图3.224　设置【投影】特效参数

步骤 07 在时间线面板中同时选中【2/便签界面.psd】图层及【3/便签界面.psd】图层，按S键打开【缩放】，将【3/便签界面.psd】图层中的【缩放】更改为（95，95），【2/便签界面.psd】图层中的【缩放】更改为（98，98），将图像分别向下移动，如图3.225所示。

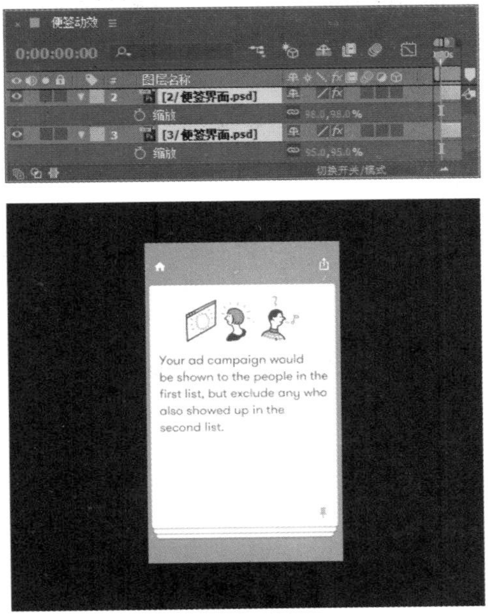

图3.225　移动图像

3.14.2 制作滑动动画

步骤 01 在时间线面板中选中【1/便签界面.psd】图层，将时间调整至0:00:00:00帧的位置，分别单击【位置】及【旋转】左侧的码表按钮，在当前位置添加关键帧。

步骤 02 将时间调整至0:00:00:10帧的位置，将图像向右上角拖动，并将【旋转】更改为-10，系统会自动添加关键帧，如图3.226所示。

步骤 03 将时间调整至0:00:00:10帧的位置，选中【2/便签界面.psd】图层，分别单击【位置】、【缩放】及【旋转】左侧的码表按钮，在当前位置添加关键帧；将时间调整至0:00:00:12帧的位置，将【缩放】更改为（100，100），系统会自动添加关键帧，如图3.227所示。

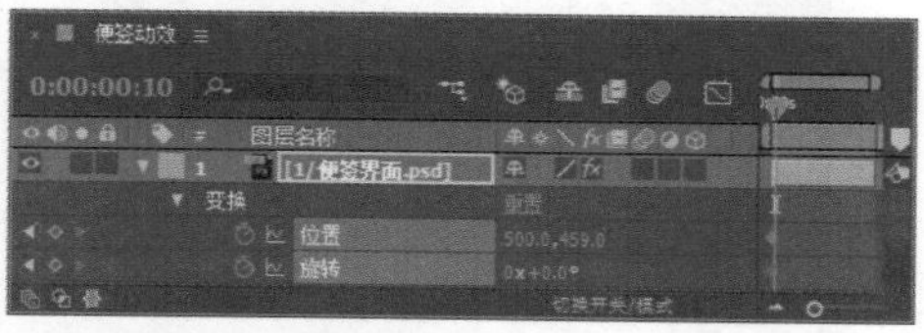

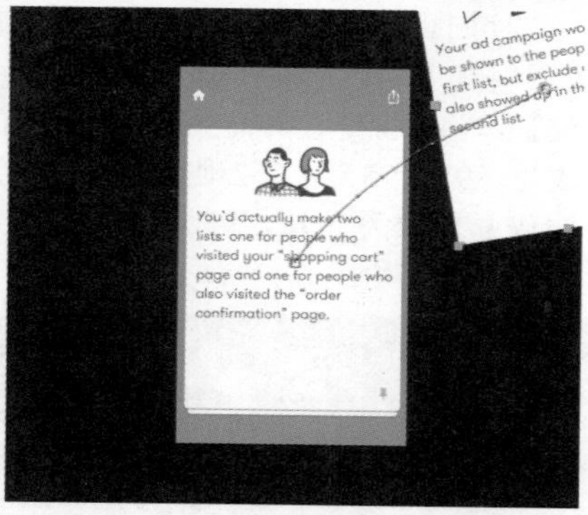

图3.226 拖动图像

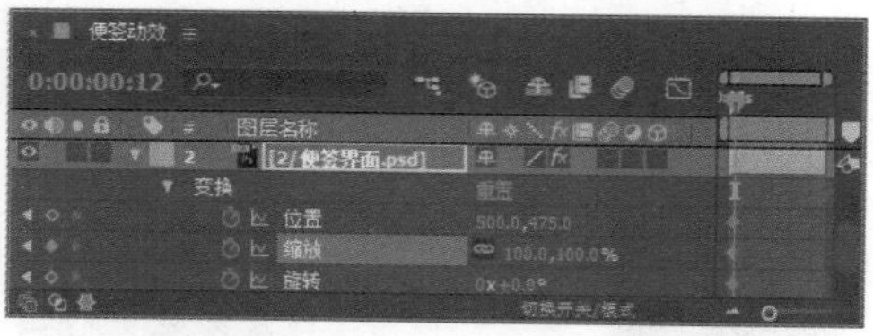

图3.227 更改数值

步骤 04 将时间调整至0:00:00:20帧的位置，并将图像向左上角拖动，更改【旋转】的值为10，系统会自动添加关键帧，如图3.228所示。

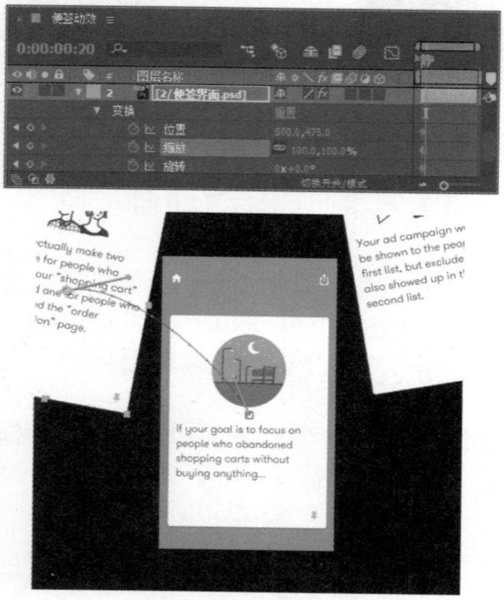

图3.228 拖动图像

步骤 05 将时间调整至0:00:00:20帧的位置，选中【3/便签界面.psd】图层，分别单击【位置】、【缩放】及【旋转】左侧的码表按钮，在当前位置添加关键帧；将时间调整至0:00:00:14帧的位置，将【缩放】更改为（100，100），系统会自动添加关键帧，如图3.229所示。

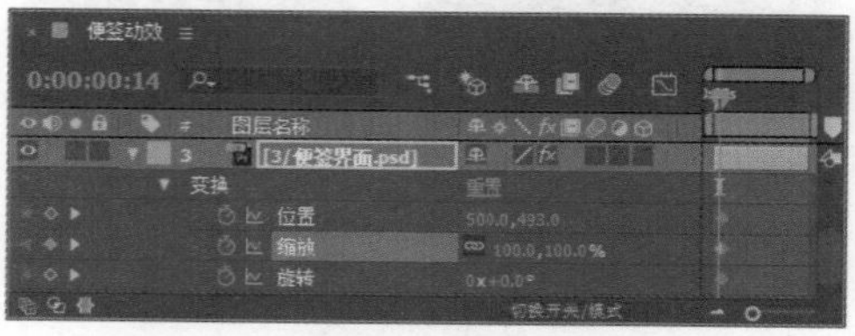

图3.229 更改数值

步骤 06 将时间调整至0:00:01:10帧的位置，将图像向右上角拖动，并更改【旋转】的值为-10，系统会自动添加关键帧，如图3.230所示。

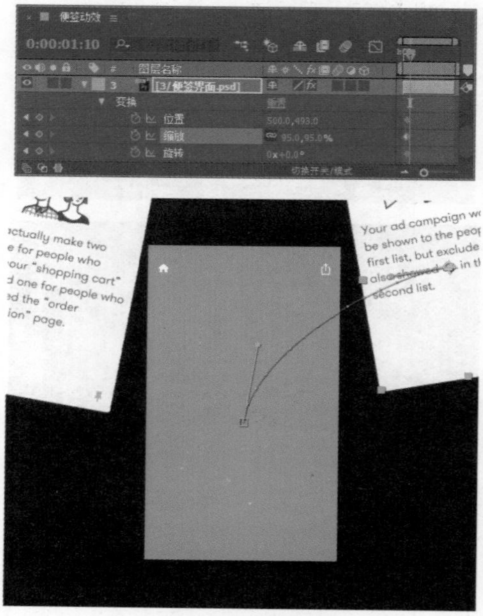

图3.230 拖动图像

步骤 07 在时间线面板中选中【背景/便签界面.psd】图层，按Ctrl+D组合键复制一个【背景/便签界面.psd】图层并移至【1/便签界面.psd】图层上方，再将【1/便签界面.psd】图层轨道遮罩设置为【Alpha 遮罩“背景/便签界面.psd”】，如图3.231所示。

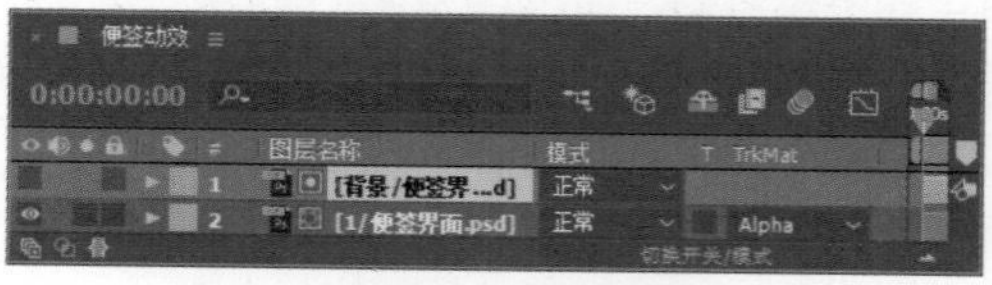

图3.231 复制图层

步骤 08 以同样的方法再复制两个【背景/便签界面.psd】图层，分别移至【2/便签界面.psd】及【3/便签界面.psd】图层上方并为其设置轨道遮罩，如图3.232所示。

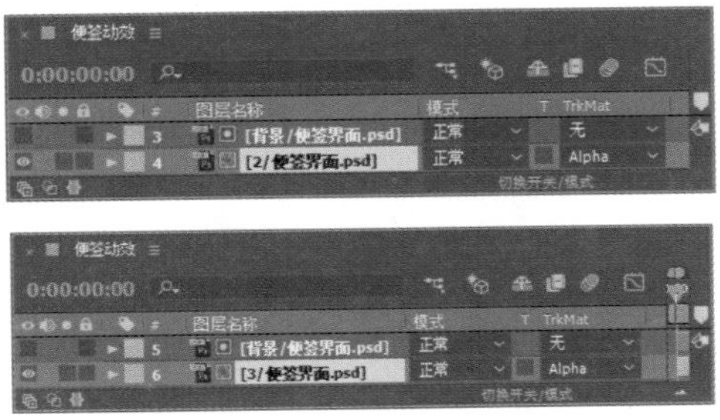

图3.232 复制图层并设置轨道遮罩

3.14.3 制作进度条进度动画

步骤 01 选中工具箱中的【圆角矩形工具】，绘制一个圆角矩形，设置其【填充】为蓝色（R：9，G：122，B：169），【描边】为无，将生成一个【形状图层 1】图层，如图3.233所示。

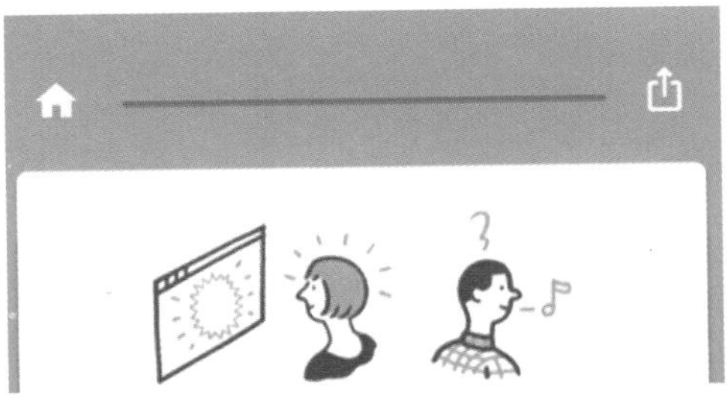

图3.233 绘制图形

步骤 02 在时间线面板中选中【形状图层 1】图层，按Ctrl+D组合键复制一个【形状图层 2】图层，并将其图形的【填充】更改为白色，如图3.234所示。

图3.234 复制图层

步骤 03 选择工具箱中的【矩形工具】，单击选项栏中【工具创建蒙版】按钮，选中【形状图层 2】图层，在圆角矩形左侧绘制一个矩形蒙版，隐藏部分圆形，如图3.235所示。

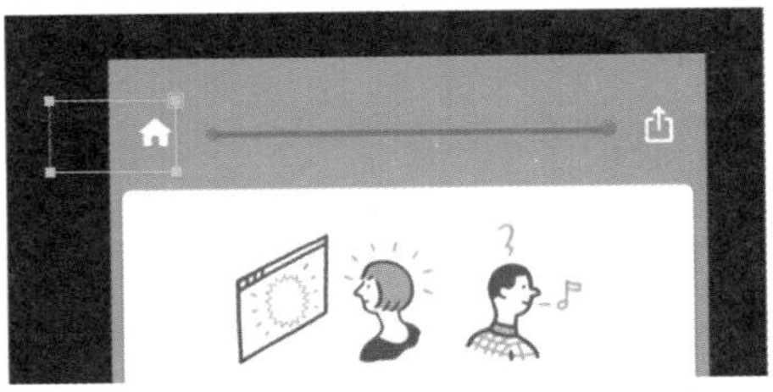

图3.235 绘制蒙版

步骤 04 在时间线面板中，将时间调整至0:00:00:00位置，选中【形状图层2】图层，依次展开【蒙版】|【蒙版1】，单击【蒙版路径】左侧的码表按钮，在当前位置添加关键帧；再将时间调整至0:00:01:10位置，同时选中蒙版右侧的两个锚点并向右侧拖动，系统会自动添加关键帧，如图3.236所示。

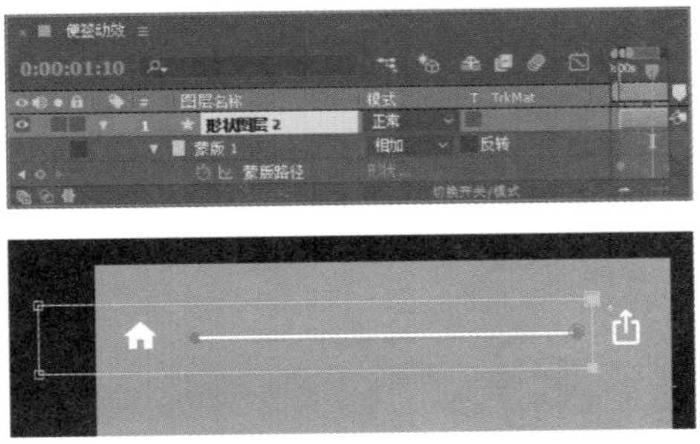

图3.236 拖动锚点

3.14.4 为进度条进度动画添加装饰

步骤 01 选择工具箱中的【椭圆工具】，按住Shift键绘制一个正圆，设置其【填充】为浅蓝色（R：208，G：241，B：255），【描边】为无，将生成一个【形状图层3】图层，如图3.237所示。

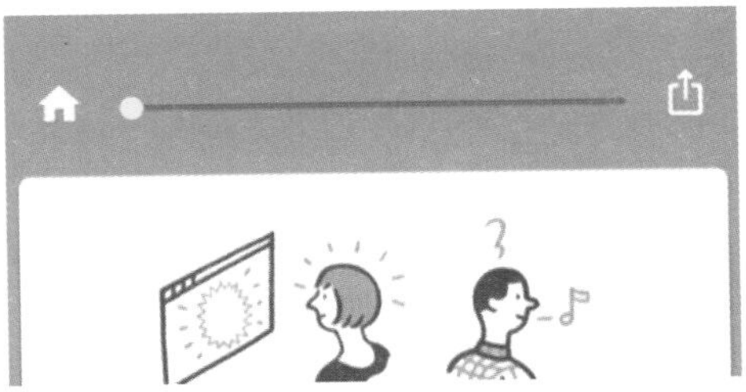

图3.237 绘制图形

步骤 02 在时间线面板中，将时间调整至0:00:00:00

位置，选中【形状图层3】图层，按P键打开【位置】，单击【位置】左侧的码表按钮，在当前位置添加关键帧；将时间调整至0:00:01:10位置，将图形向右侧拖动，系统会自动添加关键帧，如图3.238所示。

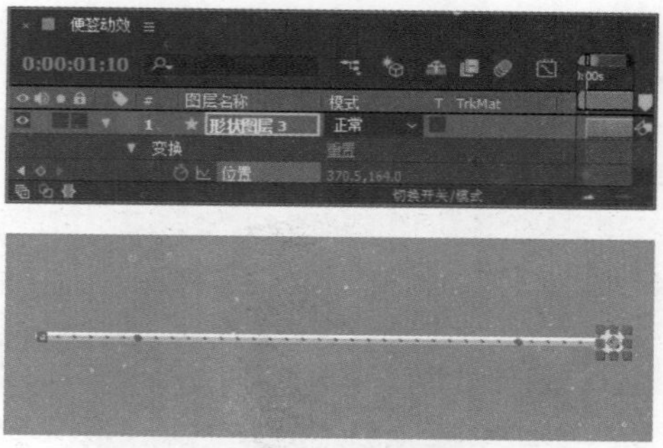

图3.238 拖动图形

第4章 愉悦的等待动效设计

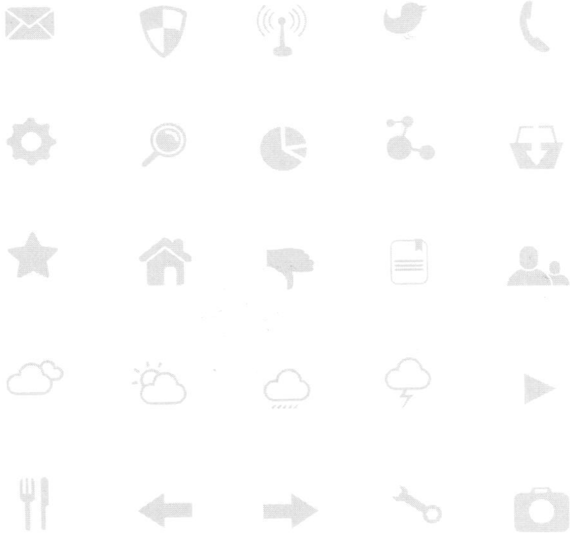

本章介绍

本章主要讲解愉悦的等待动效设计，在所有的动效设计中，等待动效作为非常重要的组成部分，常出现在加载、刷新、发送等界面中，让等待变得可视化，甚至不再那么无聊，通过生动有趣的动效设计，让整个界面变得更加灵动、可爱。在本章中，列举了数据应用loading动效设计、下载进度动效设计、对错控件动效设计、云存储动效设计、上传图示动效设计等实例，通过对这些实例的学习，读者可快速掌握此类动效设计的要点，从而提升自己的动效设计水平。

要点索引

- 数据应用loading动效设计
- 下载进度动效设计
- 卡通加载动效设计
- 时钟插件动效设计
- 云存储动效设计
- 数据加载动效设计

4.1 时钟插件动效设计

设计构思

本例主要讲解时钟插件动效设计，在制作过程中主要用到【旋转】功能，分别为三个图层制作速度不一的旋转效果，动画流程画面如图4.1所示。

视频分类：愉悦的等待动效类

工程文件：下载文件\工程文件\第4章\时钟插件动效设计

视频文件：下载文件\movie\视频讲座\4.1.avi

学习目标：【旋转】、【定位点】

图4.1 动画流程画面

操作步骤

步骤 01 执行菜单栏中的【合成】|【新建合成】命令，打开【合成设置】对话框，设置【合成名称】为“插件动效”，【宽度】为700，【高度】为550，【帧速率】为25，并设置【持续时间】为00:00:10:00秒，【背景颜色】为黑色，完成之后单击【确定】按钮，如图4.2所示。

步骤 02 执行菜单栏中的【文件】|【导入】|【文件】命令，打开【导入文件】对话框，选择下载文件中的“工程文件\第4章\时钟插件动效设计\插件.psd”素材，单击【导入】按钮，在弹出的对话框中选择【导入种类】为【合成-保持图层大小】，并选中【可编辑的图层样式】单选按钮，完成之后单击【确定】按钮，如图4.3所示。

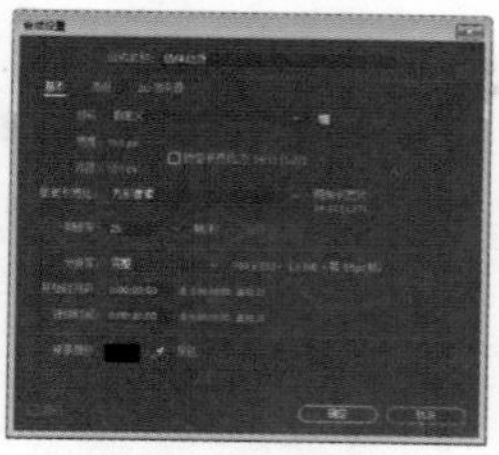

图4.2 新建合成

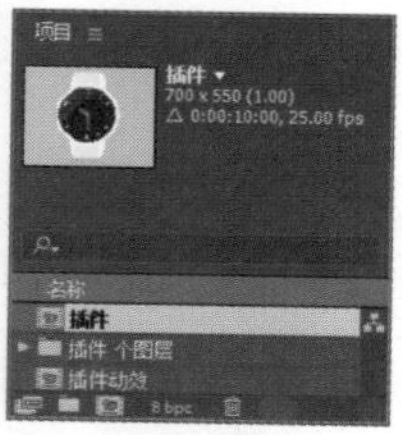

图4.3 导入素材

步骤 03 在【项目】面板中选择【插件 个图层】素材，将其拖动到【插件动效】合成的时间线面板中，并将【背景/插件.psd】图层移至最底部，注意分别选中素材图像所对应的图层，在图像中拖动，调整图像位置，如图4.4所示。

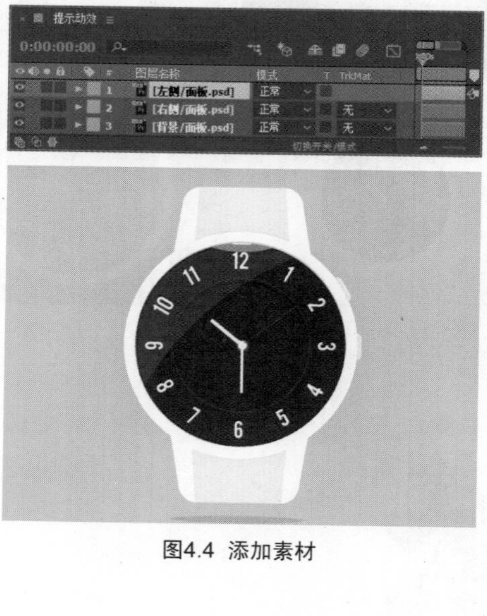

图4.4 添加素材

步骤 04 选择工具箱中的【向后平移（锚点）工具】，拖动【时针/插件.psd】图层中图像定位点，将其移至图像表轴位置，如图4.5所示。

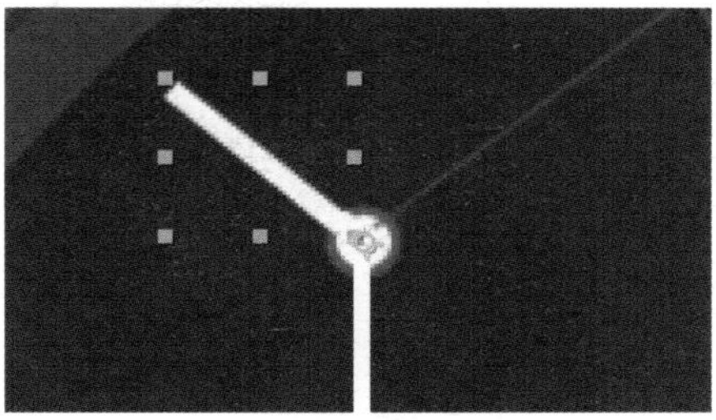

图4.5 更改定位点

步骤 05 在时间线面板中选中【时针/插件.psd】图层，将时间调整至0:00:00:00帧的位置，按R键打开【旋转】，单击【旋转】左侧的码表按钮，在当前位置添加关键帧；将时间调整至0:00:09:24帧的位置，将【旋转】数值更改为1X，系统会自动添加关键帧，如图4.6所示。

图4.6 添加关键帧

步骤 06 在时间线面板中，将时间调整至0:00:00:00帧的位置，选中【分针/插件.psd】图层，选择工具箱中的【向后平移（锚点）工具】，拖动图像定位点，将其移至图像表轴位置；按R键打开【旋转】，单击【旋转】左侧的码表按钮，在当前位置添加关键帧；将时间调整至0:00:09:24帧的位置，将【旋转】数值更改为2X，系统会自动添加关键帧，如图4.7所示。

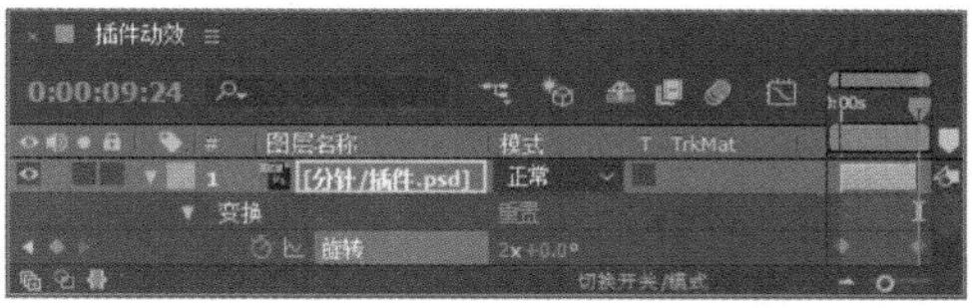

图4.7 添加关键帧

步骤 07 在时间线面板中，将时间调整至0:00:00:00帧的位置，选中【秒针/插件.psd】图层，以刚才同样的方法更改图像定位点，再按R键打开【旋转】，单击【旋转】左侧的码表按钮，在当前位置添加关键帧；将时间调整至0:00:09:24帧的位置，将【旋转】数值更改为4X，系统会自动添加关键帧，如图4.8所示。

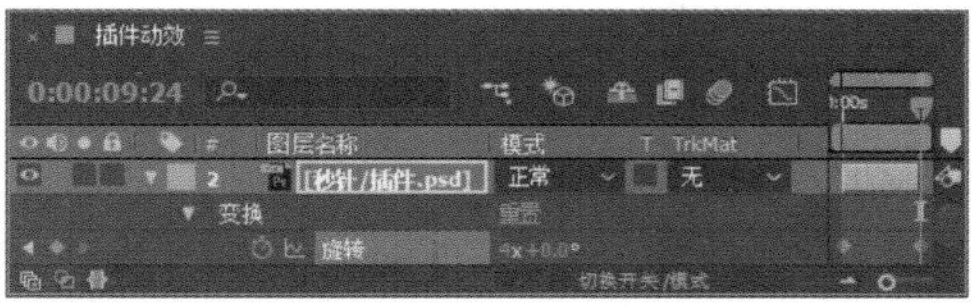

图4.8 添加关键帧

提示与技巧

在为分针和秒针制作旋转动画之前必须更改图像定位点，否则图像不会围绕中心旋转。

步骤 08 这样就完成了整体效果的制作，按小键盘上的0键即可在合成窗口中预览效果。

4.2 上传图示动效设计

设计构思

本例主要讲解上传图示动效设计，在设计过程中主要用到【3D Stroke】特效，使用钢笔工具绘制路径后制作出进度动画，动画流程画面如图4.9所示。

视频分类：愉悦的等待动效类

工程文件：下载文件\工程文件\第4章\上传图示动效设计

视频文件：下载文件\movie\视频讲座\4.2.avi

学习目标：【3D Stroke】、【蒙版】

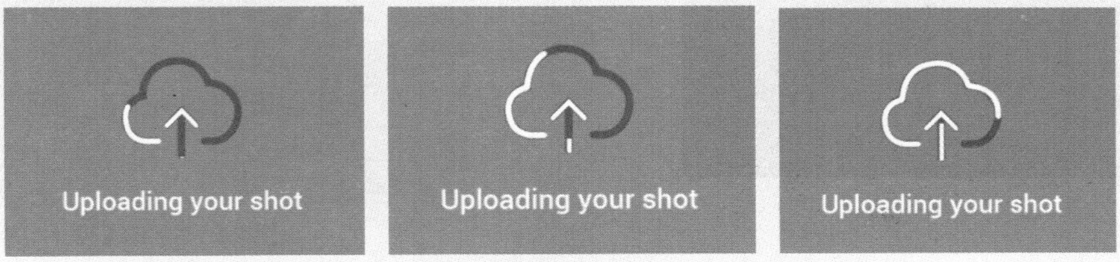

图4.9 动画流程画面

操作步骤

步骤 01 执行菜单栏中的【合成】|【新建合成】命令，打开【合成设置】对话框，设置【合成名称】为“图示动效”，【宽度】为500，【高度】为300，【帧速率】为25，并设置【持续时间】为00:00:03:00秒，【背景颜色】为红色（R：234，G：76，B：136），完成之后单击【确定】按钮，如图4.10所示。

步骤 02 执行菜单栏中的【文件】|【导入】|【文件】命令，选择下载文件中的“工程文件\第4章\上传图示动效设计\图示.psd”素材，单击【导入】按钮，如图4.11所示。

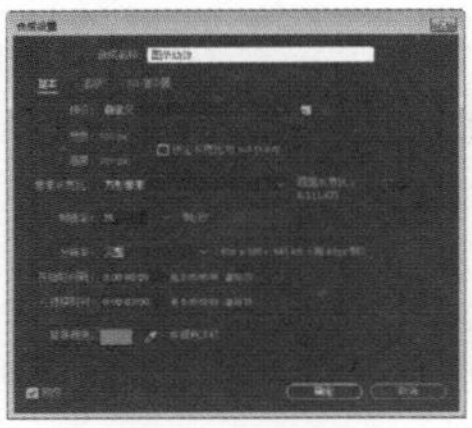

图4.10 新建合成

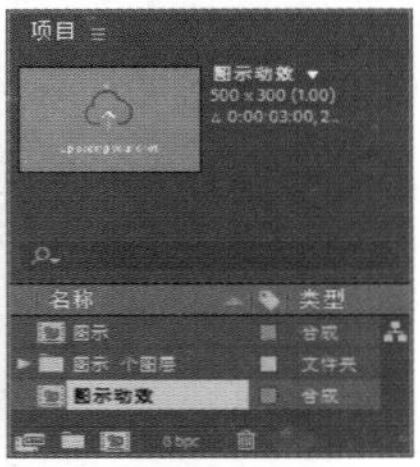

图4.11 导入素材

步骤 03 在【项目】面板中选择【图示 个图层】文件夹，将其拖动到【图示动效】合成的时间线面板中，将【云/图示.psd】移至中间位置，如图4.12所示。

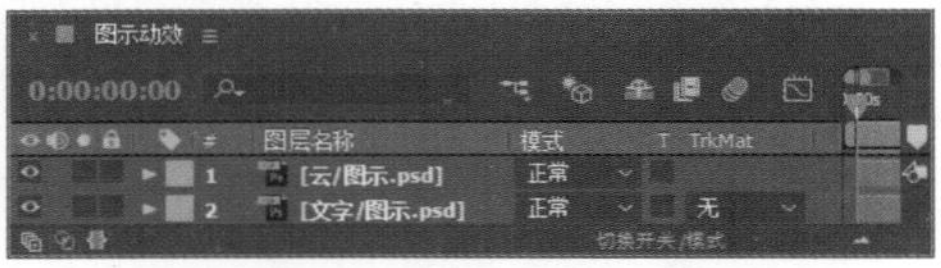

图4.12 添加素材

步骤 04 执行菜单栏中的【图层】|【新建】|【纯色】命令，在弹出的对话框中将【名称】更改为【描边】，完成之后单击【确定】按钮。

步骤 05 选择工具箱中的【钢笔工具】，在图像中绘制一个云路径，如图4.13所示。

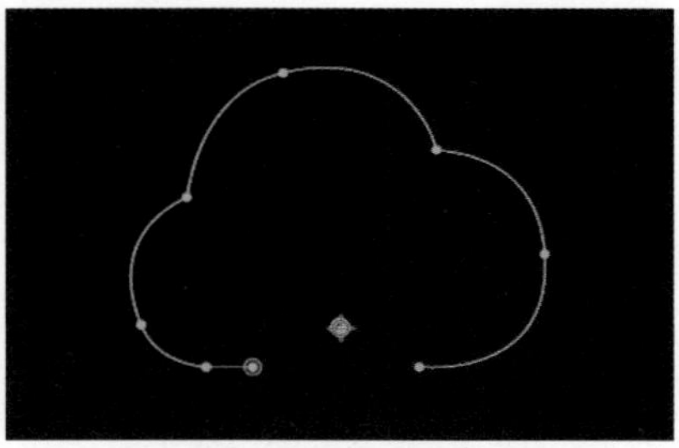

图4.13 绘制路径

> **提示与技巧**
>
> 在绘制路径时，可适当降低纯色图层的不透明度，这样可以参考绘制走向。

步骤 06 在时间线面板中选中【描边】层，在【效果和预设】面板中展开【Trapcode】特效组，然后双击【3D Stroke】特效。

步骤 07 将时间调整至0:00:00:00帧的位置，在【效果控件】面板中修改【3D Stroke】特效的参数，设置【Thickness】为3.7，【Offset】为-100，单击【Offset】左侧的码表按钮，如图4.14所示。

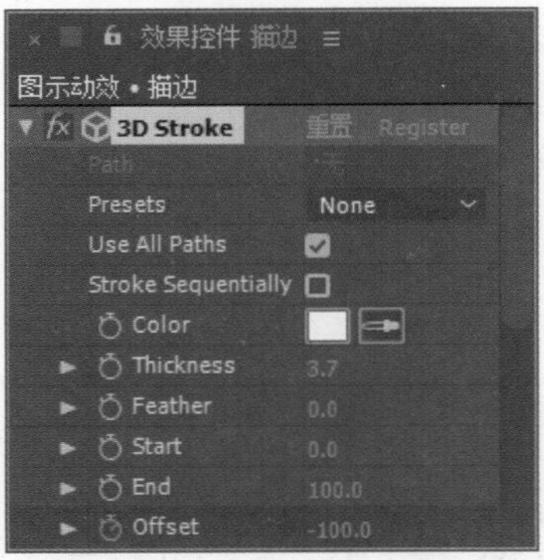

图4.14 设置【3D Stroke】特效参数

步骤 08 在时间线面板中，将时间调整至0:00:02:00帧的位置，将【Offset】更改为0，系统会自动添加关键帧，如图4.15所示。

图4.15 添加关键帧

步骤 09 选择工具箱中的【钢笔工具】，在云图形位置分别绘制两条线段，在选项栏中将【描边】更改为白色，【描边宽度】更改为5像素，将生成对应的图层。选中线段所在的图层，在时间线面板中展开【内容】|【形状1】|【描边1】，将【线段端点】更改为【圆头端点】，如图4.16所示。

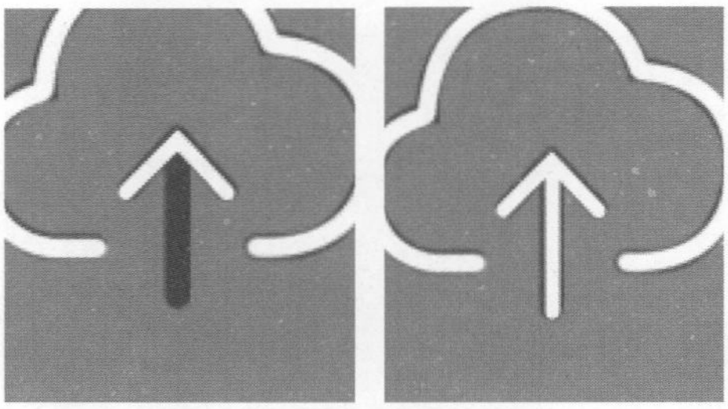

图4.16 绘制线段

步骤 10 选择工具箱中的【矩形工具】，单击选项栏中【工具创建蒙版】按钮，选中【形状图层 2】，在垂直线段下方绘制一个矩形蒙版，如图4.17所示。

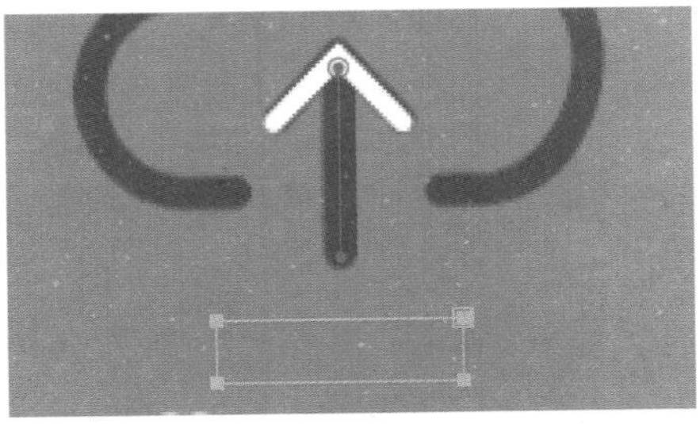

图4.17　绘制蒙版

步骤 11 在时间线面板中，将时间调整至0:00:00:00帧的位置，单击【蒙版路径】左侧的码表按钮；再将时间调整至0:00:02:00帧的位置，拖动蒙版上方的锚点，系统会自动添加关键帧，如图4.18所示。

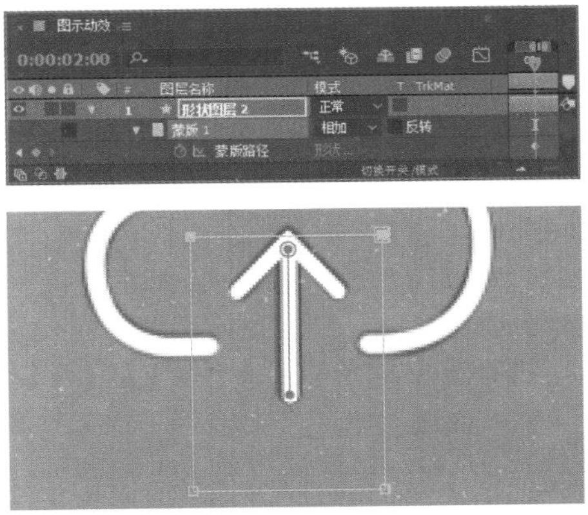

图4.18　拖动锚点

步骤 12 这样就完成了整体效果的制作，按小键盘上的0键即可在合成窗口中预览效果。

4.3 抽奖转盘动效设计

设计构思

本例主要讲解抽奖转盘动效设计，该动效制作十分简单，主要用到【旋转】功能，动画流程画面如图4.19所示。

视频分类：愉悦的等待动效类

工程文件：下载文件\工程文件\第4章\抽奖转盘动效设计

视频文件：下载文件\movie\视频讲座\4.3.avi

学习目标：【旋转】、【曲线编辑器】

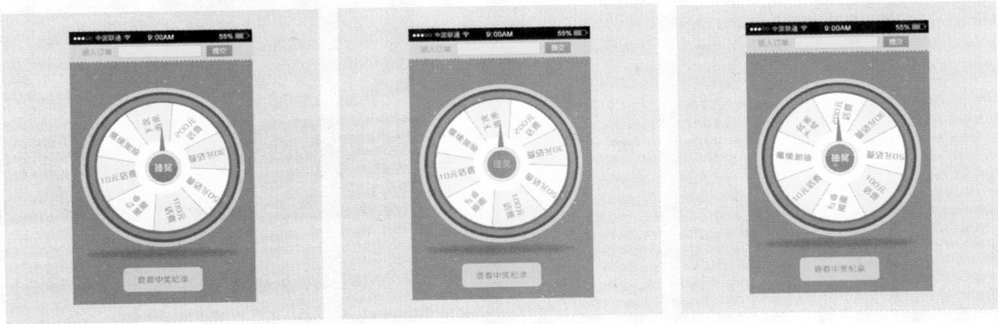

图4.19　动画流程画面

操作步骤

步骤 01 执行菜单栏中的【合成】|【新建合成】命令，打开【合成设置】对话框，设置【合成名称】为“抽奖转盘”，【宽度】为900，【高度】为900，【帧速率】为25，并设置【持续时间】为00:00:05:00秒，【背景颜色】为黄色（R：229，G：221，B：183），完成之后单击【确定】按钮，如图4.20所示。

步骤 02 执行菜单栏中的【文件】|【导入】|【文件】命令，选择下载文件中的“工程文件\第4章\抽奖转盘动效设计\抽奖转盘.psd”素材，单击【导入】按钮，在弹出的对话框中选择【导入种类】为【合成-保持图层大小】，选中【可编辑的图层样式】单选按钮，完成之后单击【确定】按钮，如图4.21所示。

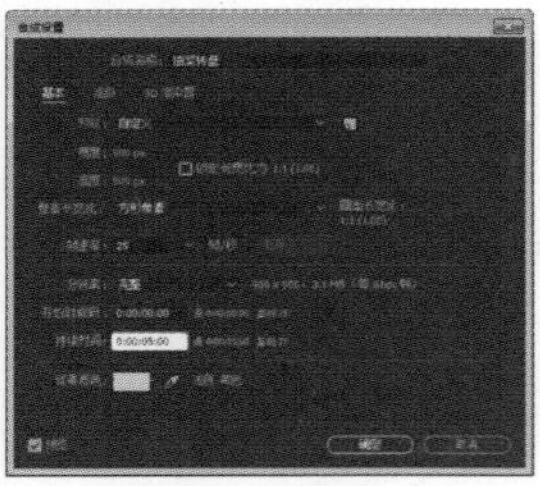

图4.20 新建合成

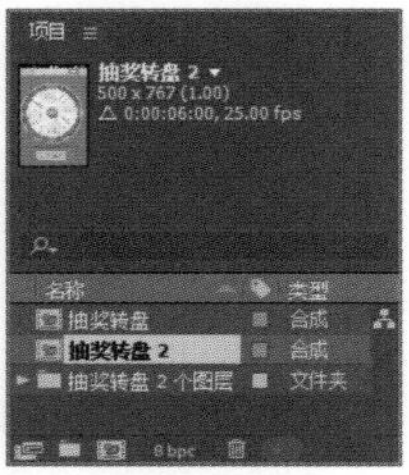

图4.21 导入素材

步骤 03 在【项目】面板中选择【抽奖转盘 2 个图层】文件夹，将其拖动到【抽奖转盘】合成的时间线面板中，将【转盘/抽奖转盘.psd】图层移至两个图层中间位置，如图4.22所示。

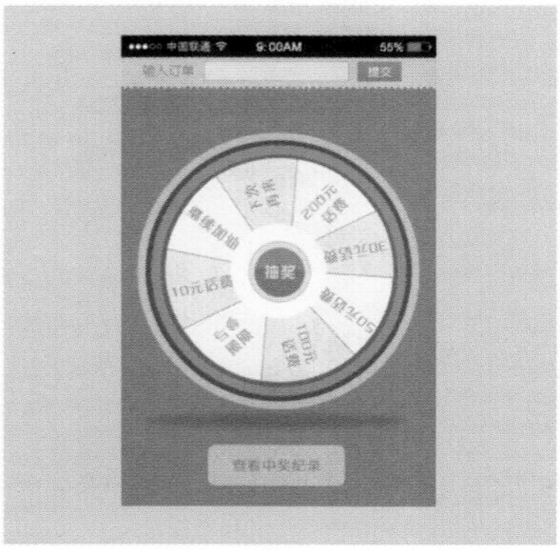

图4.22 添加素材

步骤 04 将时间调整至0:00:01:00帧的位置，在时间线面板中选中【转盘/抽奖转盘.psd】层，按R键打开【旋转】，单击【旋转】左侧的码表按钮，在当前位置添加关键帧；将时间调整至0:00:04:00帧的位置，将【旋转】数值更改为1x，如图4.23所示。

图4.23 添加关键帧

步骤 05 在时间线面板中单击【图表编辑器】按钮，拖动曲线，调整动画速度，如图4.24所示。

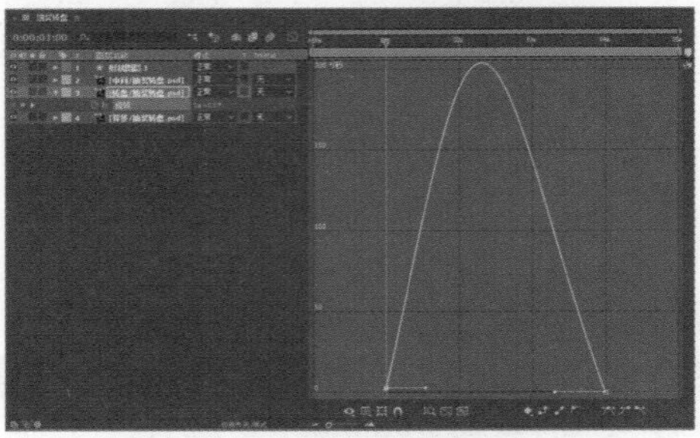

图4.24 编辑曲线

步骤 06 选择工具箱中的【钢笔工具】，在蓝色矩形位置绘制一个三角形，设置其【填充】为橙色（R：224，G：77，B：44），【描边】为无，将生成一个【形状图层 1】图层。

步骤 07 选择工具箱中的【椭圆工具】，按住Shift键在转盘中心绘制一个圆，设置其【填充】为橙色（R：224，G：77，B：44），【描边】为无，将生成一个【形状图层 2】图层，将其图层模式更改为【线性光】，如图4.25所示。

图4.25 绘制图形

步骤 08 在时间线面板中选中【形状图层 2】图层，将时间调整至0:00:00:00帧的位置，按T键打开【不透明度】，单击【不透明度】左侧的码表按钮，在当前位置添加关键帧，将其数值更改为0；将时间调整至0:00:00:12帧的位置，将其数值更改为100%；将时间调整至0:00:01:00帧的位置，将其数值更改为0，系统会自动添加关键帧，如图4.26所示。

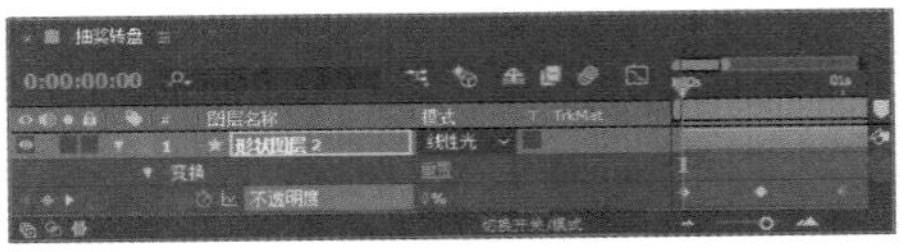

图4.26 添加关键帧

步骤 09 这样就完成了整体效果的制作，按小键盘上的键即可在合成窗口中预览效果。

4.4 数据应用loading动效设计

设计构思

本例主要讲解数据应用loading动效设计，该动效以形象的齿轮运动表现loading效果，给人一种非常直观的视觉感受，动画流程画面如图4.27所示。

视频分类：愉悦的等待动效类

工程文件：下载文件\工程文件\第4章\数据应用loading动效设计

视频文件：下载文件\movie\视频讲座\4.4.avi

学习目标：【纯色】、【旋转】

图4.27 动画流程画面

操作步骤

4.4.1 绘制界面状态

步骤 01 执行菜单栏中的【合成】|【新建合成】命令，打开【合成设置】对话框，设置【合成名称】为“数据界面”，【宽度】为500，【高度】为600，【帧速率】为25，并设置【持续时间】为00：00：05：00秒，【背景颜色】为黑色，完成之后单击【确定】按钮，如图4.28所示。

步骤 02 执行菜单栏中的【文件】|【导入】|【文件】命令，打开【导入文件】对话框，选择下载文件中的“工程文件\第4章\数据应用loading动效设计\数据界面.jpg”素材，单击【导入】按钮，如图4.29所示。

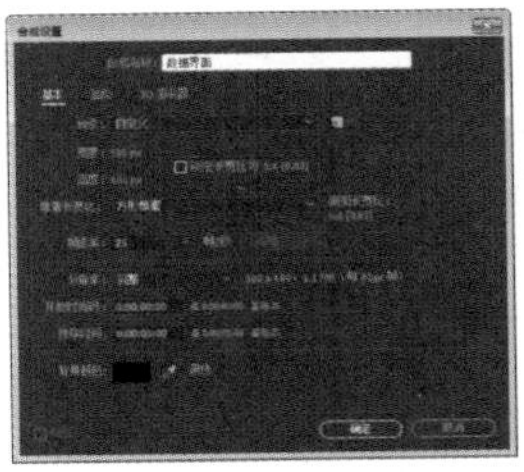

图4.28 新建合成

图4.29 导入素材

步骤 03 在【项目】面板中选择【数据界面.jpg】素材，将其拖动到【数据界面】合成的时间线面板中，如图4.30所示。

图4.30 添加素材

步骤04 执行菜单栏中的【图层】|【新建】|【纯色】命令，在弹出的对话框中将【名称】更改为“状态”，【颜色】更改为浅紫色（R：210，G：187，B：205），完成之后单击【确定】按钮。

步骤05 在时间线面板中选中【状态】图层，按T键打开【不透明度】，将其数值更改为70%，如图4.31所示。

步骤06 选择工具箱中的【椭圆工具】，按住Shift键在图像中间绘制一个圆形蒙版，在时间线面板中选中【蒙版 1】右侧的【反转】复选框，如图4.32所示。

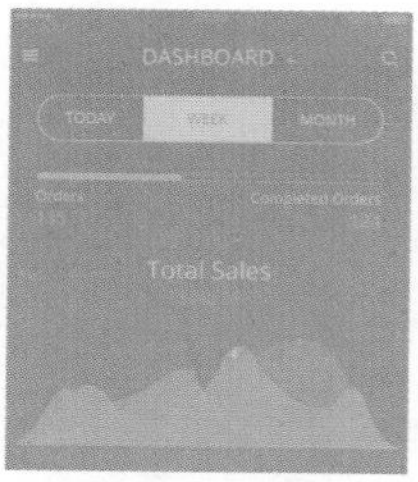

图4.31 更改不透明度

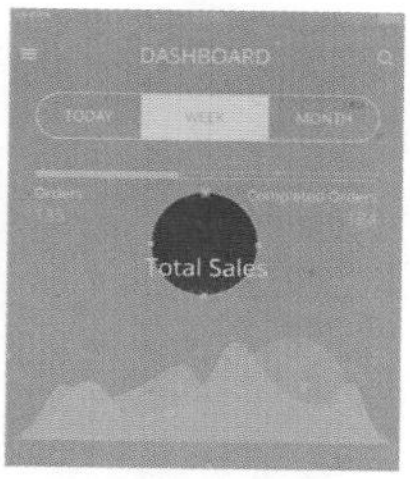

图4.32 绘制蒙版

步骤07 在时间线面板中选中【状态】图层，在【效果和预设】面板中展开【透视】特效组，然后双击【投影】特效。

步骤08 在【效果控件】面板中修改【投影】特效的参数，设置【不透明度】为80%，【方向】为180，【距离】为5，【柔和度】为20，如图4.33所示。

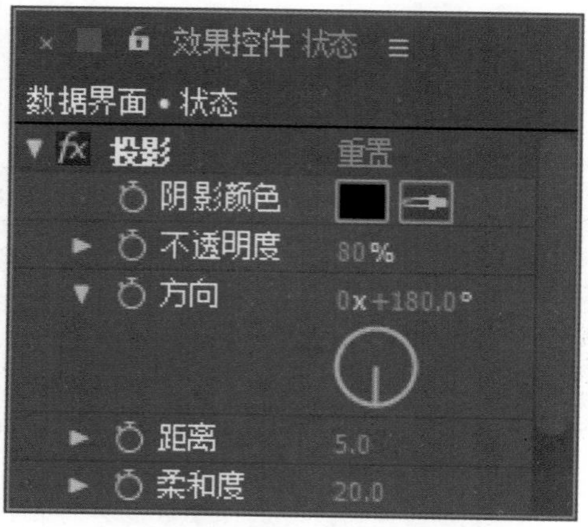

图4.33 设置【投影】特效参数

步骤09 在时间线面板中选中【状态】图层，在【效果和预设】面板中展开【透视】特效组，然后双击【斜面Alpha】特效。

步骤10 在【效果控件】面板中修改【斜面Alpha】特效的参数，设置【灯光角度】为-60%，【灯光强度】为0.4，如图4.34所示。

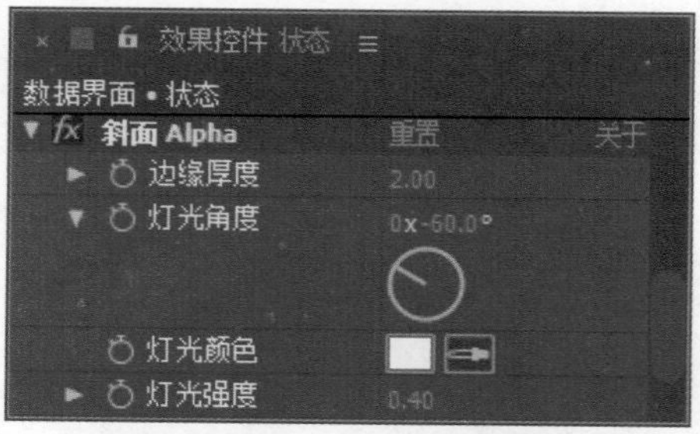

图4.34 设置【斜面Alpha】特效参数

步骤11 选择工具箱中的【星形工具】，按住Shift键绘制一个星形，设置其【填充】为蓝色（R：82，G：223，B：248），【描边】为无，将生成一个【形状图层 1】图层。

步骤12 在时间线面板中选中【形状图层 1】图层，依次展开【内容】|【多边星形1】|【多边星形路径 1】，将【点】更改为10，【内径】更改为25，【外径】更改为60，【内圆度】更改为-730%，【外圆度】更改为60%，如图4.35所示。

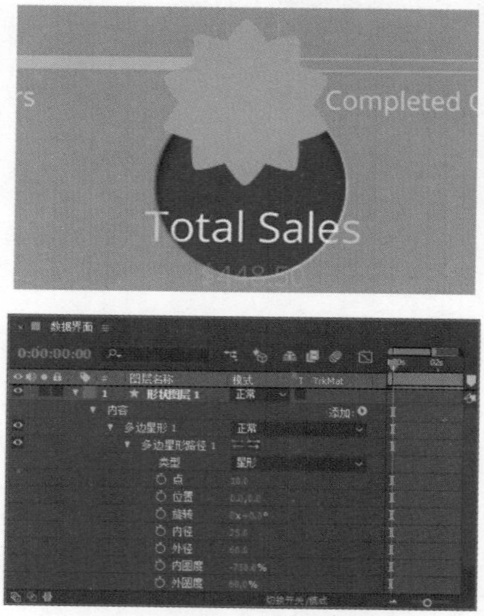

图4.35 绘制星形并更改外观

步骤13 选择工具箱中的【椭圆工具】，选中【形状图层 1】图层，按住Shift键在多边形中间位置绘制一个圆形蒙版，在时间线面板中选中【蒙版 1】右侧的【反转】复选框，如图4.36所示。

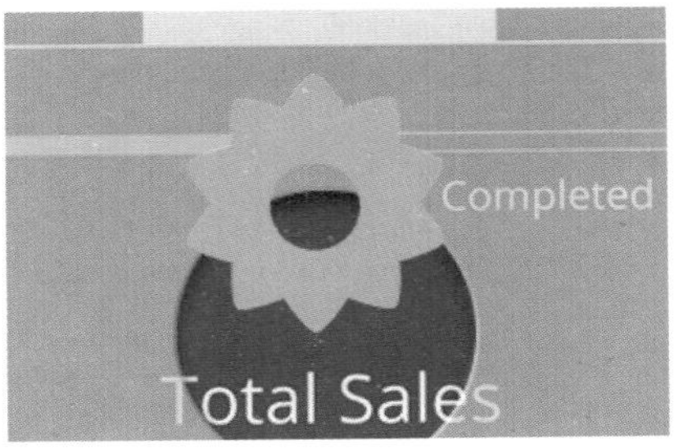

图4.36 绘制蒙版路径

步骤14 在时间线面板中选中【形状图层 1】图层，按Ctrl+D组合键复制【形状图层 2】及【形状图层 3】两个新图层，将图形分别向左下角及右下角移动并更改颜色及缩小，如图4.37所示。

图4.37 复制并变换图形

步骤15 在时间线面板中选中【状态】图层，将其移至所有图层的上方，如图4.38所示。

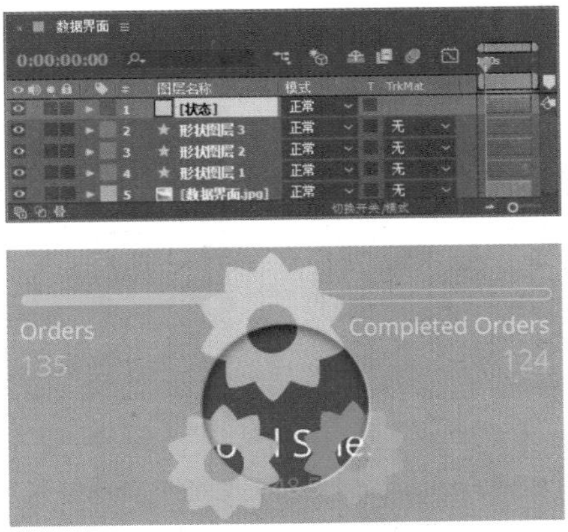

图4.38 更改图层顺序

4.4.2 制作loading动画

步骤01 在时间线面板中同时选中几个多边形所在的图层，将时间调整至0:00:00:00帧的位置，按R键打开【旋转】，单击【旋转】左侧的码表按钮，在当前位置添加关键帧；将时间调整至0:00:04:24帧的位置，将【旋转】更改为1x，系统会自动添加关键帧，如图4.39所示。

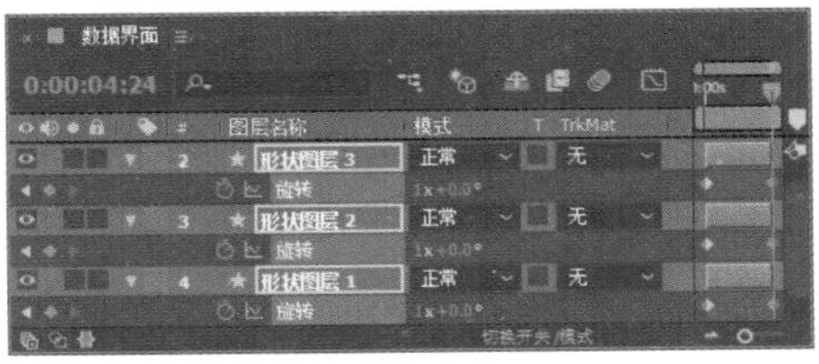

图4.39 更改数值

提示与技巧

在同时选中几个图层的情况下，更改其中任意一个图层中的【旋转】数值，其他图层数值会随之发生变化。

步骤02 选择工具箱中的【横排文字工具】，在图像中适当位置添加文字（loading……），如图4.40所示。

步骤03 选择工具箱中的【矩形工具】，选中文字所在的图层，在文字区域绘制一个矩形蒙版，如图4.41所示。

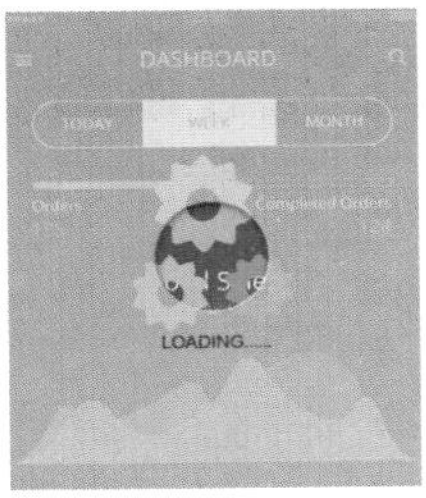

图4.40 添加文字

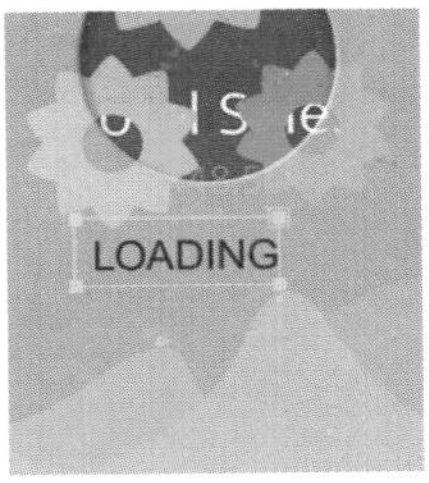

图4.41 绘制蒙版

步骤04 将时间调整至0:00:00:00帧的位置，展开【loading……】|【蒙版】|【蒙版 1】，单击【蒙版路径】左侧的码表按钮，在当前位置添加关键帧；将时间调整至0:00:04:24帧的位置，同时选中矩形右上角和右下角的锚点并向右侧拖动，系统会自动添加关键帧，如图4.42所示。

图4.42 拖动锚点

步骤05 这样就完成了整体效果的制作，按小键盘上的0键即可在合成窗口中预览效果。

4.5 卡通加载动效设计

设计构思

本例主要讲解卡通加载动效设计，在制作过程中通过【位置】及【旋转】功能，制作出形象的进度加载动效，动画流程画面如图4.43所示。

视频分类：自然反馈动效类

工程文件：下载文件\工程文件\第4章\卡通加载动效设计

视频文件：下载文件\movie\视频讲座\4.5.avi

学习目标：【位置】、【旋转】、【不透明度】

图4.43 动画流程画面

操作步骤

4.5.1 制作进度条动效

步骤 01 执行菜单栏中的【合成】|【新建合成】命令，打开【合成设置】对话框，设置【合成名称】为“加载动效”，【宽度】为800，【高度】为500，【帧速率】为25，并设置【持续时间】为00：00：15：00秒，【背景颜色】为黑色，完成之后单击【确定】按钮，如图4.44所示。

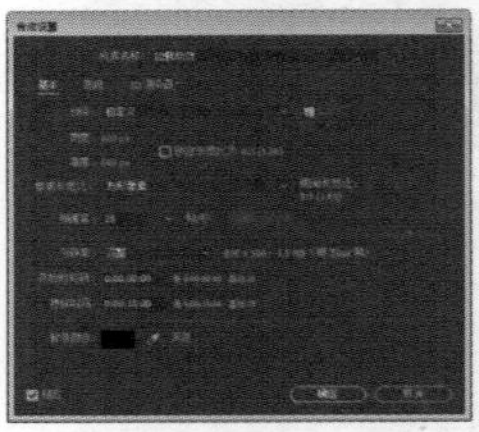

图4.44 新建合成

步骤 02 执行菜单栏中的【文件】|【导入】|【文件】命令，打开【导入文件】对话框，选择下载文件中的“工程文件\第4章\卡通加载动效设计\界面.psd”素材，单击【导入】按钮，在弹出的对话框中选择【导入种类】为【合成-保持图层大小】，并选中【可编辑的图层样式】单选按钮，完成之后单击【确定】按钮，如图4.45所示。

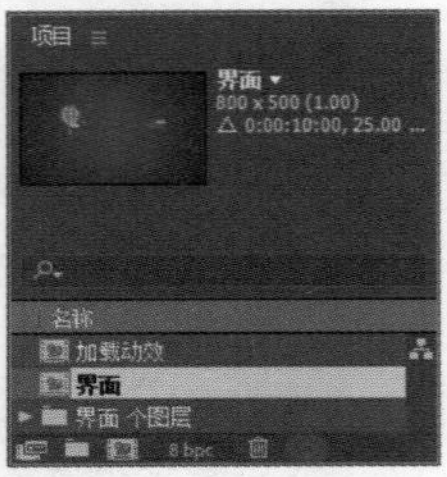

图4.45 导入素材

步骤 03 在【项目】面板中选择【界面 个图层】素材，将其拖动到【加载动效】合成的时间线面板中，注意分别选中素材图像所对应的图层，在图像中拖动，调整图像位置，如图4.46所示。

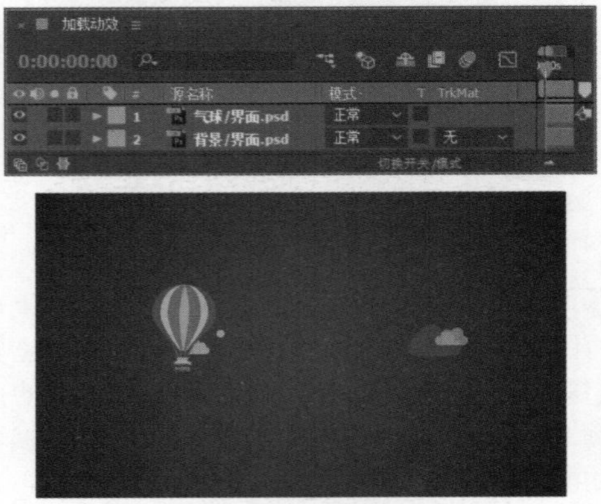

图4.46 添加素材

步骤 04 选中工具箱中的【圆角矩形工具】，在气球图像位置绘制一个稍长的圆角矩形，设置其【填充】为绿色（R：71，G：156，B：2），【描边】为无，将生成一个【形状图层 1】图层并移至【气球/界面.psd】图层下方，如图4.47所示。

图4.47 绘制图形

步骤 05 在时间线面板中选中【形状图层 1】图层，按Ctrl+D组合键复制一个【形状图层 2】图层，将【形状图层 2】图层中的图形更改为绿色（R：114，G：255，B：0），如图4.48所示。

图4.48 复制图形并更改颜色

步骤 06 选择工具箱中的【矩形工具】，选中【形状图层 2】图层，在图形左侧绘制一个矩形蒙版，如图4.49所示。

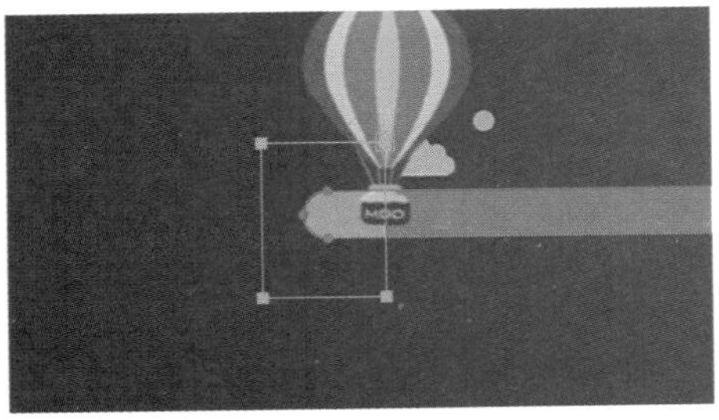

图4.49 绘制蒙版

步骤 07 在时间线面板中，将时间调整至0:00:00:00帧的位置，展开【形状图层 2】图层中的【蒙版】|【蒙版 1】|【蒙版路径】，单击【蒙版路径】左侧的码表按钮，在当前位置添加关键帧；将时间调整至0:00:09:24帧的位置，同时选中蒙版右上角和右下角的锚点，向右侧拖动，系统会自动添加关键帧，如图4.50所示。

图4.50 拖动锚点

4.5.2 制作气球动画

步骤 01 选择工具箱中的【向后平移（锚点）工具】，拖动【气球/界面.psd】图层中图像定位点，将其移至图像底部位置，如图4.51所示。

图4.51 更改定位点

步骤 02 在时间线面板中，将时间调整至0:00:00:00帧的位置，选中【气球/界面.psd】图层，分别单击【位置】和【旋转】左侧的码表按钮，在当前位置添加关键帧；将时间调整至0:00:00:12帧的位置，将图像向右侧拖动，并更改【旋转】的值为15，系统会自动添加关键帧，如图4.52所示。

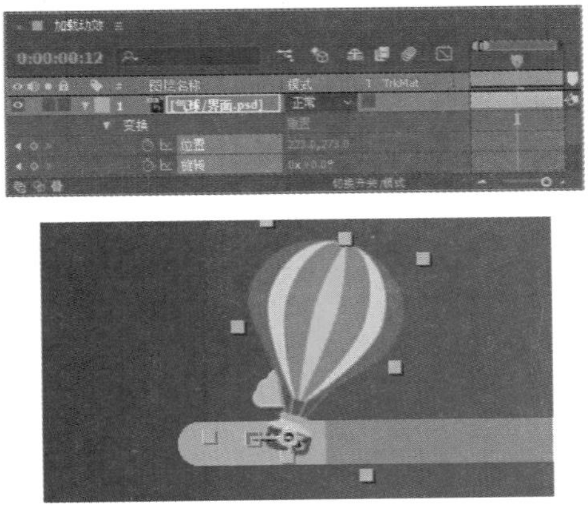

图4.52 移动及旋转图像

步骤 03 将时间调整至0:00:01:00帧的位置，将图像向右侧拖动，并更改【旋转】的值为-15，系统会自动添加关键帧，如图4.53所示。

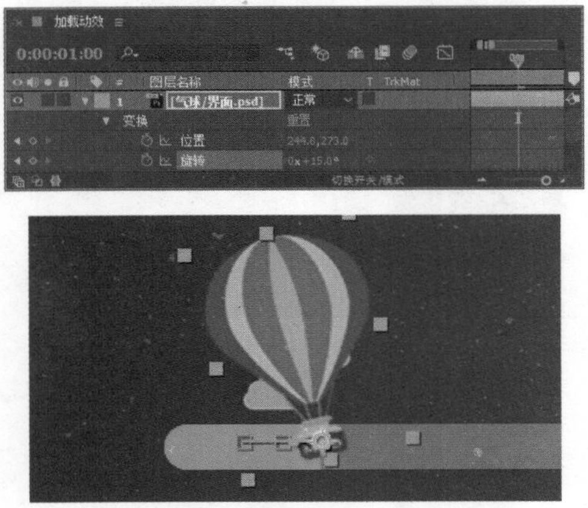

图4.53 移动图像

步骤 04 以同样的方法分别在0:00:01:12、0:00:02:00、0:00:02:12、0:00:03:00、0:00:03:12、0:00:04:00、0:00:04:12、0:00:05:00、0:00:05:12、0:00:06:00、0:00:06:12、0:00:07:00、0:00:07:12、0:00:08:00、0:00:08:12、0:00:09:00、0:00:09:12位置制作位置及旋转动画，如图4.54所示。

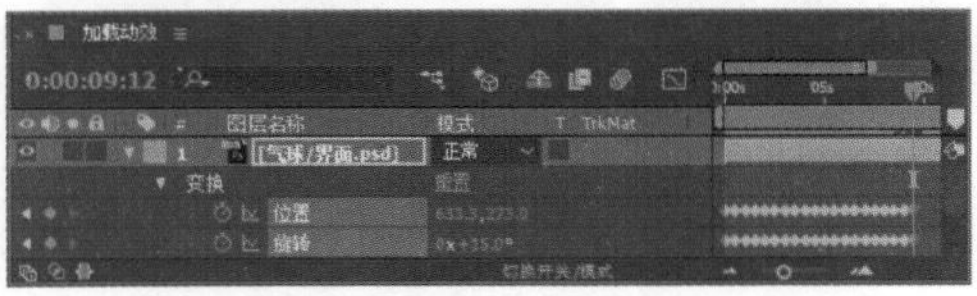

图4.54 制作动画

步骤 05 将时间调整至0:00:10:00帧的位置，将【旋转】更改为0，系统会自动添加关键帧，单击【位置】左侧的【在当前位置添加或移除关键帧】，添加一个延时帧，如图4.55所示。

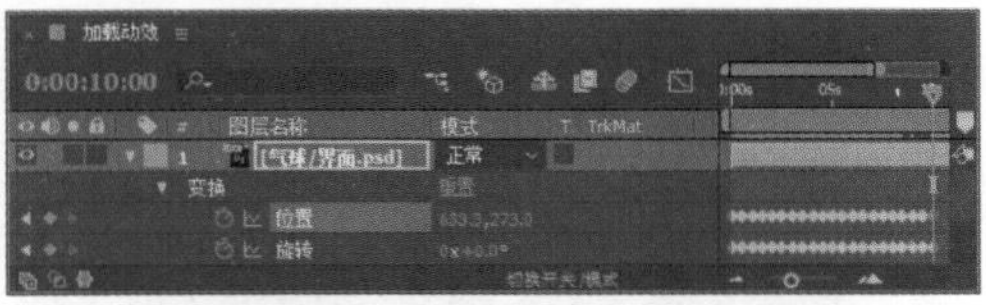

图4.55 更改数值并添加延时帧

步骤 06 按T键打开【不透明度】，单击【不透明度】左侧的码表按钮，在当前位置添加关键帧；将时间调整至0:00:11:00帧的位置，将图像向上方拖动，将【不透明度】更改为0，系统会自动添加关键帧，如图4.56所示。

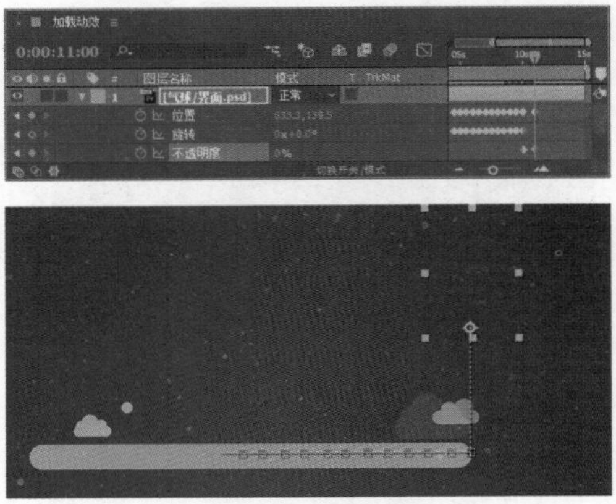

图4.56 拖动图像

步骤 07 分别拖动控制点顶部及底部控制杆，制作出曲线路径，如图4.57所示。

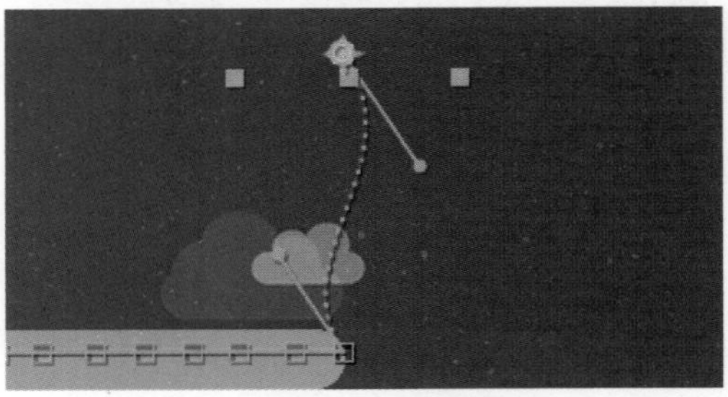

图4.57 拖动控制杆

步骤 08 这样就完成了整体效果的制作，按小键盘上的0键即可在合成窗口中预览效果。

4.6 加载进度条动效设计

设计构思

本例主要讲解加载进度条动效设计，在制作过程中采用旋转图形与进度矩形相结合，整体视觉效果十分形象，动画流程画面如图4.58所示。

视频分类：愉悦的等待动效类

工程文件：下载文件\工程文件\第4章\加载进度条动效设计

视频文件：下载文件\movie\视频讲座\4.6.avi

学习目标：【缩放】、【不透明度】、【蒙版】、【旋转】

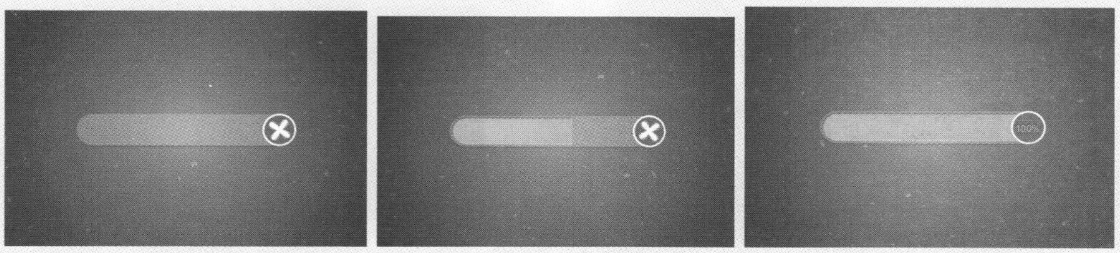

图4.58 动画流程画面

操作步骤

4.6.1 绘制进度条动画

步骤01 执行菜单栏中的【合成】|【新建合成】命令，打开【合成设置】对话框，设置【合成名称】为“下载进度”，【宽度】为600，【高度】为400，【帧速率】为25，并设置【持续时间】为00：00：10：00秒，【背景颜色】为黑色，完成之后单击【确定】按钮，如图4.59所示。

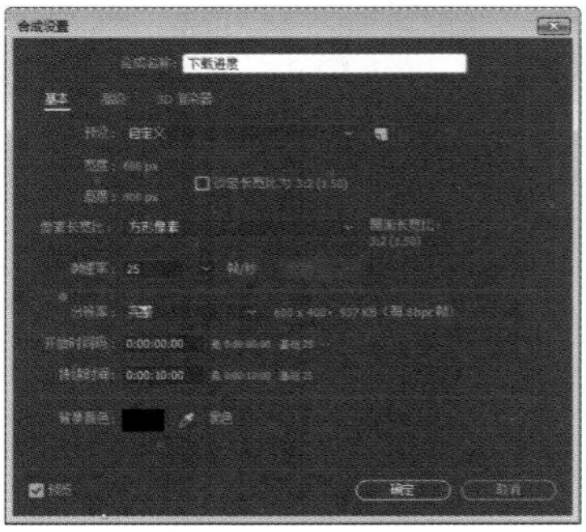

图4.59 新建合成

步骤02 执行菜单栏中的【图层】|【新建】|【纯色】命令，在弹出的对话框中将【名称】更改为【背景】，【颜色】更改为黑色，完成之后单击【确定】按钮。

步骤03 在时间线面板中选中【背景】图层，在【效果和预设】面板中展开【生成】特效组，然后双击【梯度渐变】特效。

步骤04 在【效果控件】面板中修改【梯度渐变】特效的参数，设置【渐变起点】为（300，200），【起始颜色】为蓝色（R：0，G：186，B：255），【渐变终点】为（300，600），【结束颜色】为蓝色（R：2，G：51，B：82），【渐变形状】为【径向渐变】，如图4.60所示。

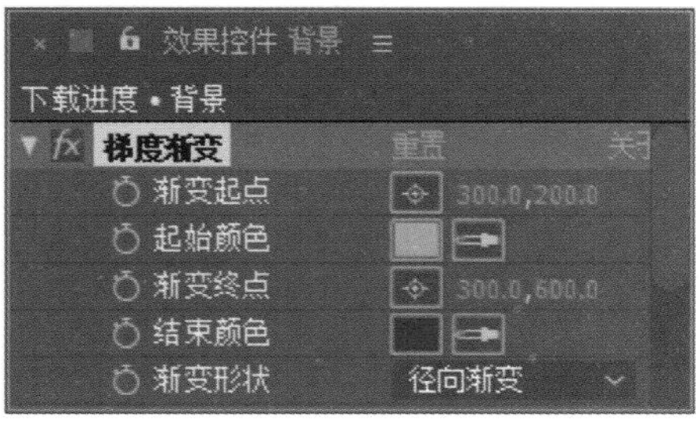

图4.60 设置【梯度渐变】特效参数

步骤05 选中工具箱中的【圆角矩形工具】，绘制一个圆角矩形，设置其【填充】为白色，【描边】为无，将生成一个【形状图层 1】图层，如图4.61所示。

图4.61 绘制图形

步骤06 在时间线面板中选中【形状图层 1】，按T键打开【不透明度】，将【不透明度】更改为30%，如图4.62所示。

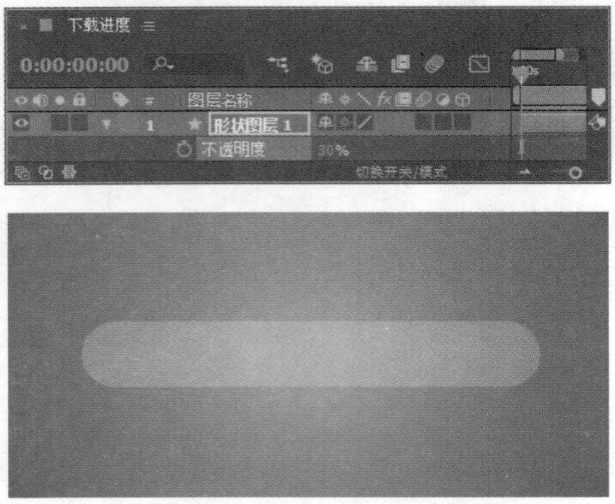

图4.62 更改不透明度

步骤07 在时间线面板中选中【形状图层 1】图层，在【效果和预设】面板中展开【透视】特效组，然后双击【投影】特效。

步骤08 在【效果控件】面板中修改【投影】特效的参数，设置【阴影颜色】为黑色，【不透明度】为60%，【方向】为180，【距离】为2，【柔和度】为5，如图4.63所示。

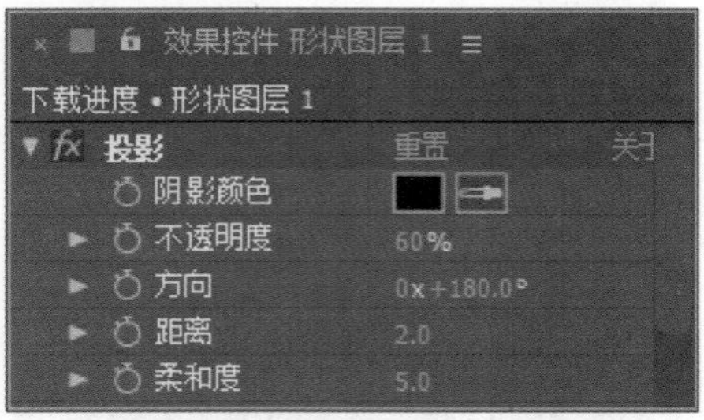

图4.63 设置【投影】特效参数

步骤09 选中工具箱中的【圆角矩形工具】，绘制一个圆角矩形，设置其【填充】为黄色（R：255，G：192，B：0），【描边】为无，将生成一个【形状图层 2】图层，如图4.64所示。

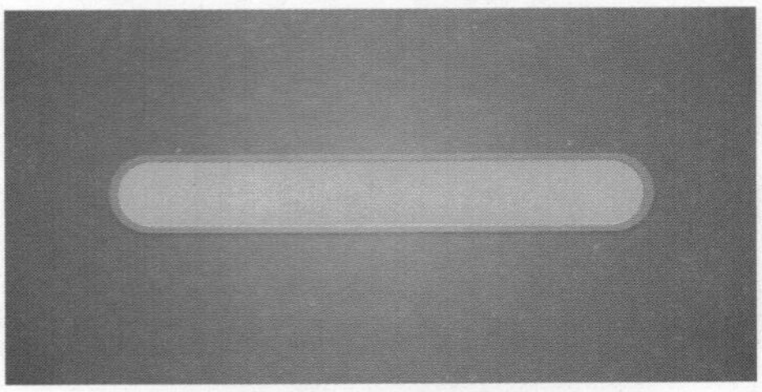

图4.64 绘制图形

步骤10 选择工具箱中的【矩形工具】，选中【形状图层 2】图层，在矩形左侧绘制一个矩形蒙版，如图4.65所示。

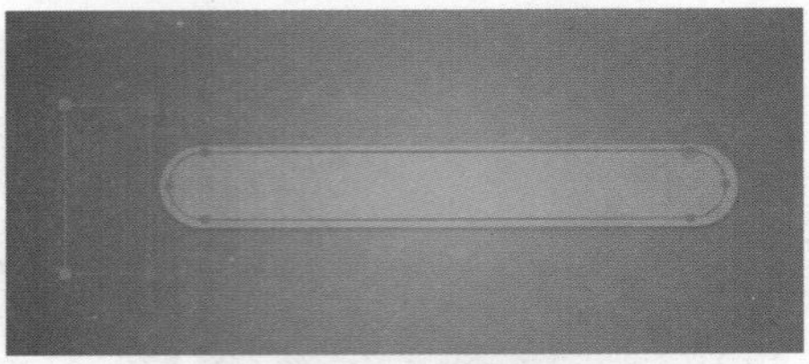

图4.65 绘制蒙版

步骤11 在【图层】面板中，将时间调整至0:00:00:00帧的位置，展开【形状图层 1】|【蒙版】|【蒙版 1】，单击【蒙版路径】左侧的码表按钮，在当前位置添加关键帧；将时间调整至0:00:05:00帧的位置，同时选中蒙版右侧的两个锚点并向右侧拖动，显示图形部分，系统会自动添加关键帧，如图4.66所示。

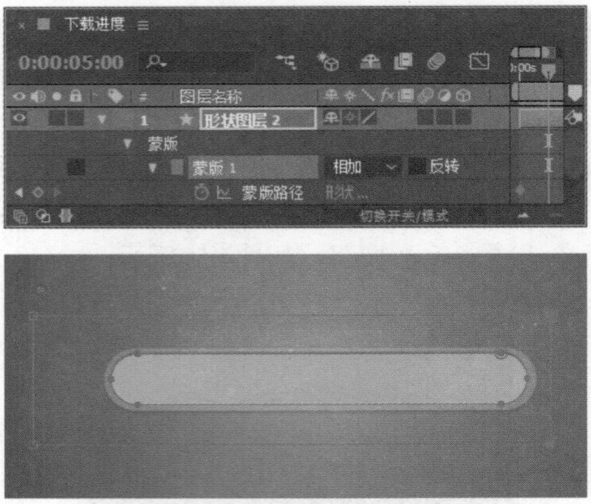

图4.66 拖动锚点

4.6.2 制作转圈动画

步骤01 选择工具箱中的【椭圆工具】，按住Shift键在圆角矩形右侧绘制一个正圆，设置其【填充】为蓝色（R：0，G：130，B：185），【描边】为白色，【描边宽度】为3像素，将生成一个【形状图层 3】图层，如图4.67所示。

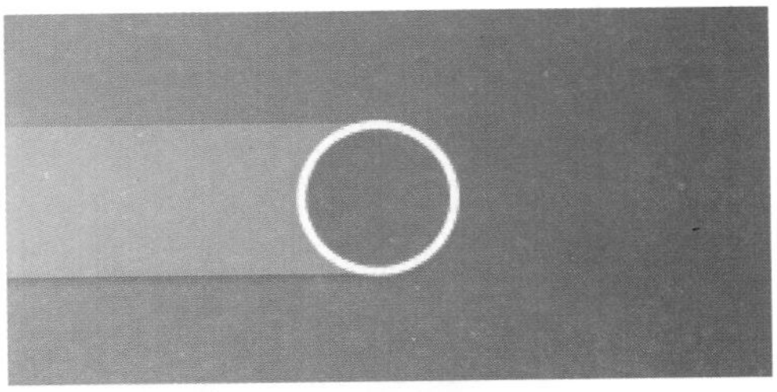

图4.67 绘制图形

步骤 02 选择工具箱中的【钢笔工具】，在正圆内部绘制一个图形，设置其【填充】为白色，【描边】为白色，【描边粗细】为2，如图4.68所示。

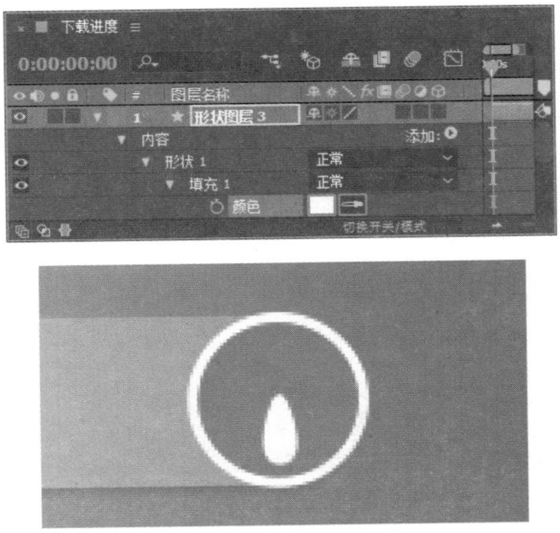

图4.68 绘制图形

步骤 03 选择【形状图层3】图层|【内容】|【形状1】，按Ctrl+D组合键复制一个【形状2】，展开【形状2】|【变换：形状2】，将【旋转】更改为90，如图4.69所示。

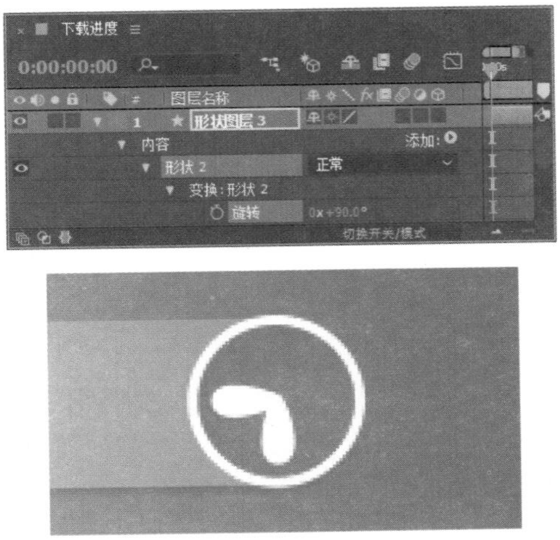

图4.69 复制及旋转图形

步骤 04 选择【形状图层3】图层|【内容】|【形状2】，按Ctrl+D组合键复制一个【形状3】；展开【形状3】|【变换：形状3】，将【旋转】更改为180，如图4.70所示。

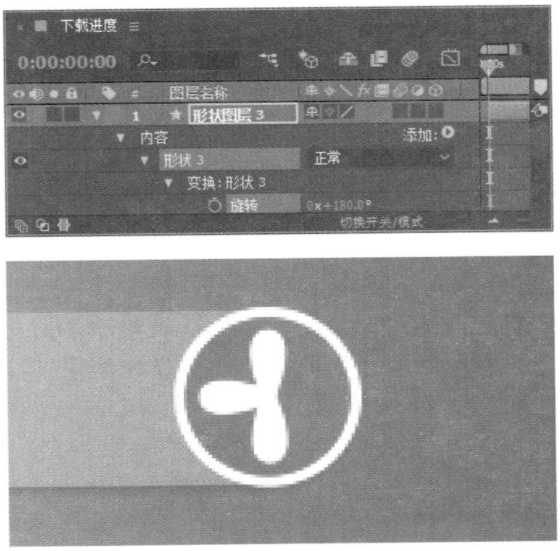

图4.70 复制及旋转图形

步骤 05 选择【形状图层3】图层|【内容】|【形状3】，按Ctrl+D组合键复制一个【形状4】；展开【形状4】|【变换：形状4】，将【旋转】更改为270，如图4.71所示。

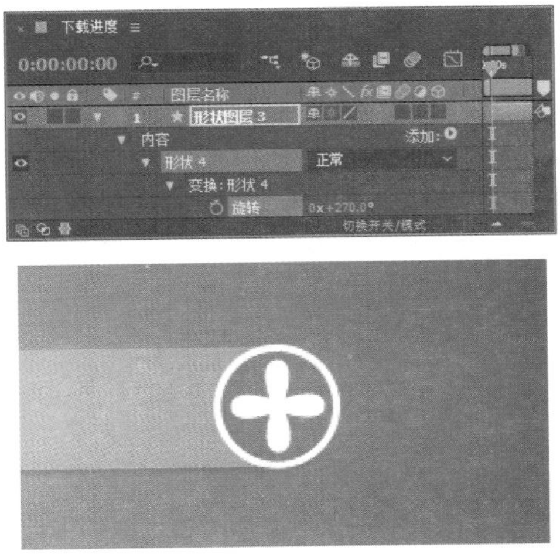

图4.71 复制及旋转图形

步骤 06 在时间线面板中，将时间调整至0:00:00:00帧的位置，选中【形状图层3】图层，按R键打开【旋转】，单击【旋转】左侧的码表按钮，在当前位置添加关键帧；将时间调整至0:00:05:00帧的位置，将【旋转】更改为5X+30，系统会自动添加关键帧；单击【"运动模糊"开关的所有图层启用运动模糊】图标，再选中【形状图层 3】图层，单击【运动模糊】图标，如图4.72所示。

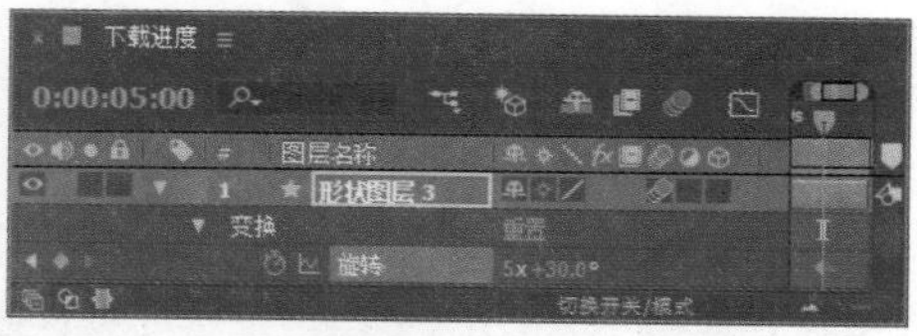

图4.72 更改数值

提示与技巧

如果运动模糊效果不明显，可按Ctrl+K组合键打开【合成设置】对话框，选择【高级】选项卡，将【快门角度】数量调大，最大数值为720。

步骤07 在时间线面板中，将时间调整至0:00:05:00帧的位置，展开【形状图层3】|【内容】|【形状4】|【变换：形状4】，单击【比例】左侧的码表按钮，在当前位置添加关键帧；以同样的方法将其他几个形状展开，并分别单击【比例】左侧的码表按钮，在当前位置添加关键帧；将时间调整至0:00:05:10帧的位置，将【比例】更改为（0，0），系统会自动添加关键帧，如图4.73所示。

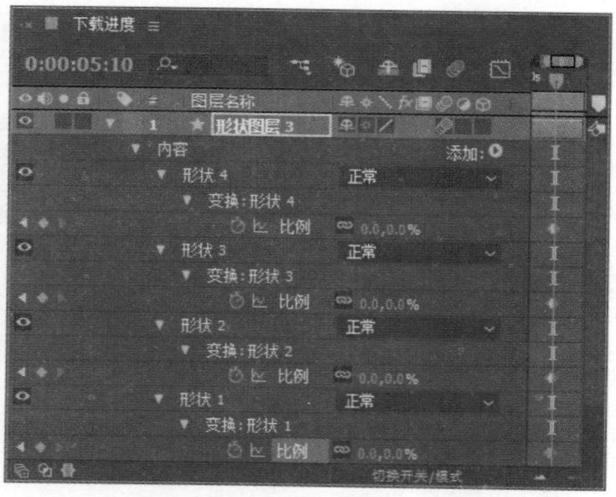

图4.73 更改数值

步骤08 选择工具箱中的【横排文字工具】，在图像中适当位置添加文字（方正兰亭中黑），如图4.74所示。

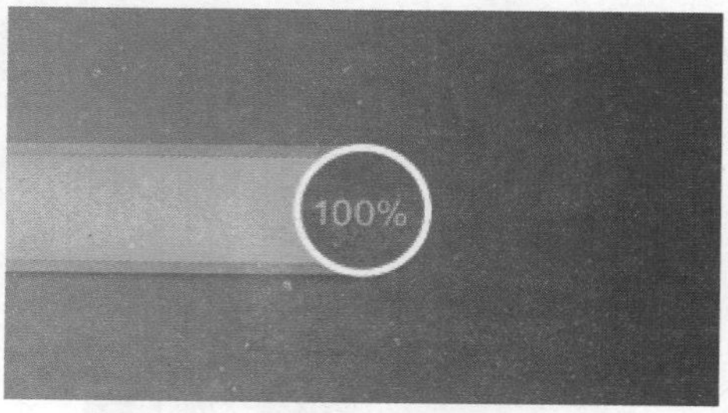

图4.74 添加文字

步骤09 在时间线面板中，将时间调整至0:00:05:10帧的位置，选中【100%】图层，分别单击【缩放】及【不透明度】左侧的码表按钮，在当前位置添加关键帧，将【缩放】更改为（0，0），【不透明度】更改为0；将时间调整至0:00:06:00帧的位置，将【缩放】更改为（100，100），【不透明度】更改为100%，系统会自动添加关键帧，如图4.75所示。

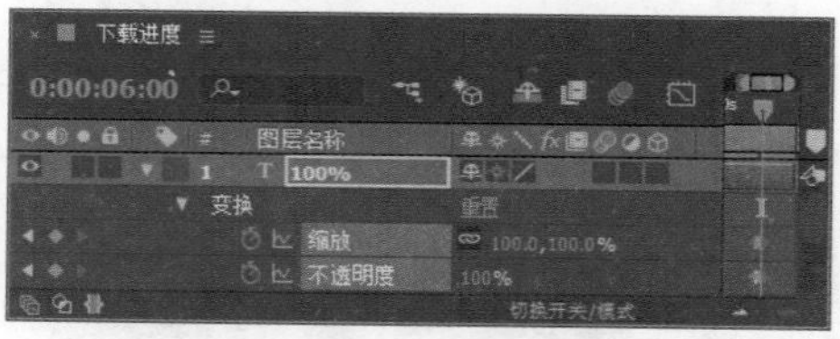

图4.75 更改数值

步骤10 这样就完成了整体效果的制作，按小键盘上的0键即可在合成窗口中预览效果。

4.7 提示动效设计

设计构思

本例主要讲解提示动效设计，该动效在设计过程中主要用到【旋转】功能，通过两个对象的运动，产生一种交互提示效果，动画流程画面如图4.76所示。

视频分类：愉悦的等待动效类
工程文件：下载文件\工程文件\第4章\提示动效设计
视频文件：下载文件\movie\视频讲座\4.7.avi
学习目标：【位置】、【旋转】

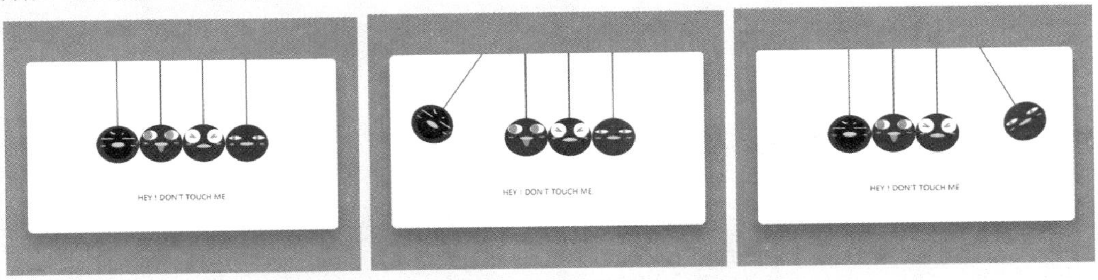

图4.76 动画流程画面

操作步骤

4.7.1 制作触发动效

步骤01 执行菜单栏中的【合成】|【新建合成】命令，打开【合成设置】对话框，设置【合成名称】为“提示动效”，【宽度】为800，【高度】为550，【帧速率】为25，并设置【持续时间】为00：00：10：00秒，【背景颜色】为黑色，完成之后单击【确定】按钮，如图4.77所示。

步骤02 执行菜单栏中的【文件】|【导入】|【文件】命令，打开【导入文件】对话框，选择下载文件中的“工程文件\第4章\提示动效设计\面板.psd”素材，单击【导入】按钮，在弹出的对话框中选择【导入种类】为【合成-保持图层大小】，并选中【可编辑图层样式】单选按钮，完成之后单击【确定】按钮，如图4.78所示。

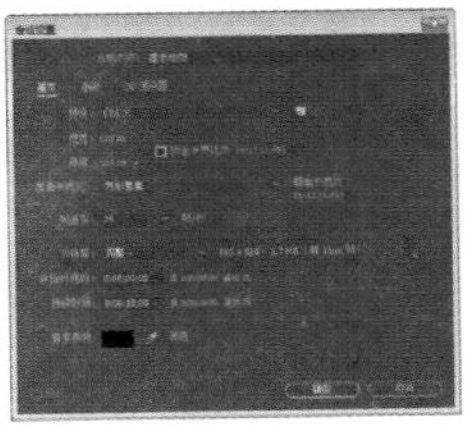

图4.77 新建合成

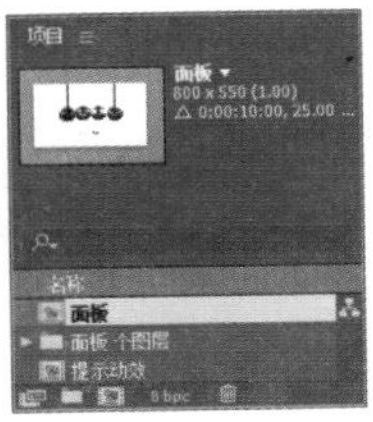

图4.78 导入素材

步骤03 在【项目】面板中选择【面板 个图层】素材，将其拖动到【提示动效】合成的时间线面板中，注意分别选中素材图像所对应的图层，在图像中拖动，调整图像位置，如图4.79所示。

图4.79 添加素材

步骤04 选择工具箱中的【向后平移（锚点）工具】，拖动【左侧/面板.psd】图层中图像定位点，将其移至图像顶部位置，如图4.80所示。

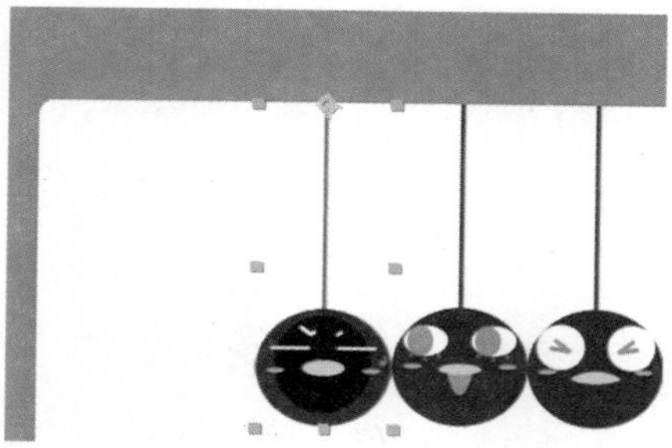

图4.80 更改定位点

步骤 05 在时间线面板中，将时间调整至0:00:00:00帧的位置，选中【左侧/面板.psd】图层，按R键打开【旋转】，单击【旋转】左侧的码表按钮，在当前位置添加关键帧；将时间调整至0:00:00:12帧的位置，将数值更改为35，如图4.81所示。

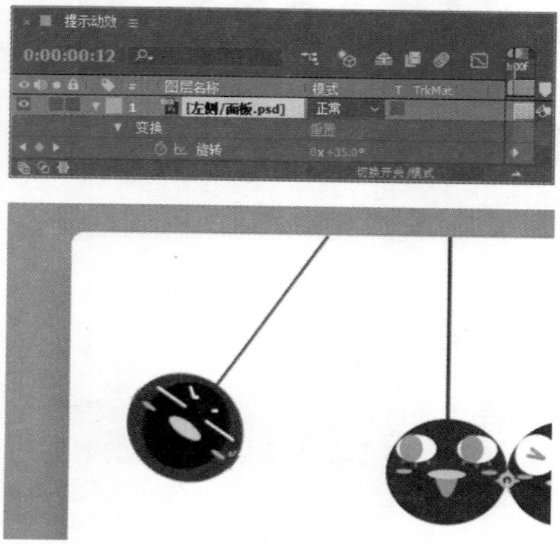

图4.81 旋转图像

步骤 06 将时间调整至0:00:01:00帧的位置，将图像向右侧拖动，将【旋转】更改为0，系统会自动添加关键帧，如图4.82所示。

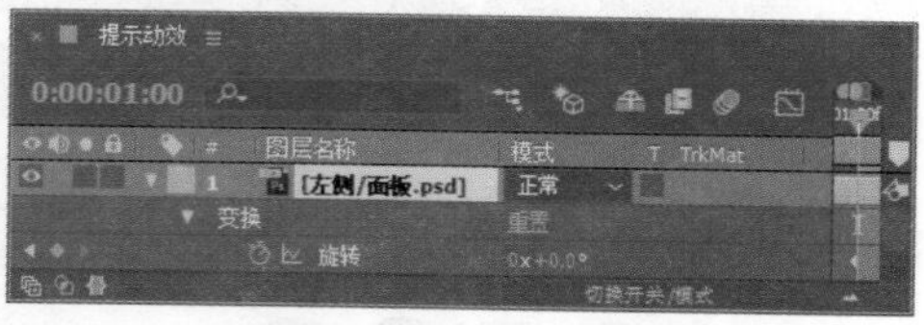

图4.82 更改数值

4.7.2 制作回应动效

步骤 01 选择工具箱中的【向后平移（锚点）工具】，拖动【右侧/面板.psd】图层中图像定位点，将其移至图像顶部位置，如图4.83所示。

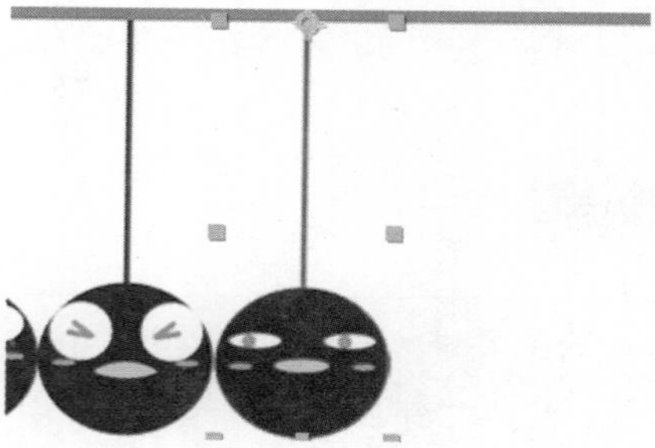

图4.83 更改定位点

步骤 02 在时间线面板中，将时间调整至0:00:01:00帧的位置，选中【右侧/面板.psd】图层，按R键打开【旋转】，单击【旋转】左侧的码表按钮，在当前位置添加关键帧；将时间调整至0:00:01:12帧的位置，将数值更改为-35，系统会自动添加关键帧，如图4.84所示。

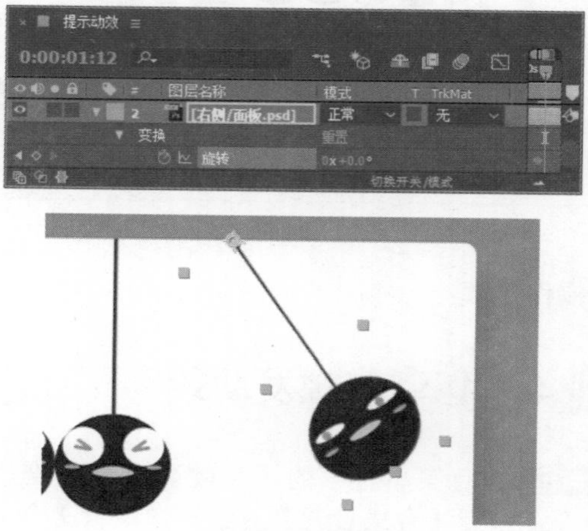

图4.84 旋转图像

步骤 03 将时间调整至0:00:02:00帧的位置，将【旋转】更改为0，系统会自动添加关键帧，如图4.85所示。

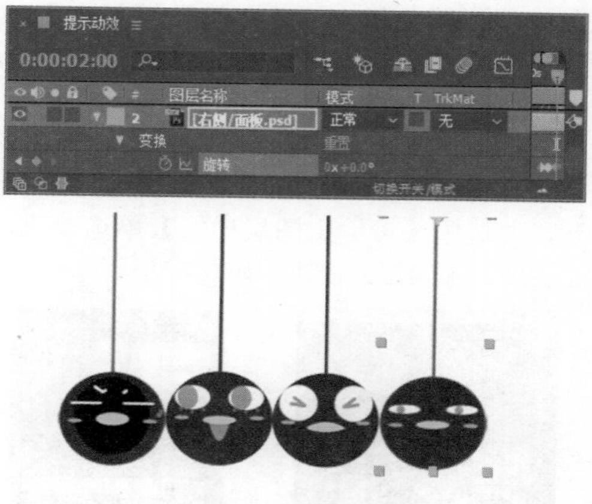

图4.85 更改数值

步骤 04 这样就完成了整体效果的制作，按小键盘上的0键即可在合成窗口中预览效果。

4.8 对错控件动效设计

设计构思

本例主要讲解对错控件动效设计，该动效在制作过程中主要用到【不透明度】及【位置】功能，动画流程画面如图4.86所示。

视频分类：愉悦的等待动效类

工程文件：下载文件\工程文件\第4章\对错控件动效设计

视频文件：下载文件\movie\视频讲座\4.8.avi

学习目标：【位置】、【缩放】

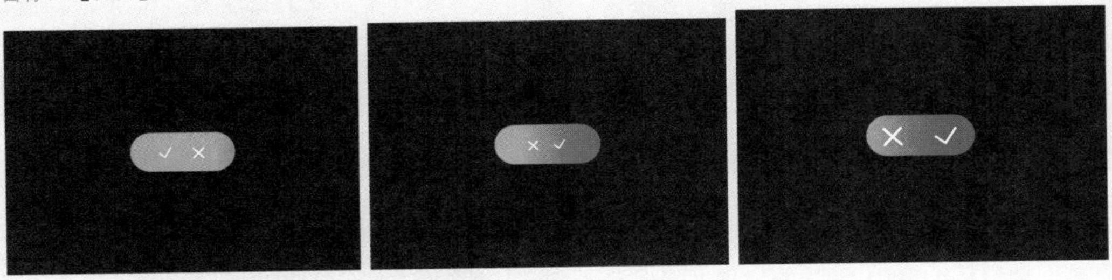

图4.86 动画流程画面

操作步骤

4.8.1 制作正确动画效果

步骤 01 执行菜单栏中的【合成】|【新建合成】命令，打开【合成设置】对话框，设置【合成名称】为“控件动效”，【宽度】为700，【高度】为500，【帧速率】为25，并设置【持续时间】为00:00:10:00秒，【背景颜色】为深灰色（R：16，G：23，B：28），完成之后单击【确定】按钮，如图4.87所示。

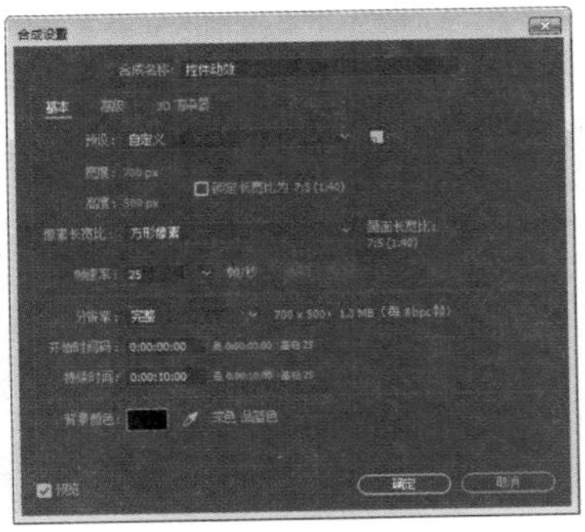

图4.87 新建合成

步骤 02 选中工具箱中的【圆角矩形工具】，绘制一个圆角矩形，设置其【填充】为蓝色（R：17，G：191，B：229），【描边】为无，将生成一个【形状图层 1】图层，如图4.88所示。

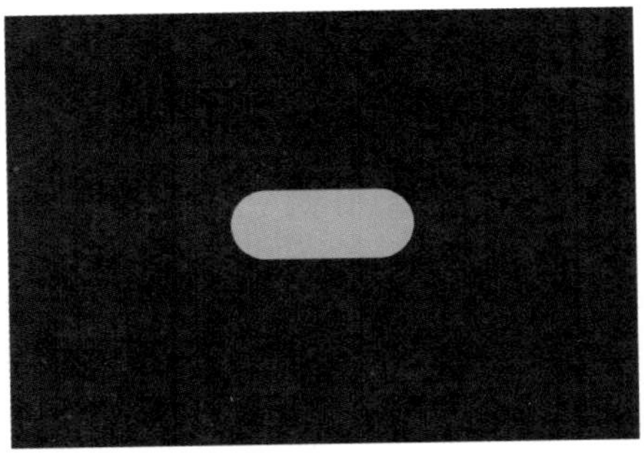

图4.88 绘制图形

提示与技巧

在绘制图形过程中，按键盘上的向上或向下键可以更改圆角半径，按左键可以将半径更改为最小，按右键可以将半径更改为最大。

步骤 03 在时间线面板中选中【形状图层 1】图层，将时间调整至0:00:00:00帧的位置，在【效果和预设】面板中展开【生成】特效组，然后双击【梯度渐变】特效。

步骤04 在【效果控件】面板中修改【梯度渐变】特效的参数，设置【渐变起点】为（450，250），【起始颜色】为蓝色（R：17，G：191，B：229），【渐变终点】为（600，250），【结束颜色】为紫色（R：216，G：0，B：255），分别单击【渐变起点】及【渐变终点】左侧的码表按钮，在当前位置添加关键帧，如图4.89所示。

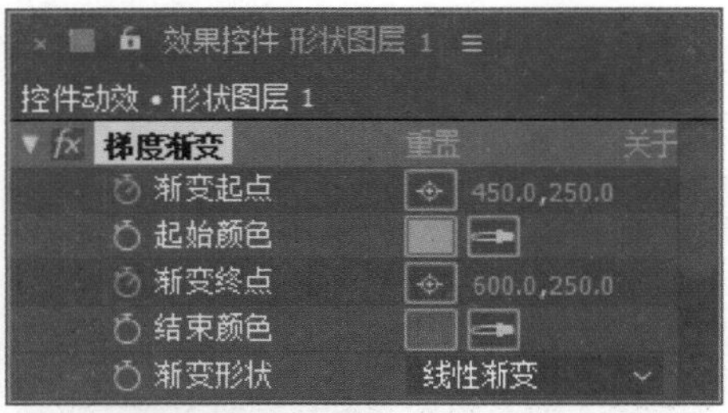

图4.89 设置【梯度渐变】特效参数

步骤05 在时间线面板中选中【形状图层 1】图层，将时间调整至0:00:01:00帧的位置，将【渐变起点】更改为（250，250），【渐变终点】更改为（450，250），系统会自动添加关键帧，如图4.90所示。

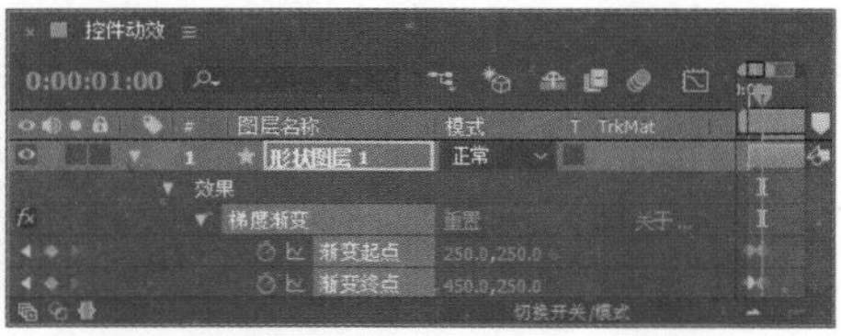

图4.90 更改数值

步骤06 选择工具箱中的【钢笔工具】，在蓝色矩形位置绘制一条线段，设置其【填充】为无，【描边】为白色，【描边粗细】为5，将生成一个【形状图层 2】图层，如图4.91所示。

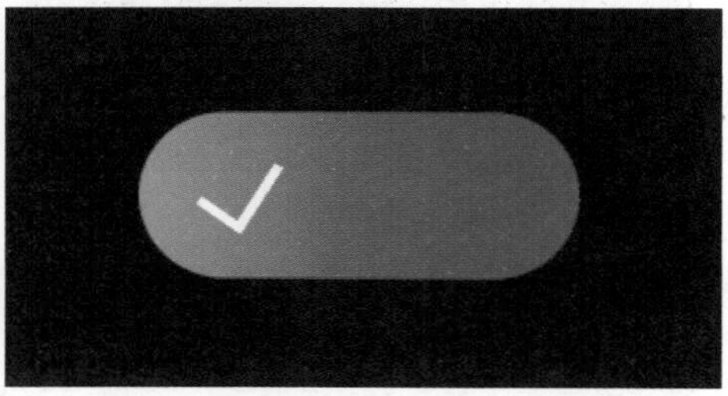

图4.91 绘制线段

步骤07 在时间线面板中选中【形状图层 2】图层，展开【内容】|【形状1】|【描边1】，将【线段端点】更改为【圆头端点】，【线段连接】更改为【圆角连接】，如图4.92所示。

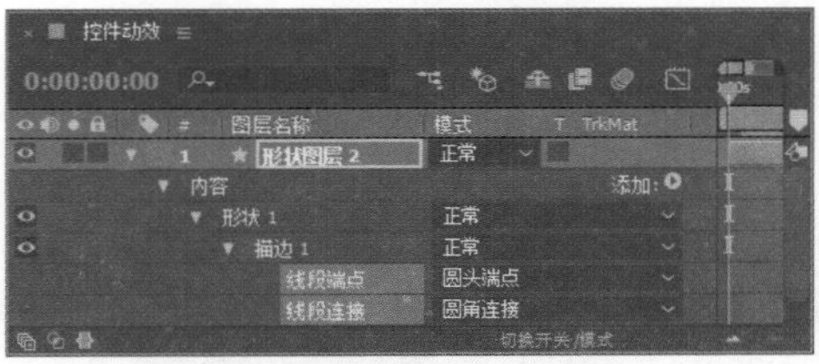

图4.92 更改端点

步骤08 在时间线面板中选中【形状图层 2】图层，将时间调整至0:00:00:00帧的位置，分别单击【位置】及【缩放】左侧的码表按钮，在当前位置添加关键帧；将时间调整至0:00:00:12帧的位置，将【缩放】更改为（0，0）；将时间调整至0:00:01:00位置，将【缩放】更改为（100，100），将图形向右侧拖动，系统会自动添加关键帧，如图4.93所示。

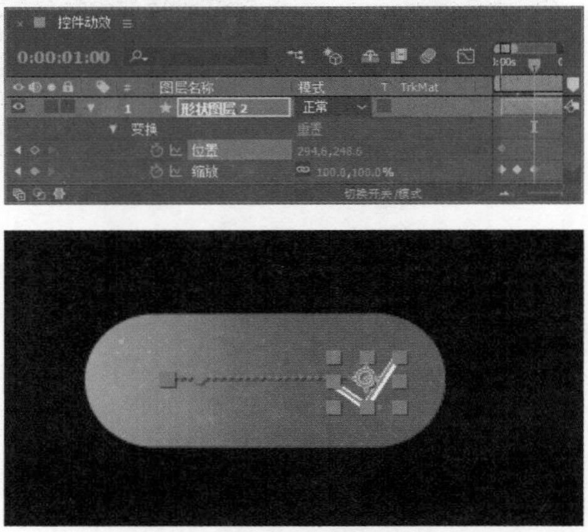

图4.93 拖动图形

4.8.2 绘制出错动画效果

步骤01 选择工具箱中的【钢笔工具】，在蓝色矩形位置绘制一条倾斜线段，设置其【填充】为无，【描边】为白色，【描边粗细】为5，将生成一个【形状图层3】图层，如图4.94所示。

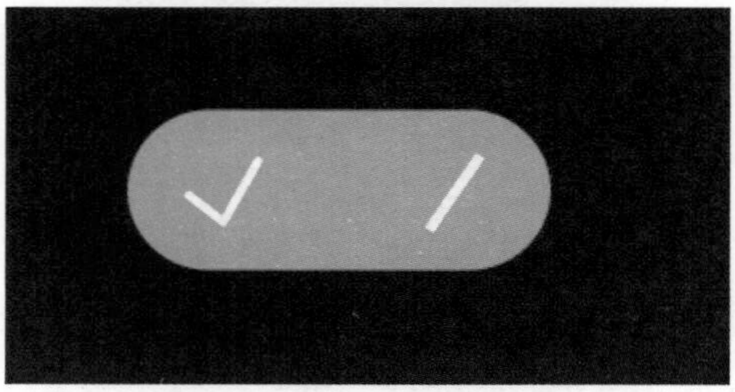

图4.94 绘制线段

步骤02 在时间线面板中选中【形状图层 3】图层，

展开【内容】|【形状1】|【描边1】，将【线段端点】更改为【圆头端点】，如图4.95所示。

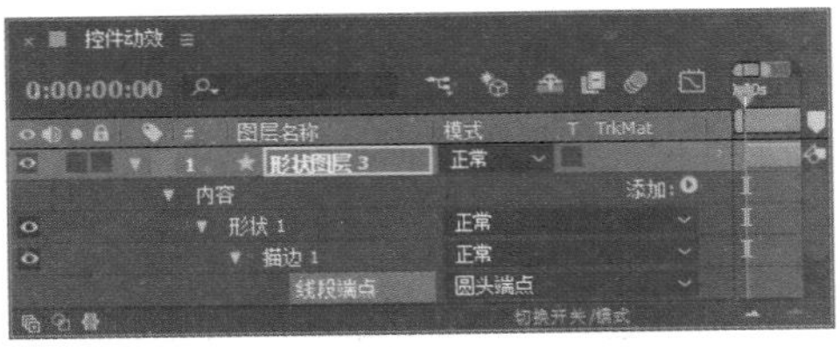

图4.95 更改端点

步骤 03 在时间线面板中选中【形状图层 3】图层，按Ctrl+D组合键复制一个【形状图层 4】图层，在图像中将线段旋转，如图4.96所示。

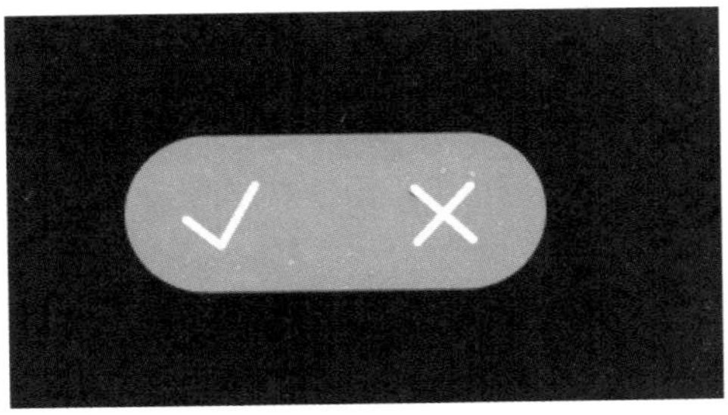

图4.96 复制图形

提示与技巧

绘制线段之后，可同时选中两条线段，将其适当缩放或旋转。

步骤 04 在时间线面板中选中【形状图层 3】及【形状图层4】图层，将时间调整至0:00:00:00帧的位置，分别单击【位置】及【缩放】左侧的码表按钮，在当前位置添加关键帧；将时间调整至0:00:00:12帧的位置，将【缩放】更改为（0，0），将时间调整至0:00:01:00帧的位置，将【缩放】更改为（100，100），将图形向左侧拖动，系统会自动添加关键帧，如图4.97所示。

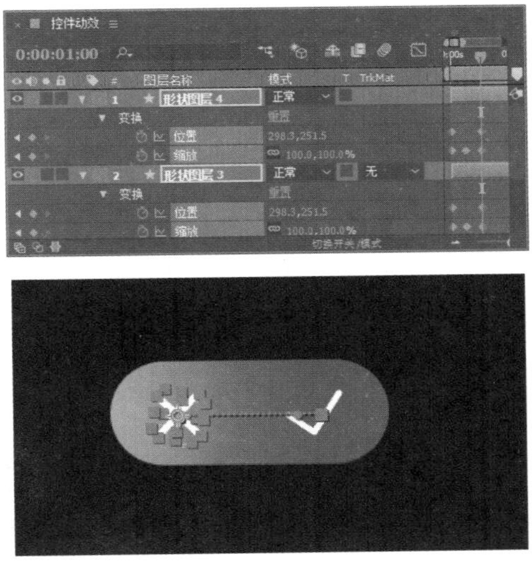

图4.97 拖动图形

步骤 05 这样就完成了整体效果的制作，按小键盘上的0键即可在合成窗口中预览效果。

4.9 时间过渡动效设计

设计构思

本例主要讲解时间过渡动效设计，该动效在制作过程中主要用到【不透明度】功能，通过时间的变化，图像的不透明度也随之变化，最终形成一种时间过渡的场景效果，动画流程画面如图4.98所示。

视频分类：愉悦的等待动效类

工程文件：下载文件\工程文件\第4章\时间过渡动效设计

视频文件：下载文件\movie\视频讲座\4.9.avi

学习目标：【不透明度】、【位置】、【编号】

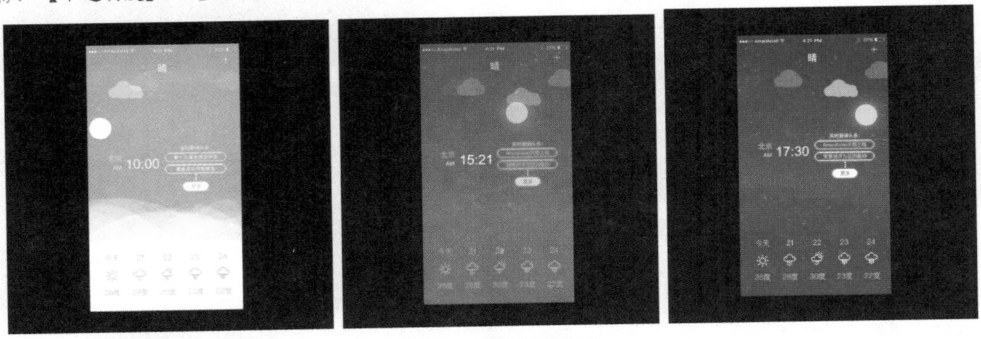

图4.98 动画流程画面

操作步骤

4.9.1 编辑转换效果

步骤 01 执行菜单栏中的【合成】|【新建合成】命令，打开【合成设置】对话框，设置【合成名称】为“过渡动效”，【宽度】为1000，【高度】为900，【帧速率】为25，并设置【持续时间】为00:00:10:00秒，【背景颜色】为深蓝色（R：16，G：23，B：28），完成之后单击【确定】按钮，如图4.99所示。

步骤 02 执行菜单栏中的【文件】|【导入】|【文件】命令，打开【导入文件】对话框，选择下载文件中的“工程文件\第4章\时间过渡动效设计\界面.psd”素材，单击【导入】按钮，如图4.100所示。

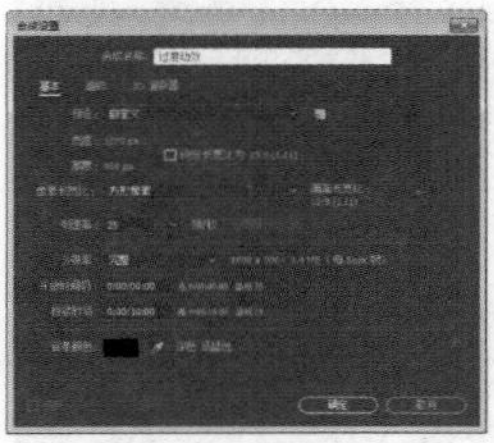

图4.99 新建合成

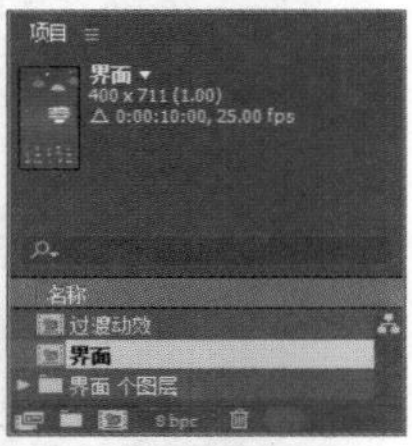

图4.100 导入素材

步骤 03 在【项目】面板中选择【界面 个图层】素材，将其拖动到【过渡动效】合成的时间线面板中，如图4.101所示。

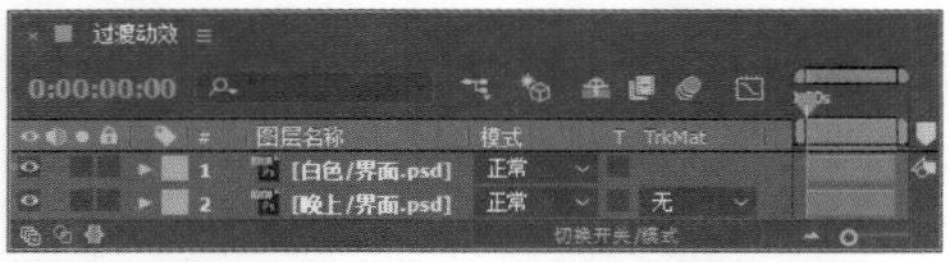

图4.101 添加素材

步骤 04 在时间线面板中选中【白色/界面.psd】图层，将时间调整至0:00:00:00帧的位置，按T键打开【不透明度】，单击【不透明度】左侧的码表按钮，在当前位置添加关键帧；将时间调整至0:00:09:24帧的位置，将【不透明度】更改为0，系统会自动添加关键帧，如图4.102所示。

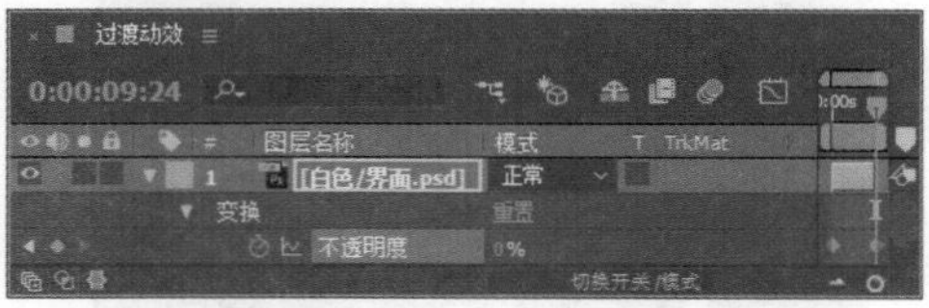

图4.102 更改【不透明度】数值

步骤 05 在时间线面板中选中【晚上/界面.psd】图层，将时间调整至0:00:00:00帧的位置，按T键打开【不透明度】，单击【不透明度】左侧的码表按钮，在当前位置添加关键帧，将【不透明度】更改为0；将时间调整至0:00:09:24帧的位置，将【不透明度】更改为100%，系统会自动添加关键帧，如图4.103所示。

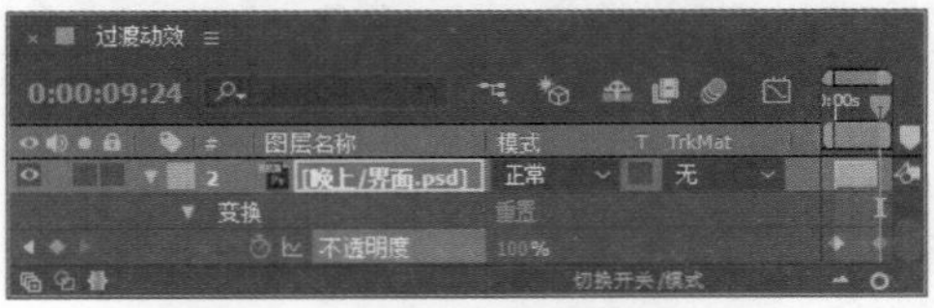

图4.103 更改【不透明度】数值

4.9.2 制作动画元素

步骤 01 选择工具箱中的【椭圆工具】，按住Shift键绘制一个正圆，设置其【填充】为白色，【描边】为无，将生成一个【形状图层 1】图层，如图4.104所示。

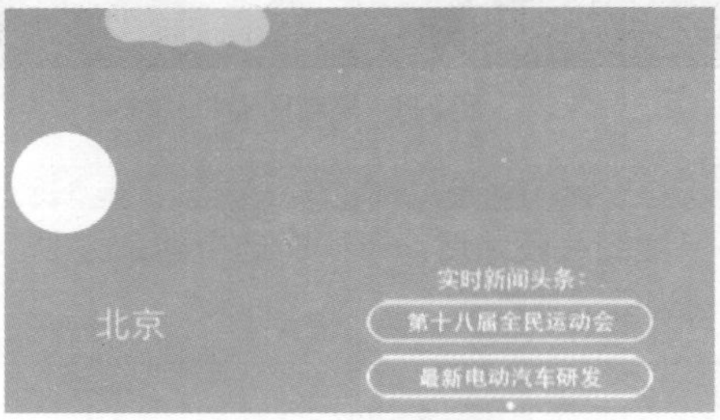

图4.104 绘制图形

步骤 02 在时间线面板中选中【形状图层 1】图层，将时间调整至0:00:00:00帧的位置，分别单击【位置】及【不透明度】左侧的码表按钮，在当前位置添加关键帧；将时间调整至0:00:09:24帧的位置，将【不透明度】更改为0，将圆形向右侧水平拖动，系统会自动添加关键帧，如图4.105所示。

图4.105 拖动图形

步骤 03 在图像中拖动圆形控制杆，为圆形制作出弧形路径，如图4.106所示。

图4.106 调整圆形路径

步骤04 在时间线面板中选中【形状图层 1】图层，按Ctrl+D组合键复制一个【形状图层 2】图层。将【形状图层 2】图层中图形的【填充】更改为黄色（R：255，G：231，B：95），将时间调整至0:00:00:00帧的位置，将【不透明度】更改为0；将时间调整至0:00:09:24帧的位置，将【不透明度】更改为100%，系统会自动添加关键帧，如图4.107所示。

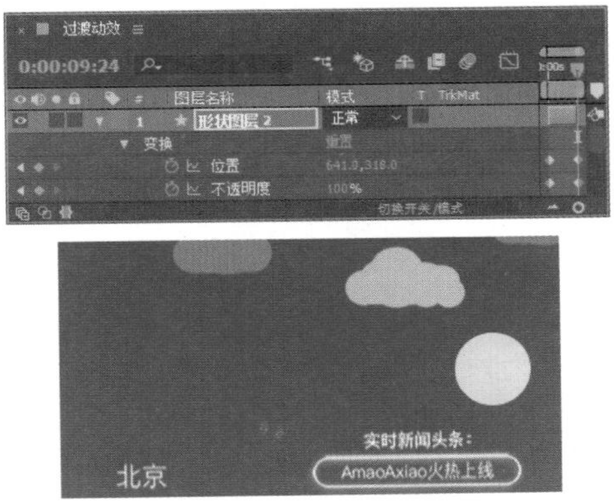

图4.107 更改数值

步骤05 在时间线面板中选中【形状图层 2】图层，在【效果和预设】面板中展开【风格化】特效组，然后双击【发光】特效。

步骤06 在【效果控件】面板中修改【发光】特效的参数，设置【发光阈值】为60%，【发光半径】为50，【发光强度】为5，如图4.108所示。

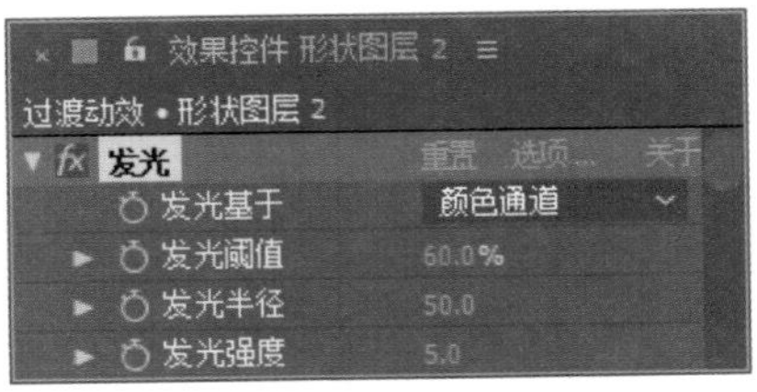

图4.108 设置【发光】特效

步骤07 选择工具箱中的【横排文字工具】，在图像中适当位置添加文字（Arial），如图4.109所示。

步骤08 执行菜单栏中的【图层】|【新建】|【纯色】命令，在弹出的对话框中将【名称】更改为【数字】，完成之后单击【确定】按钮。

图4.109 添加文字

步骤09 在【效果和预设】面板中展开【文本】特效组，然后双击【编号】特效，在弹出的对话框中将【字体】更改为Arial，选中【居中对齐】单选按钮，完成之后单击【确定】按钮，如图4.110所示。

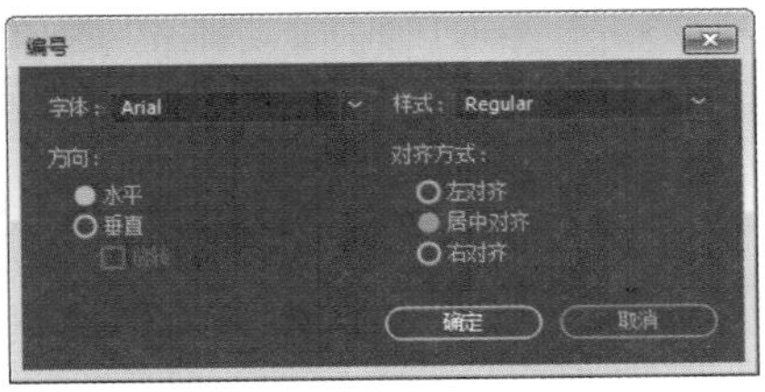

图4.110 【编号】对话框

步骤10 将时间调整至0:00:00:00帧的位置，在【效果控件】面板中将【类型】更改为【时间】，单击【数值/位移/随机最大】左侧的码表按钮，将其数值更改为600，【小数位数】更改为2，【填充颜色】更改为白色，如图4.111所示。

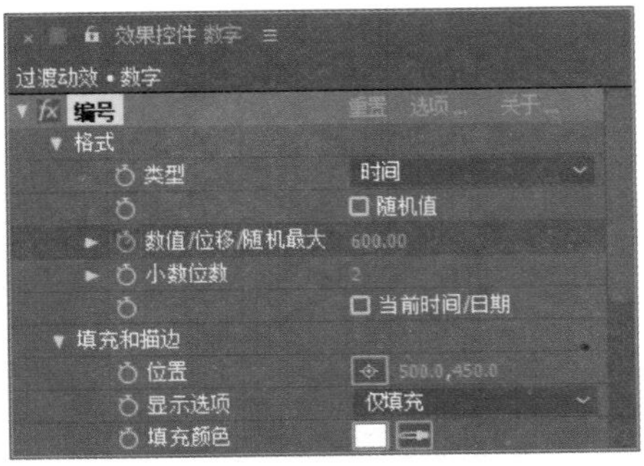

图4.111 设置【编号】参数

步骤11 将时间调整至0:00:09:24帧的位置，将【数值/位移/随机最大】更改为1050，系统会自动添加关键帧，如图4.112所示。

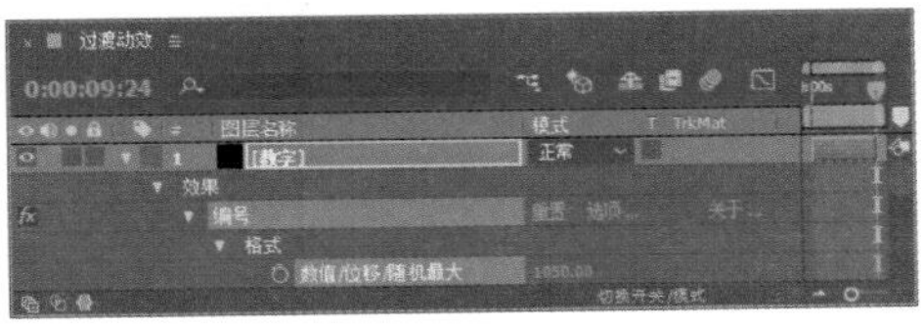

图4.112 更改数值

步骤12 这样就完成了整体效果的制作，按小键盘上的0键即可在合成窗口中预览效果。

4.10 云存储动效设计

设计构思

本例主要讲解云存储动效设计，该动效在制作过程主要用到【位置】功能，通过图像的运动表现出云存储动画效果，动画流程画面如图4.113所示。

视频分类：愉悦的等待动效类
工程文件：下载文件\工程文件\第4章\云存储动效设计
视频文件：下载文件\movie\视频讲座\4.10.avi
学习目标：【位置】、【缩放】、【不透明度】

图4.113 动画流程画面面

操作步骤

4.10.1 绘制状态动画

步骤01 执行菜单栏中的【合成】|【新建合成】命令，打开【合成设置】对话框，设置【合成名称】为“云存储动效”，【宽度】为600，【高度】为400，【帧速率】为25，并设置【持续时间】为00:00:06:00秒，【背景颜色】为蓝色（R：31，G：125，B：212），完成之后单击【确定】按钮，如图4.114所示。

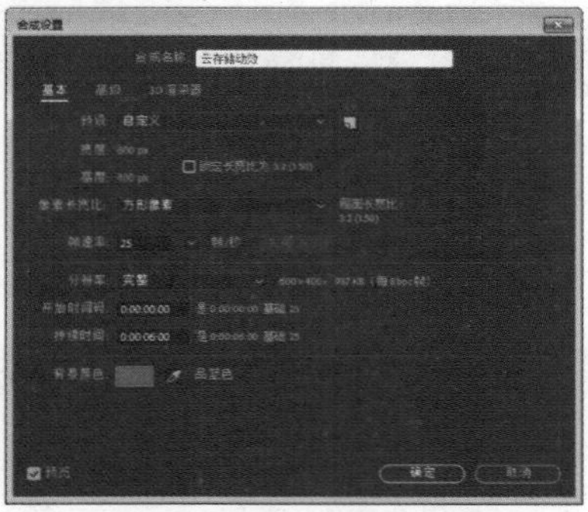

图4.114 新建合成

步骤02 选择工具箱中的【钢笔工具】，在蓝色矩形位置绘制一个云彩图形，设置其【填充】为白色，【描边】为无，如图4.115所示。

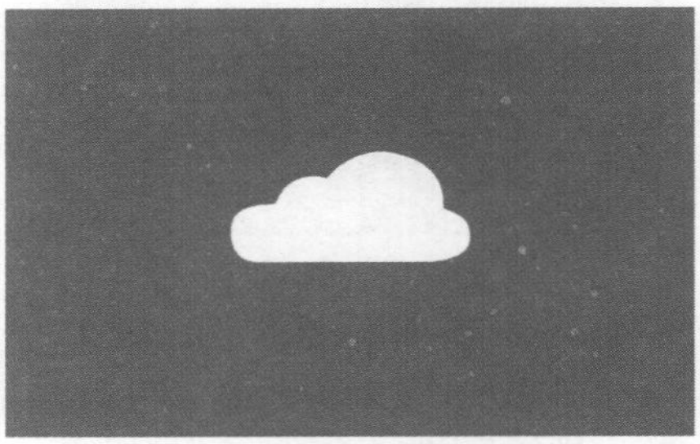

图4.115 绘制图形

步骤03 选择工具箱中的【椭圆工具】，按住Shift键绘制一个正圆，设置其【填充】为蓝色（R：31，G：125，B：212），【描边】为无，将生成一个【形状图层 2】图层。以同样的方法在其他位置绘制多个相似的正圆，如图4.116所示。

图4.116 绘制图形

步骤04 在时间线面板中选中【形状图层 2】图层，

将时间调整至0:00:00:00帧的位置，按P键打开【位置】，单击【位置】左侧的码表按钮，在当前位置添加关键帧，并将其向下移至云彩底部位置，系统会自动添加关键帧，如图4.117所示。

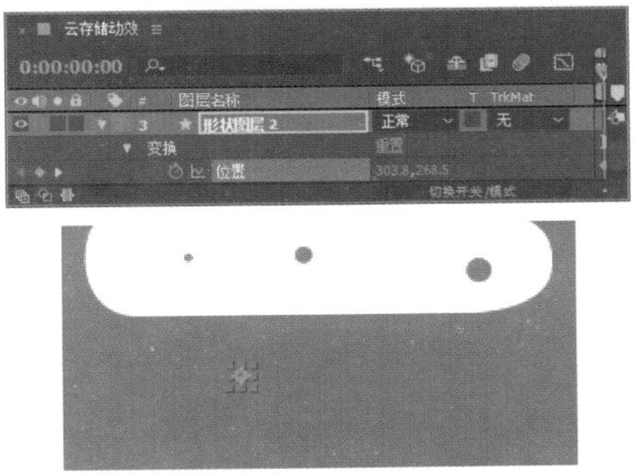

图4.117　移动图形

步骤 05 将时间调整至0:00:01:00帧的位置，将正圆向上移动，系统会自动添加关键帧，如图4.118所示。

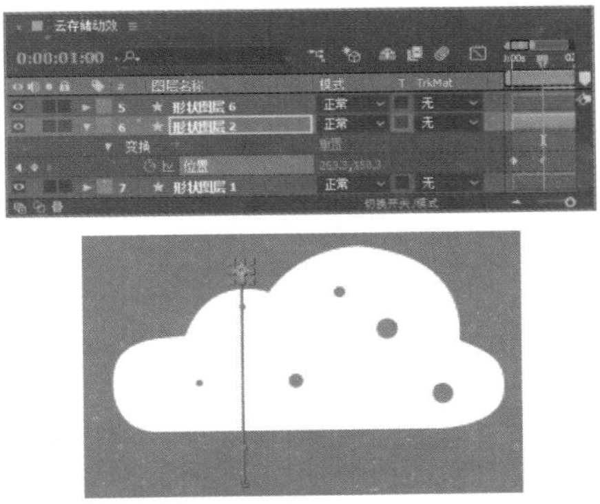

图4.118　移动图形

步骤 06 选中【形状图层 6】图层，将时间调整至0:00:00:00帧的位置，按P键打开【位置】，单击【位置】左侧的码表按钮，在当前位置添加关键帧，并将其向下移至云彩底部位置；将时间调整至0:00:00:20帧的位置，将正圆向上移动，为其制作位置动画，如图4.119所示。

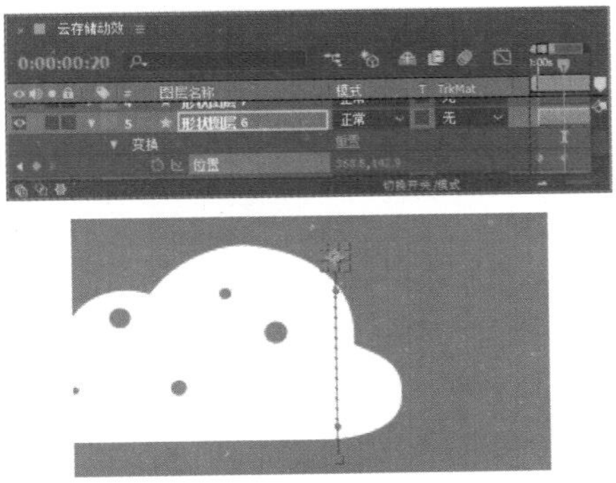

图4.119　制作位置动画

步骤 07 以同样的方法选中其他几个图形所在的图层，制作相同位置的动画，如图4.120所示。

图4.120　制作动画

步骤 08 在时间线面板中同时选中所有图层，单击鼠标右键，在弹出的快捷菜单中选择【预合成】选项，在弹出的对话框中将【新合成名称】更改为“圆点动画”，完成之后单击【确定】按钮，如图4.121所示。

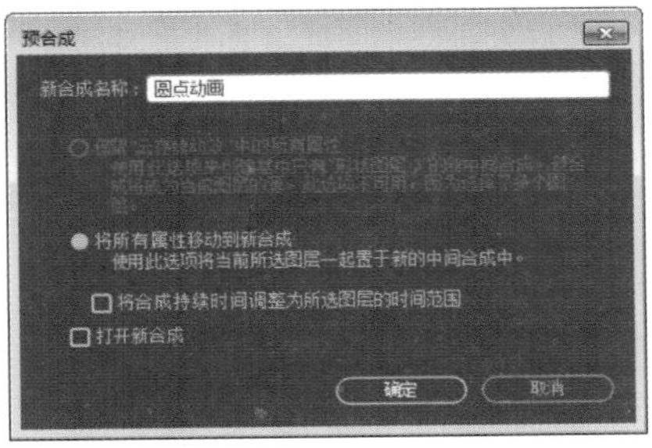

图4.121　设置预合成

步骤 09 选择工具箱中的【钢笔工具】，在蓝色矩形位置绘制一条三角形线段，设置其【填充】为无，【描边】为蓝色（R：31，G：125，B：212），【描边粗细】为11，将生成一个【形状图层 1】图层，如图4.122所示。

步骤 10 在时间线面板中，展开【内容】|【形状 1】|【描边1】，将【线段端点】更改为【圆头端点】，【线段连接】更改为【圆角连接】，如图4.123所示。

图4.122　绘制线段

图4.123　更改端点

步骤 11 以同样的方法在线段底部再绘制一条相同的垂直线段并更改端点，将生成一个【形状图层 2】图层，如图4.124所示。

图4.124 绘制垂直线段

步骤 12 在时间线面板中同时选中【形状图层 1】及【形状图层 2】图层，将时间调整至0:00:00:00帧的位置，按P键打开【位置】，单击【位置】左侧的码表按钮，在当前位置添加关键帧，并将其向下移至云彩底部位置，如图4.125所示。

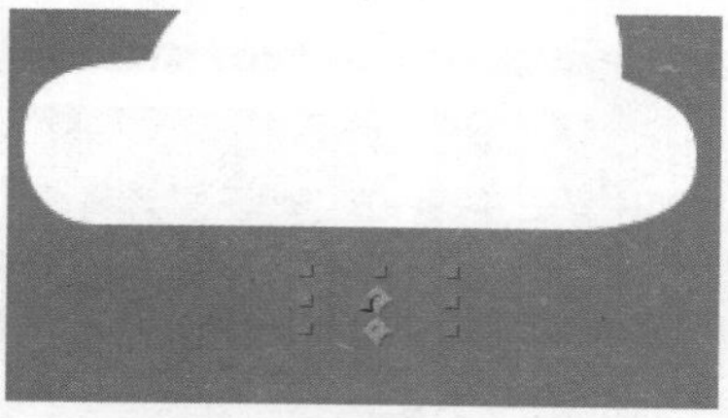

图4.125 移动图形

步骤 13 将时间调整至0:00:01:00帧的位置，在图像中将线段向上移动，如图4.126所示。

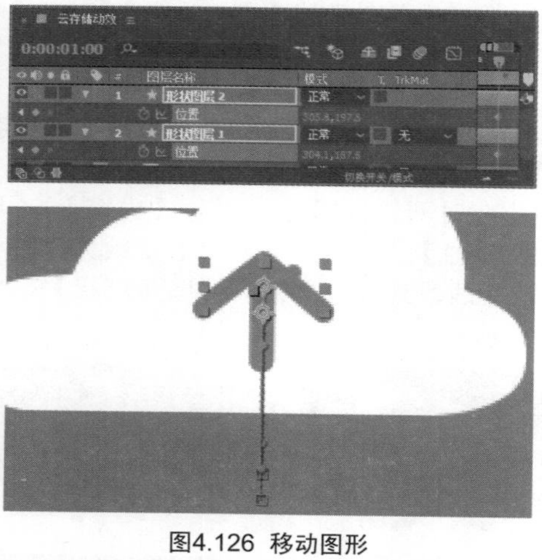

图4.126 移动图形

步骤 14 将时间调整至0:00:01:12帧的位置，在图像中将线段向下移动；将时间调整至0:00:02:00帧的位置，在图像中将线段向上移动；将时间调整至0:00:02:12帧的位置，在图像中将线段向下移动；将时间调整至0:00:03:00帧的位置，在图像中将线段向上移动，将时间调整至0:00:03:12帧的位置；在图像中将线段向上移动至云彩顶部，系统会自动添加关键帧，制作位置动画，如图4.127所示。

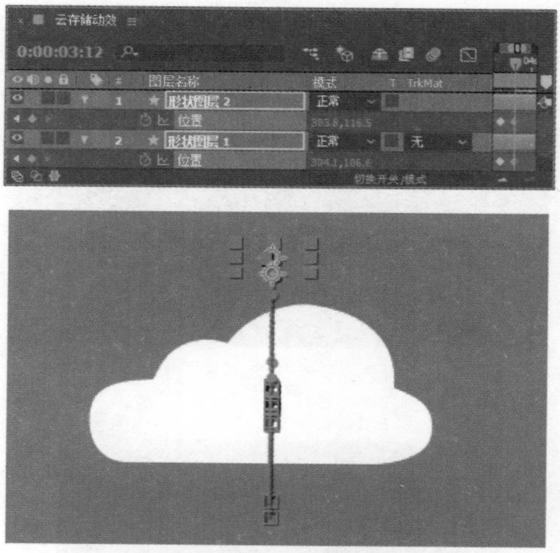

图4.127 制作位置动画

4.10.2 制作提示效果

步骤 01 选择工具箱中的【椭圆工具】，按住Shift键绘制一个正圆，设置其【填充】为蓝色（R：31，G：125，B：212），【描边】为无，将生成一个【形状图层 3】图层，如图4.128所示。

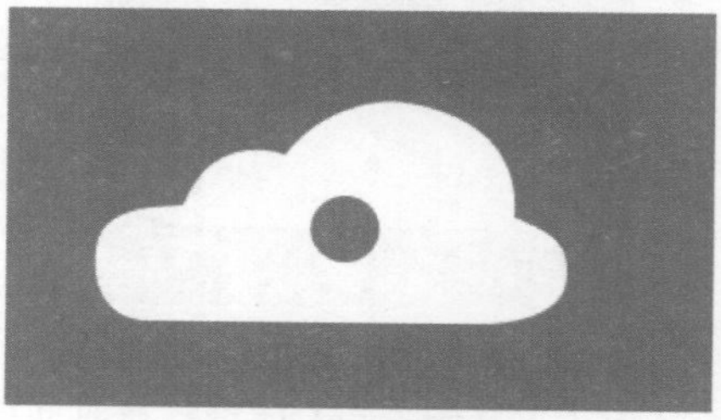

图4.128 绘制图形

步骤 02 在时间线面板中，将时间调整至0:00:03:12帧的位置，按S键打开【缩放】，单击【缩放】左侧的码表按钮，在当前位置添加关键帧，将其数值更改为（0，0）；将时间调整至0:00:04:00帧的位置，将其数值更改为（100，100），如图4.129所示。

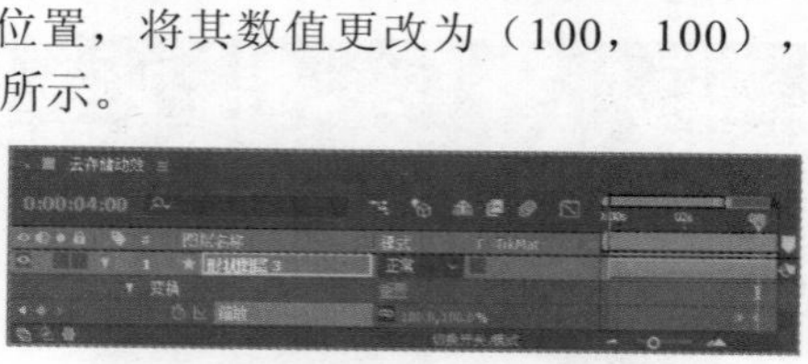

图4.129 添加关键帧

步骤 03 选择工具箱中的【钢笔工具】，在正圆位置绘制一条线段，设置其【填充】为无，【描边】为白色，【描边粗细】为3，将生成一个【形状图层 4】图层，并更改其【线段端点】为【圆头端点】，如图4.130所示。

图4.130 绘制线段

步骤 04 在时间线面板中，将时间调整至0:00:04:00帧的位置，按T键打开【不透明度】，单击【不透明度】左侧的码表按钮，在当前位置添加关键帧，将其数值更改为0；将时间调整至0:00:04:05帧的位置，将其数值更改为100%，系统会自动添加关键帧，如图4.131所示。

图4.131 添加关键帧

步骤 05 这样就完成了整体效果的制作，按小键盘上的0键即可在合成窗口中预览效果。

4.11 加载动效设计

设计构思

本例主要讲解加载动效设计，该动效的制作过程中主要用到【缩放】、【不透明度】及【位置】功能，动画流程画面如图4.132所示。

视频分类：愉悦的等待动效类

工程文件：下载文件\工程文件\第4章\加载动效设计

视频文件：下载文件\movie\视频讲座\4.11.avi

学习目标：【旋转】、【缩放】、【位置】、【表达式】

图4.132 动画流程画面

操作步骤

4.11.1 制作主体图形动画

步骤 01 执行菜单栏中的【合成】|【新建合成】命令，打开【合成设置】对话框，设置【合成名称】为“加载动效”，【宽度】为700，【高度】为400，【帧速率】为25，并设置【持续时间】为00:00:06:00秒，【背景颜色】为蓝色（R：44，G：166，B：244），完成之后单击【确定】按钮，如图4.133所示。

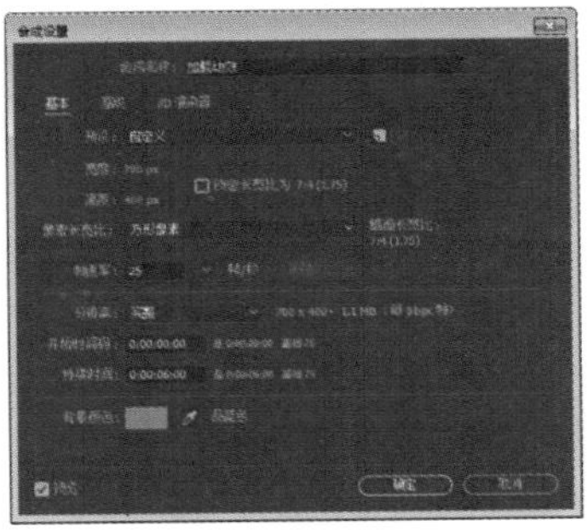

图4.133 新建合成

步骤 02 选择工具箱中的【椭圆工具】，按住Shift键绘制一个正圆，设置其【填充】为黄色

（R：255，G：184，B：32），【描边】为无，将生成一个【形状图层 1】图层，如图4.134所示。

图4.134　绘制图形

步骤 03 将时间调整至0:00:00:00帧的位置，按S键打开【缩放】，单击【缩放】左侧的码表按钮，在当前位置添加关键帧；将时间调整至0:00:00:12帧的位置，将其数值更改为（30，30），如图4.135所示。

图4.135　缩小图形

步骤 04 将时间调整至0:00:01:00帧的位置，将其数值更改为（60，60）；将时间调整至0:00:01:12帧的位置，将其数值更改为（30，30）；将时间调整至0:00:02:00帧的位置，将其数值更改为（100，100），如图4.136所示。

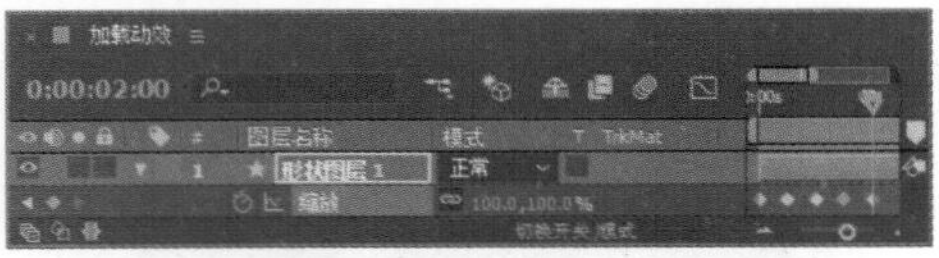

图4.136　添加关键帧

步骤 05 选择工具箱中的【矩形工具】，在封面位置绘制一个矩形，设置其【填充】为黄色（R：255，G：184，B：32），【描边】为无，将生成一个【形状图层2】，如图4.137所示。

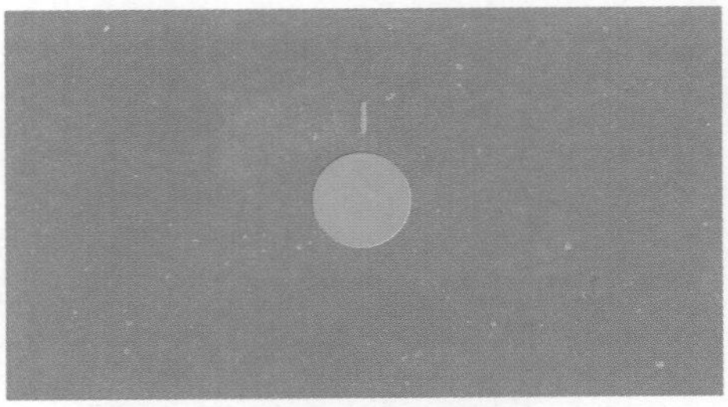

图4.137　绘制图形

步骤 06 在时间线面板中选中【形状图层2】，按住Alt键单击【旋转】左侧码表，输入表达式（index*30），如图4.138所示。

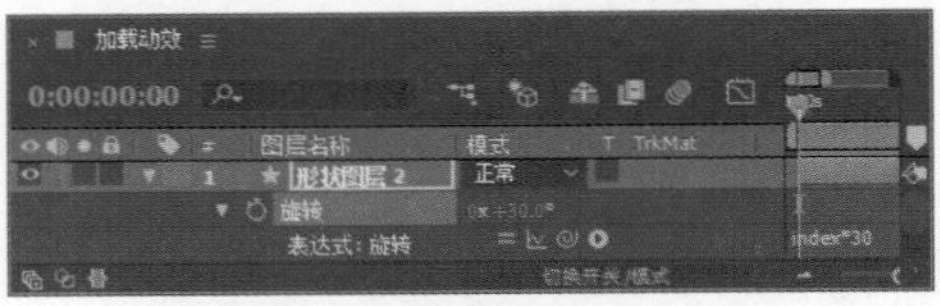

图4.138　添加表达式

步骤 07 在时间线面板中选中【形状图层2】图层，按Ctrl+D组合键复制多个图形，将生成多个对应的图层，如图4.139所示。

图4.139　复制图形

步骤 08 在时间线面板中选中【形状图层3】图层，按T键打开【不透明度】，将其数值更改为90%。以同样的方法依次更改其他几个图层的【不透明度】，如图4.140所示。

图4.140　更改【不透明度】数值

步骤 09 在时间线面板中同时选中除【形状图层1】之外的所有图层，单击鼠标右键，在弹出的快捷菜单中选择【预合成】选项，在弹出的对话框中将【新合成名称】更改为“旋转”，完成之后单击【确定】按钮，如图4.141所示。

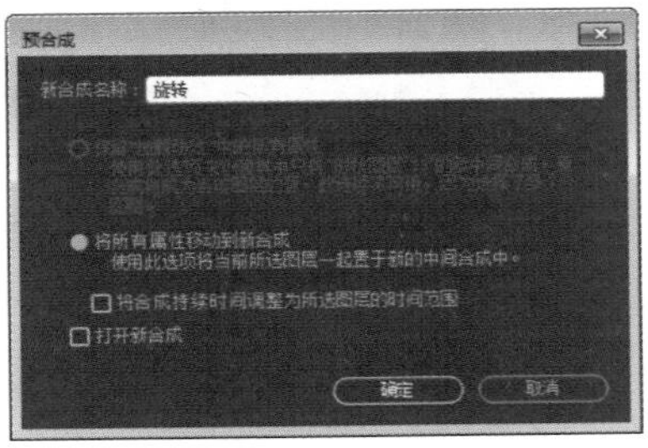

图4.141　设置预合成

步骤 10　在时间线面板中，将时间调整至0:00:00:00帧的位置，按R键打开【旋转】，单击【旋转】左侧的码表按钮，在当前位置添加关键帧，将时间调整至0:00:05:24帧的位置，将【旋转】更改为1x，系统会自动添加关键帧，如图4.142所示。

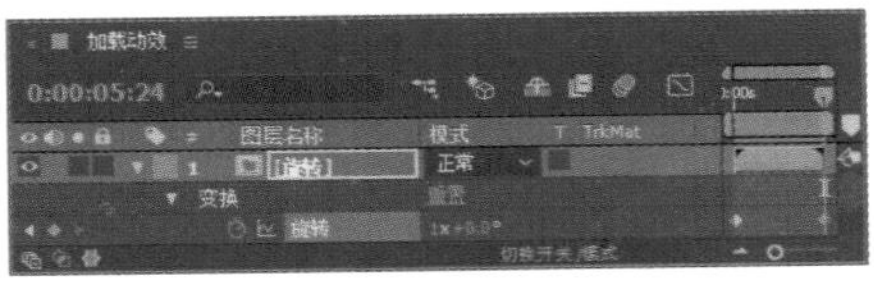

图4.142　更改旋转值

步骤 11　选择工具箱中的【横排文字工具】，在图像中适当位置添加文字，如图4.143所示。

图4.143　添加文字

步骤 12　在时间线面板中选中【The system is loading】图层，将时间调整至0:00:00:00帧的位置，按P键打开【位置】，单击【位置】左侧的码表按钮，在当前位置添加关键帧；将时间调整至0:00:00:12帧的位置，在图像中将文字向上移动，系统会自动添加关键帧，如图4.144所示。

步骤 13　以同样的方法分别将时间调整至0:00:01:00、0:00:01:12、0:00:02:00帧的位置，在图像中分别调整文字上下位置，制作出上下动画，如图4.145所示。

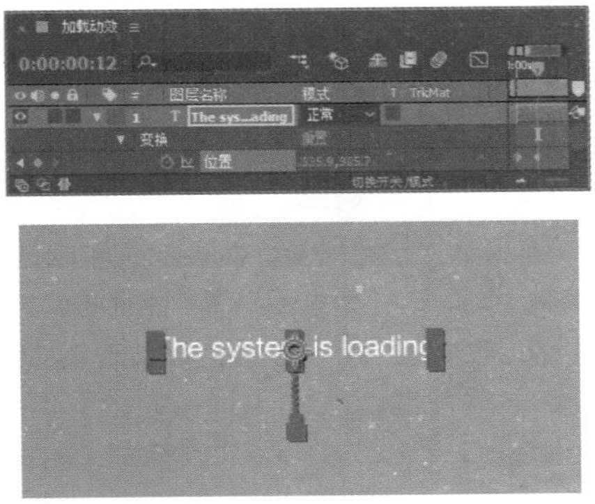

图4.144　添加关键帧

图4.145　添加关键帧

4.11.2　制作装饰动画

步骤 01　执行菜单栏中的【图层】|【新建】|【纯色】命令，在弹出的对话框中将【名称】更改为“开启效果”，【颜色】更改为蓝色（R：39，G：107，B：150），完成之后单击【确定】按钮，如图4.146所示。

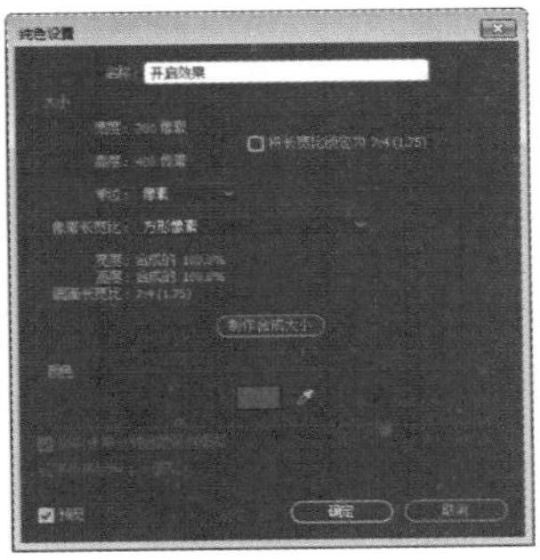

图4.146　设置纯色

步骤 02　在时间线面板中选中【开启效果】，在【效果和预设】面板中展开【过渡】特效组，然后双击【CC Radial ScaleWipe】特效。

步骤 03　将时间调整至0:00:00:00帧的位置，在【效果控件】面板中修改【CC Radial ScaleWipe】特效的参数，设置【Completion】数值为0，单击左侧的码表按钮，如图4.147所示。

图4.147 设置【CC Radial ScaleWipe】特效参数

步骤 04 在时间线面板中，将时间调整至0:00:01:00帧的位置，选中【开启效果】图层，将【Completion】更改为100%，系统会自动添加关键帧，如图4.148所示。

图4.148 添加关键帧

步骤 05 这样就完成了整体效果的制作，按小键盘上的0键即可在合成窗口中预览效果。

4.12 数据加载动效设计

设计构思

本例主要讲解数据加载动效设计，该动效以一种十分形象且趣味化的形式出现，将不同元素完美结合是本例的制作重点，主要用到【位置】功能，动画流程画面如图4.149所示。

视频分类：愉悦的等待动效类

工程文件：下载文件\工程文件\第4章\数据加载动效设计

视频文件：下载文件\movie\视频讲座\4.12.avi

学习目标：【3D Stroke】、【编号】

图4.149 动画流程画面

操作步骤

4.12.1 编辑状态动画

步骤 01 执行菜单栏中的【合成】|【新建合成】命令，打开【合成设置】对话框，设置【合成名称】为“加载动画”，【宽度】为1000，【高度】为800，【帧速率】为25，并设置【持续时间】为00:00:02:00秒，【背景颜色】为红色（R：245，G：121，B：121），完成之后单击【确定】按钮，如图4.150所示。

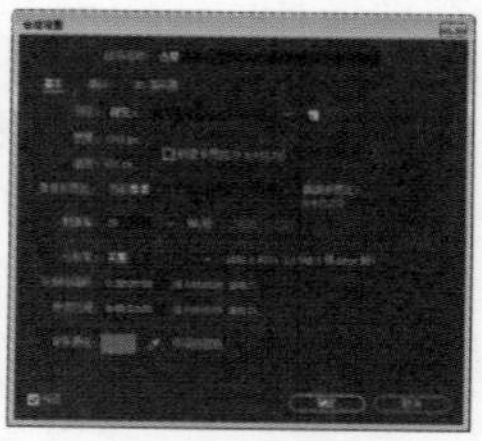

图4.150 新建合成

步骤 02 执行菜单栏中的【文件】|【导入】|【文件】命令，选择下载文件中的“工程文件\第4章

\数据加载动效设计\界面.jpg”素材，单击【导入】按钮，如图4.151所示。

图4.151 导入素材

步骤 03 在【项目】面板中选择【界面.jpg】素材，将其拖动到【加载动画】合成的时间线面板中，如图4.152所示。

图4.152 添加素材

步骤 04 选择工具箱中的【钢笔工具】，绘制两条线段组合成一个向下箭头图形，设置其【填充】为无，【描边】为白色，【描边宽度】为2像素，如图4.153所示。

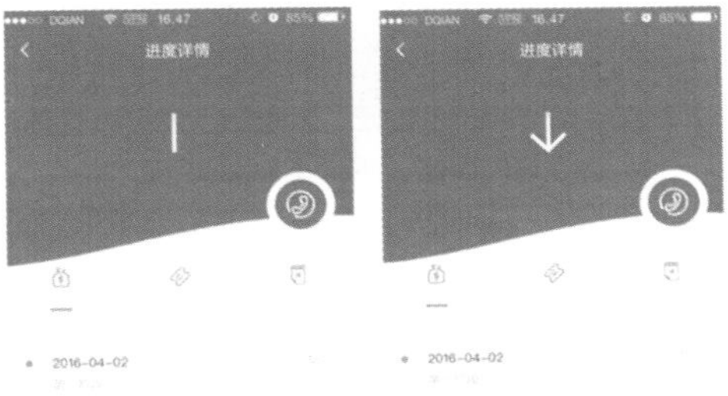

图4.153 绘制线段

步骤 05 执行菜单栏中的【图层】|【新建】|【纯色】命令，在弹出的对话框中将【名称】更改为【圆环】，完成之后单击【确定】按钮，再将其移至【界面】图层上方，如图4.154所示。

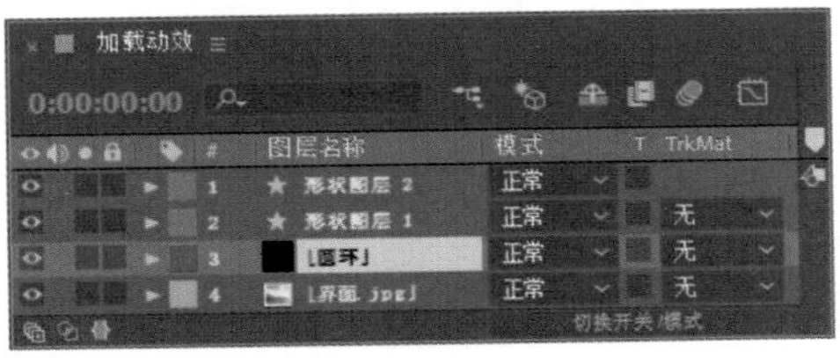

图4.154 新建图层

步骤 06 选中【圆环】图层，选择工具箱中的【椭圆工具】，按住Shift键绘制一个正圆。

步骤 07 在时间线面板中选中【圆环】图层，按Ctrl+D组合键将图层复制一份，将生成一个【圆环2】图层。选中【圆环】图层，按T键打开【不透明度】，将数值更改为10%，如图4.155所示。

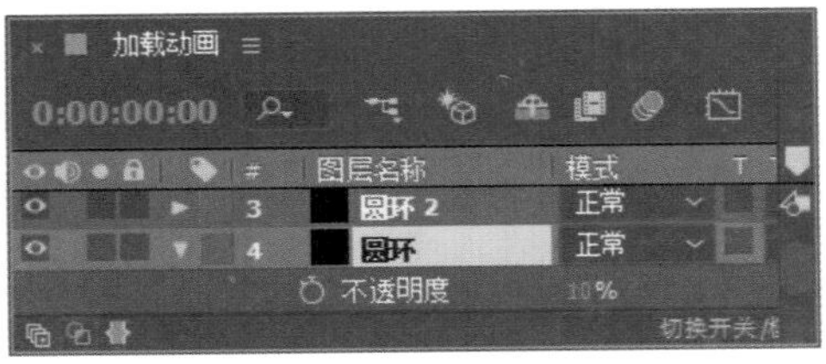

图4.155 更改【不透明度】数值

步骤 08 同时选中【圆环2】【圆环】图层，在【效果和预设】面板中展开【Trapcode】特效组，然后双击【3D Stroke】特效。

步骤 09 在【效果控件】面板中修改【3D Stroke】特效的参数，将【圆环2】和【圆环】的【Thickness】均更改为2，在时间线面板中选中【圆环】，将时间调整至0:00:00:00帧的位置，单击【End】左侧的码表按钮，将【End】值更改为0，如图4.156所示。

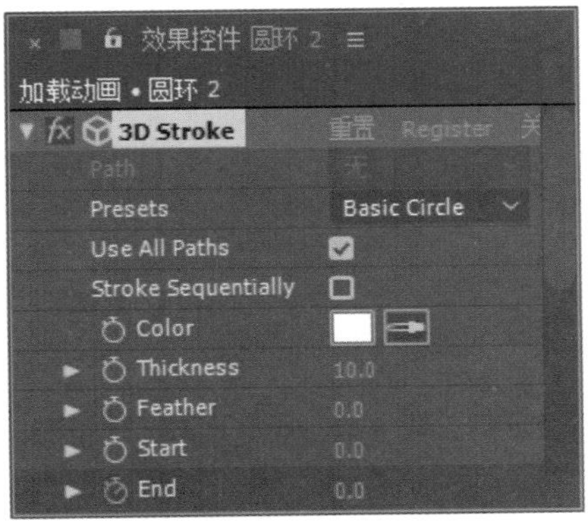

图4.156 设置【3D Stroke】特效参数

步骤 10 在时间线面板中，将时间调整至0:00:01:08帧的位置，将【End】更改为100，系统会自动添加关键帧，如图4.157所示。

图4.157 更改数值

步骤 11 将时间调整至0:00:01:08帧的位置，同时选中【形状图层 1】及【形状图层 2】图层，按Alt+]组合键将出场动画定位至当前位置，如图4.158所示。

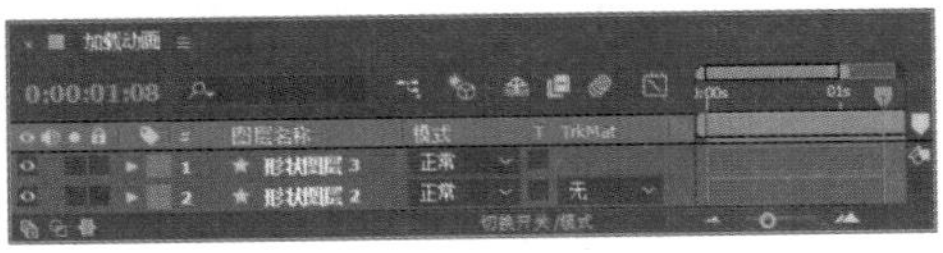

图4.158 设置出场

4.12.2 制作提示元素

步骤 01 选择工具箱中的【钢笔工具】，在蓝色矩形位置绘制一个对号图形，设置其【填充】为无，【描边】为白色，【描边宽度】为2像素，将生成一个【形状图层 3】图层，如图4.159所示。

图4.159 绘制图形

步骤 02 将时间调整至0:00:01:08帧的位置，按Alt+[组合键将入场定位至当前位置，如图4.160所示。

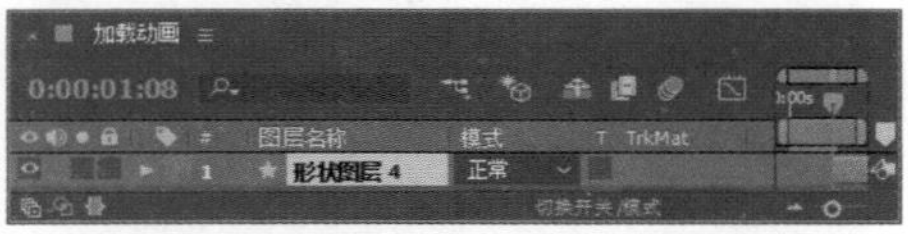

图4.160 定位入场

步骤 03 选择工具箱中的【矩形工具】，单击选项栏中【工具创建蒙版】按钮，在对号左侧绘制一个矩形蒙版，将对号隐藏，如图4.161所示。

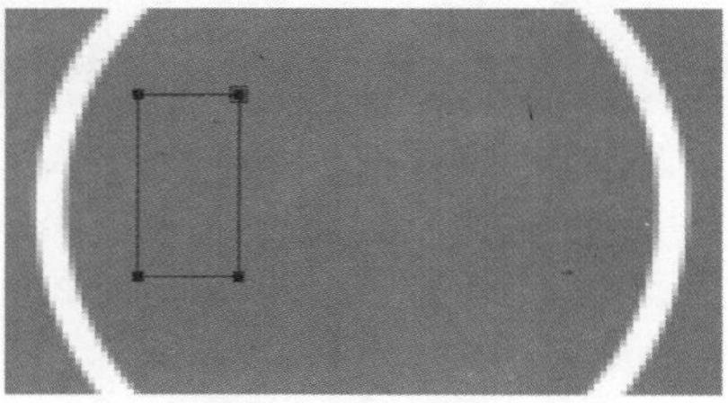

图4.161 绘制蒙版

步骤 04 在时间线面板中，将时间调整至0:00:01:08帧的位置，单击【形状图层 3】图层中【蒙版路径】左侧的码表按钮，在当前位置添加关键帧，如图4.162所示。

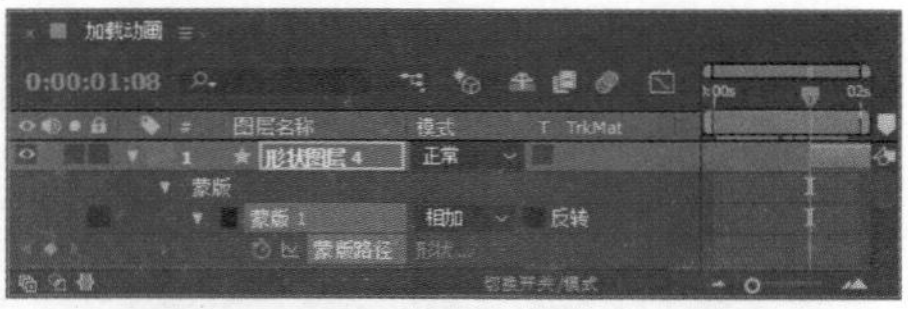

图4.162 添加关键帧

步骤 05 将时间调整至0:00:01:24帧的位置，选择工具箱中的【选取工具】，分别向右侧拖动蒙版路径右上角和右下角的锚点，完全显示对号，系统会自动添加关键帧，如图4.163所示。

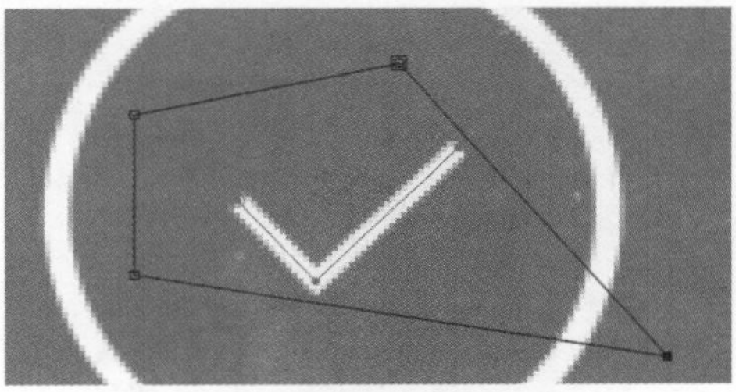

图4.163 拖动锚点

步骤 06 执行菜单栏中的【图层】|【新建】|【纯色】命令，在弹出的对话框中将【名称】更改为【数字】进度，完成之后单击【确定】按钮。

步骤 07 在【效果和预设】面板中展开【文本】特效组，然后双击【编号】特效，在弹出的对话框中将【字体】更改为Arial，【样式】更改为Blod，完成之后单击【确定】按钮，如图4.164所示。

图4.164 【编号】对话框

步骤 08 将时间调整至0:00:00:00帧的位置，在【效果控件】面板中将【小数位数】更改为0，单击【数值/位移/随机】左侧的码表按钮，将其更改为0，【填充颜色】更改为白色，【大小】更改为12，如图4.165所示。

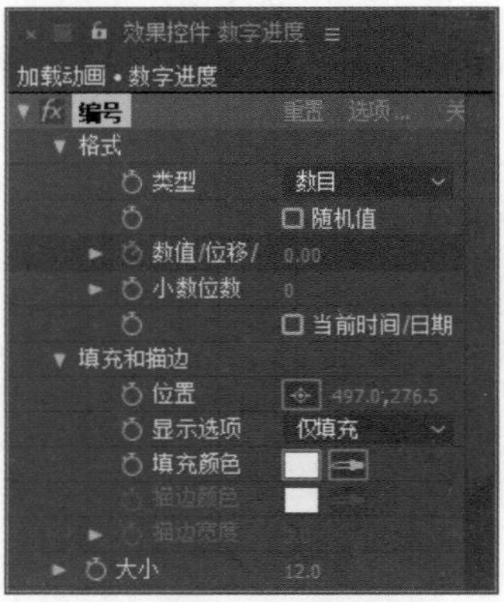

图4.165 设置【编号】参数

步骤 09 将时间调整至0:00:01:08帧的位置，将【数值/位移/随机】更改为212，系统会自动添加关键帧，如图4.166所示。

图4.166 更改数值

步骤 10 选择工具箱中的【横排文字工具】T，在图像中数字右侧添加文字，这样就完成了整体效果的制作，按小键盘上的0键即可在合成窗口中预览效果，如图4.167所示。

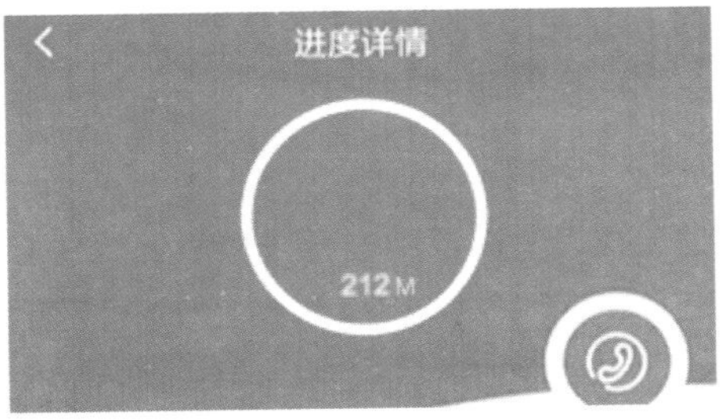

图4.167 添加文字

4.13 圆环进度动效设计

设计构思

本例主要讲解圆环进度动效设计，该动效在制作过程中，使用【径向擦除】特效制作出进度动效，同时利用编号制作数字跟随变动，整体的进度主题十分明确，动画流程画面如图4.168所示。

视频分类：愉悦的等待动效类
工程文件：下载文件\工程文件\第4章\圆环进度动效设计
视频文件：下载文件\movie\视频讲座\4.13.avi
学习目标：【梯度渐变】、【径向擦除】、【编号】

图4.168 动画流程画面

操作步骤

4.13.1 绘制圆形动画

步骤 01 执行菜单栏中的【合成】|【新建合成】命令，打开【合成设置】对话框，设置【合成名称】为“圆环动画”，【宽度】为1000，【高度】为800，【帧速率】为25，并设置【持续时间】为00:00:02:00秒，【背景颜色】为黑色，完成之后单击【确定】按钮，如图4.169所示。

步骤 02 执行菜单栏中的【文件】|【导入】|【文件】命令，选择下载文件中的“工程文件\第4章\圆环进度动效设计\界面.jpg”素材，单击【导入】按钮，如图4.170所示。

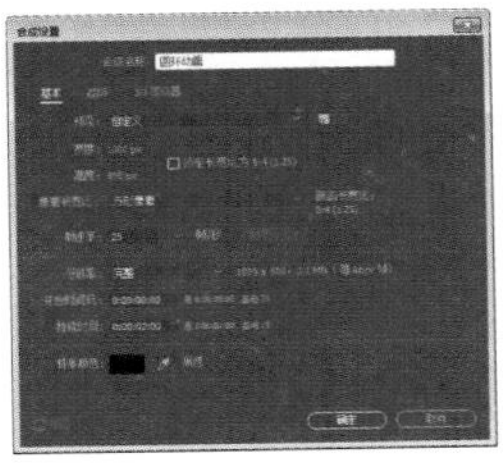

图4.169 新建合成

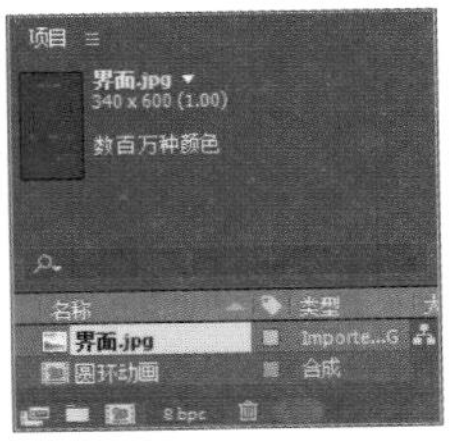

图4.170 导入素材

步骤03 执行菜单栏中的【图层】|【新建】|【纯色】命令，在弹出的对话框中将【名称】更改为“渐变背景”，完成之后单击【确定】按钮。

步骤04 在时间线面板中选中【渐变背景】层，在【效果和预设】面板中展开【生成】特效组，然后双击【梯度渐变】特效。

步骤05 在【效果控件】面板中修改【梯度渐变】特效的参数，设置【渐变起点】为（500，0），【起始颜色】为蓝色（R：34，G：105，B：178），【渐变终点】为（500，800），【结束颜色】为深蓝色（R：0，G：18，B：38），【渐变形状】为【径向渐变】，如图4.171所示。

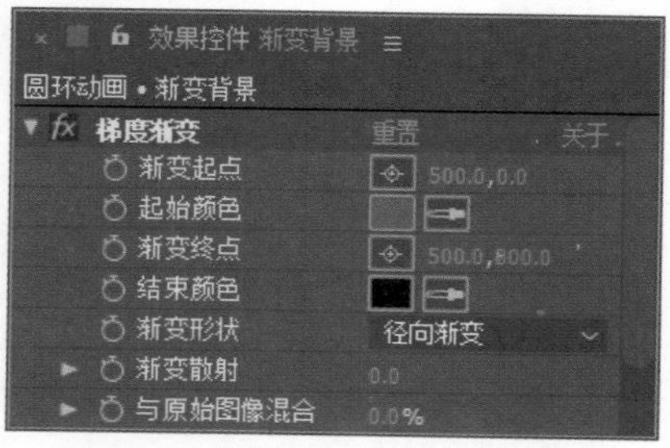

图4.171 设置【梯度渐变】特效参数

步骤06 在【项目】面板中选择【界面】素材，将其拖动到【圆环动画】合成的时间线面板中，如图4.172所示。

图4.172 添加素材

步骤07 选择工具箱中的【椭圆工具】，按住Shift键在界面靠上方位置绘制一个正圆，将其【填充】更改为无，【描边】为白色，【描边宽度】为10像素，如图4.173所示。

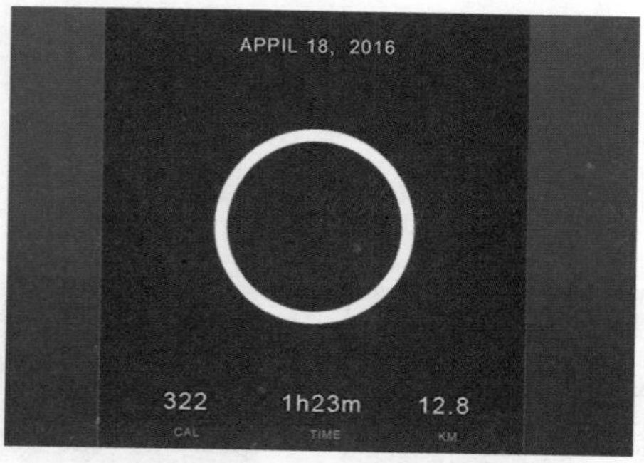

图4.173 绘制正圆

步骤08 选中【形状图层 1】图层，在【效果控件】面板中修改【梯度渐变】特效的参数，设置【渐变起点】为（499，245），【起始颜色】为紫色（R：253，G：64，B：174），【渐变终点】为（498，392），【结束颜色】为紫色（R：114，G：7，B：83），【渐变形状】为【线性渐变】，如图4.174所示。

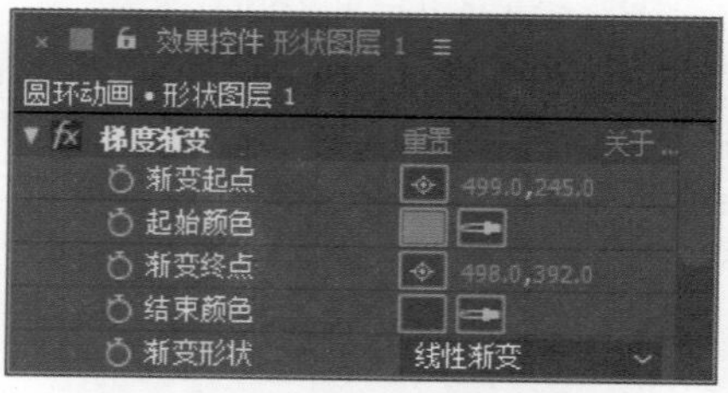

图4.174 设置【梯度渐变】特效参数

步骤09 在【效果和预设】面板中展开【过渡】特效组，然后双击【径向擦除】特效。

步骤10 将时间调整至0:00:00:00帧的位置，在【效果控件】面板中单击【过渡完成】左侧的码表按钮，将其更改为100%，【擦除中心】更改为（500，321），如图4.175所示。

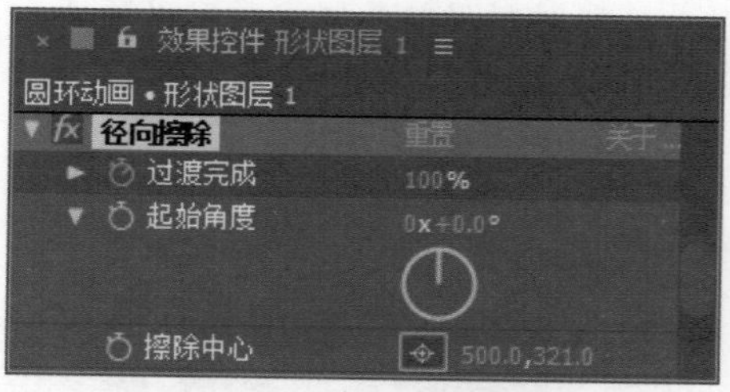

图4.175 设置0:00:00:00位置参数

提示与技巧

擦除效果的中心位置要根据不同用户绘制的位置来改变，将其调整到圆形的中心位置。

步骤11 在时间线面板中，将时间调整至0:00:01:00帧的位置，将【过渡完成】更改为0，如图4.176所示。

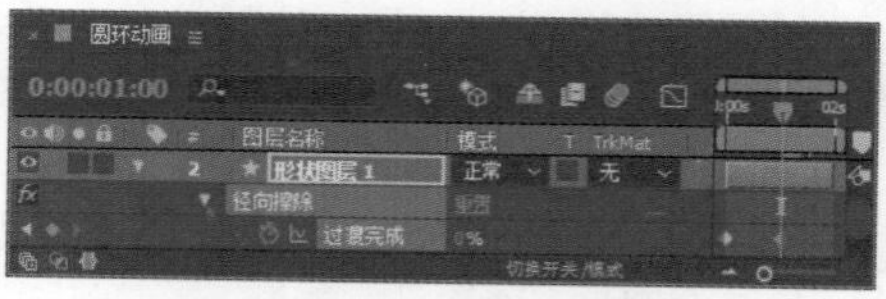

图4.176 设置0:00:01:00位置参数

4.13.2 添加文字跟随动画

步骤01 执行菜单栏中的【图层】|【新建】|【纯色】命令，在弹出的对话框中将【名称】更改为“数字”，完成之后单击【确定】按钮。

步骤02 在【效果和预设】面板中展开【文本】

特效组，然后双击【编号】特效，在弹出的对话框中将【字体】更改为Arial，【样式】更改为Blod，完成之后单击【确定】按钮，如图4.177所示。

图4.177 【编号】对话框

步骤 03 将时间调整至0:00:00:00帧的位置，在【效果控件】面板中将【小数位数】更改为0，单击【数值/位移/随机最大】左侧的码表按钮，将其更改为0，【填充颜色】更改为白色，【大小】更改为20，如图4.178所示。

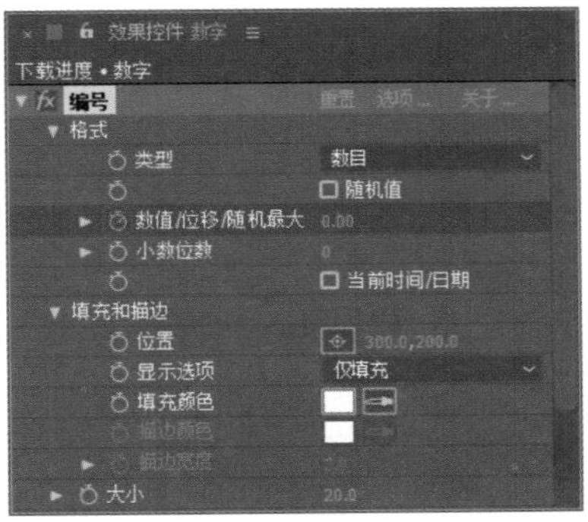

图4.178 设置【编号】参数

步骤 04 将时间调整至0:00:01:00帧的位置，将【数值/位移/随机最大】更改为100，这样就完成了整体效果的制作，按小键盘上的0键即可在合成窗口中预览效果。

提示与技巧

在图像中可以选中文字，调整其位置。

4.14 下载进度动效设计

设计构思

本例主要讲解下载进度动效设计，在设计过程中以圆角矩形作为界面图形，并为其制作位置动画，再绘制下载标识图形制作出旋转动画，动画流程画面如图4.179所示。

视频分类：愉悦的等待动效类

工程文件：下载文件\工程文件\第4章\下载进度动效设计

视频文件：下载文件\movie\视频讲座\4.14.avi

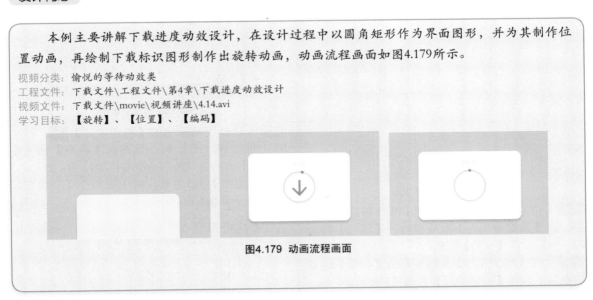

学习目标：【旋转】、【位置】、【编码】

图4.179 动画流程画面

操作步骤

4.14.1 制作下载进度图形动画

步骤 01 执行菜单栏中的【合成】|【新建合成】命令，打开【合成设置】对话框，设置【合成名称】为“下载进度”，【宽度】为600，【高度】为400，【帧速率】为25，并设置【持续时间】为00：00：06：00秒，【背景颜色】为浅蓝色（R：183，G：207，B：229），完成之后单击【确定】按钮，如图4.180所示。

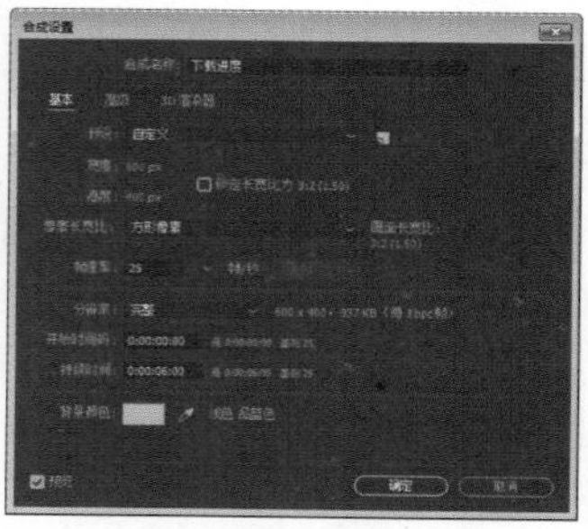

图4.180 新建合成

步骤 02 选中工具箱中的【圆角矩形工具】，绘制一个圆角矩形，设置其【填充】为白色，【描边】为无，将生成一个【形状图层 1】图层，如图4.181所示。

图4.181 绘制圆角矩形

步骤 03 在时间线面板中选中【形状图层 1】图层，在【效果和预设】面板中展开【透视】特效组，然后双击【投影】特效。

步骤 04 在【效果控件】面板中修改【投影】特效的参数，设置【阴影颜色】为蓝色（R：56，G：105，B：136），【不透明度】为30%，【方向】为180，【距离】为7，【柔和度】为20，如图4.182所示。

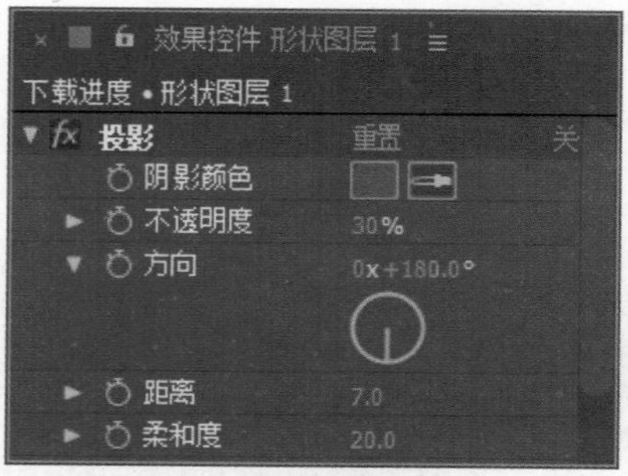

图4.182 设置【投影】参数

步骤 05 在时间线面板中选中【形状图层 1】图层，将时间调整至0:00:00:00帧的位置，分别单击【位置】及【不透明度】左侧的码表按钮，在当前位置添加关键帧，更改【不透明度】的值为0，将图形向下移动至画布底部位置。

步骤 06 将时间调整至0:00:01:00帧的位置，将【不透明度】更改为100%，在图像中将图形向上移动，如图4.183所示。

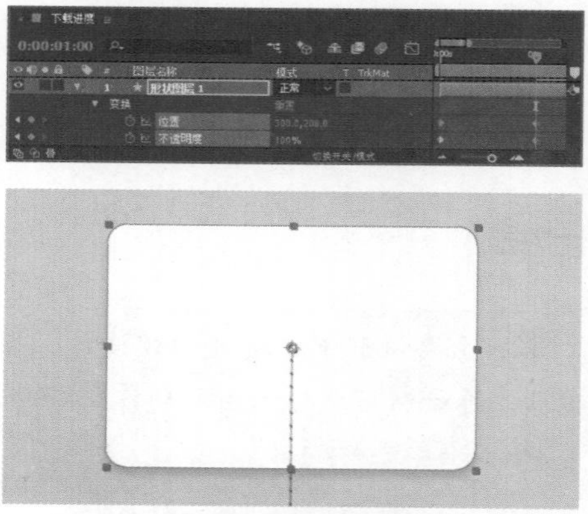

图4.183 添加关键帧

步骤 07 选择工具箱中的【椭圆工具】，按住Shift键绘制一个正圆，设置其【填充】为无，【描边】为灰色（R：196，G：209，B：215），【描边宽度】为5像素，将生成一个【形状图层 2】图层，如图4.184所示。

图4.184 绘制图形

步骤 08 选择工具箱中的【钢笔工具】，在蓝色矩形位置绘制一个三角形线段，设置其【填充】为无，【描边】为蓝色（R：44，G：166，B：244），【描边粗细】为8，将生成一个【形状图层 3】图层，如图4.185所示。

图4.185　绘制线段

步骤 09 在时间线面板中选中【形状图层 3】图层，展开【内容】|【形状1】|【描边1】，将【线段端点】更改为【圆头端点】，【线段连接】更改为【圆角连接】，效果如图4.186所示。

图4.186　更改端点

步骤 10 以同样的方法在线段底部再绘制一条相同的垂直线段并更改端点，将生成一个【形状图层 4】图层，如图4.187所示。

图4.187　绘制垂直线段

步骤 11 选择工具箱中的【横排文字工具】，在图像中适当位置添加文字，如图4.188所示。

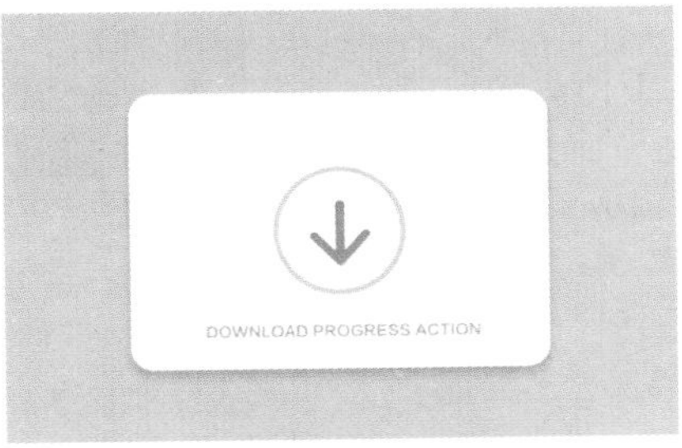

图4.188　添加文字

步骤 12 在时间线面板中同时选中【形状图层3】及【形状图层4】图层，单击鼠标右键，在弹出的快捷菜单中选择【预合成】选项，在弹出的对话框中将【新合成名称】更改为“箭头”，完成之后单击【确定】按钮，如图4.189所示。

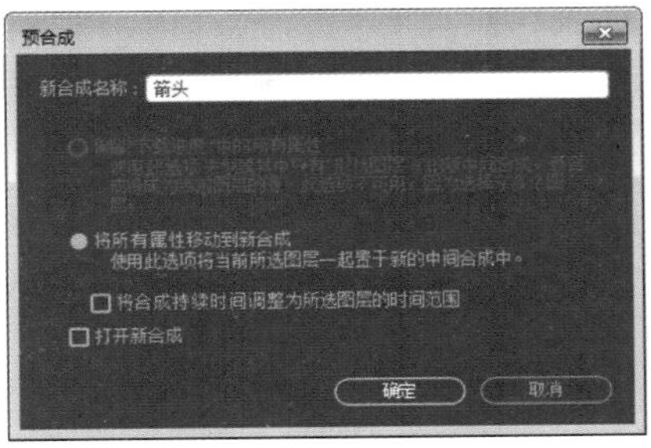

图4.189　设置预合成

步骤 13 在时间线面板中选中【形状图层 2】图层，按Ctrl+D组合键复制一个【形状图层 3】图层，将【形状图层3】图层中图形的【填充】更改为白色，【描边】更改为无，并将其移至【箭头】合成上方，再将【箭头】合并轨道遮罩更改为【Alpha 遮罩“形状图层3”】如图4.190所示。

图4.190　设置轨道遮罩

步骤 14 在时间线面板中选中【箭头】合成，将时间调整至0:00:01:00帧的位置，按P键打开【位置】，单击【位置】左侧的码表按钮，在当前位置添加关键帧；将时间调整至0:00:01:05帧的位置，将图像向上移动至正圆顶部，系统会自动添加关键帧如图4.191所示。

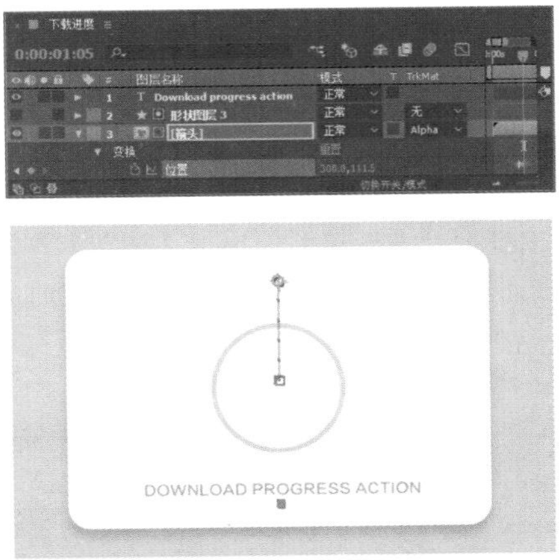

图4.191　添加关键帧

4.14.2 绘制动画装饰图形

步骤01 选择工具箱中的【椭圆工具】，按住Shift键在圆环顶部绘制一个正圆，设置其【填充】为蓝色（R：44，G：166，B：244），【描边】为无，将生成一个【形状图层 4】图层，如图4.192所示。

图4.192 绘制图形

步骤02 在时间线面板中选中【形状图层 4】图层，将时间调整至0:00:01:00帧的位置，按Alt+[组合键设置入场，如图4.193所示。

图4.193 设置入场

步骤03 选中【形状图层 4】图层，择工具箱中的【向后平移（锚点）工具】，选中选项栏中的【对齐】复选框，在图像中将小正圆的定位点移至大正圆中心位置，如图4.194所示。

图4.194 更改定位点

步骤04 在时间线面板中选中【形状图层 4】图成，按R键打开【旋转】，单击【旋转】左侧的码表按钮，在当前位置添加关键帧；将时间调整至0:00:05:24帧的位置，将【旋转】更改为1x，系统会自动添加关键帧，如图4.195所示。

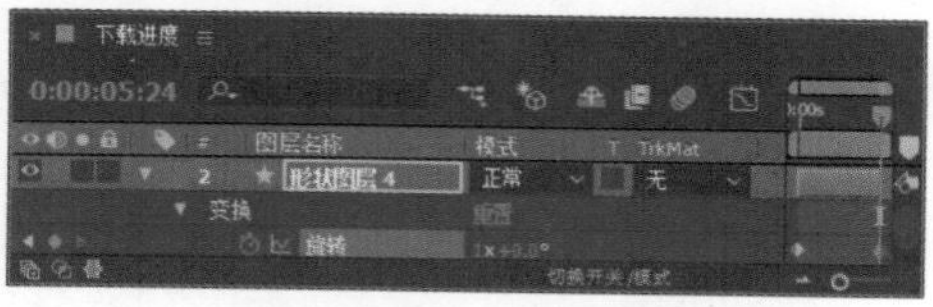

图4.195 添加关键帧

步骤05 在时间线面板中选中【Download progress action】图层，将时间调整至0:00:01:00帧的位置，分别单击【位置】及【不透明度】左侧的码表按钮，在当前位置添加关键帧；将时间调整至0:00:01:05帧的位置，将【不透明度】更改为0，将文字向上稍微移动，如图4.196所示。

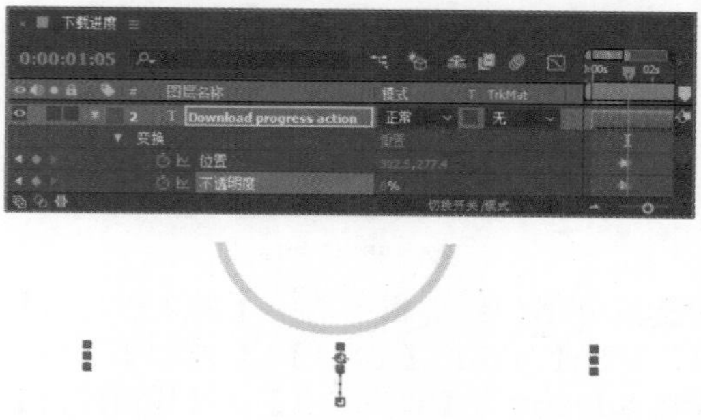

图4.196 添加关键帧

4.14.3 添加文字跟随动效

步骤01 执行菜单栏中的【图层】|【新建】|【纯色】命令，在弹出的对话框中将【名称】更改为【数字】，完成之后单击【确定】按钮。

步骤02 在【效果和预设】面板中展开【文本】特效组，然后双击【编号】特效，在弹出的对话框中将【字体】更改为Arial，选中【居中对齐】单选按钮，完成之后单击【确定】按钮，如图4.197所示。

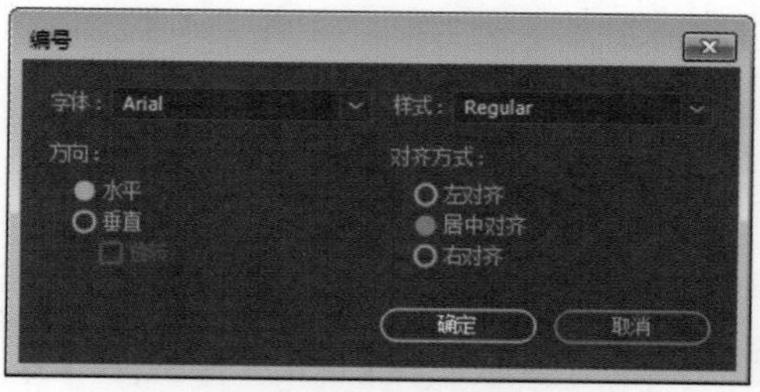

图4.197 【编号】对话框

步骤03 将时间调整至0:00:00:00帧的位置，在【效果控件】面板中将【小数位数】更改为2，单击【数值/位移/随机最大】左侧的码表按钮，将其更改为0，【填充颜色】更改为灰色（R：196，G：209，B：215），如图4.198所示。

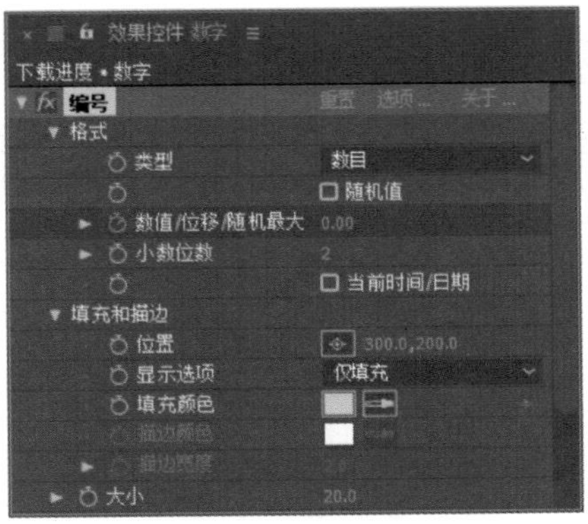

图4.198 设置【编号】参数

步骤 04 将时间调整至0:00:05:24帧的位置，将【数值/位移/随机最大】更改为250，如图4.199所示。

图4.199 更改数值

步骤 05 在图像中将文字移至靠顶部位置，如图4.200所示。

图4.200 移动文字

步骤 06 在时间线面板中，将时间调整至0:00:01:00帧的位置，同时选中【数字】、【箭头】、【形状图层 2】、文字图层，按Alt+[组合键设置动画入场位置，如图4.201所示。

图4.201 设置动画入场

步骤 07 这样就完成了整体效果的制作，按小键盘上的0键即可在合成窗口中预览效果。

4.15 刷新动效设计

设计构思

本例主要讲解刷新动效设计，该动效以卡通形象的设计手法，利用【旋转】及【位置】功能为图形制作可爱的动效，完美地表现出具有吸引力的刷新动效，动画流程画面如图4.202所示。

视频分类：愉悦的等待动效类

工程文件：下载文件\工程文件\第4章\刷新动效设计

视频文件：下载文件\movie\视频讲座\4.15.avi

学习目标：【缩放】、【旋转】、【位置】

图4.202 动画流程画面

操作步骤

4.15.1 绘制手指图形

步骤01 执行菜单栏中的【合成】|【新建合成】命令，打开【合成设置】对话框，设置【合成名称】为“手指动画”，【宽度】为600，【高度】为450，【帧速率】为25，并设置【持续时间】为00:00:10:00秒，【背景颜色】为青色（R：94，G：178，B：191），完成之后单击【确定】按钮，如图4.203所示。

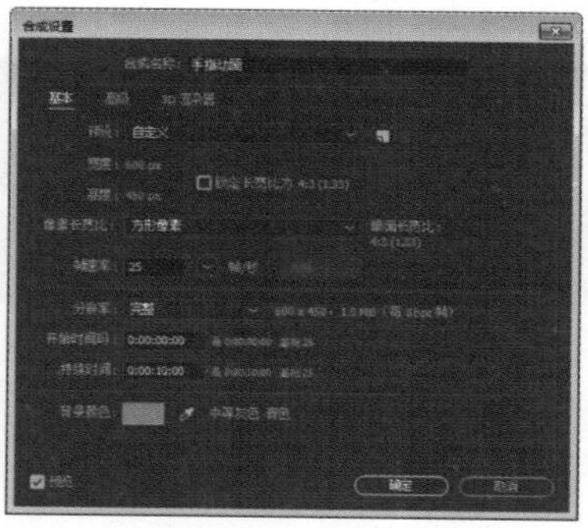

图4.203 新建合成

步骤02 选中工具箱中的【圆角矩形工具】，绘制两个圆角矩形，分别设置其【填充】为黄色（R：246，G：221，B：186）及浅黄色（R：255，G：241，B：221），【描边】为无，将生成【形状图层 1】及【形状图层 2】图层，如图4.204所示。

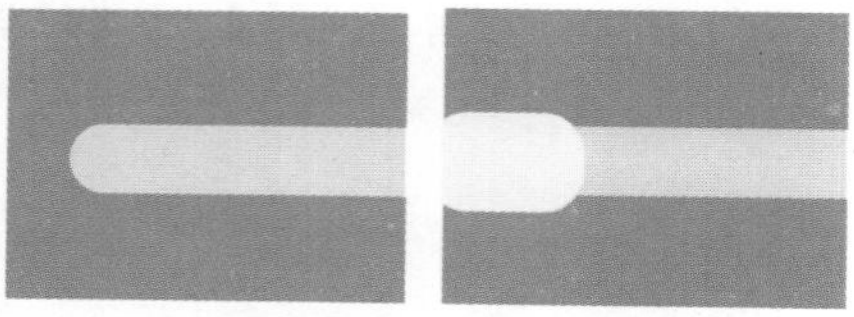
图4.204 绘制圆角矩形

提示与技巧

注意，在绘制第二个圆角矩形时尽量将半径设置的大一些。

步骤03 在时间线面板中选中【形状图层 1】图层，按Ctrl+D组合键复制一个【形状图层 3】图层。将【形状图层 3】图层移至所有图层的上方，再将【形状图层 2】图层轨道遮罩设置为【Alpha遮罩“形状图层3”】，如图4.205所示。

步骤04 选中工具箱中的【圆角矩形工具】，绘制两个浅黄色（R：255，G：241，B：221）圆角矩形，如图4.206所示。

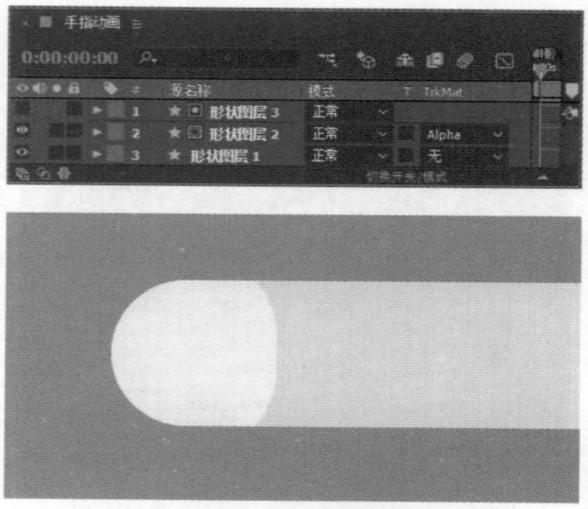

图4.205 设置轨道遮罩

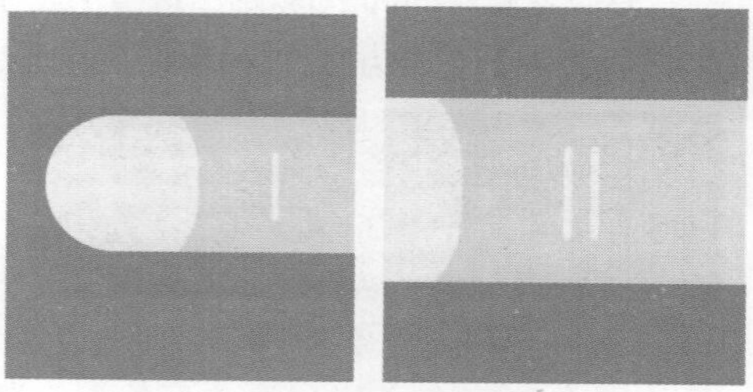
图4.206 绘制圆角矩形

4.15.2 制作刷新动画

步骤01 执行菜单栏中的【合成】|【新建合成】命令，打开【合成设置】对话框，设置【合成名称】为“刷新动效”，【宽度】为600，【高度】为450，【帧速率】为25，并设置【持续时间】为00:00:10:00秒，【背景颜色】为青色（R：94，G：178，B：191），完成之后单击【确定】按钮，如图4.207所示。

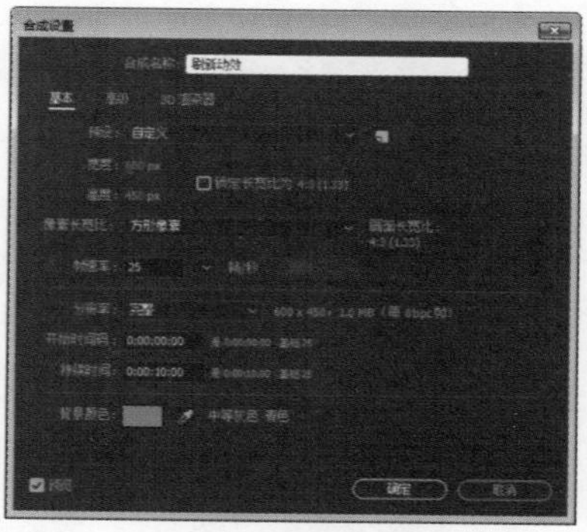

图4.207 新建合成

步骤02 在【项目】面板中选中【手指动画】合成，将其拖至【刷新动效】合成时间线面板中，并在图像中将其适当旋转，如图4.208所示。

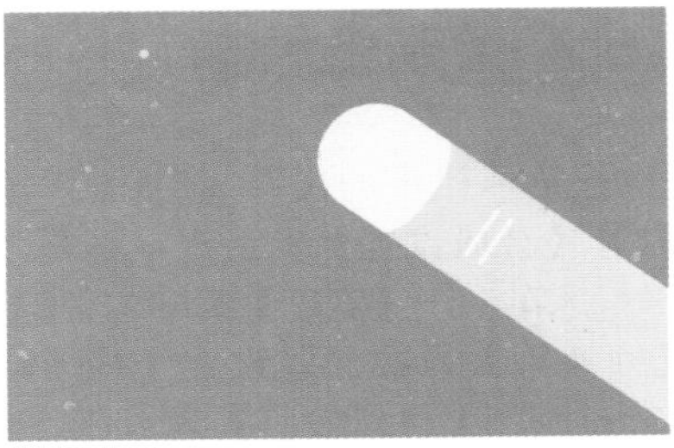

图4.208 添加图像

步骤03 在时间线面板中选中【手指动画】合成，在【效果和预设】面板中展开【透视】特效组，然后双击【投影】特效。

步骤04 在【效果控件】面板中修改【投影】特效的参数，设置【阴影颜色】为深青色（R：10，G：90，B：100），【不透明度】为50%，【方向】为180，【距离】为2，【柔和度】为10，如图4.209所示。

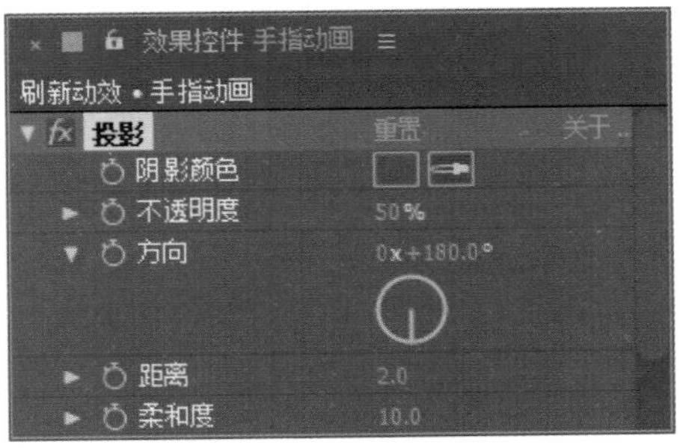

图4.209 设置【投影】参数

步骤05 在时间线面板中选中【手指动画】合成，将时间调整至0:00:00:00帧的位置，按P键打开【位置】，单击【位置】左侧的码表按钮，在当前位置添加关键帧；将时间调整至0:00:00:20帧的位置，在图像中将手指图像向下拖动，系统会自动添加关键帧，如图4.210所示。

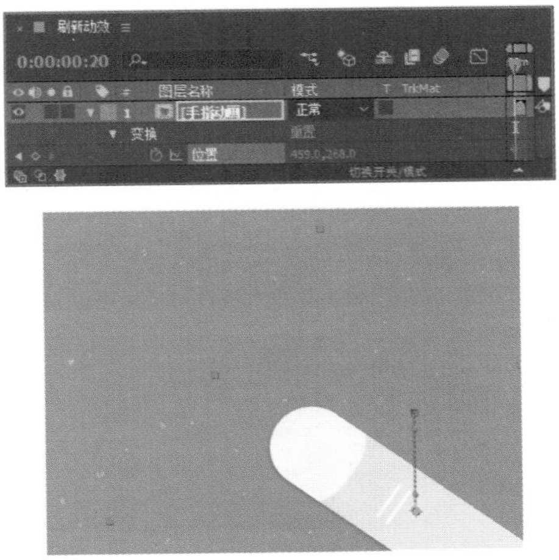

图4.210 拖动图像

步骤06 选择工具箱中的【椭圆工具】，按住Shift键在手指头部位置绘制一个正圆，设置其【填充】为青色（R：58，G：145，B：158），【描边】为无，将生成一个【形状图层 1】图层，将其移至【手指动画】合成下方，如图4.211所示。

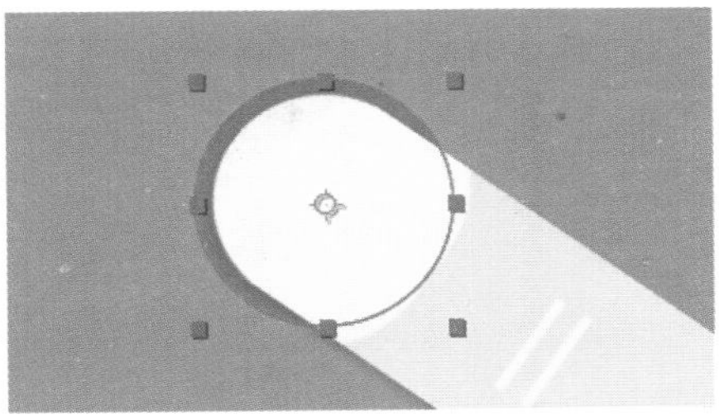

图4.211 绘制图形

步骤07 在时间线面板中选中【形状图层1】图层，将其父级设置为【手指动画】，如图4.212所示。

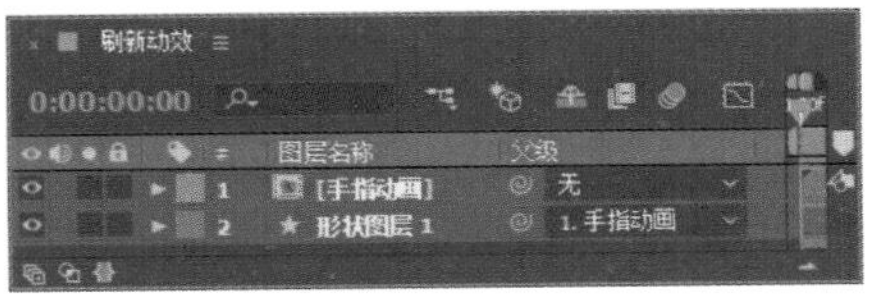

图4.212 设置父级

步骤08 在时间线面板中选中【形状图层 1】图层，将时间调整至0:00:00:00帧的位置，按S键打开【缩放】，单击【缩放】左侧的码表按钮，在当前位置添加关键帧，将时间调整至0:00:00:10帧的位置，将圆形稍微等比放大，系统会自动添加关键帧，如图4.213所示。

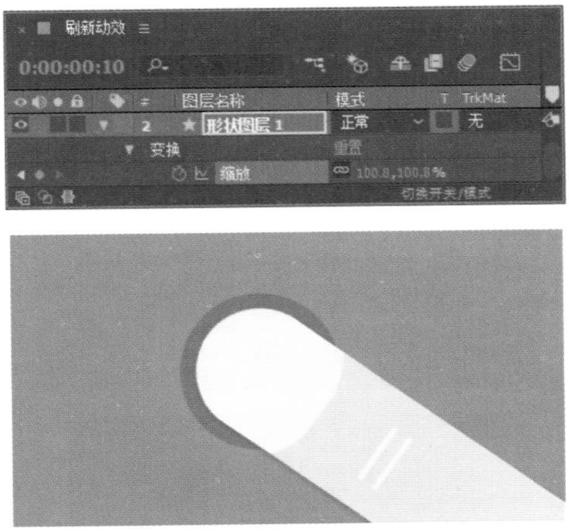

图4.213 放大图形

步骤09 将时间调整至0:00:00:20帧的位置，将圆形等比缩小至完全被手指覆盖，系统会自动添加关键帧，如图4.214所示。

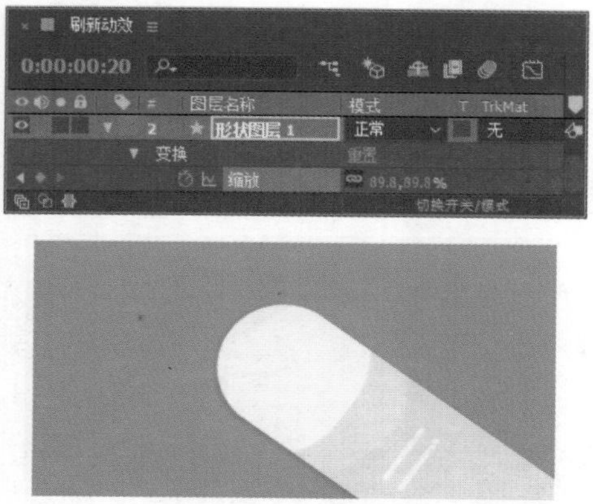

图4.214 缩小图形

步骤10 选择工具箱中的【矩形工具】，在画布顶部位置绘制一个矩形，设置其【填充】为青色（R：58，G：145，B：158），【描边】为无，将生成一个【形状图层2】图层，如图4.215所示。

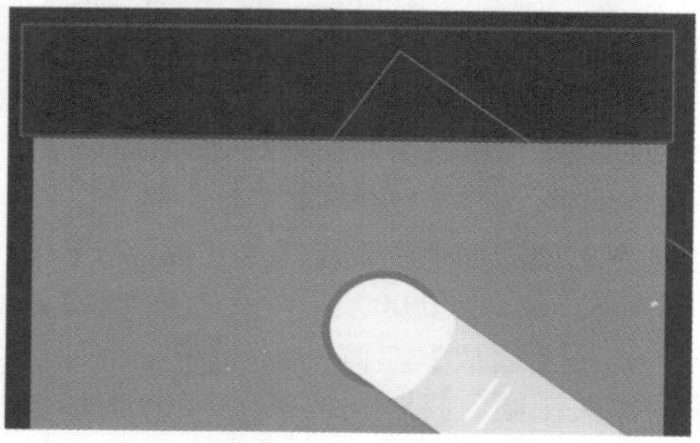

图4.215 绘制图形

步骤11 在时间线面板中，将时间调整至0:00:00:00帧的位置，选中【形状图层2】图层，按S键打开【缩放】，单击【缩放】左侧的码表按钮，在当前位置添加关键帧；将时间调整至0:00:01:00帧的位置，在图像中将刚才绘制的矩形高度增加，系统会自动添加关键帧，如图4.216所示。

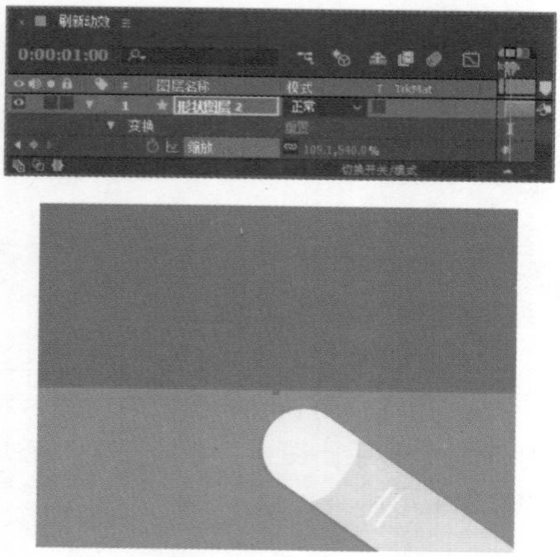

图4.216 增加图形高度

4.15.3 绘制纸风车

步骤01 执行菜单栏中的【合成】|【新建合成】命令，打开【合成设置】对话框，设置【合成名称】为“纸风车”，【宽度】为600，【高度】为450，【帧速率】为25，并设置【持续时间】为00:00:10:00秒，【背景颜色】为青色（R：94，G：178，B：191），完成之后单击【确定】按钮，如图4.217所示。

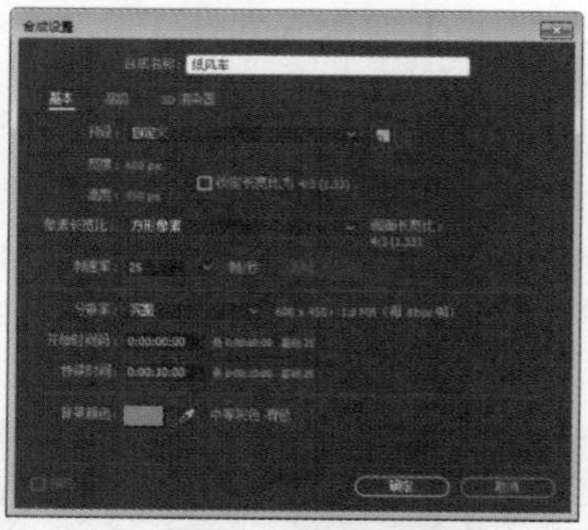

图4.217 新建合成

步骤02 选择工具箱中的【钢笔工具】，绘制一个图形，设置其【填充】为黄色（R：250，G：250，B：117），【描边】为无，如图4.218所示。

图4.218 绘制图形

步骤03 在时间线面板中选中【形状图层1】图层，按Ctrl+D组合键复制一个【形状图层2】图层，将【形状图层2】图层中图形的【填充】更改为紫色（R：255，G：111，B：223），如图4.219所示。

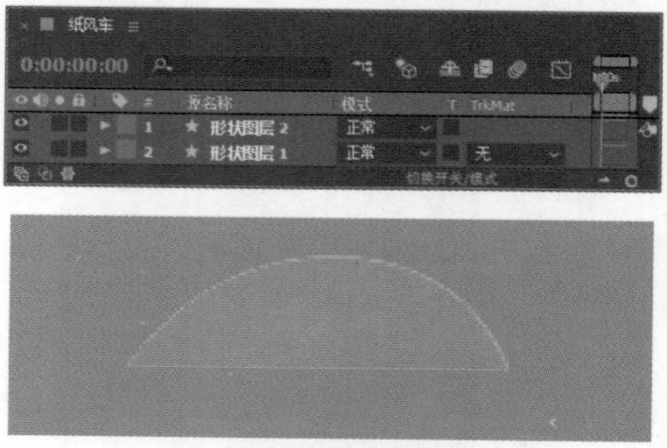

图4.219 复制图形

步骤 04 选中【形状图层 2】图层，选择工具箱中的【向后平移（锚点）工具】，在图形上更改定位点，如图4.220所示。

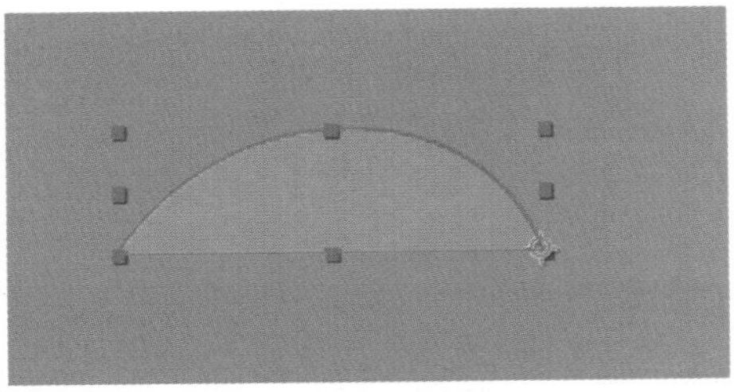

图4.220 更改定位点

步骤 05 在时间线面板中选中【形状图层2】图层，按R键打开【旋转】，将其数值更改为90，如图4.221所示。

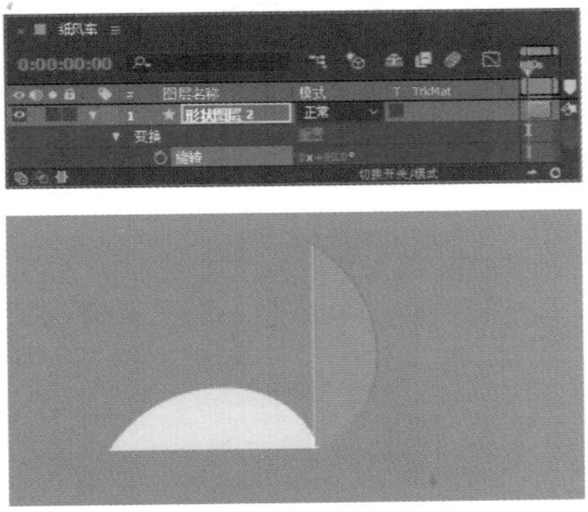

图4.221 旋转图形

步骤 06 以同样的方法将图形再复制两份，并分别更改其颜色及旋转，如图4.222所示。

图4.222 复制图形

步骤 07 选择工具箱中的【椭圆工具】，按住Shift键绘制一个正圆，设置其【填充】为蓝色（R：0，G：144，B：255），【描边】为无，将生成一个【形状图层 5】图层，如图4.223所示。

图4.223 绘制图形

步骤 08 在【项目】面板中选中【纸风车】合成，将其拖至【刷新动效】合成的时间线面板中，并适当调整大小，如图4.224所示。

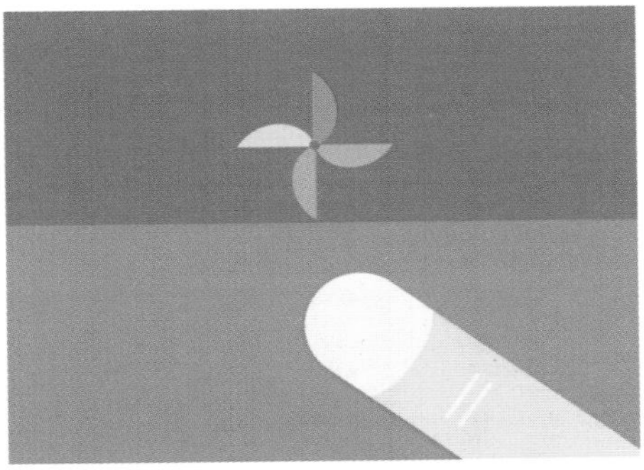

图4.224 添加素材

步骤 09 在时间线面板中选中【纸风车】合成，将时间调整至0:00:00:22帧的位置，按Alt+[组合键设置当前合成入场，如图4.225所示。

图4.225 设置入场

步骤 10 在时间线面板中选中【纸风车】合成，将时间调整至0:00:00:22帧的位置，分别单击【缩放】和【旋转】左侧的码表按钮，在当前位置添加关键帧，将【缩放】更改为（0，0），如图4.226所示。

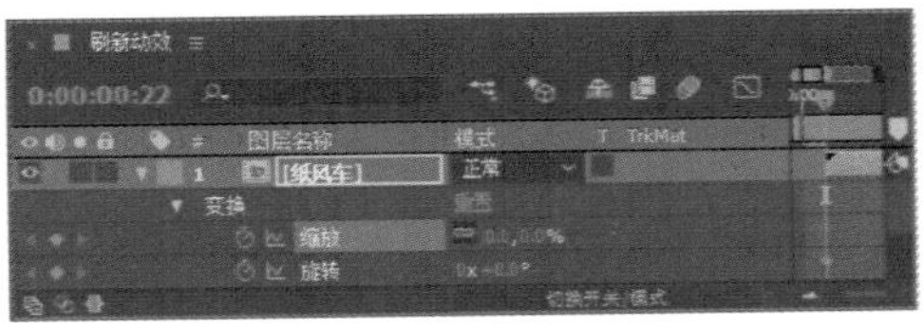

图4.226 更改【缩放】数值

步骤 11 在时间线面板中选中【纸风车】合成，将时间调整至0:00:01:00帧的位置，将【缩放】更改为（70，70），系统会自动添加关键帧，如图4.227所示。

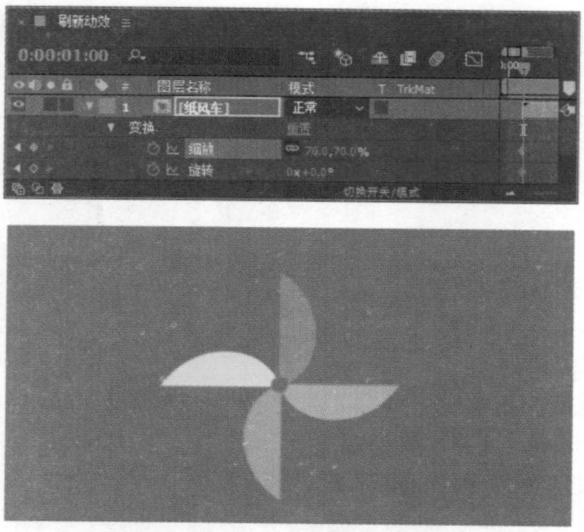

图4.227 更改【缩放】数值

步骤 12 将时间调整至0:00:03:00帧的位置，将【旋转】更改为1x；将时间调整至0:00:04:24帧的位置，将【旋转】更改为2x，系统会自动添加关键帧，如图4.228所示。

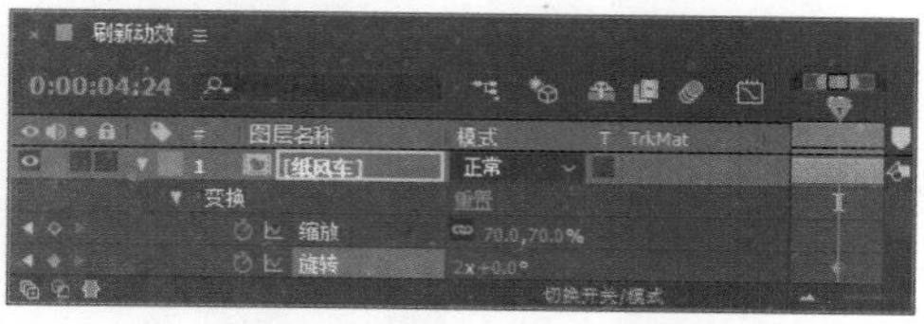

图4.228 更改【旋转】数值

步骤 13 在时间线面板中选中【纸风车】合成，在【效果和预设】面板中展开【透视】特效组，然后双击【投影】特效。

步骤 14 在【效果控件】面板中修改【投影】特效的参数，设置【阴影颜色】为深青色（R：8，G：77，B：83），【不透明度】为50%，【方向】为0，【距离】为2，【柔和度】为10，如图4.229所示。

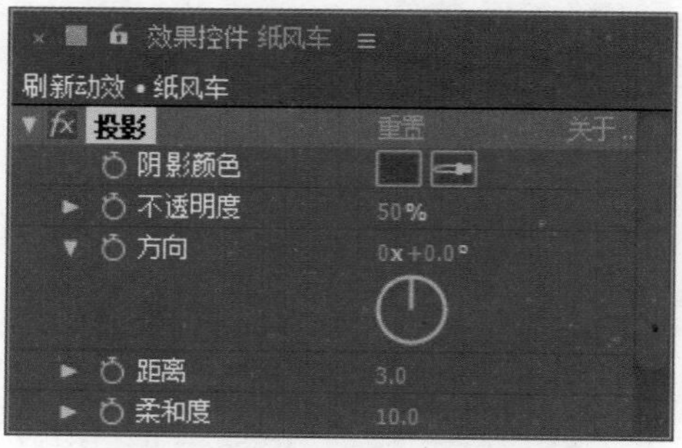

图4.229 设置【投影】特效参数

步骤 15 这样就完成了整体效果的制作，按小键盘上的0键即可在合成窗口中预览效果。

第5章 打造活力视觉动效

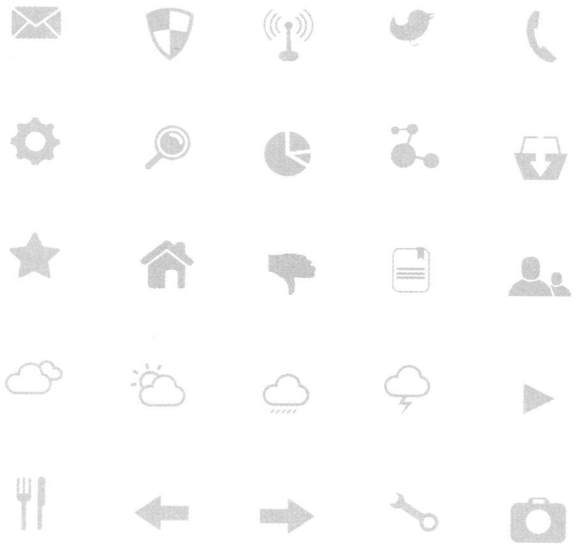

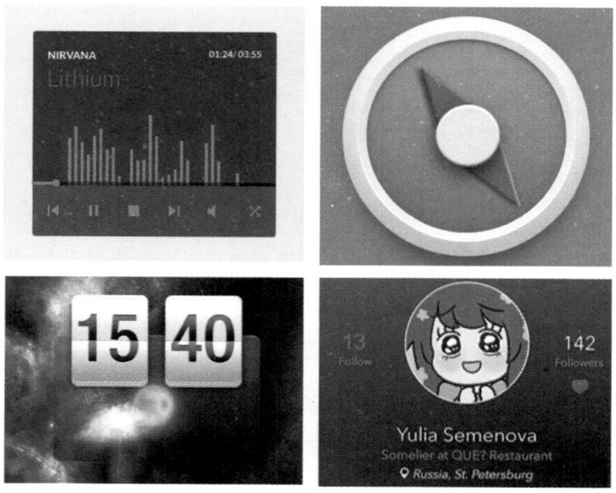

本章介绍

本章主要讲解如何打造活力视觉动效，视觉动效能为整个界面增添视觉活力，是在用户预期之外增加的惊喜，可以是帅气的，卖萌的，也可以是有物理属性的，通过添加这些设计元素，使整个视觉动效更加吸引用户。

要点索引

- 点赞动效设计
- 运动统计动效设计
- 频谱动效设计
- 动感滑动动效设计
- 状态反馈动效设计

5.1 天气界面装饰动效设计

设计构思

本例主要讲解天气界面装饰动效设计，该动效主要用到CC Mr. Mercury（CC 水银滴落）特效，通过合理的参数设置制作出水珠滴落效果，同时利用【蒙版】功能将不需要的部分隐藏，动画流程画面如图5.1所示。

调用素材：活动视觉动效类
源 文 件：下载文件\工程文件\第5章\天气界面装饰动效设计
视频文件：下载文件\movie\视频讲座\5.1.avi
学习目标：【CC Mr. Mercury（CC 水银滴落）】、【轨道遮罩】、【蒙版】

图5.1 动画流程画面

操作步骤

步骤01 执行菜单栏中的【合成】|【新建合成】命令，打开【合成设置】对话框，设置【合成名称】为“天气界面”，【宽度】为540，【高度】为400，【帧速率】为25，并设置【持续时间】为00:00:10:00秒，【背景颜色】为黑色，完成之后单击【确定】按钮，如图5.2所示。

步骤02 执行菜单栏中的【文件】|【导入】|【文件】命令，打开【导入文件】对话框，选择下载文件中的“工程文件\第5章\天气界面装饰动效设计\天气界面.jpg”素材，单击【导入】按钮，如图5.3所示。

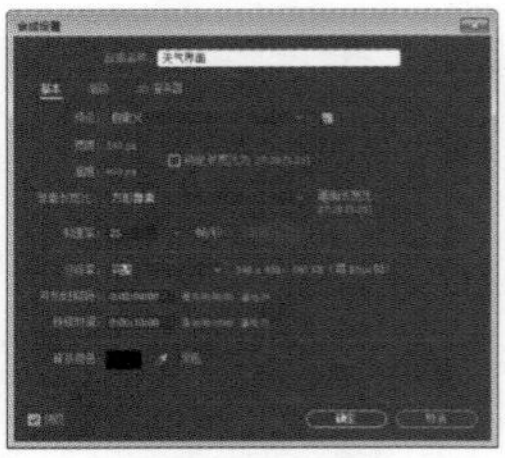

图5.2 新建合成

图5.3 导入素材

步骤03 在【项目】面板中同时选择【天气界面.jpg】素材，将其拖动到【天气界面】合成的时间线面板中。

步骤04 在时间线面板中选中【天气界面.jpg】图层，按Ctrl+D组合键复制一个【天气界面.jpg】图层。

图5.4 添加素材

步骤05 在时间线面板中选中上方的【天气界面.jpg】图层，在【效果和预设】面板中展开【模拟】特效组，然后双击【CC Mr. Mercury（CC 水银滴落）】特效。

步骤06 在【效果控件】面板中修改【CC Mr. Mercury（CC 水银滴落）】特效的参数，设置Radius X（X轴半径）的值为120，Radius Y（Y轴半径）的值为80，Producer（产生点）的值为（270，0），Velocity（速率）的值为0，Birth

Rate（寿命）的值为0.8，Gravity（重力）的值为0.2，Resistance（阻力）的值为0，从Animation（动画）下拉列表中选择Direction（方向），从Influence Map（影响映射）下拉列表中选择Constant Blobs（恒定滴落），设置Blob Birth Size（圆点生长尺寸）的值为0.01，Blob Death Size（圆点消失尺寸）的值为0.2，如图5.5所示。

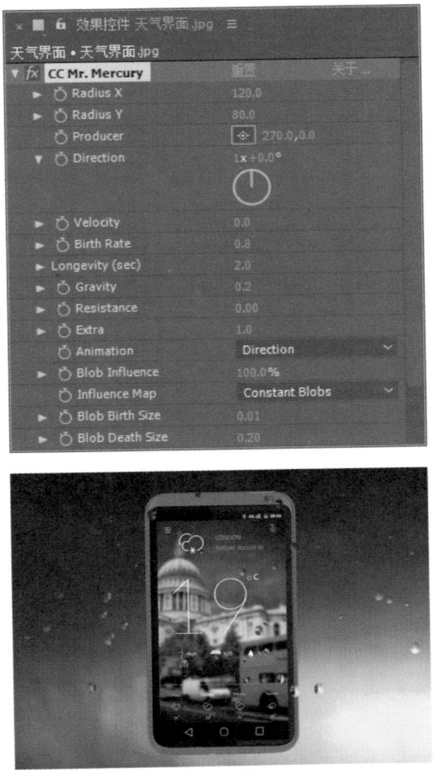

图5.5 设置【水银滴落】特效参数及效果

步骤 07 在时间线面板中选中下方的【天气界面.jpg】图层，在【效果和预设】面板中展开【过时】特效组，双击【快速模糊】特效。

步骤 08 在【效果控件】面板中修改【快速模糊】特效的参数，将时间调整至00:00:00:00帧的位置，单击Blurriness（模糊度）左侧的码表按钮，在当前位置设置关键帧，如图5.6所示。

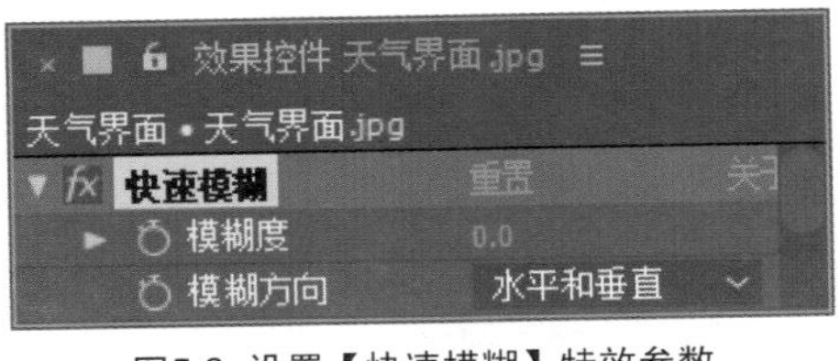

图5.6 设置【快速模糊】特效参数

步骤 09 将时间调整至00:00:03:00帧的位置，设置（模糊度）的值为5，系统会自动添加关键帧，如图5.7所示。

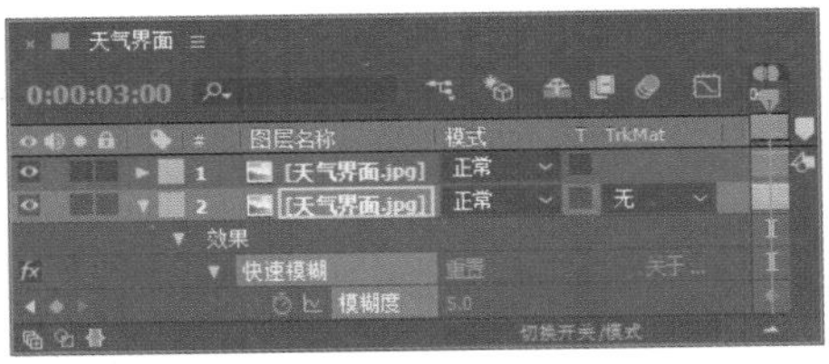

图5.7 设置【快速模糊】特效参数

步骤 10 将时间调整至00:00:09:24帧的位置，设置（模糊度）的值为0，系统会自动添加关键帧，如图5.8所示。

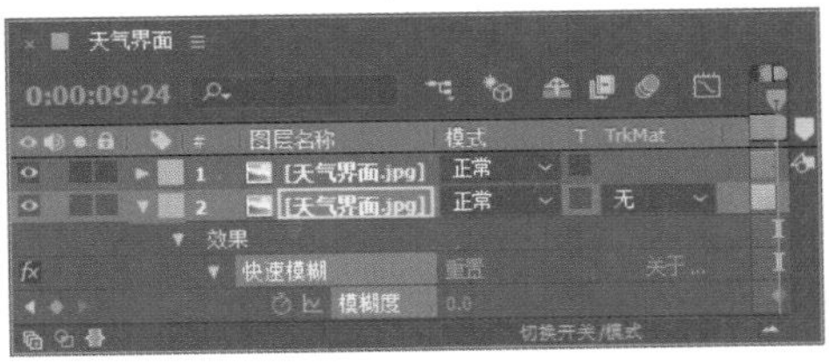

图5.8 更改数值

步骤 11 在时间线面板中同时选中两个图层，单击鼠标右键，在弹出的快捷菜单中选择【预合成】选项，在弹出的对话框中将【新合成名称】更改为“雨珠”，完成之后单击【确定】按钮。

步骤 12 在【项目】面板中选中【天气界面.jpg】素材图像，将其拖至时间线面板中并放在【雨珠】合成下方，如图5.9所示。

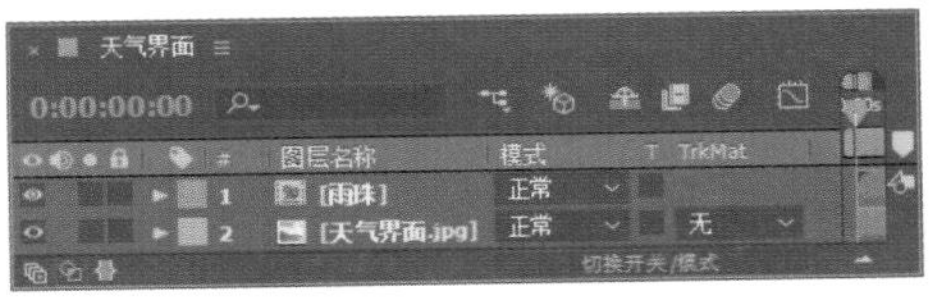

图5.9 添加素材

步骤 13 选择工具箱中的【矩形工具】，在封面位置绘制一个矩形，设置其【填充】为黑色，【描边】为无，将生成一个【形状图层1】，如图5.10所示。

图5.10 绘制图形

步骤 14 在时间线面板中选中【雨珠】合成，将其轨道遮罩设置为【Alpha 遮罩“形状图层 1”】，如图5.11所示。

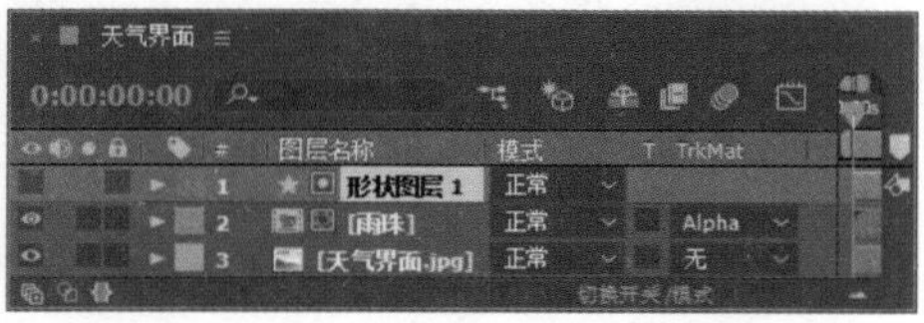

图5.11 设置轨道遮罩

步骤 15 这样就完成了整体效果的制作，按小键盘上的0键即可在合成窗口中预览效果。

5.2 卡片切换动效设计

设计构思

本例主要讲解卡片切换动效设计，该动效在制作过程中主要用到【位置】及【不透明度】功能，动画流程画面如图5.12所示。

视频分类：活动视觉动效类

工程文件：下载文件\工程文件\第5章\卡片切换动效设计

视频文件：下载文件\movie\视频讲座\5.2.avi

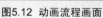

学习目标：【位置】、【不透明度】

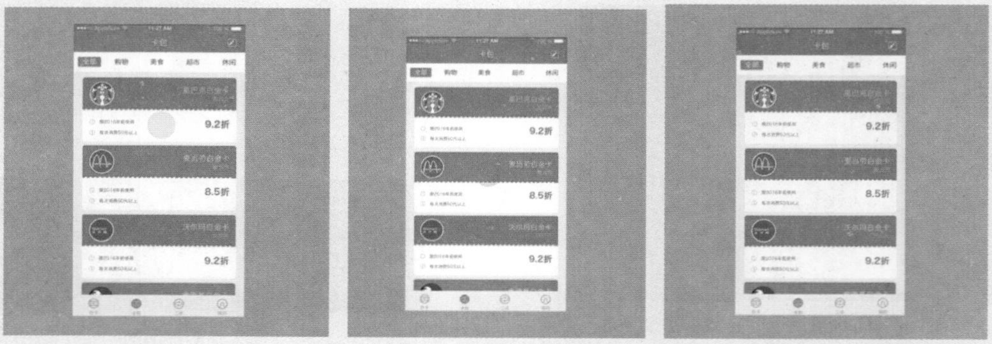

图5.12 动画流程画面

操作步骤

步骤 01 执行菜单栏中的【合成】|【新建合成】命令，打开【合成设置】对话框，设置【合成名称】为“卡片切换”，【宽度】为1000，【高度】为900，【帧速率】为25，并设置【持续时间】为00：00：10：00秒，【背景颜色】为浅蓝色（R：150，G：166，B：243），完成之后单击【确定】按钮，如图5.13所示。

步骤 02 执行菜单栏中的【文件】|【导入】|【文件】命令，打开【导入文件】对话框，选择下载文件中的“工程文件\第5章\卡片切换动效设计\界面.psd”素材，单击【导入】按钮，在弹出的对话框中选择【导入种类】为【合成-保持图层大小】，并选中【可编辑的图层样式】单选按钮，完成之后单击【确定】按钮，如图5.14所示。

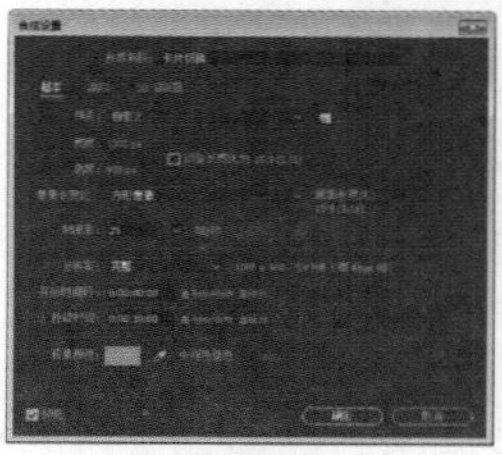

图5.13 新建合成

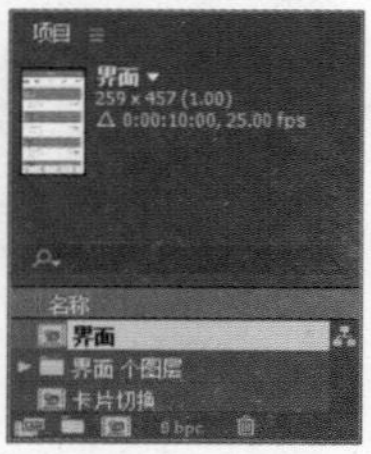

图5.14 导入素材

步骤 03 在【项目】面板中选择【界面 个图层】素材，将其拖动到【卡片切换】合成的时间线面板中，注意分别选中素材图像所对应的图层，在图像中拖动，更改图像位置，如图5.15所示。

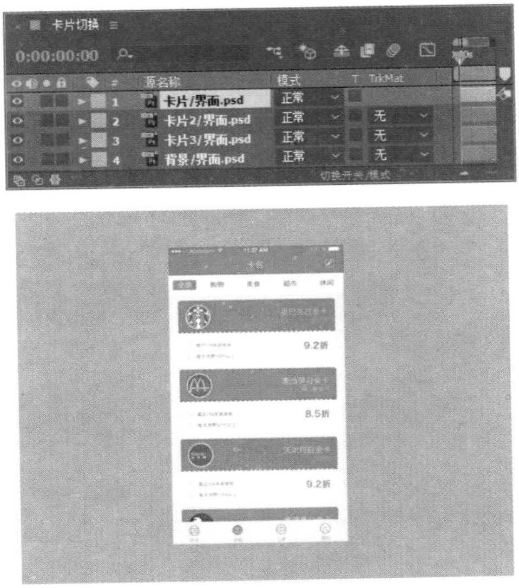

图5.15 添加素材

步骤 04 在时间线面板中选中【卡片2/界面.psd】图层，将时间调整至0:00:00:10帧的位置，按P键打开【位置】，单击【位置】左侧的码表按钮，在当前位置添加关键帧；将时间调整至0:00:01:00帧的位置，将图像向下稍微移动，系统会自动添加关键帧，如图5.16所示。

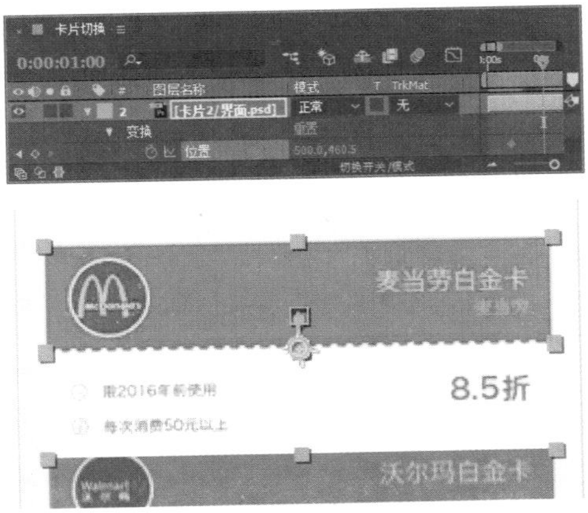

图5.16 调整位置

步骤 05 在时间线面板中选中【卡片3/界面.psd】图层，将时间调整至0:00:00:15帧的位置，按P键打开【位置】，单击【位置】左侧的码表按钮，在当前位置添加关键帧；将时间调整至0:00:01:00帧的位置，将图像向下稍微移动，系统会自动添加关键帧，如图5.17所示。

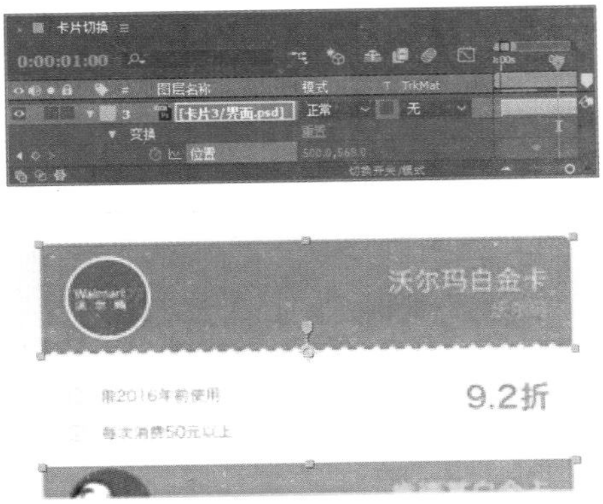

图5.17 调整位置

步骤 06 选择工具箱中的【椭圆工具】，按住Shift键绘制一个正圆，设置其【填充】为红色（R：233，G：57，B：78），【描边】为无，将生成一个【形状图层 1】图层，如图5.18所示。

图5.18 绘制图形

步骤 07 在时间线面板中选中【形状图层 1】图层，将时间调整至0:00:00:00帧的位置，分别单击【位置】和【不透明度】左侧的码表按钮，在当前位置添加关键帧，将【不透明度】更改为0；将时间调整至0:00:00:5帧的位置，将【不透明度】更改为40，在图像中向下拖动图形，系统会自动添加关键帧，如图5.19所示。

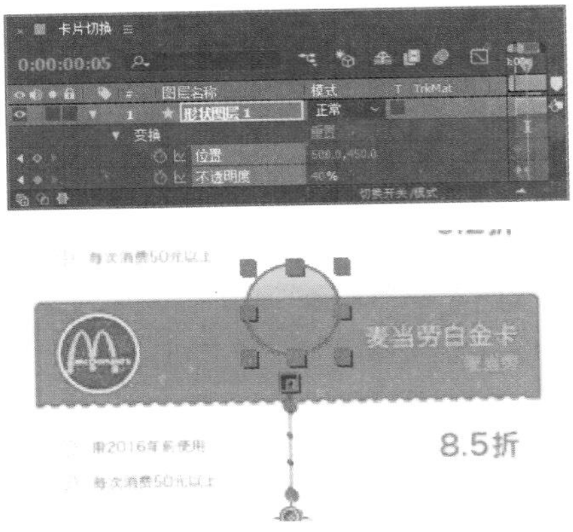

图5.19 拖动图形

步骤 08 将时间调整至0:00:01:00帧的位置，将【不透明度】更改为0，再向下拖动图形，系统会自动添加关键帧，如图5.20所示。

图5.20 拖动图形

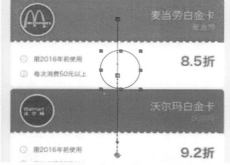

步骤 09 在时间线面板中，将时间调整至0:00:01:05帧的位置，分别拖动【卡片2/界面.psd】和【卡片3/界面.psd】图层中的图像，将其向下移至原来的位置，系统会自动添加关键帧，如图5.21所示。

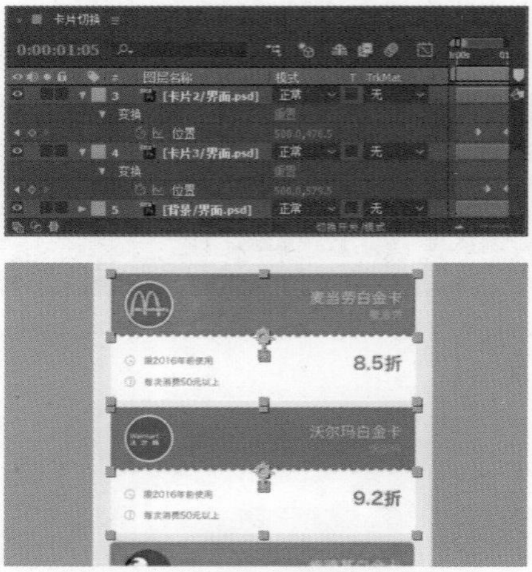

图5.21 移动位置

步骤 10 这样就完成了整体效果的制作，按小键盘上的0键即可在合成窗口中预览效果。

5.3 指南针动效设计

设计构思

本例主要讲解指南针动效设计，该动效制作过程比较简单，主要用到【旋转】功能，动画流程画面如图5.22所示。

视频分类：活动视觉动效类

工程文件：下载文件\工程文件\第5章\指南针动效设计

视频文件：下载文件\movie\视频讲座\5.3.avi

学习目标：【旋转】

图5.22 动画流程画面

操作步骤

步骤 01 执行菜单栏中的【合成】|【新建合成】命令，打开【合成设置】对话框，设置【合成名称】为“指南针动效”，【宽度】为800，【高度】为600，【帧速率】为25，并设置【持续时间】为00:00:10:00秒，【背景颜色】为蓝色（R：57，G：138，B：220），完成之后单击【确定】按钮，如图5.23所示。

步骤 02 执行菜单栏中的【文件】|【导入】|【文件】命令，打开【导入文件】对话框，选择下载文件中的“工程文件\第5章\指南针动效设计\图标.psd”素材，单击【导入】按钮，在弹出的对话框中选择【导入种类】为【合成-保持图层大小】，并选中【可编辑的图层样式】单选按钮，完成之后单击【确定】按钮，如图5.24所示。

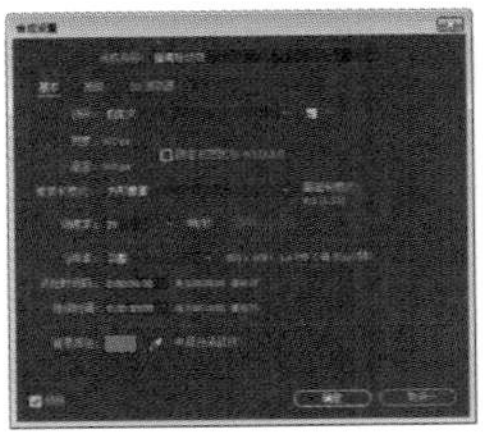

图5.23 新建合成

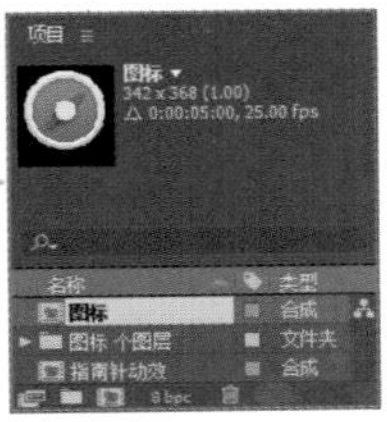

图5.24 导入素材

步骤 03 在【项目】面板中选择【图标 个图层】素材，将其拖动到【指南针动效】合成的时间线面板中，注意分别选中素材图像所对应的图层，在图像中拖动，更改图像位置，如图5.25所示。

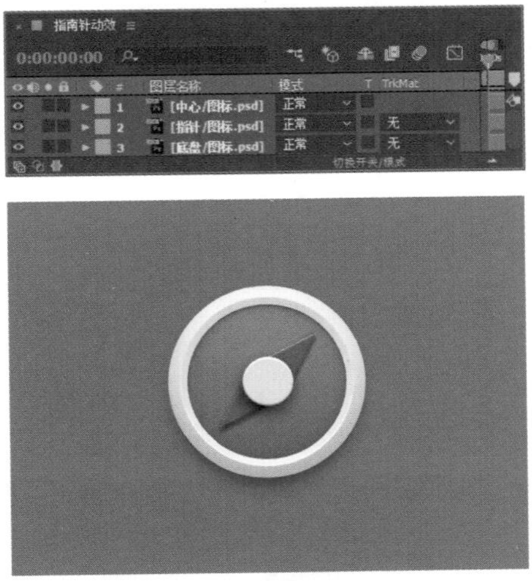

图5.25 添加素材

步骤 04 将时间调整至0:00:00:00帧的位置，选中【指针/图标.psd】图层，按R键打开【旋转】，单击【旋转】左侧的码表按钮，在当前位置添加关键帧；将时间调整至0:00:01:00帧的位置，将【旋转】更改为100，系统会自动添加关键帧，如图5.26所示。

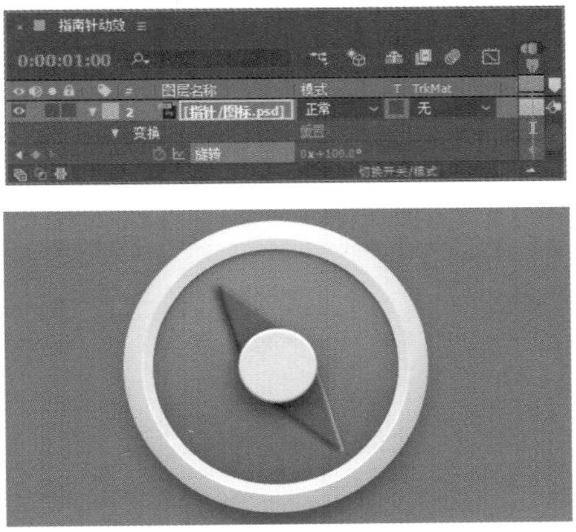

图5.26 旋转图像

步骤 05 将时间调整至0:00:02:00帧的位置，将【旋转】更改为150，系统会自动添加关键帧，如图5.27所示。

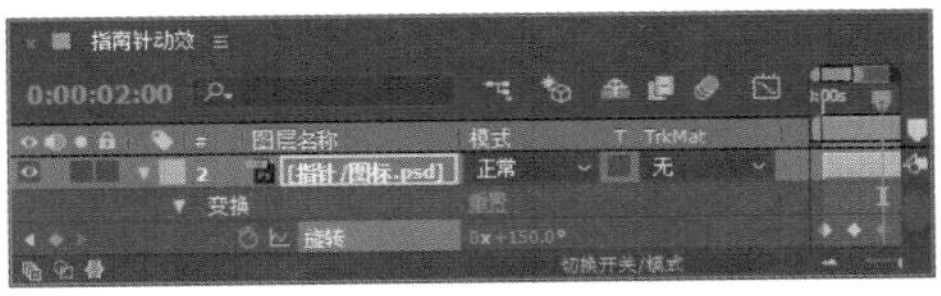

图5.27 更改数值

步骤 06 将时间调整至0:00:03:00帧的位置，将【旋转】更改为200；将时间调整至0:00:04:00帧的位置，将【旋转】更改为100；将时间调整至0:00:05:00帧的位置，将【旋转】更改为150；将时间调整至0:00:06:00帧的位置，将【旋转】更改为120；将时间调整至0:00:07:00帧的位置，将【旋转】更改为135，系统会自动添加关键帧，如图5.28所示。

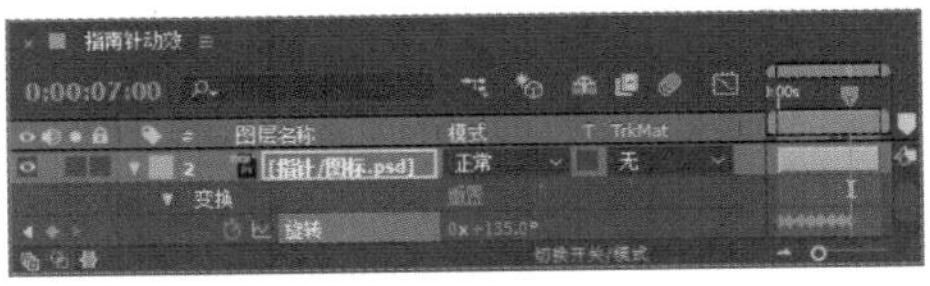

图5.28 更改【旋转】数值

步骤 07 这样就完成了整体效果的制作，按小键盘上的0键即可在合成窗口中预览效果。

5.4 WiFi扫描图示动效设计

设计构思

本例主要讲解WiFi扫描图示动效设计，该动效在制作过程中，以形象的手法结合【旋转】功能制作出扫描图示动效，动画流程画面如图5.29所示。

视频分类：活动视觉动效类

工程文件：下载文件\工程文件\第5章\ WIFI扫描图示动效设计

视频文件：下载文件\movie\视频讲座\5.4.avi

学习目标：【3D Stroke】

图5.29 动画流程画面

操作步骤

步骤01 执行菜单栏中的【合成】|【新建合成】命令，打开【合成设置】对话框，设置【合成名称】为“扫描图示”，【宽度】为600，【高度】为400，【帧速率】为25，并设置【持续时间】为00:00:05:00秒，【背景颜色】为深蓝色（R：6，G：14，B：35），完成之后单击【确定】按钮，如图5.30所示。

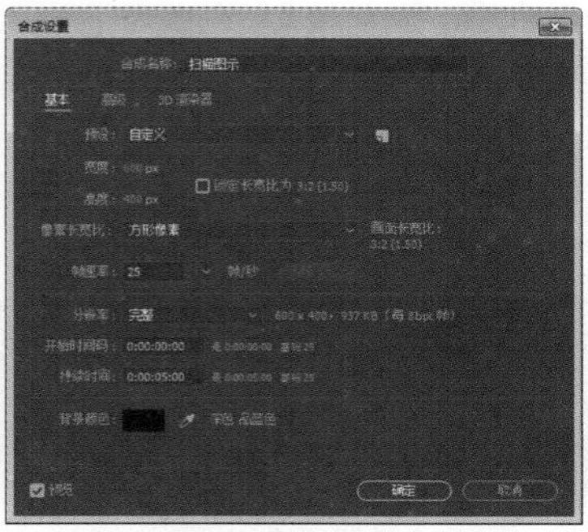

图5.30 新建合成

步骤02 选择工具箱中的【椭圆工具】，按住Shift键绘制一个正圆，设置其【填充】为蓝色（R：0，G：198，B：255），【描边】为无，将生成一个【形状图层 1】图层，如图5.31所示。

图5.31 绘制图形

步骤03 执行菜单栏中的【图层】|【新建】|【纯色】命令，在弹出的对话框中将【名称】更改为“第一格”，【颜色】更改为黑色，完成之后单击【确定】按钮。

步骤04 选择工具箱中的【钢笔工具】，在正圆上方绘制一条弧形路径，如图5.32所示。

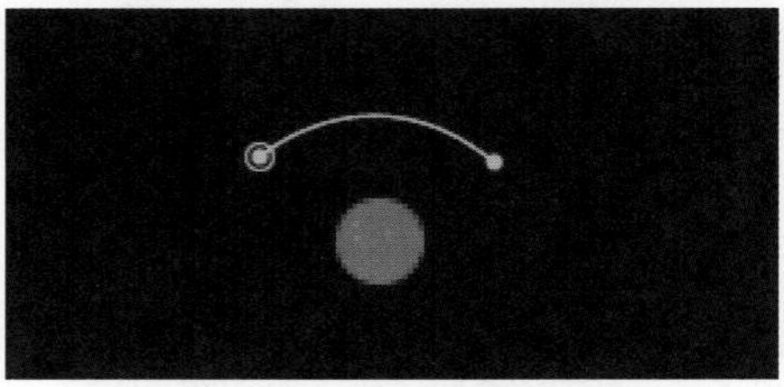

图5.32 绘制路径

提示与技巧

降低图层不透明度的目的是为了绘制路径过程中有参考，绘制完成之后可以将其图层【不透明度】更改为100%。

步骤 05 在时间线面板中选中【第一格】图层，将时间调整至0:00:00:00帧的位置，在【效果和预设】面板中展开【Trapcode】特效组，然后双击【3D Stroke】特效。

步骤 06 在【效果控件】面板中修改【3D Stroke】特效的参数，将【Color】更改为蓝色（R：0，G：198，B：255），【Thickness】更改为7，单击【End】左侧的码表按钮，将其数值更改为0，如图5.33所示。

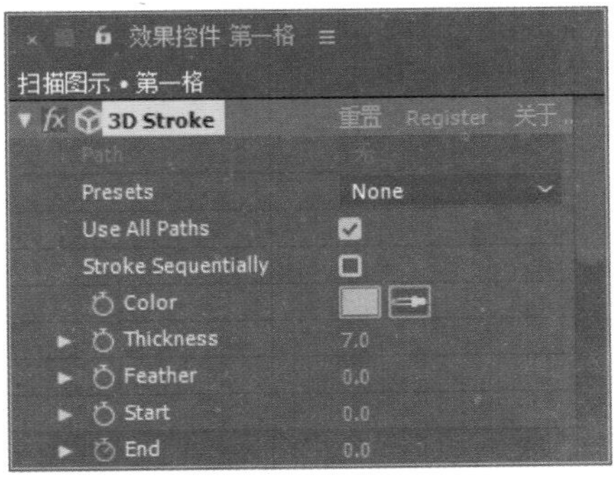

图5.33 设置【3D Stroke】特效参数

步骤 07 在时间线面板中，将时间调整至0:00:00:12帧的位置，将【End】更改为100，系统会自动添加关键帧，如图5.34所示。

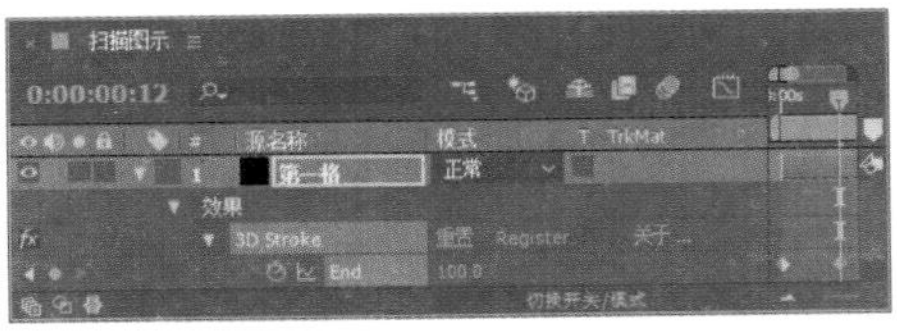

图5.34 更改数值

步骤 08 以刚才同样的方法新建一个名称为【第二格】的纯色图层，并选择工具箱中的【钢笔工具】，绘制一条弧形路径，如图5.35所示。

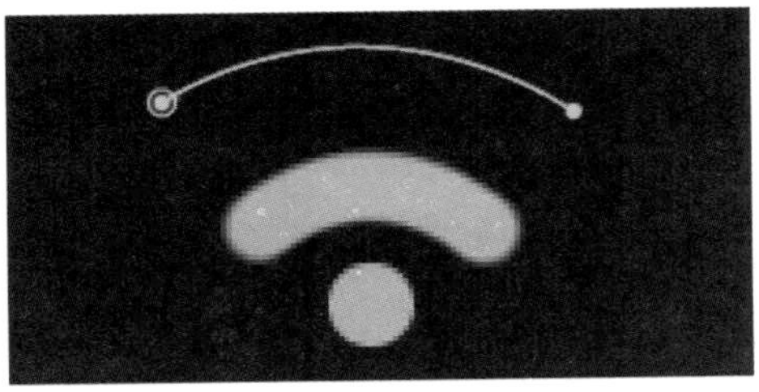

图5.35 绘制路径

步骤 09 以刚才同样的方法为其添加【3D Stroke】特效，并在0:00:00:12位置单击【End】左侧的码表按钮，将其数值更改为0；在0:00:00:24位置，将【End】更改为100，系统会自动添加关键帧，制作出与第一格相同的动画效果，如图5.36所示。

图5.36 制作动画效果

步骤 10 以同样的方法再次新建两个纯色图层并绘制路径制作出同样的动画，如图5.37所示。

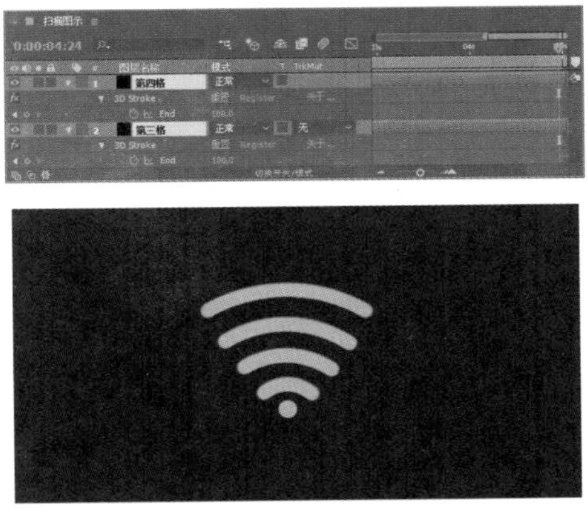

图5.37 制作动画效果

步骤 11 这样就完成了整体效果的制作，按小键盘上的0键即可在合成窗口中预览效果。

5.5 写实风扇动效设计

设计构思

本例主要讲解写实风扇动效设计，该动效在制作过程中主要用到【旋转】功能，同时利用曲线编辑器调整运动速度，并为其添加运动模糊效果，动画流程画面如图5.38所示。

视频分类：活动视觉动效类

工程文件：下载文件\工程文件\第5章\写实风扇动效设计

视频文件：下载文件\movie\视频讲座\5.5.avi

学习目标：【旋转】、【曲线编辑器】

图5.38 动画流程画面

操作步骤

步骤 01 执行菜单栏中的【合成】|【新建合成】命令，打开【合成设置】对话框，设置【合成名称】为“风扇动效”，【宽度】为800，【高度】为600，【帧速率】为25，并设置【持续时间】为00:00:10:00秒，【背景颜色】为黑色，完成之后单击【确定】按钮，如图5.39所示。

步骤 02 执行菜单栏中的【文件】|【导入】|【文件】命令，打开【导入文件】对话框，选择下载文件中的“工程文件\第5章\写实风扇动效设计\风扇.psd”素材，单击【导入】按钮，如图5.40所示。

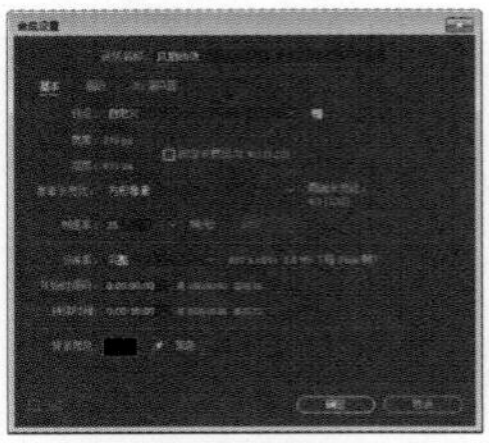

图5.39 新建合成

图5.40 导入素材

步骤 03 在【项目】面板中选择【风扇 个图层】素材，将其拖动到【风扇动效】合成的时间线面板中，注意分别选中素材图像所对应的图层，在图像中拖动，更改图像位置，如图5.41所示。

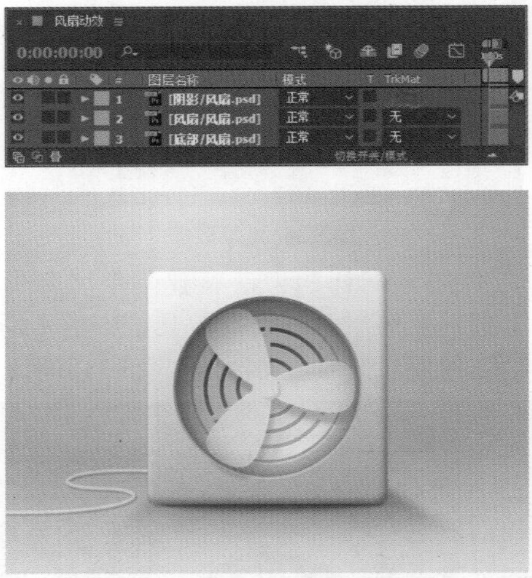

图5.41 添加素材

步骤 04 将时间调整至0:00:00:00帧的位置，选中【风扇/风扇.psd】图层，按R键打开【旋转】，单击【旋转】左侧的码表按钮，在当前位置添加关键帧；将时间调整至0:00:09:24帧的位置，将

【旋转】更改为20X，系统会自动添加关键帧，如图5.42所示。

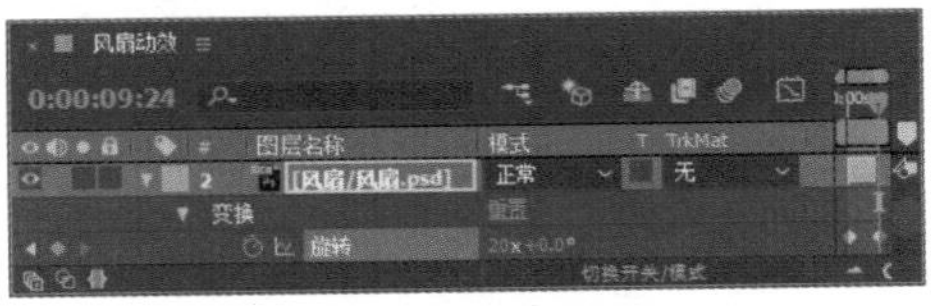

图5.42　旋转图像

步骤 05　在时间线面板中单击【图表编辑器】按钮，拖动曲线，调整动画速度，如图4.43所示。

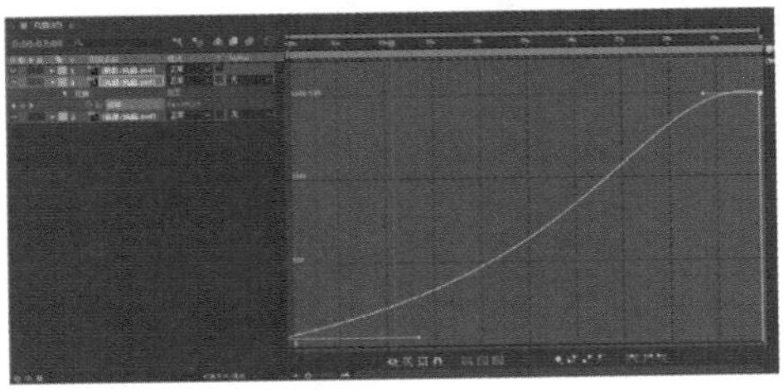

图4.43　编辑曲线

步骤 06　在时间线面板中单击【“运动模糊”开关的所有图层启用运动模糊】图标，再选中【风扇/风扇.psd】图层，单击【运动模糊】图标，如图5.44所示。

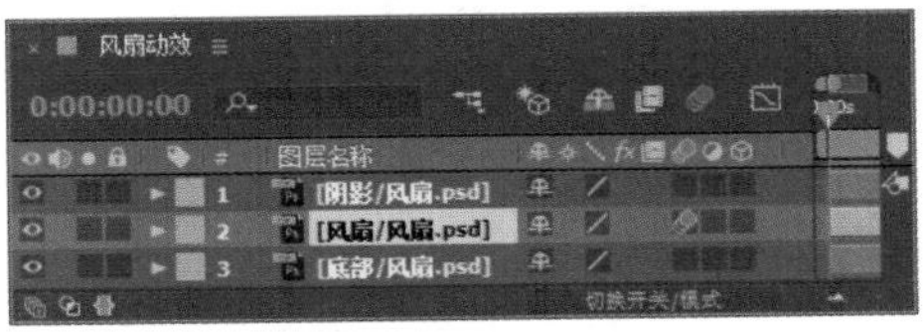

图5.44　打开运动模糊

步骤 07　这样就完成了整体效果的制作，按小键盘上的0键即可在合成窗口中预览效果。

5.6 导航动效设计

设计构思

本例主要讲解导航动效设计，该动效在制作过程中以绘制的路径为基准，利用【3D Stroke】特效制作出动效图像，动画流程画面如图5.45所示。

视频分类：活动视觉动效类

工程文件：下载文件\工程文件\第5章\导航动效设计

视频文件：下载文件\movie\视频讲座\5.6.avi

学习目标：【3D Stroke】

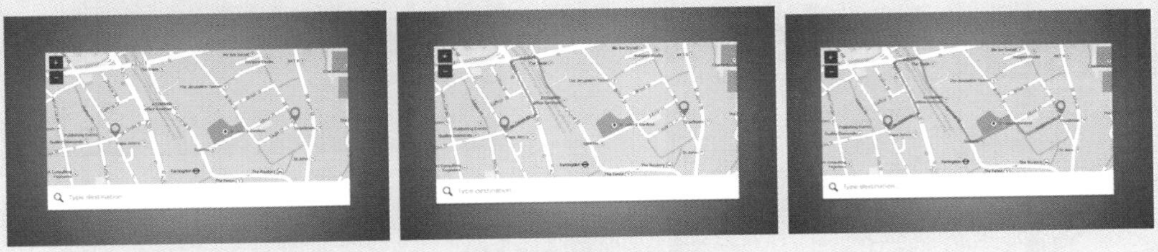

图5.45　动画流程画面

操作步骤

5.6.1 制作动画路径

步骤 01　执行菜单栏中的【合成】|【新建合成】命令，打开【合成设置】对话框，设置【合成名称】为“导航动效”，【宽度】为1000，【高度】为600，【帧速率】为25，并设置【持续时间】为00:00:10:00秒，【背景颜色】为黑色，完成之后单击【确定】按钮，如图5.46所示。

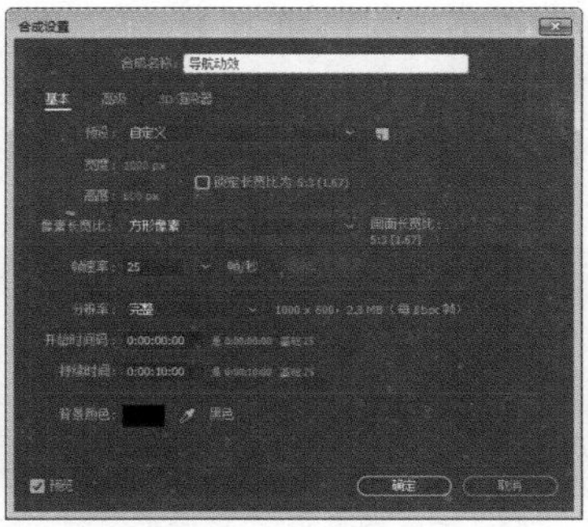

图5.46 新建合成

步骤02 执行菜单栏中的【文件】|【导入】|【文件】命令，打开【导入文件】对话框，选择下载文件中的“工程文件\第5章\导航动效设计\地图.jpg”素材，单击【导入】按钮，将其拖到时间线面板中。

步骤03 执行菜单栏中的【图层】|【新建】|【纯色】命令，在弹出的对话框中将【名称】更改为“背景”，【颜色】更改为黑色，完成之后单击【确定】按钮。

步骤04 在时间线面板中选中【背景】图层，将其移至【地图】图层下方，在【效果和预设】面板中展开【生成】特效组，然后双击【梯度渐变】特效。

步骤05 在【效果控件】面板中修改【梯度渐变】特效的参数，设置【渐变起点】为（500，300），【起始颜色】为蓝色（R：163，G：214，B：240），【渐变终点】为（500，1000），【结束颜色】为蓝色（R：23，G：40，B：72），【渐变形状】为【径向渐变】，如图5.47所示。

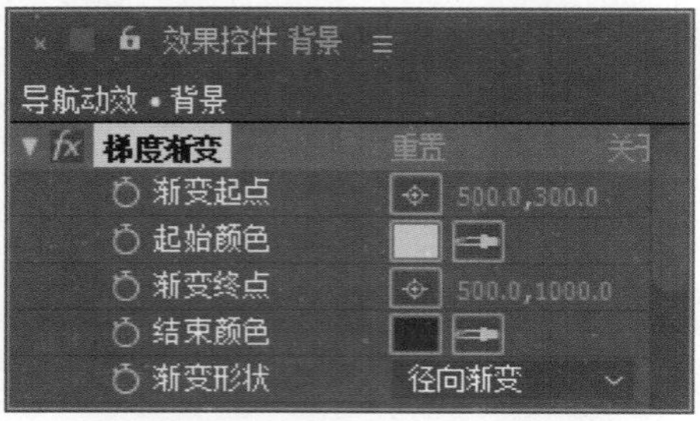

图5.47 设置【梯度渐变】特效参数

步骤06 在时间线面板中选中【地图.jpg】图层，在【效果和预设】面板中展开【透视】特效组，然后双击【投影】特效。

步骤07 在【效果控件】面板中修改【投影】特效的参数，设置【阴影颜色】为黑色，【不透明度】为30%，【方向】为180，【距离】为3，【柔和度】为10，如图5.48所示。

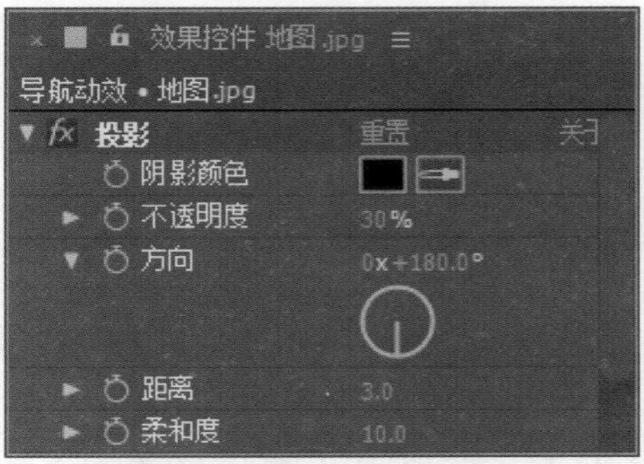

图5.48 设置【投影】参数

步骤08 执行菜单栏中的【图层】|【新建】|【纯色】命令，在弹出的对话框中将【名称】更改为“路径”，【颜色】更改为黑色，完成之后单击【确定】按钮。

步骤09 在时间线面板中选中【路径】图层，按T键打开【不透明度】，将其数值更改为50%，如图5.49所示。

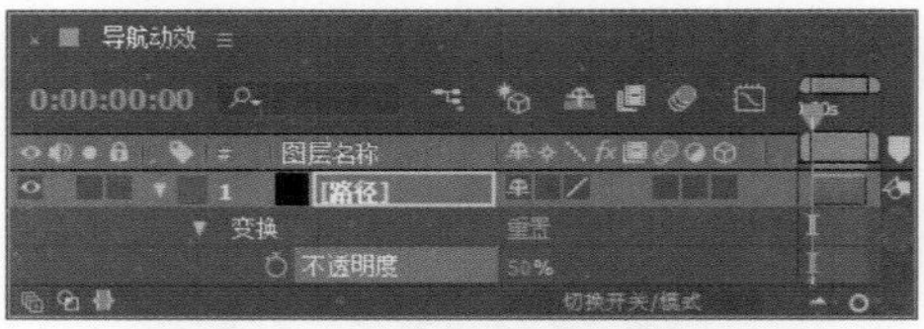

图5.49 更改【不透明度】数值

步骤10 选择工具箱中的【钢笔工具】，在地图中绘制一条路径，如图5.50所示。

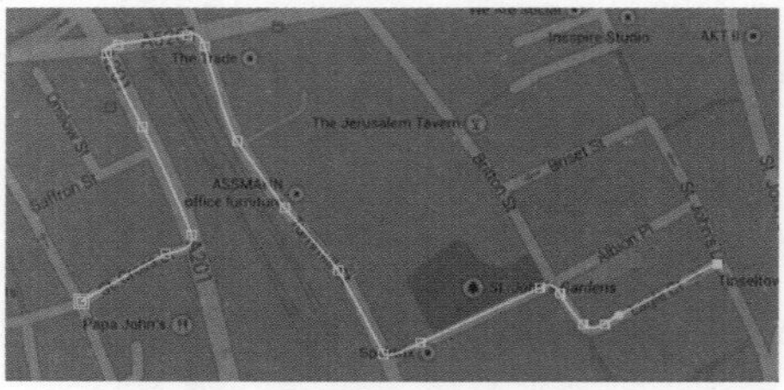

图5.50 绘制路径

步骤11 在时间线面板中选中【路径】图层，在【效果和预设】面板中，展开【Trapcode】特效组，然后双击【3D Stroke】特效。

步骤12 将时间调整至0:00:00:00帧的位置，在【效果控件】面板中修改【3D Stroke】特效的参数，将【Color】更改为蓝色（R：0，G：96，B：255），【Thickness】更改为4，单击【End】左侧的码表按钮，将其数值更改为0，如图5.51所示。

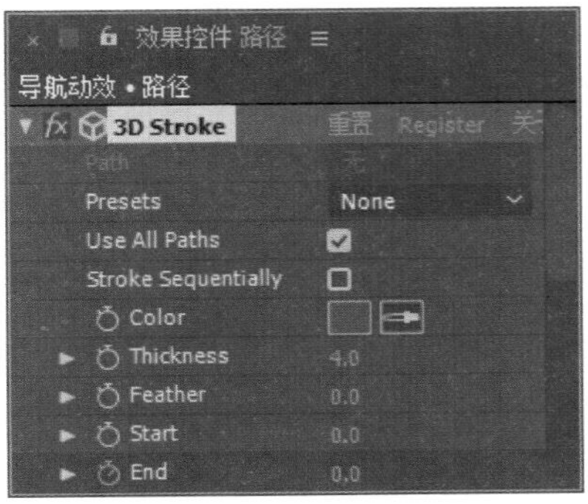

图5.51　设置【3D Stroke】特效参数

步骤 13 在时间线面板中，将时间调整至0:00:07:00帧的位置，将【End】更改为100，系统会自动添加关键帧，如图5.52所示。

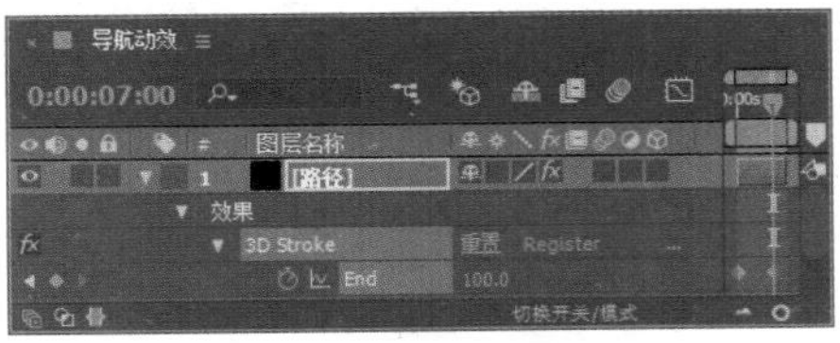

图5.52　更改【End】数值

5.6.2 绘制导航动画元素

步骤 01 选择工具箱中的【钢笔工具】，在蓝色矩形位置绘制一个图形，设置其【填充】为蓝色（R：0，G：156，B：255），【描边】为无，如图5.53所示。

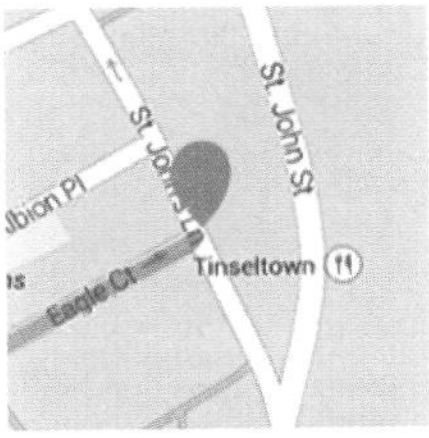

图5.53　绘制图形

步骤 02 选择工具箱中的【椭圆工具】，在图形上半部分绘制一个圆形蒙版，如图5.54所示。

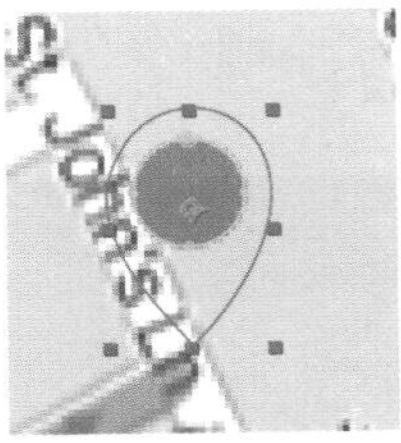

图5.54　绘制蒙版

步骤 03 在时间线面板中展开【形状图层1】|【蒙版】|【蒙版1】，选中【反转】复选框，如图5.55所示。

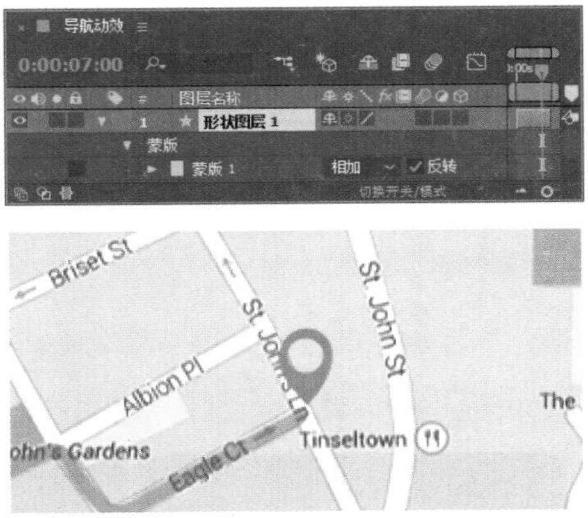

图5.55　反转

步骤 04 在时间线面板中选中【形状图层1】图层，按Ctrl+D组合键复制一个【形状图层2】图层，将图形移至导航起点位置，如图5.56所示。

图5.56　移动图形

步骤 05 这样就完成了整体效果的制作，按小键盘上的0键即可在合成窗口中预览效果。

5.7 平板电脑界面动效设计

设计构思

本例主要讲解平板电脑界面动效设计，该动效在设计过程中，首先利用【旋转】功能制作旋转动画，然后使用【编号】特效制作数值变化效果，最后利用蒙版路径制作线段动画，动画流程画面如图5.57所示。

视频分类：活动视觉动效类

工程文件：下载文件\工程文件\第5章\平板电脑界面动效设计

视频文件：下载文件\movie\视频讲座\5.7.avi

学习目标：【旋转】、【蒙版路径】、【编号】

图5.57 动画流程画面

操作步骤

5.7.1 制作中间部分动画

步骤01 执行菜单栏中的【合成】|【新建合成】命令，打开【合成设置】对话框，设置【合成名称】为“界面动效”，【宽度】为600，【高度】为400，【帧速率】为25，并设置【持续时间】为00:00:06:00秒，【背景颜色】为黑色，完成之后单击【确定】按钮，如图5.58所示。

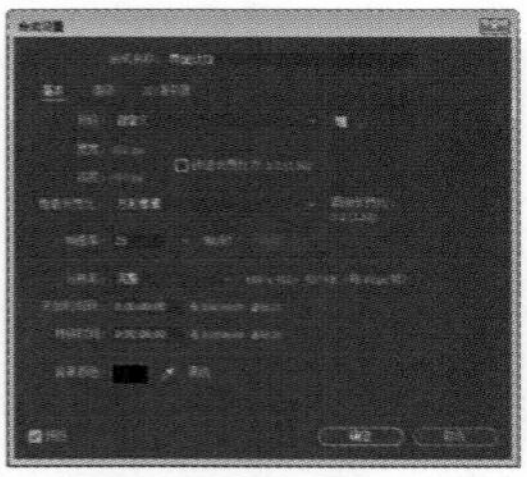

图5.58 新建合成

步骤02 执行菜单栏中的【文件】|【导入】|【文件】命令，打开【导入文件】对话框，选择下载文件中的“工程文件\第5章\平板电脑界面动效设计\界面.psd”素材，单击【导入】按钮，在弹出的对话框中选择【导入种类】为【合成-保持图层大小】，选中【可编辑的图层样式】单选按钮，完成之后单击【确定】按钮，如图5.59所示。

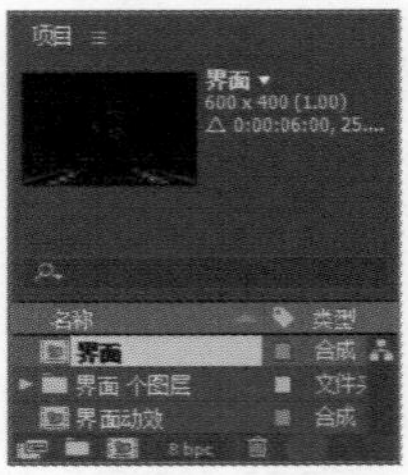

图5.59 导入素材

步骤03 在【项目】面板中选中【界面 个图层】文件夹，将其拖动到【界面动效】合成时间线面板中，将【中心/界面.psd】图层移至上方，如图5.60所示。

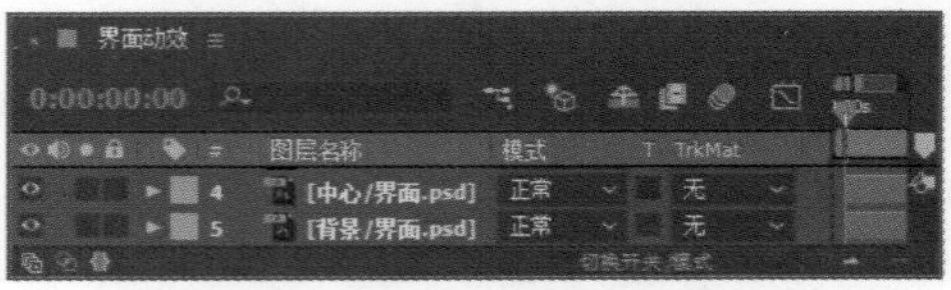

图5.60 添加素材

步骤 04 将时间调整至0:00:00:00帧的位置，选中【中心/界面.psd】图层，按R键打开【旋转】，单击【旋转】左侧的码表按钮，在当前位置添加关键帧；将时间调整至0:00:05:00帧的位置，将【旋转】更改为1x，系统会自动添加关键帧，如图5.61所示。

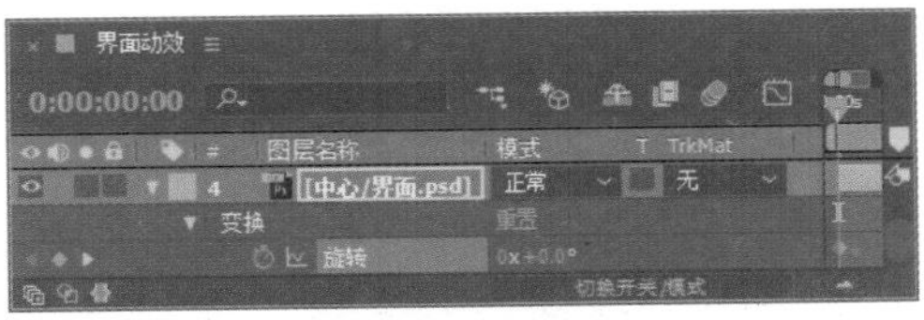

图5.61 更改数值

步骤 05 执行菜单栏中的【图层】|【新建】|【纯色】命令，在弹出的对话框中将【名称】更改为“数字”，完成之后单击【确定】按钮。

步骤 06 在【效果和预设】面板中展开【文本】特效组，然后双击【编号】特效，在弹出的对话框中将【字体】更改为Arial，选中【居中对齐】单选按钮，完成之后单击【确定】按钮，如图5.62所示。

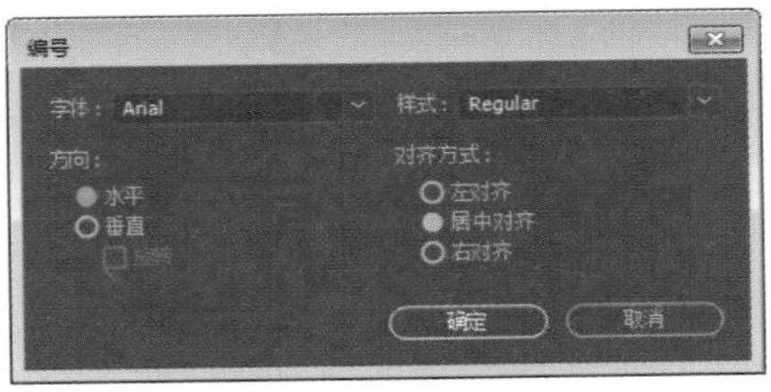

图5.62 【编号】对话框

步骤 07 将时间调整至0:00:00:00帧的位置，在【效果控件】面板中将【小数位数】更改为0，单击【数值/位移/随机最大】左侧的码表按钮，将其数值更改为0，【填充颜色】更改为绿色（R：0，G：104，B：104），【大小】为20，如图5.63所示。

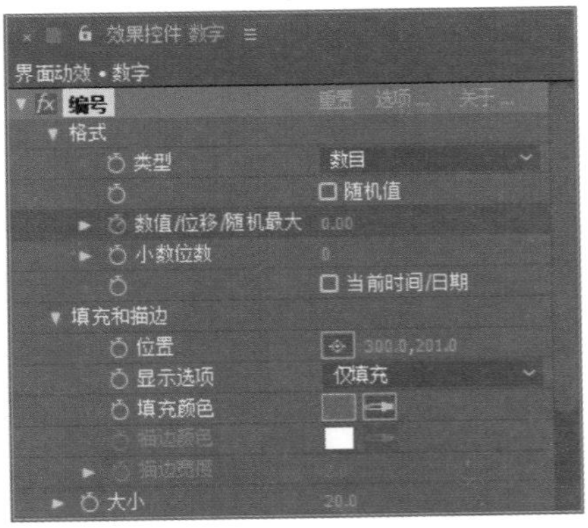

图5.63 设置【编号】参数

步骤 08 将时间调整至0:00:05:00帧的位置，将【数值/位移/随机最大】更改为100，系统会自动添加关键帧，如图5.64所示。

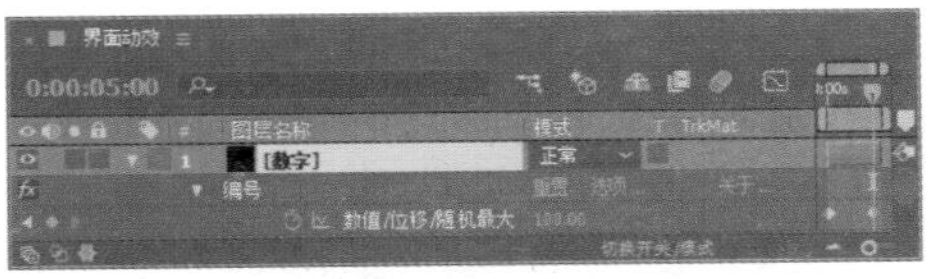

图5.64 添加关键帧

5.7.2 绘制边缘图形动画

步骤 01 选择工具箱中的【钢笔工具】，绘制一条线段，设置其【填充】为无，【描边】为绿色（R：0，G：104，B：104），【描边粗细】为3，将生成一个【形状图层 1】图层，如图5.65所示。

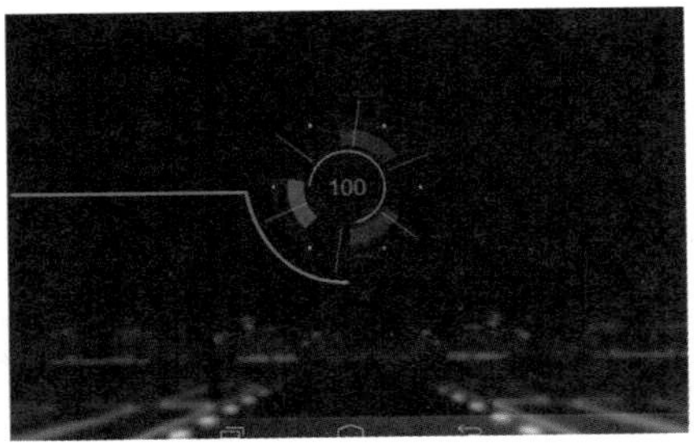

图5.65 绘制线段

步骤 02 在时间线面板中选中【形状图层 1】图层，按Ctrl+D组合键复制一个【形状图层 2】图层，如图5.66所示。

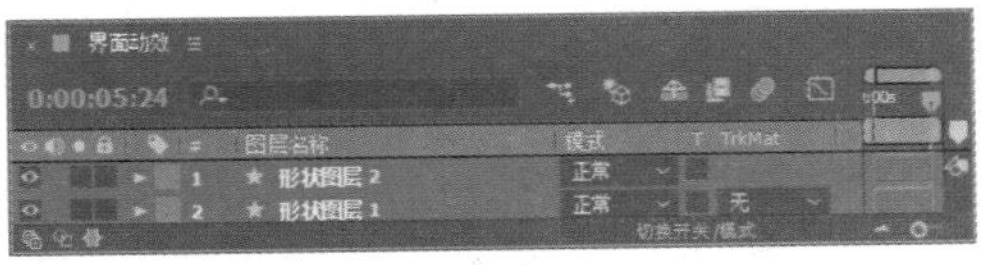

图5.66 复制图层

步骤 03 在【形状图层2】图层名称上单击鼠标右键，从弹出的快捷菜单中选择【变换】|【水平翻转】命令，以同样的方法再次单击鼠标右键，从弹出的快捷菜单中选择【变换】|【垂直翻转】命令，将线段向右上角移动，如图5.67所示。

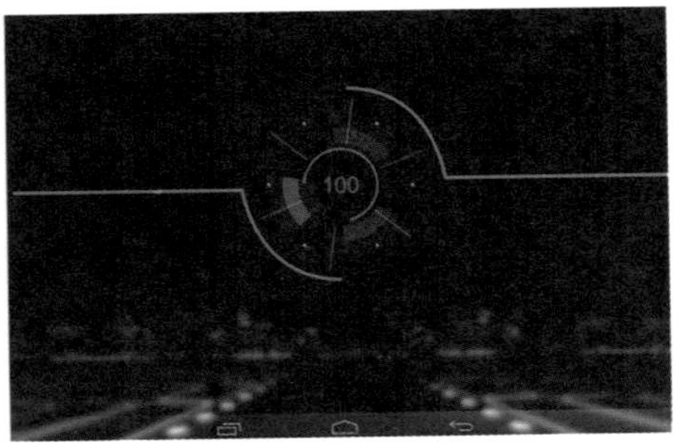

图5.67 变换图形

步骤 04 选中【形状图层 1】图层，选中工具箱中的【圆角矩形工具】，在线段左侧绘制一个矩形蒙版路径，如图5.68所示。

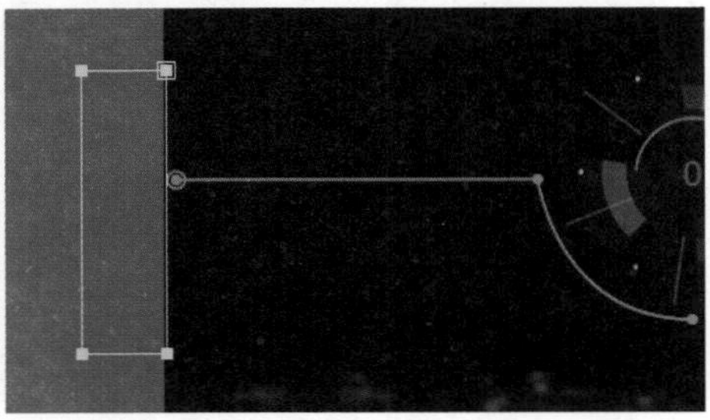

图5.68 绘制蒙版路径

步骤 05 在时间线面板中，将时间调整至0:00:00:00帧的位置，选中【形状图层 1】图层，展开【蒙版】|【蒙版 1】，单击【蒙版路径】左侧的码表按钮，在当前位置添加关键帧；将时间调整至0:00:05:00帧的位置，同时选中右上角和右下角的锚点并向右侧拖动，完整显示线段，系统会自动添加关键帧，如图5.69所示。

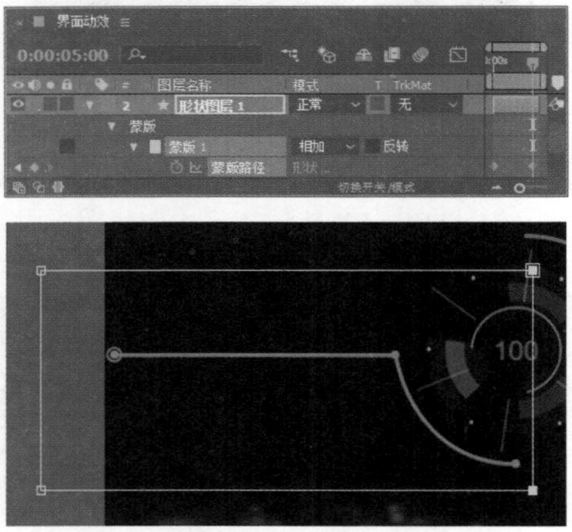

图5.69 拖动锚点

步骤 06 在时间线面板中选中【形状图层 2】图层，以刚才同样的方法绘制蒙版路径并制作相同的动画，如图5.70所示。

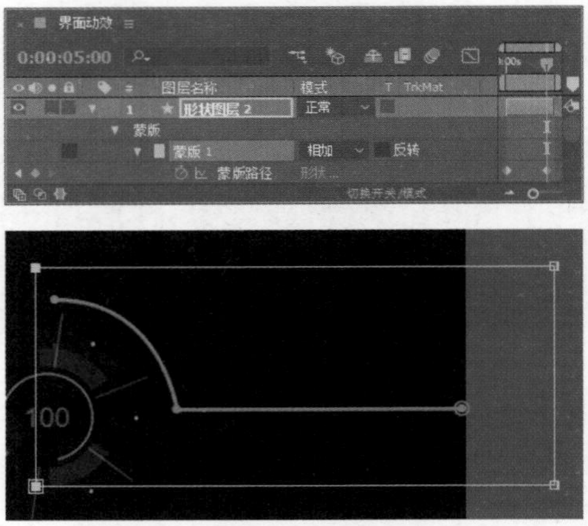

图5.70 制作动画

步骤 07 这样就完成了整体效果的制作，按小键盘上的0键即可在合成窗口中预览效果。

提示与技巧

为【形状图层2】图层制作动画时，注意拖动锚点时的方向。

5.8 点赞动效设计

设计构思

本例主要讲解点赞动效设计，首先通过【位置】功能制作心形动画，然后通过【编号】特效表现数字的变化，制作出点赞动画效果，动画流程画面如图5.71所示。

视频分类：活动视觉动效

工程文件：下载文件\工程文件\第5章\点赞动效设计

视频文件：下载文件\movie\视频讲座\5.8.avi

学习目标：【缩放】、【位置】、【编号】、【不透明度】

图5.71 动画流程画面

操作步骤

5.8.1 制作图形动画

步骤 01 执行菜单栏中的【合成】|【新建合成】命令，打开【合成设置】对话框，设置【合成名称】为“点赞”，【宽度】为1000，【高度】为800，【帧速率】为25，并设置【持续时间】为00:00:02:00秒，【背景颜色】紫色（R：138，G：128，B：232），完成之后单击【确定】按钮，如图5.72所示。

步骤 02 执行菜单栏中的【文件】|【导入】|【文件】命令，选择下载文件中的“工程文件\第5章\邮箱登录界面动效设计\界面.jpg”素材，单击【导入】按钮，如图5.73所示。

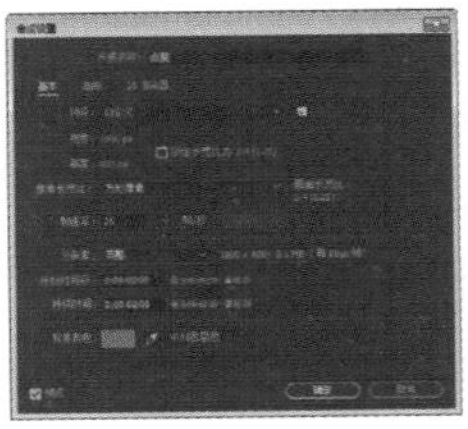

图5.72 新建合成

图5.73 导入素材

步骤 03 在【项目】面板中选择【界面.jpg】素材，将其拖动到【点赞】合成中，如图5.74所示。

图5.74 添加素材

步骤 04 选择工具箱中的【钢笔工具】，在蓝色矩形位置绘制一个对号图形，设置其【填充】为白色，【描边】为无，将生成一个【形状图层1】，如图5.75所示。

步骤 05 在时间线面板中选中【形状图层1】图层，将其模式更改为【柔光】，如图5.76所示。

图5.75 绘制图形

图5.76 更改模式

步骤 06 在时间线面板中选中【形状图层1】图层，按Ctrl+D组合键复制一个【形状图层2】图层。将【形状图层2】图层中图形的【填充】更改为紫色（R：255，G：0，B：138），将时间调整至0:00:00:00帧的位置，按P键打开【位置】，按S键打开【缩放】，分别单击【缩放】及【位置】左侧的码表按钮，在当前位置添加关键帧，如图5.77所示。

图5.77 添加关键帧

步骤 07 将时间调整至0:00:00:08帧的位置，将心形向左上角移动并稍微放大，系统会自动添加关键帧，如图5.78所示。

图5.78 移动并放大图像

步骤 08 将时间调整至0:00:00:16帧的位置，以同样的方法将心形向右上角移动并稍微放大，如图5.79所示。

图5.79 移动并放大图像

步骤 09 以同样的方法分别在0:00:00:24、0:00:01:07、0:00:01:16位置移动并放大图像，如图5.80所示。

图5.80 移动并放大图像

5.8.2 制作文字动画

步骤 01 将时间调整至0:00:01:16帧的位置，按T键打开【不透明度】，单击【不透明度】左侧的码表按钮，在当前位置添加关键帧，如图5.81所示。

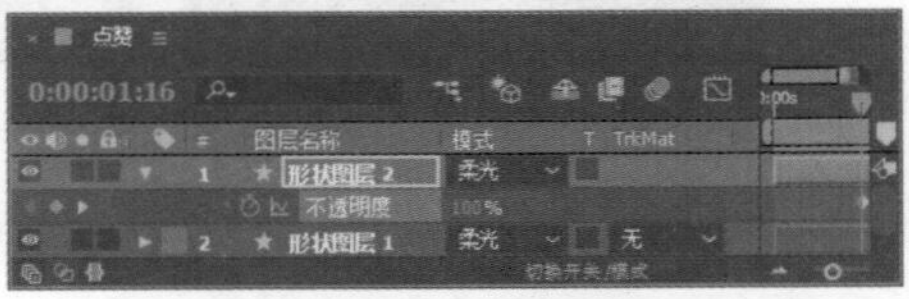

图5.81 添加关键帧

步骤 02 将时间调整至0:00:01:24帧的位置，将【不透明度】更改为0，如图5.82所示。

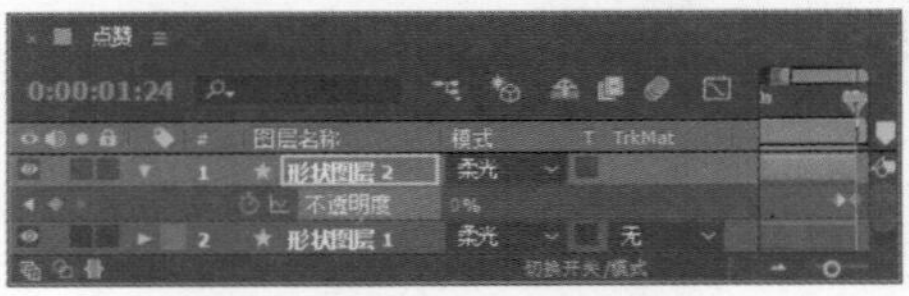

图5.82 更改【不透明度】数值

步骤 03 执行菜单栏中的【图层】|【新建】|【纯色】命令，在弹出的对话框中将【名称】更改为“数字”，完成之后单击【确定】按钮。

步骤 04 在【效果和预设】面板中展开【文本】特效组，然后双击【编号】特效，在弹出的对话框中将【字体】更改为Arial，选中【居中对齐】单选按钮，完成之后单击【确定】按钮，如图5.83所示。

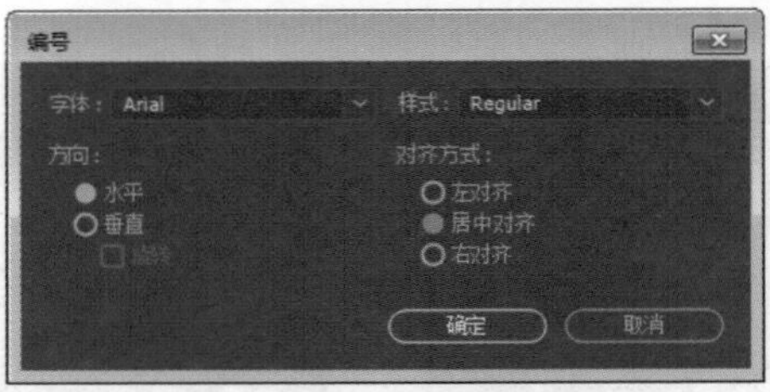

图5.83 【编号】对话框

步骤 05 将时间调整至0:00:00:00帧的位置，在【效果控件】面板中将【小数位数】更改为0，单击【数值/位移/随机】左侧的码表按钮，将其更改为12，【填充颜色】更改为紫色（R：255，G：0，B：228），如图5.84所示。

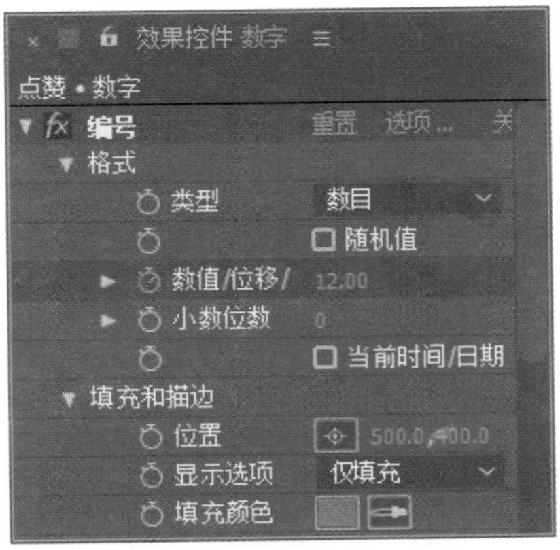

图5.84 设置【编号】参数

步骤 06 将时间调整至0:00:00:07帧的位置，将【数值/位移/随机】更改为13，系统会自动添加关键帧，如图5.85所示。

图5.85 更改数值

步骤 07 这样就完成了整体效果的制作，按小键盘上的0键即可在合成窗口中预览效果。

5.9 运动统计动效设计

设计构思

本例主要讲解运动统计动效设计，在制作过程中将【缩放】和【位置】功能相结合，在相同的时间内制作相同的动画效果，动画流程画面如图5.86所示。

视频分类：活动视觉动效类
工程文件：下载文件\工程文件\第5章\运动统计动效设计
视频文件：下载文件\movie\视频讲座\5.9.avi
学习目标：【缩放】、【位置】、【编号】

图5.86 动画流程画面

操作步骤

5.9.1 绘制触控元件

步骤01 执行菜单栏中的【合成】|【新建合成】命令，打开【合成设置】对话框，设置【合成名称】为“统计动效”，【宽度】为800，【高度】为600，【帧速率】为25，并设置【持续时间】为00:00:10:00秒，【背景颜色】为深蓝色（R：2，G：31，B：66），完成之后单击【确定】按钮，如图5.87所示。

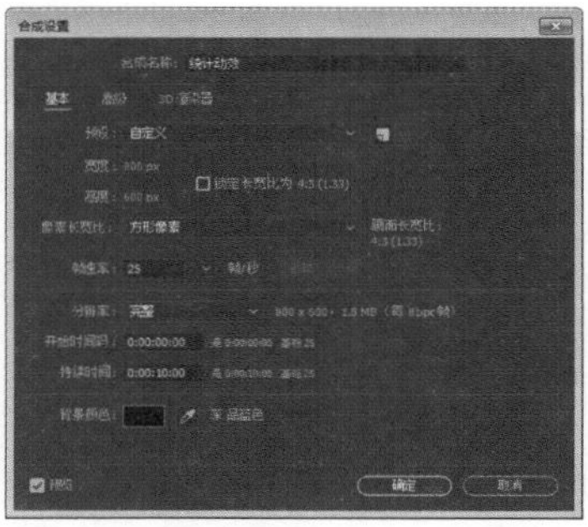

图5.87 新建合成

步骤02 选择工具箱中的【矩形工具】，在封面位置绘制一个矩形，设置其【填充】为白色，【描边】为无，将生成一个【形状图层 1】，如图5.88所示。

图5.88 绘制图形

步骤03 执行菜单栏中的【文件】|【导入】|【文件】命令，打开【导入文件】对话框，选择下载文件中的“工程文件\第5章\运动统计动效设计\图像.jpg”素材，单击【导入】按钮，如图5.89所示。

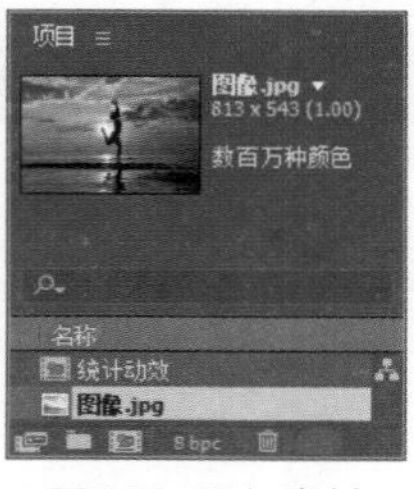

图5.89 添加素材

步骤04 在【项目】面板中选中【图像.jpg】图层，将其拖至时间线面板中。选中【形状图层1】图层，按Ctrl+D组合键复制一个【形状图层2】图层并移至【图像.jpg】图层上方，将【图像.jpg】合成轨道遮罩设置为【Alpha 遮罩“形状图层2”】，如图5.90所示。

图5.90 设置轨道遮罩

步骤05 选中【图像.jpg】图层，在图像中将其适当等比缩小，如图5.91所示。

图5.91 缩小图像

步骤06 在时间线面板中选中【形状图层1】图层，按Ctrl+D组合键复制一个【形状图层3】图层并移至所有图层上方，将其【填充】更改为青色（R：84，G：198，B：211）并适当缩小其高度，如图5.92所示。

图5.92 缩小图形

步骤07 在时间线面板中，将时间调整至0:00:00:00帧的位置，选中【形状图层3】图层，展开【内容】|【矩形 1】|【路径 1】，单击【路径】左侧的码表按钮，在当前位置添加关键帧；将时间调整至0:00:00:12帧的位置，拖动左上角的锚点，将图形变形，如图5.93所示。

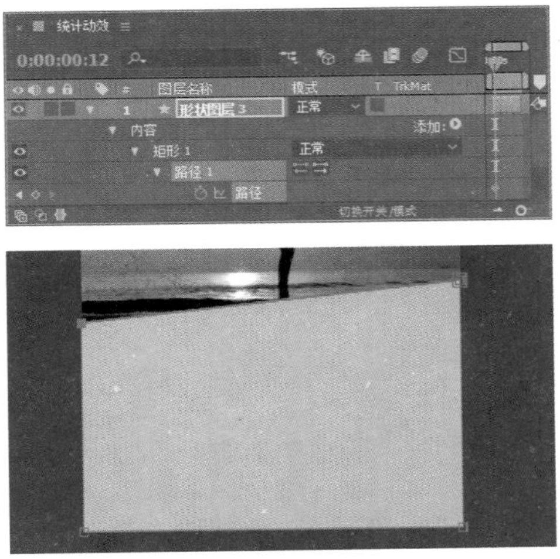

图5.93　拖动锚点

步骤 08 将时间调整至0:00:00:18帧的位置，拖动右上角的锚点，将图形变形，如图5.94所示。

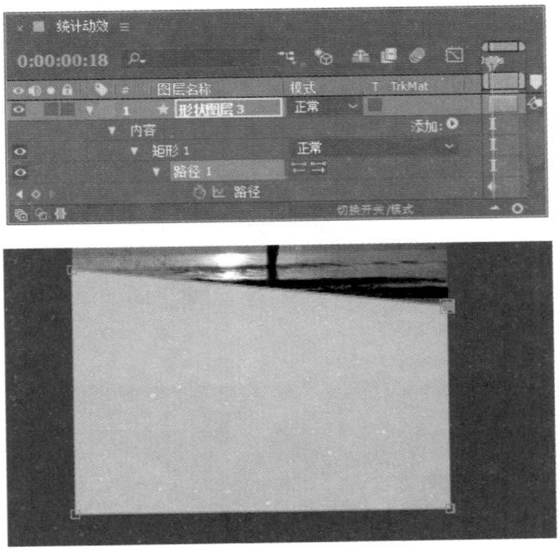

图5.94　拖动锚点

步骤 09 将时间调整至0:00:01:00帧的位置，再次拖动右上角的锚点，将图形变形，如图5.95所示。

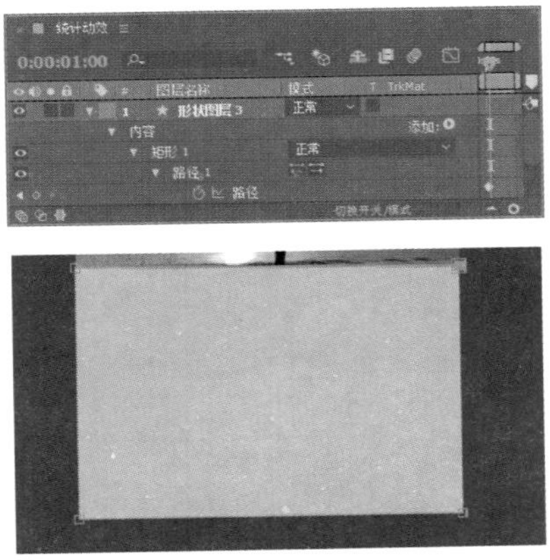

图5.95　拖动锚点

步骤 10 在时间线面板中选中【图像.jpg】图层，将时间调整至0:00:00:00帧的位置，按S键打开【缩放】，单击【缩放】左侧的码表按钮，在当前位置添加关键帧；将时间调整至0:00:01:00帧的位置，将图像适当放大，系统会自动添加关键帧，如图5.96所示。

图5.96　放大图像

步骤 11 在时间线面板中选中【形状图层 1】图层，按Ctrl+D组合键复制一个【形状图层 4】图层。将【形状图层 4】图层中图形的【填充】更改为深青色（R：13，G：83，B：91），按T键打开【不透明度】，将【不透明度】更改为30%，如图5.97所示。

图5.97　复制图形

提示与技巧

复制图形的目的是将背景图像调暗，并增加青色。

步骤 12 选择工具箱中的【钢笔工具】，在蓝色矩形位置绘制一个图形，设置其【填充】为无，【描边】为白色，【描边粗细】为2，如图5.98所示。

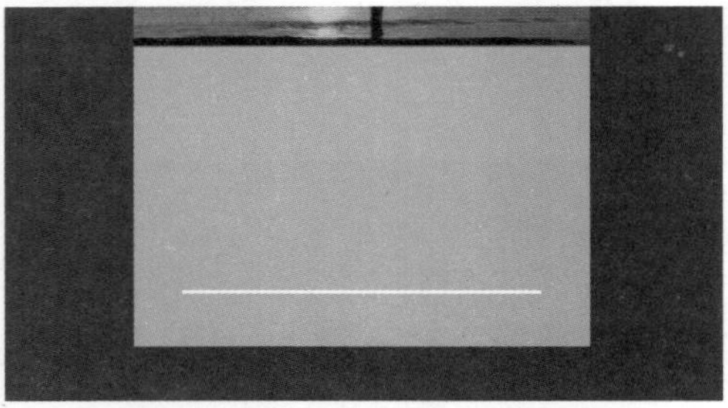

图5.98 绘制线段

步骤 13 在时间线面板中选中【形状图层 5】图层，按T键打开【不透明度】，将【不透明度】更改为50%，如图5.99所示。

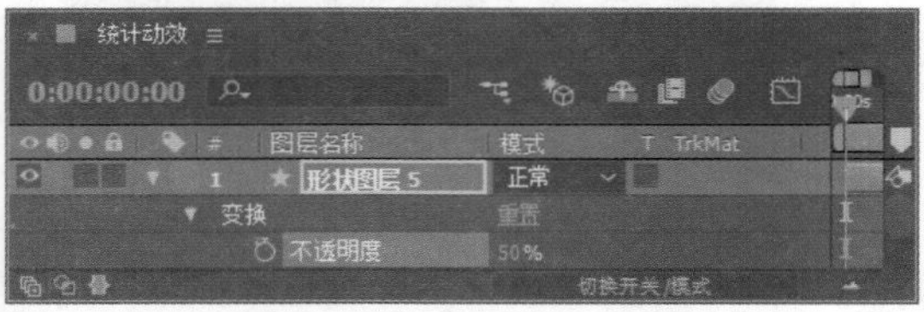

图5.99 更改【不透明度】数值

步骤 14 选择工具箱中的【椭圆工具】，按住Shift键绘制一个正圆，设置其【填充】为青色（R：84，G：198，B：211），【描边】为黄色（R：255，G：204，B：0），【描边宽度】为2像素，将生成一个【形状图层 6】图层，如图5.100所示。

图5.100 绘制图形

步骤 15 在时间线面板中，将时间调整至0:00:00:00帧的位置，选中【形状图层 6】图层，按P键打开【位置】，单击【位置】左侧的码表按钮，在当前位置添加关键帧，将时间调整至0:00:01:00帧的位置，将图形向右侧拖动，系统会自动添加关键帧，如图5.101所示。

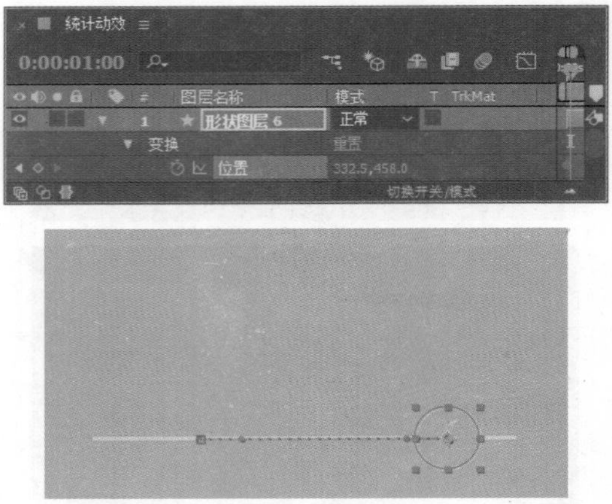

图5.101 移动图形

5.9.2 制作状态动画

步骤 01 选择工具箱中的【椭圆工具】，按住Shift键绘制一个正圆，设置其【填充】为白色，【描边】为无，将生成一个【形状图层 7】图层，如图5.102所示。

图5.102 绘制图形

步骤 02 在时间线面板中，将时间调整至0:00:00:00帧的位置，选中【形状图层 7】图层，按S键打开【缩放】，单击【缩放】左侧的码表按钮，在当前位置添加关键帧；将时间调整至0:00:01:00帧的位置，将圆形等比放大，系统会自动添加关键帧，如图5.103所示。

提示与技巧

按住Shift键可以等比放大图形或图像，注意在放大之前将定位点移至图形中间，可以以中心为基准点进行放大，按Ctrl+Alt+Home组合键可快速将定位点移至图形中心位置。

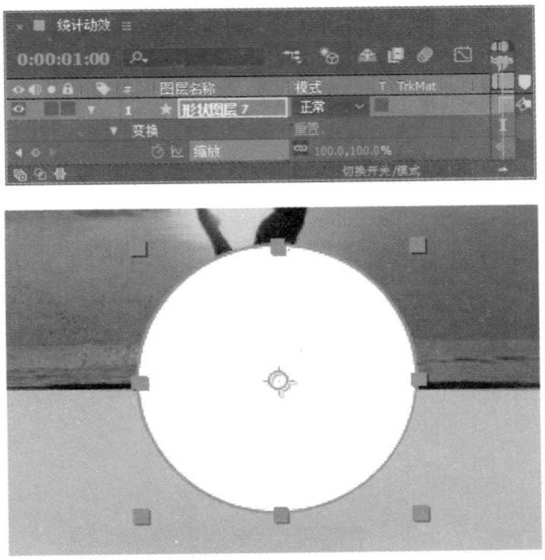

图5.103 放大图形

步骤 03 执行菜单栏中的【图层】|【新建】|【纯色】命令，在弹出的对话框中将【名称】更改为“数字”，完成之后单击【确定】按钮。

步骤 04 在【效果和预设】面板中展开【文本】特效组，然后双击【编号】特效，在弹出的对话框中将【字体】更改为Arial，选中【居中对齐】单选按钮，完成之后单击【确定】按钮，如图5.104所示。

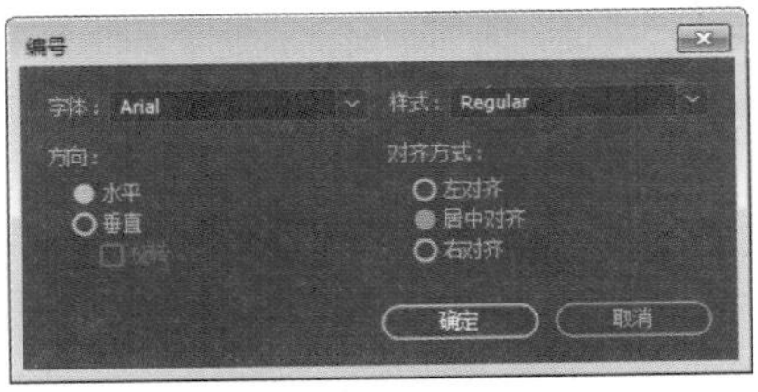

图5.104 【编号】对话框

步骤 05 将时间调整至0:00:00:00帧的位置，在【效果控件】面板中单击【数值/位移/随机最大】左侧的码表按钮，将其数值更改为0，【小数位数】更改为0，【填充颜色】更改为深灰色（R：45，G：45，B：45），如图5.105所示。

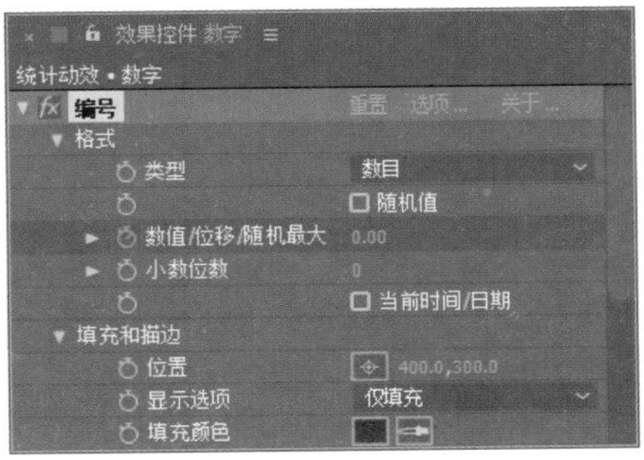

图5.105 设置【编号】参数

步骤 06 将时间调整至0:00:01:00帧的位置，将【数值/位移/随机最大】更改为180，系统会自动添加关键帧，如图5.106所示。

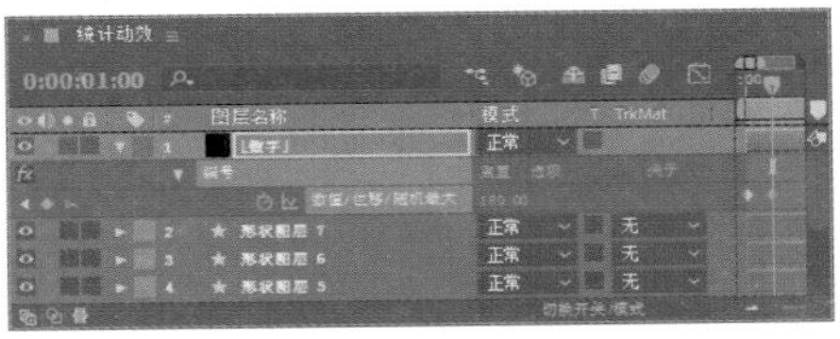

图5.106 更改数值

步骤 07 在时间线面板中选中【数字】图层，在图像中将其移至白色正圆位置，如图5.107所示。

图5.107 移动数字

步骤 08 这样就完成了整体效果的制作，按小键盘上的0键即可在合成窗口中预览效果。

5.10 频谱动效设计

设计构思

本例主要讲解频谱动效设计，该动效在设计过程中以动感的字符为基础，以蒙版功能为主制作出频谱效果，同时利用【缩放】功能制作出进度条效果，动画流程画面如图5.108所示。

视频分类：活动视觉动效类
工程文件：下载文件\工程文件\第5章\频谱动效设计
视频文件：下载文件\movie\视频讲座\5.10.avi
学习目标：【蒙版】、【位置】、【缩放】

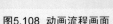

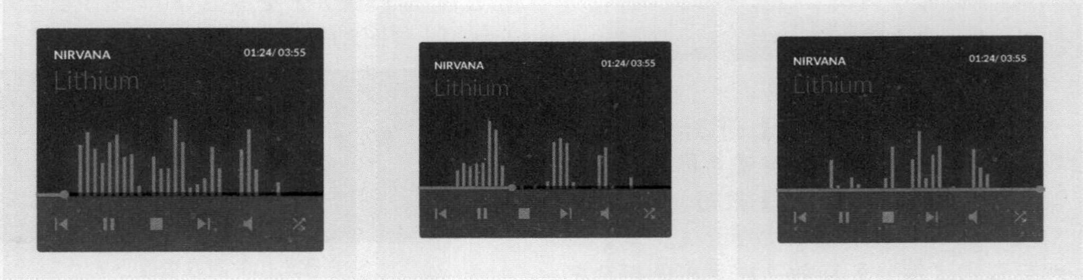

图5.108 动画流程画面

操作步骤

5.10.1 制作频谱动画

步骤01 执行菜单栏中的【合成】|【新建合成】命令，打开【合成设置】对话框，设置【合成名称】为“频谱动效”，【宽度】为800，【高度】为500，【帧速率】为25，并设置【持续时间】为00:00:10:00秒，【背景颜色】为浅蓝色（R：218，G：229，B：255），完成之后单击【确定】按钮，如图5.109所示。

步骤02 执行菜单栏中的【文件】|【导入】|【文件】命令，打开【导入文件】对话框，选择下载文件中的“工程文件\第5章\频谱动效设计\界面.png”素材，单击【导入】按钮，如图5.110所示。

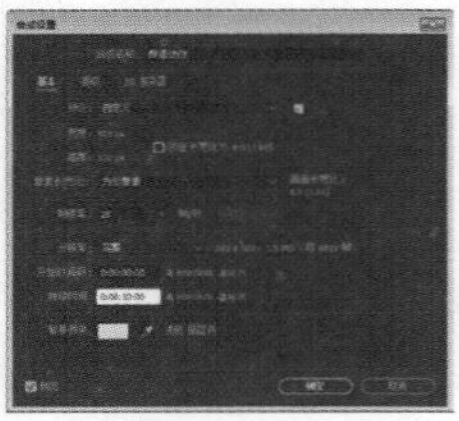

图5.109 新建合成

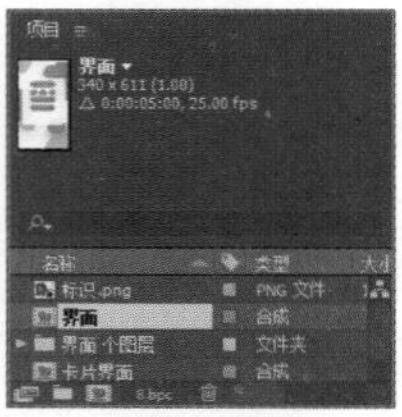

图5.110 导入素材

步骤03 在【项目】面板中选中【界面.png】素材，将其拖动到【频谱动效】合成的时间线面板中，如图5.111所示。

图5.111 添加素材

步骤04 执行菜单栏中的【图层】|【新建】|【文本】命令，输入“IIIIIIIIIIIII”，在【字符】面板中，设置文字字体为Century Gothic，字号为28像素，字体颜色为浅紫色（R：116；G：131；B：232），如图5.112所示。

图5.112 添加文字

步骤 05 将时间调整到00:00:00:00帧的位置，在工具栏中选择【矩形工具】，在文字层上绘制一个矩形路径，如图5.113所示。

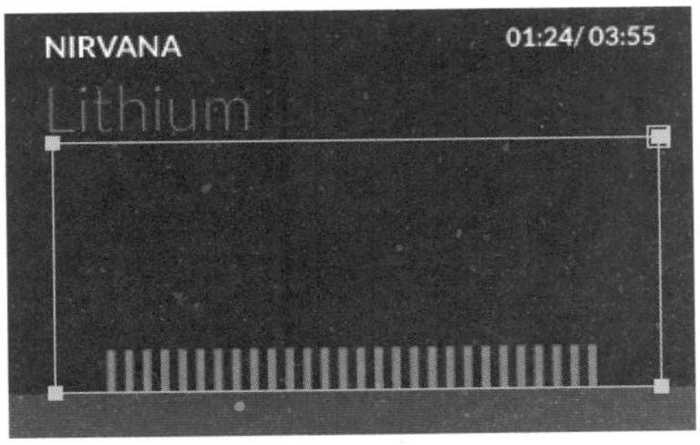

图5.113 绘制矩形路径

步骤 06 展开“IIIIIIIIIIIII”层，单击【文本】右侧的【动画】按钮，从弹出的菜单中选择【缩放】命令，单击【缩放】左侧的【约束比例】按钮，取消约束，设置【缩放】的值为（100，-250）；单击【动画制作工具 1】右侧的三角形【添加】按钮，从弹出的菜单中选择【选择器】|【摆动】选项，如图5.114所示。

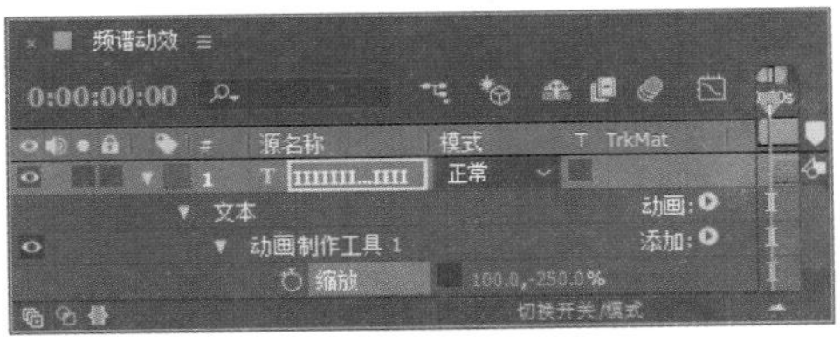

图5.114 设置参数

步骤 07 为“IIIIIIIIIIIII”层添加【发光】特效。在【效果和预设】面板中展开【风格化】特效组，然后双击【发光】特效。

步骤 08 在【效果控件】面板中修改【发光】特效的参数，设置【发光半径】的值为20，【发光强度】的值为2，如图5.115所示。

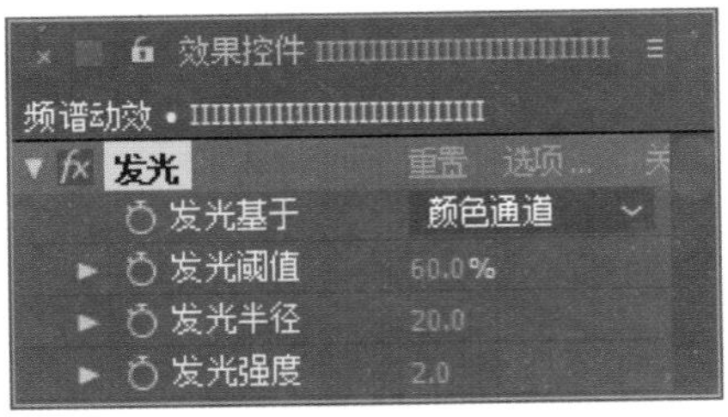

图5.115 设置【发光】特效参数

5.10.2 制作进度条

步骤 01 选择工具箱中的【矩形工具】，在频谱图像底部绘制一个细长矩形，设置其【填充】为黑色，【描边】为无，将生成一个【形状图层 1】图层，如图5.116所示。

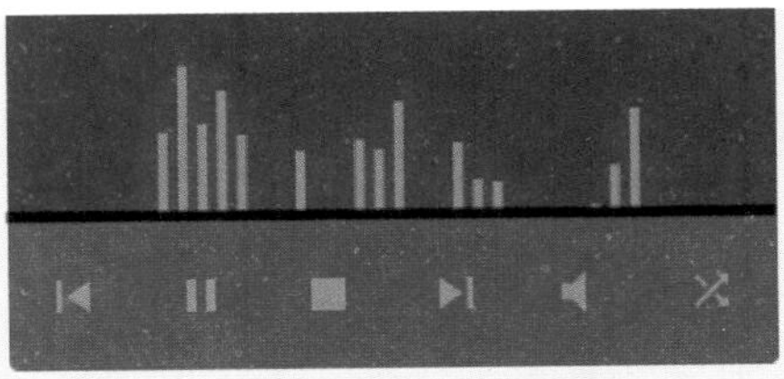

图5.116 绘制图形

步骤 02 在时间线面板中选中【形状图层 1】图层，按T键打开【不透明度】，将【不透明度】数值更改为60%，如图5.117所示。

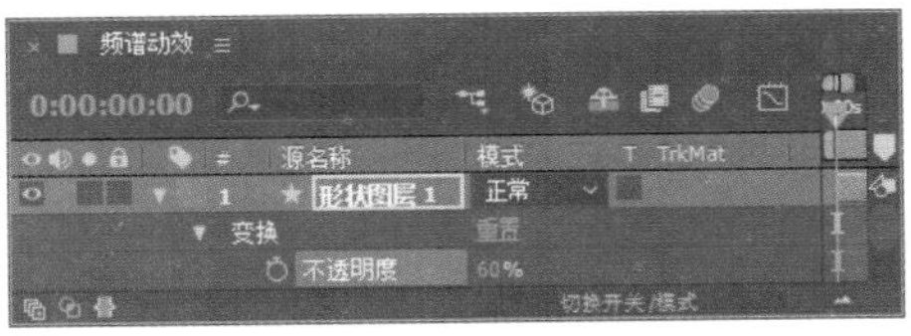

图5.117 更改【不透明度】数值

步骤 03 在时间线面板中选中【形状图层 1】图层，按Ctrl+D组合键复制一个【形状图层 2】图层。将【形状图层 2】图层中图形的【填充】更改为红色（R：233，G：30，B：99），【描边】更改为无，并适当缩短其长度，【不透明度】更改为100%，如图5.118所示。

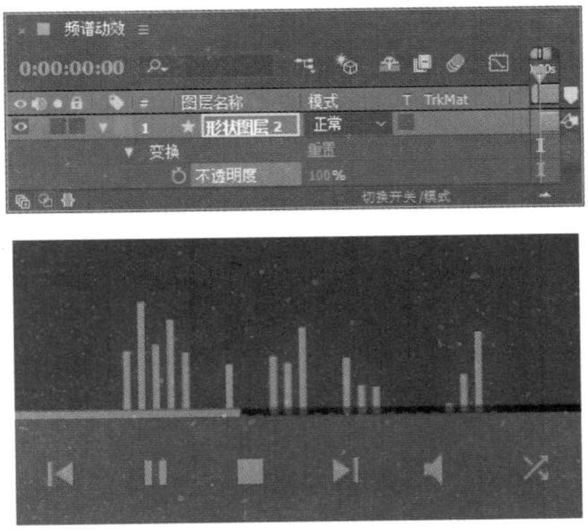

图5.118 复制图形

步骤 04 选择工具箱中的【向后平移（锚点）工具】，拖动【形状图层2】图层中图形定位点，将其移至矩形左侧顶端位置，如图5.119所示。

步骤 05 在时间线面板中，将时间调整至0:00:00:00帧的位置，选中【形状图层 2】图层，按S键打开【缩放】，单击【约束比例】按钮，将数值更改为（5，100）；将时间调整至0:00:09:24帧的位置，将数值更改为（100，100），系统会自动添加关键帧，如图5.120所示。

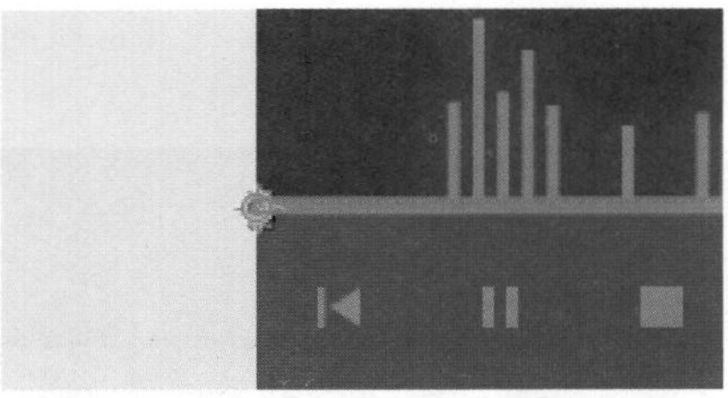

图5.119 更改定位点

图5.120 更改数值

步骤 06 选择工具箱中的【椭圆工具】，按住Shift键绘制一个正圆，设置其【填充】为红色（R：233，G：30，B：99），【描边】为无，将生成一个【形状图层3】图层，如图5.121所示。

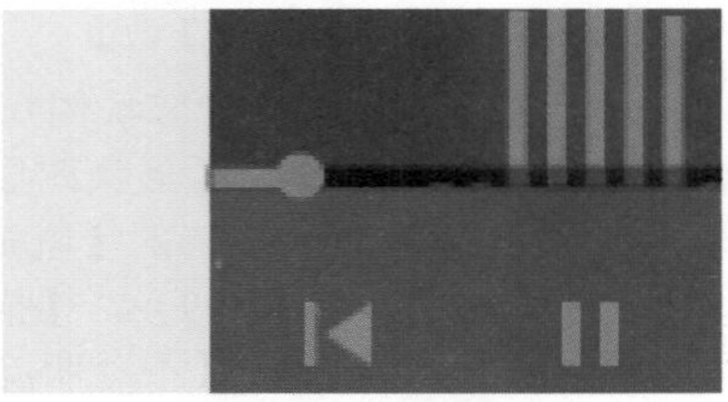

图5.121 绘制图形

步骤 07 在时间线面板中选中【形状图层3】图层，将时间调整至0:00:00:00帧的位置，按P键打开【位置】，单击【位置】左侧的码表按钮，在当前位置添加关键帧；将时间调整至0:00:09:24帧的位置，将正圆向右侧拖动，系统会自动添加关键帧，如图5.122所示。

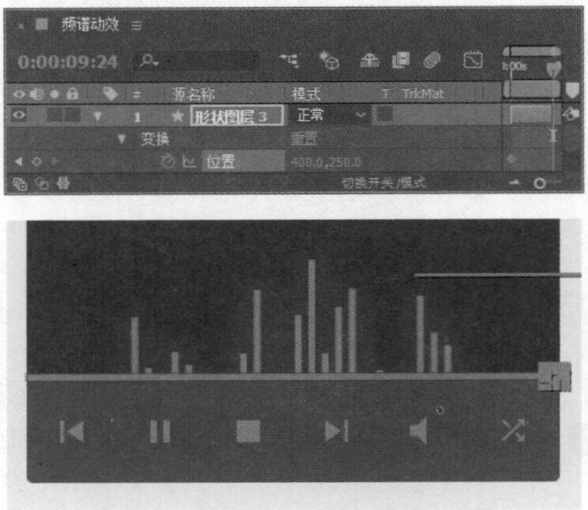

图5.122 拖动图形

步骤 08 这样就完成了整体效果的制作，按小键盘上的0键即可在合成窗口中预览效果。

5.11 图案解锁动效设计

设计构思

本例主要讲解图案解锁动效设计，该动效在制作过程中主要用到【3D Stroke】特效及【位置】功能，通过两者的结合制作出非常形象的图案解锁效果，动画流程画面如图5.123所示。

视频分类：活动视觉动效类

工程文件：下载文件\工程文件\第5章\图案解锁动效设计

视频文件：下载文件\movie\视频讲座\5.11.avi

学习目标：【3D Stroke】、【位置】

图5.123 动画流程画面

操作步骤

5.11.1 制作界面滑动效果

步骤 01 执行菜单栏中的【合成】|【新建合成】命令，打开【合成设置】对话框，设置【合成名称】为“锁定界面”，【宽度】为900，【高度】为700，【帧速率】为25，并设置【持续时间】为00:00:05:00秒，【背景颜色】为黑色，完成之后单击【确定】按钮，如图5.124所示。

步骤 02 执行菜单栏中的【文件】|【导入】|【文件】命令，打开【导入文件】对话框，选择下载文件中的“工程文件\第5章\动感滑动动效设计\界面.psd”素材，单击【导入】按钮，在弹出的对话框中选择【导入种类】为【合成-保持图层大小】，选中【可编辑的图层样式】单选按钮，完成之后单击【确定】按钮，如图5.125所示。

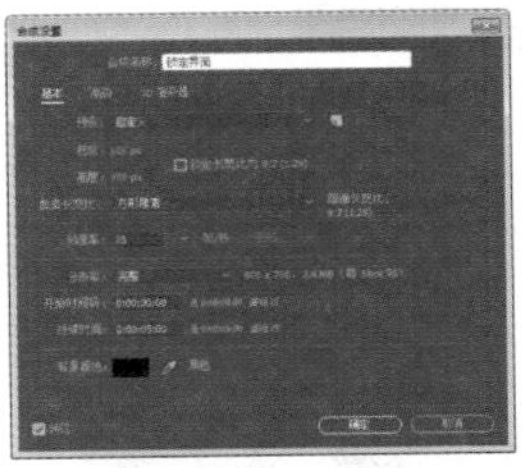

图5.124 新建合成

图5.125 导入素材

步骤 03 在【项目】面板中选中【锁定界面 2 个图层】文件夹，将其拖动到【锁定界面】合成时间线面板中，调整图层的上下顺序，同时注意画布中图像的摆放，如图5.126所示。

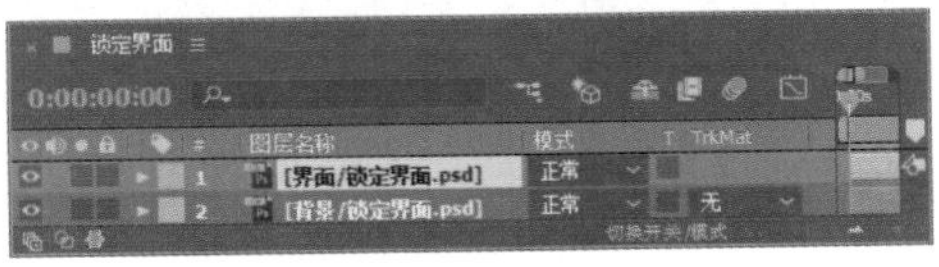

图5.126 添加素材

步骤 04 执行菜单栏中的【图层】|【新建】|【纯色】命令，在弹出的对话框中将【名称】更改为“路径”，完成之后单击【确定】按钮。

步骤 05 选中【路径】图层，按T键打开【不透明度】，将数值更改为50%，如图5.127所示。

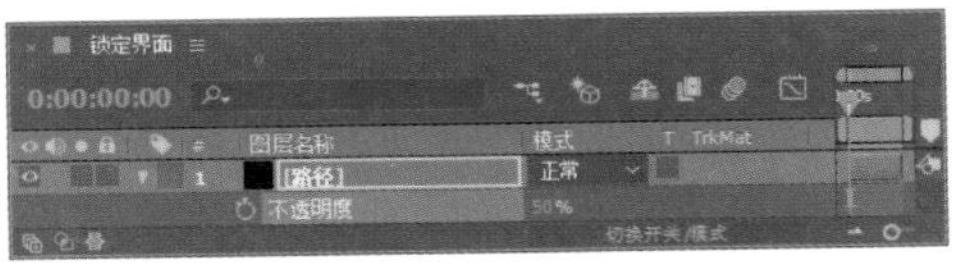

图5.127 更改【不透明度】数值

提示与技巧

降低图层不透明度的目的是为了方便观察路径的绘制情况。

步骤 06 选择工具箱中的【钢笔工具】，在圆点区域绘制一条不规则路径，如图5.128所示。

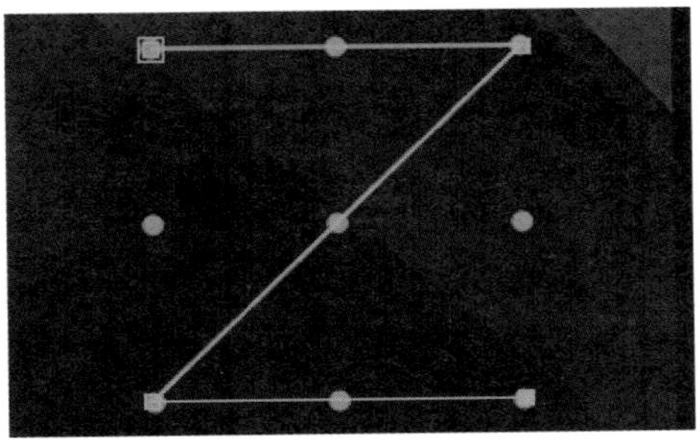

图5.128 绘制路径

步骤 07 在时间线面板中，将时间调整至0:00:00:00帧的位置，选中【路径】图层，在【效果和预设】面板中展开【Trapcode】特效组，然后双击【3D Stroke】特效。

步骤 08 在【效果控件】面板中修改【3D Stroke】特效的参数，将【Color】更改为蓝色（R：54，G：170，B：215），【Thickness】数值更改为3，单击【End】左侧的码表按钮，将其数值更改为0，如图5.129所示。

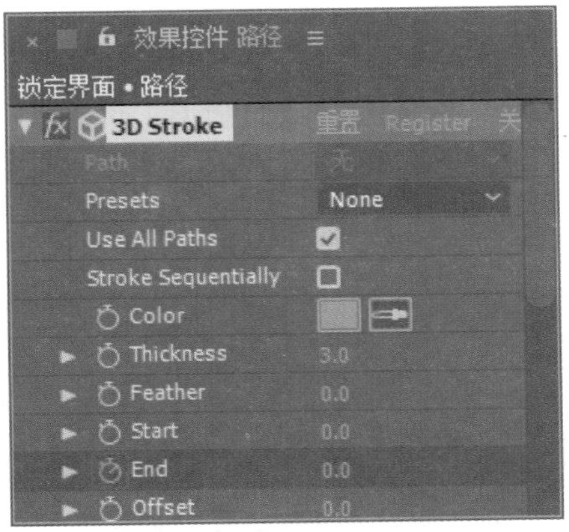

图5.129 设置【3D Stroke】特效参数

步骤 09 在时间线面板中，将时间调整至0:00:02:00帧的位置，将【End】更改为100，系统会自动添加关键帧，如图5.130所示。

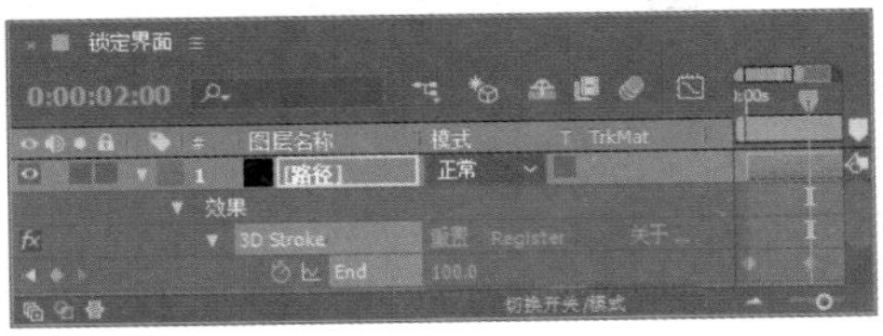

图5.130 更改数值

5.11.2 制作装饰图形动效

步骤01 选择工具箱中的【椭圆工具】，按住Shift键绘制一个正圆，设置其【填充】为蓝色（R：0，G：162，B：255），【描边】为无，将生成一个【形状图层1】图层，如图5.131所示。

图5.131 绘制图形

步骤02 在时间线面板中，按T键打开【不透明度】，将其数值更改为30%，效果如图5.132所示。

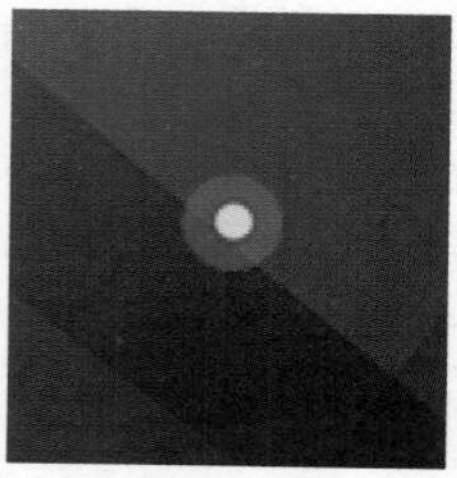

图5.132 更改不透明度效果

步骤03 在时间线面板中，将时间调整至0:00:00:00帧的位置，按P键打开【位置】，单击【位置】左侧的码表按钮，在当前位置添加关键帧；将时间调整至0:00:00:15帧的位置，将图形向右侧拖动，系统会自动添加关键帧，如图5.133所示。

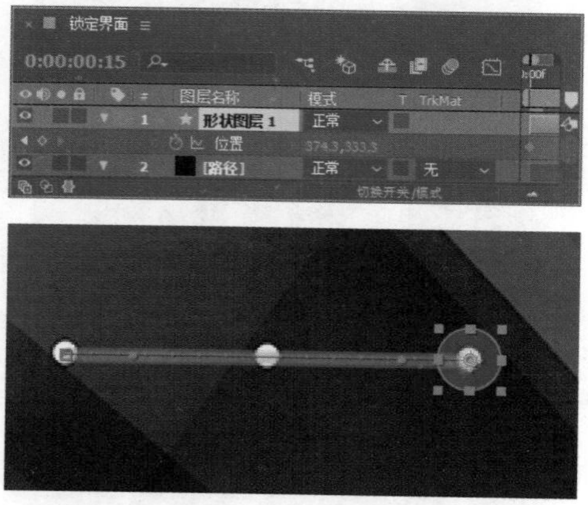

图5.133 拖动图形

步骤04 将时间调整至0:00:01:10帧的位置，将图形向左下角拖动，如图5.134所示。

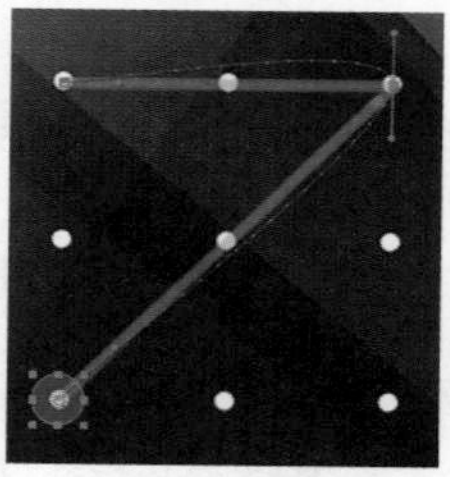

图5.134 拖动图形

步骤05 选择工具箱中的【转换“顶点”工具】，在右上角锚点位置单击，如图5.135所示。

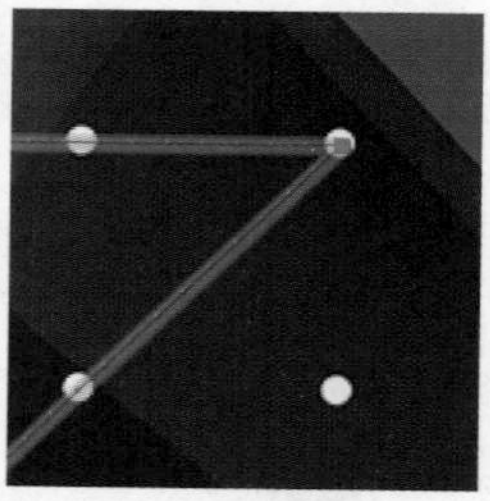

图5.135 单击锚点

步骤06 将时间调整至0:00:02:00帧的位置，将图形向右侧拖动，选择工具箱中的【转换“顶点”工具】，以刚才同样的方法单击左下角锚点，如图5.136所示。

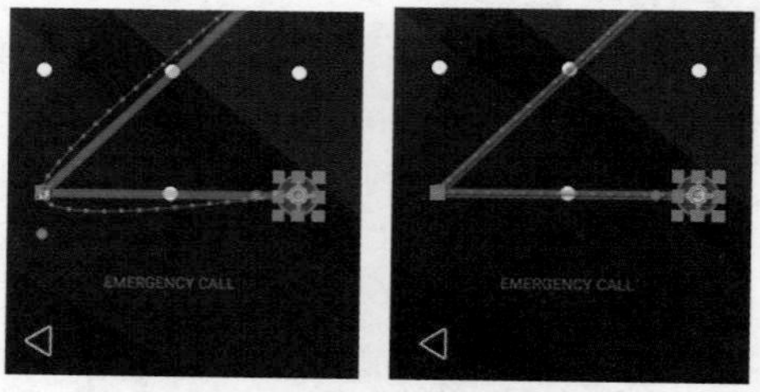

图5.136 拖动图形并单击锚点

步骤07 这样就完成了整体效果的制作，按小键盘上的0键即可在合成窗口中预览效果。

5.12 天气状态动效设计

设计构思

本例主要讲解天气状态动效设计，该动效在制作过程中利用插件功能，制作出真实的太阳耀斑及闪电效果，动画流程画面如图5.137所示。

视频分类：活动视觉动效类

工程文件：下载文件\工程文件\第5章\天气状态动效设计

视频文件：下载文件\movie\视频讲座\5.12.avi

学习目标：【圆形】、【分形杂色】、【CC Lens】、【快速模糊】、【Shine】、【高级闪电】、【父子关系】

图5.137 动画流程画面

操作步骤

5.12.1 制作太阳动画

步骤01 执行菜单栏中的【合成】|【新建合成】命令，打开【合成设置】对话框，设置【合成名称】为“天气界面”，【宽度】为450，【高度】为320，【帧速率】为25，并设置【持续时间】为00:00:10:00秒，【背景颜色】为黑色，完成之后单击【确定】按钮，如图5.138所示。

步骤02 执行菜单栏中的【文件】|【导入】|【文件】命令，打开【导入文件】对话框，选择下载文件中的“工程文件\第5章\天气状态动效设计\天气界面.psd”素材，单击【导入】按钮，在弹出的对话框中选择【导入种类】为【合成-保持图层大小】，并选中【可编辑的图层样式】单选按钮，完成之后单击【确定】按钮，如图5.139所示。

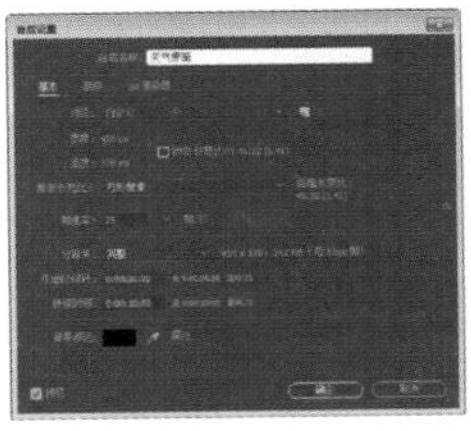

图5.138 新建合成

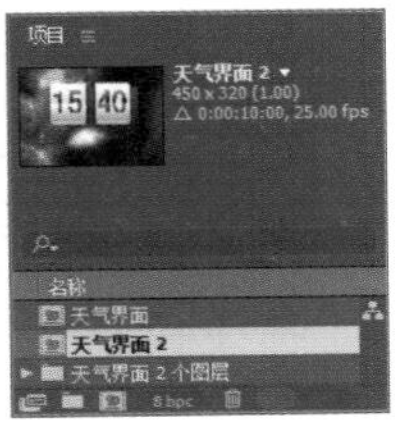

图5.139 导入素材

步骤03 在【项目】面板中选中【天气界面 2 个图层】素材，将其拖动到【天气界面】合成的时间线面板中，如图5.140所示。

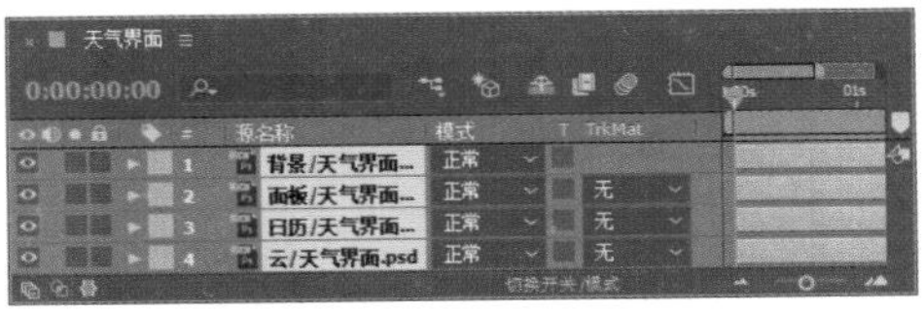

图5.140 添加素材

步骤04 在图像中分别调整部分对象位置，如图5.141所示。

图5.141 调整图像位置

步骤05 执行菜单栏中的【合成】|【新建】|【纯

色】命令，在弹出的对话框中将【名称】更改为【太阳】，【颜色】更改为橙色（R：255，G：180，B：0），完成之后单击【确定】按钮。

步骤 06 在时间线面板中选中【太阳】层，将图像适当缩小及移动位置，并将其移至【云/天气界面.psd】图层下方，如图5.142所示。

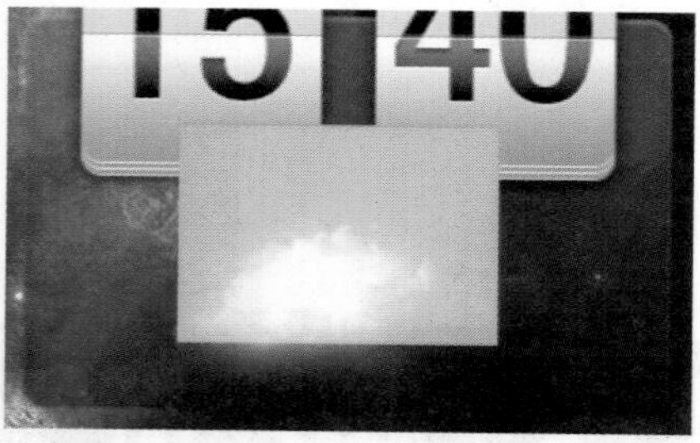

图5.142 调整图像

步骤 07 选中【太阳】层，在【效果和预设】面板中展开【生成】特效组，然后双击【圆形】特效。

步骤 08 在【效果控件】面板中修改【圆形】特效的参数，设置【颜色】为橙色（R：255，G：180，B：0），【混合模式】为模板Alpha，如图5.143所示。

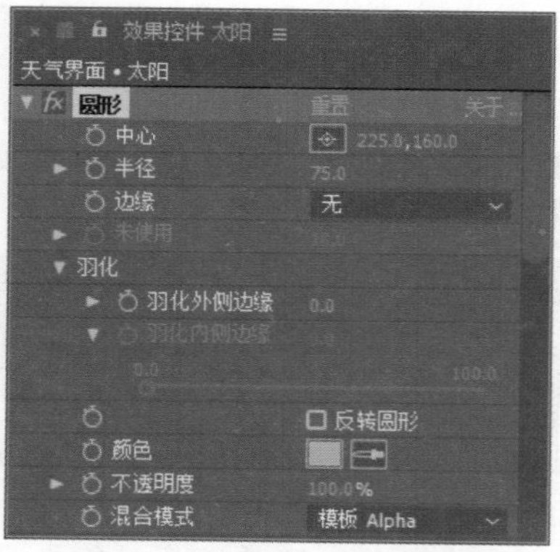

图5.143 设置【圆形】特效参数

步骤 09 在【效果和预设】面板中展开【杂色和颗粒】特效组，然后双击【分形杂色】特效。

步骤 10 将时间调整至0:00:00:00帧的位置，在【效果控件】面板中修改【分形杂色】特效的参数，设置【分形类型】为【字符串】，【杂色类型】为【柔和线性】，【对比度】为130，单击【演化】左侧的码表按钮，在当前位置添加关键帧，【混合模式】更改为【叠加】，如图5.144所示。

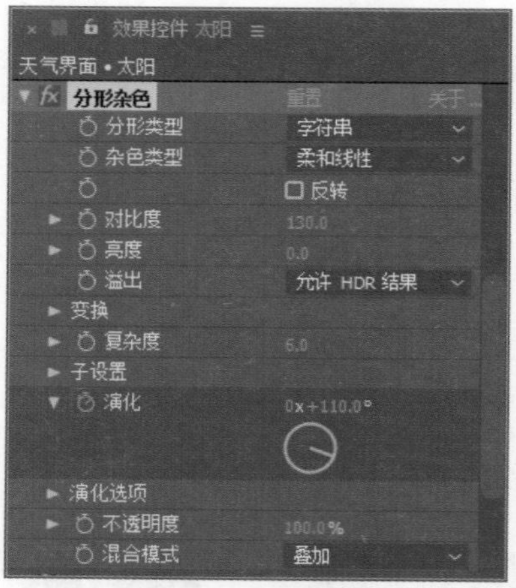

图5.144 设置【分形杂色】特效参数

步骤 11 将时间调整到0:00:01:00位置，将【演化】更改为162；将时间调整到0:00:02:00位置，将【演化】更改为150；将时间调整到0:00:03:00位置，将【演化】更改为50；将时间调整到0:00:04:00位置，将【演化】更改为130；将时间调整到0:00:05:00位置，将【演化】更改为200；将时间调整到0:00:06:00位置；将【演化】更改为250；将时间调整到0:00:08:00位置，将【演化】更改为200；将时间调整到0:00:09:00位置，将【演化】更改为1X；将时间调整到0:00:09:24位置，将【演化】更改为0，系统会自动添加关键帧，如图5.145所示。

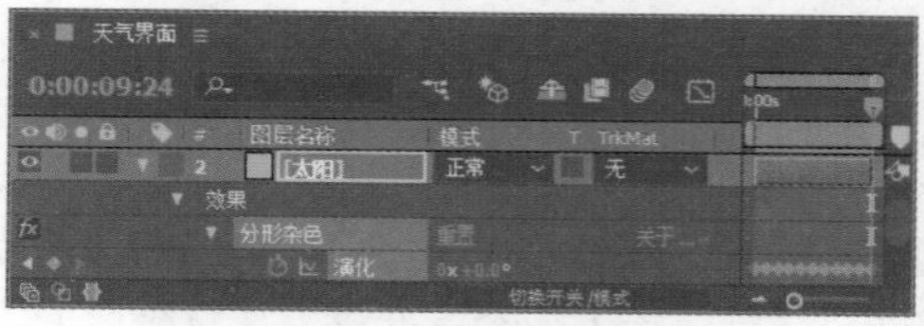

图5.145 更改数值

步骤 12 选中【太阳】层，在【效果和预设】面板中展开【扭曲】特效组，双击【CC lens（CC 镜头）】特效。

步骤 13 在【效果控件】面板中修改【CC lens（CC镜头）】特效的参数，设置【Center（中心点）】的值为（360，202），【Size（大小）】的值为30，如图5.146所示。

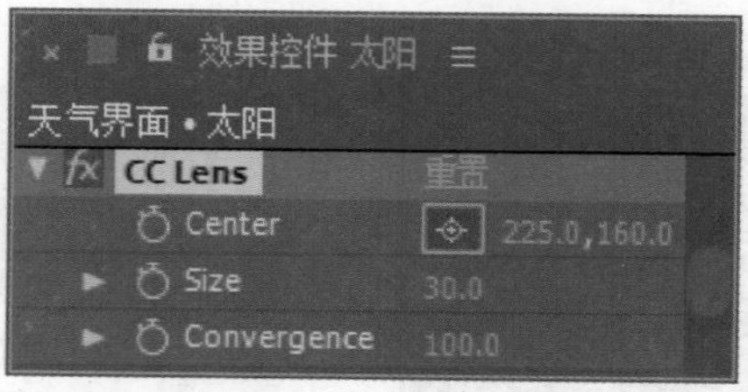

图5.146 设置CC lens（CC 镜头）特效参数

步骤 14 选中【太阳】层，在【效果和预设】面板中展开【过时】特效组，双击【快速模糊】特效。

步骤 15 在【效果控件】面板中修改【快速模糊】特效的参数，将【模糊度】更改为7，如图5.147所示。

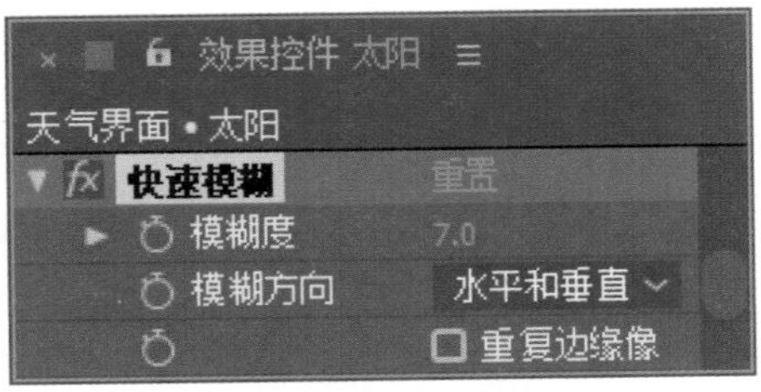

图5.147 设置【快速模糊】特效参数

步骤 16 选中【太阳】层，在【效果和预设】面板中展开【Trapcode】特效组，双击【Shine】特效。

步骤 17 在【效果控件】面板中修改【Shine】特效的参数，将【Ray Length】更改为2，【Boost Light】更改为1.3，【Blend Mode】更改为Color Burn，如图5.148所示。

图5.148 设置【Shine】特效参数

步骤 18 在时间线面板中，将时间调整至0:00:00:00帧的位置，选中【云/天气界面.psd】图层，按P键打开【位置】，单击【位置】左侧的码表按钮，在当前位置添加关键帧；将时间调整至0:00:09:24帧的位置，将云图像向左侧平移，系统会自动添加关键帧，如图5.149所示。

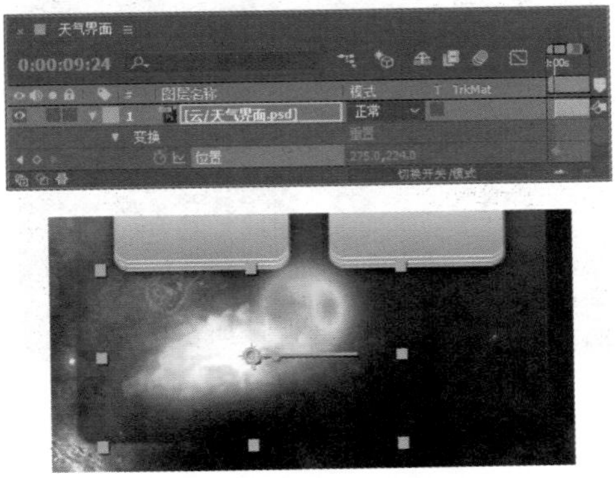

图5.149 移动图像

5.12.2 制作闪电动画

步骤 01 执行菜单栏中的【合成】|【新建】|【纯色】命令，在弹出的对话框中将【名称】更改为“闪电”，【颜色】更改为黑色，完成之后单击【确定】按钮。在时间线面板中，将【闪电】层移至【云/天气界面.psd】图层下方。

步骤 02 将时间调整到0:00:00:00位置，选中【闪电】层，在【效果和预设】面板中展开【生成】特效组，双击【高级闪电】特效。

步骤 03 在【效果控件】面板中修改【高级闪电】特效的参数，设置【传导率状态】为0，单击【传导率状态】左侧的码表按钮，在当前位置添加关键帧，将【Alpha障碍】更改为0，【湍流】更改为1，【分叉】更改为20%，【衰减】更改为0.5，如图5.150所示。

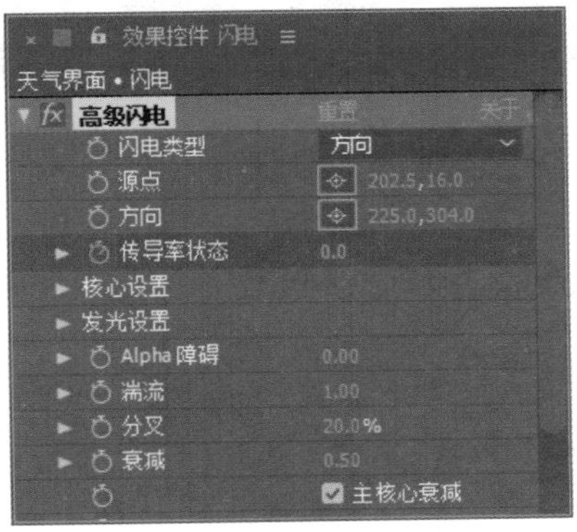

图5.150 添加关键帧

步骤 04 将时间调整至0:00:09:24帧的位置，设置【传导率状态】为5，系统会自动添加关键帧，如图5.151所示。

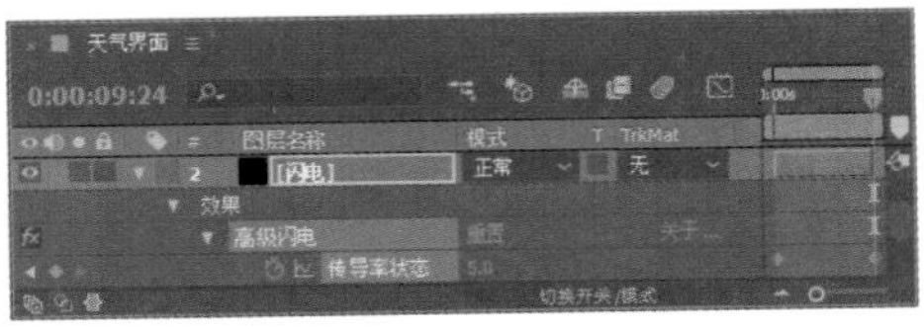

图5.151 更改数值

步骤 05 在时间线面板中选中【闪电】合成，设置其父级为【云/天气界面.psd】，如图5.152所示。

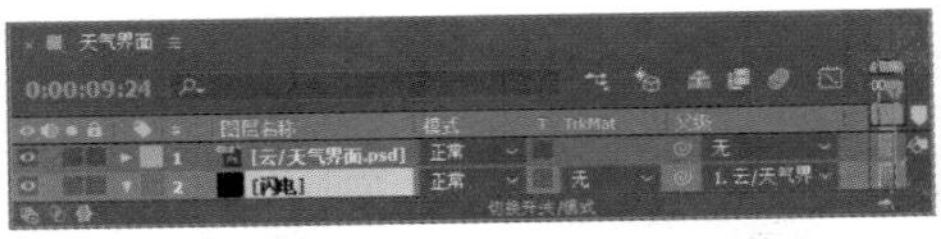

图5.152 添加父级对象

步骤 06 这样就完成了整体效果的制作，按小键盘上的0键即可在合成窗口中预览效果。

5.13 动感滑动动效设计

设计构思

本例主要讲解动感滑动动效设计，该动效利用【位置】、【缩放】功能及【快速模糊】特效，制作出连续的动画效果，动画流程画面如图5.153所示。

视频分类：活动视觉动效类

工程文件：下载文件\工程文件\第5章\动感滑动动效设计

视频文件：下载文件\movie\视频讲座\5.13.avi

学习目标：【旋转】、【快速模糊】、【编号】

图5.153 动画流程画面

操作步骤

5.13.1 制作发光动效

步骤01 执行菜单栏中的【合成】|【新建合成】命令，打开【合成设置】对话框，设置【合成名称】为“界面动效”，【宽度】为600，【高度】为440，【帧速率】为25，并设置【持续时间】为00:00:06:00秒，【背景颜色】为黑色，完成之后单击【确定】按钮，如图5.154所示。

步骤02 执行菜单栏中的【文件】|【导入】|【文件】命令，打开【导入文件】对话框，选择下载文件中的“工程文件\第5章\动感滑动动效设计\界面.psd”素材，单击【导入】按钮，在弹出的对话框中选择【导入种类】为【合成-保持图层大小】，选中【可编辑的图层样式】单选按钮，完成之后单击【确定】按钮，如图5.155所示。

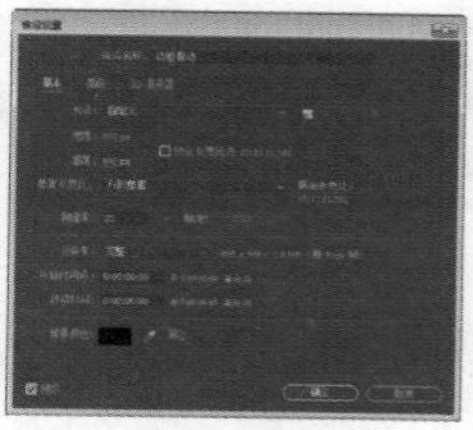

图5.154 新建合成

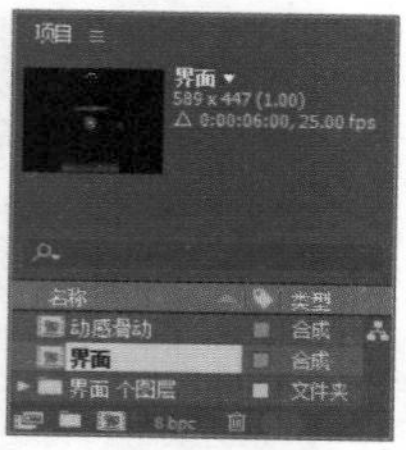

图5.155 导入素材

步骤03 在【项目】面板中选中【界面 个图层】文件夹，将其拖动到【界面动效】合成时间线面板中，调整图层的上下顺序，同时注意图像的摆放，如图5.156所示。

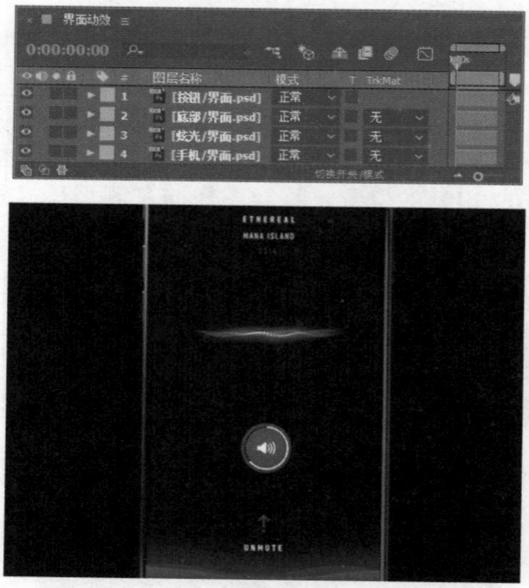

图5.156 添加素材

步骤04 选中工具箱中的【圆角矩形工具】，在手机图像位置绘制一个与其大小相同的矩形，设置其【填充】为蓝色（R：0，G：162，B：

255），【描边】为无，将生成一个【形状图层 1】图层，移至所有图层下方，如图5.157所示。

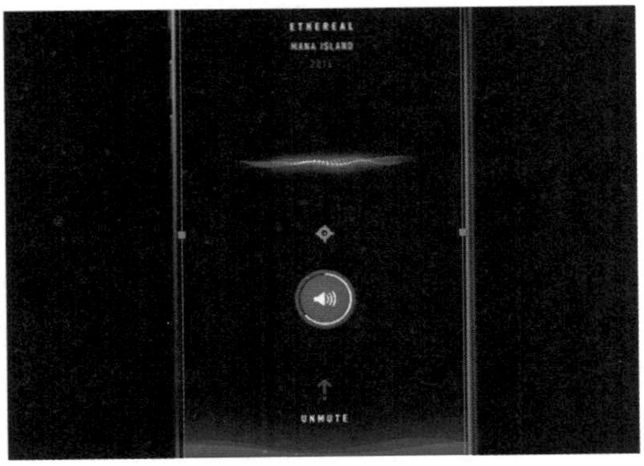

图5.157　绘制图形

步骤 05 在时间线面板中选中【形状图层 1】图层，在【效果和预设】面板中展开【过时】特效组，然后双击【快速模糊】特效。

步骤 06 在时间线面板中，将时间调整至0:00:00:00帧的位置，在【效果控件】面板中修改【快速模糊】特效的参数，单击【模糊度】左侧的码表按钮，在当前位置添加关键帧，如图5.158所示。

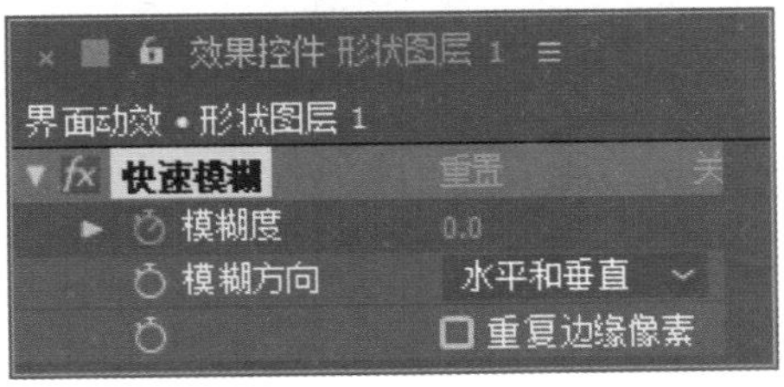

图5.158　设置【快速模糊】特效参数

步骤 07 在时间线面板中，将时间调整至0:00:01:00帧的位置，将【模糊度】更改为50；将时间调整至0:00:02:00帧的位置，将【模糊度】更改为0；将时间调整至0:00:03:00帧的位置，将【模糊度】更改为80；将时间调整至0:00:04:00帧的位置，将【模糊度】更改为0；将时间调整至0:00:05:00帧的位置，将【模糊度】更改为50；将时间调整至0:00:05:24帧的位置，将【模糊度】更改为0，系统会自动添加关键帧，如图5.159所示。

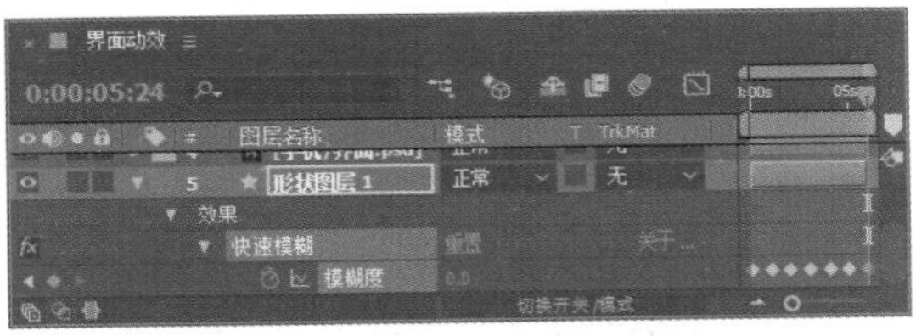

图5.159　更改【模糊度】数值

5.13.2 绘制界面动效

步骤 01 在时间线面板中选中【底部/界面.psd】图层，将时间调整至0:00:00:00帧的位置，按P键打开【位置】，单击【位置】左侧的码表按钮，在当前位置添加关键帧，在图像中将其向下移至界面底部位置，如图5.160所示。

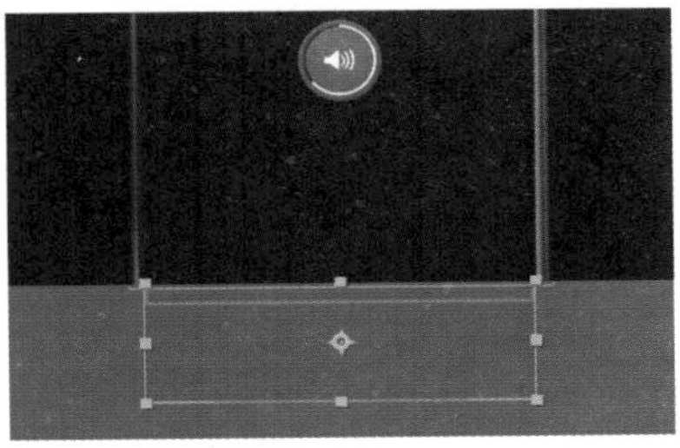

图5.160　移动图像

步骤 02 在时间线面板中，将时间调整至0:00:01:00帧的位置，将图像向上移动，系统会自动添加关键帧，如图5.161所示。

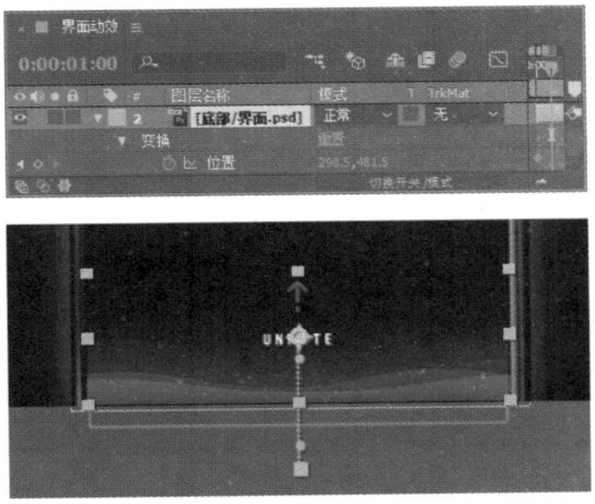

图5.161　移动图像

步骤 03 在时间线面板中选中【底部/界面.psd】图层，在【效果和预设】面板中展开【过时】特效组，然后双击【快速模糊】特效。

步骤 04 在时间线面板中，将时间调整至0:00:00:00帧的位置，在【效果控件】面板中修改【快速模糊】特效的参数，单击【模糊度】左侧的码表按钮，将其数值更改为10，在当前位置添加关键帧，如图5.162所示。

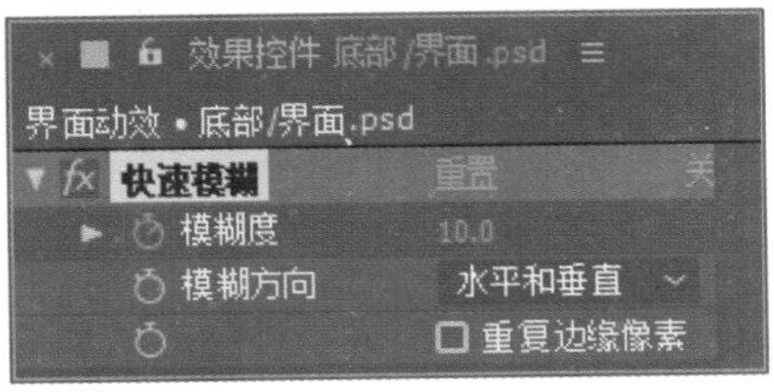

图5.162　设置【快速模糊】特效参数

步骤 05 在时间线面板中，将时间调整至0:00:01:00帧的位置，将【模糊度】数值更改为0，系统会自动添加关键帧，如图5.163所示。

图5.163 更改【模糊度】数值

步骤 06 选择工具箱中的【椭圆工具】，按住Shift键在界面靠右下角位置绘制一个正圆，设置其【填充】为蓝色（R：0，G：162，B：255），【描边】为无，将生成一个【形状图层 2】图层，如图5.164所示。

图5.164 绘制图形

步骤 07 在时间线面板中，将时间调整至0:00:01:00帧的位置，按Alt+[组合键设置当前动画入场，如图5.165所示。

图5.165 设置动画入场

步骤 08 在时间线面板中选中【形状图层 2】图层，在【效果和预设】面板中展开【过时】特效组，然后双击【快速模糊】特效。

步骤 09 在【效果控件】面板中修改【快速模糊】特效的参数，将【模糊度】更改为35，如图5.166所示。

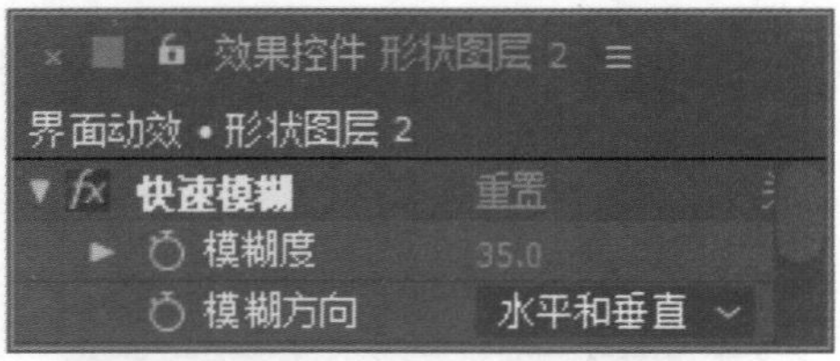

图5.166 设置【快速模糊】特效参数

步骤 10 在时间线面板中选中【形状图层 2】图层，将时间调整至0:00:01:00帧的位置，分别单击【缩放】及【位置】左侧的码表按钮，将【缩放】更改为（0，0），在当前位置添加关键帧，如图5.167所示。

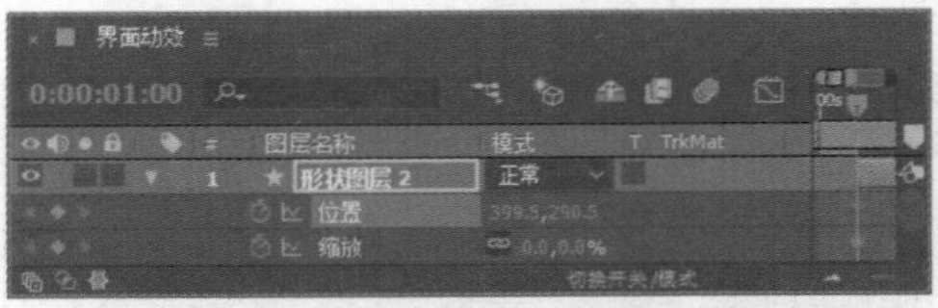

图5.167 添加关键帧

步骤 11 将时间调整至0:00:02:00帧的位置，将图像移至按钮位置，并将图像等比放大，系统会自动添加关键帧，再将其模式更改为【强光】，如图5.168所示。

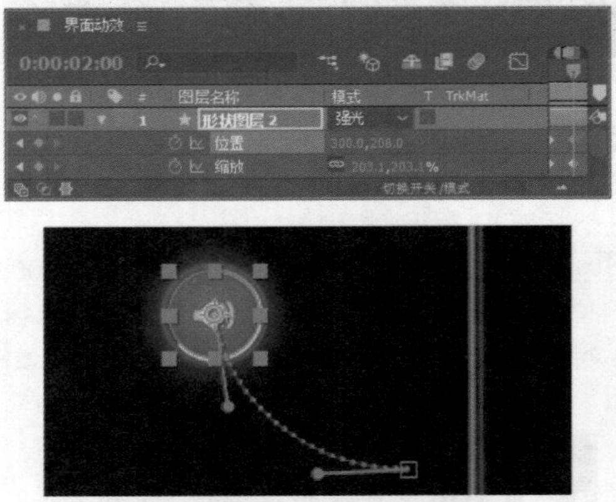

图5.168 移动图像并更改模式

提示与技巧

移动图像时，拖动两端控制锚点，可将直线路径转换为曲线路径，这样动画效果更加平滑。

步骤 12 选中【按钮/界面.psd】图层，在时间线面板中，将时间调整至0:00:02:00帧的位置，按S键打开【位置】，单击【位置】左侧的码表按钮，在当前位置添加关键帧；将时间调整至0:00:03:00帧的位置，将按钮图像向下垂直移动，系统会自动添加关键帧，如图5.169所示。

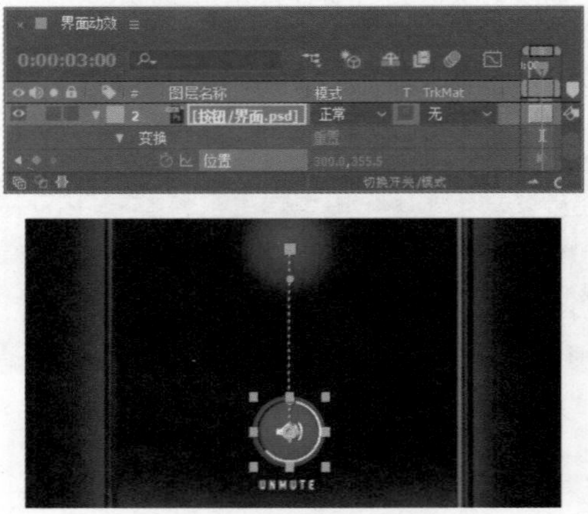

图5.169 移动图像

步骤 13 在时间线面板中，将时间调整至0:00:02:20帧的位置，选中【按钮/界面.psd】图层，在【效果和预设】面板中展开【过时】特效组，然后双击【快速模糊】特效，单击【模糊度】左侧的码表按钮，如图5.170所示。

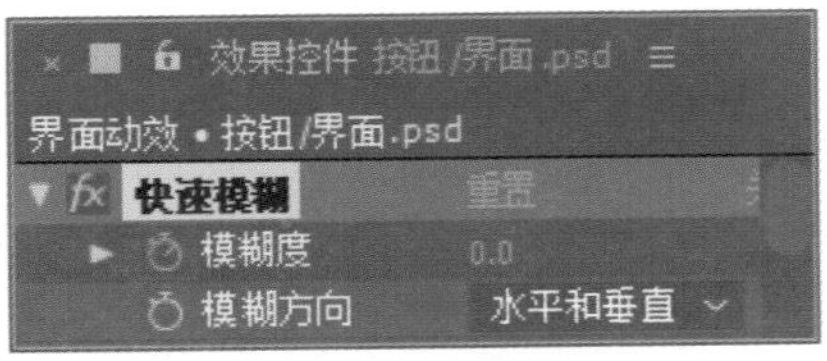

图5.170 设置【快速模糊】特效参数

步骤 14 在时间线面板中，将时间调整至0:00:03:00帧的位置，将【模糊度】更改为20，系统会自动添加关键帧，如图5.171所示。

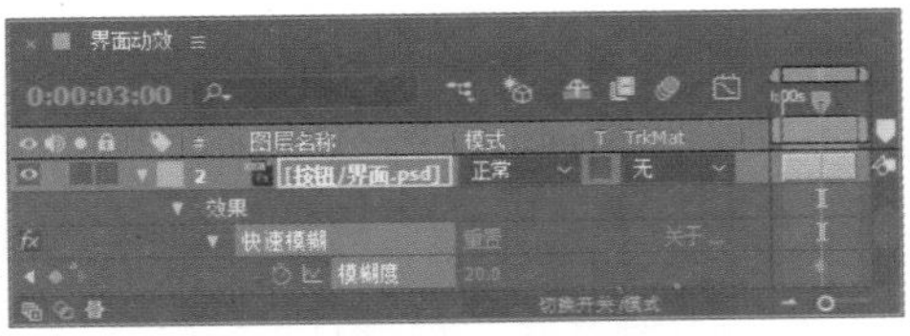

图5.171 更改【模糊度】数值

步骤 15 选中【按钮/界面.psd】图层，将时间调整至0:00:02:20帧的位置，按S键打开【缩放】，单击【缩放】左侧的码表按钮，在当前位置添加关键帧；将时间调整至0:00:03:00帧的位置，将【缩放】更改为（0，0），系统会自动添加关键帧，如图5.172所示。

图5.172 更改【缩放】数值

步骤 16 将时间调整至0:00:02:20帧的位置，选中【形状图层 2】图层，在图像中将其向下拖动并与按钮图像对齐，系统会自动添加关键帧，如图5.173所示。

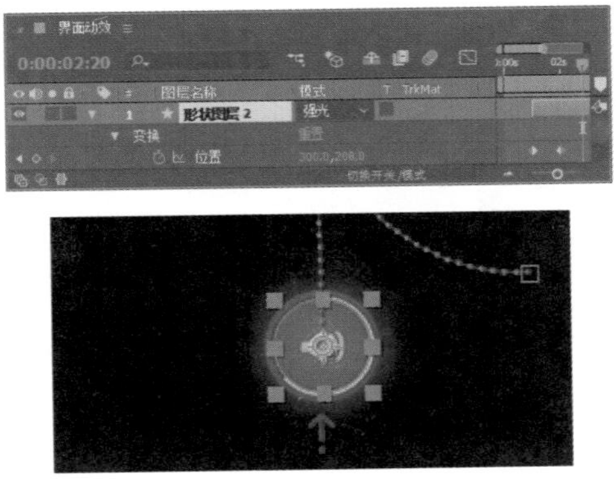

图5.173 移动图像

步骤 18 按Alt+]组合键更改动画出场，如图5.174所示。

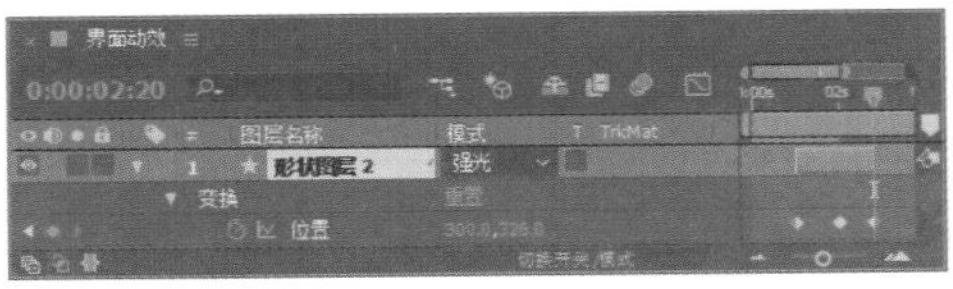

图5.174 更改动画出场

5.13.3 制作文字动画

步骤 01 执行菜单栏中的【图层】|【新建】|【纯色】命令，在弹出的对话框中将【名称】更改为“数字”，完成之后单击【确定】按钮。

步骤 02 在【效果和预设】面板中展开【文本】特效组，然后双击【编号】特效，在弹出的对话框中将【字体】更改为Letter Gothic Std，选中【居中对齐】单选按钮，完成之后单击【确定】按钮，如图5.175所示。

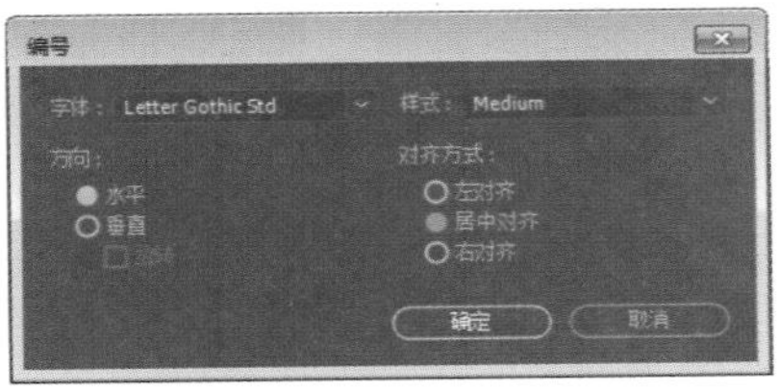

图5.175 【编号】对话框

步骤 03 将时间调整至0:00:02:00帧的位置，在【效果控件】面板中将【小数位数】更改为0，单击【数值/位移/随机最大】左侧的码表按钮，将其数值更改为0，【填充颜色】更改为蓝色（R：26，G：92，B：225），【大小】更改为50，如图5.176所示。

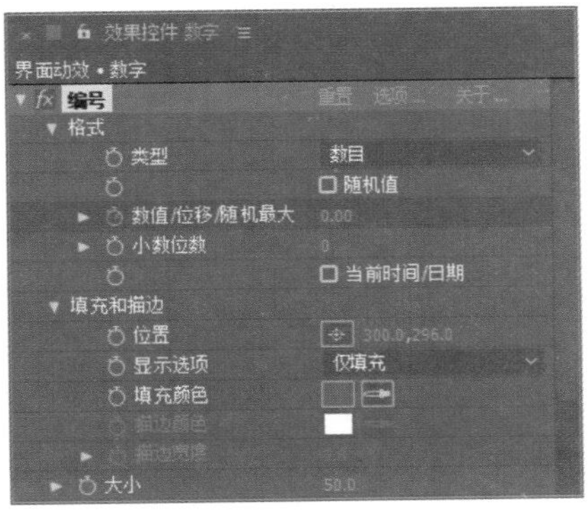

图5.176 设置【编号】参数

步骤 04 将时间调整至0:00:04:00帧的位置，将【数值/位移/随机最大】更改为200，系统会自动添加关键帧，如图5.177所示。

图5.177 添加关键帧

步骤 05 在时间线面板中，将时间调整至0:00:00:00帧的位置，执行菜单栏中的【视图】|【显示标尺】命令，分别在水平和垂直标尺上拖动创建两条参考线，将交叉点置于按钮图像中间位置，如图5.178所示。

步骤 06 选中数字图层，选择工具箱中的【向后平移（锚点）工具】，在图像中移动其定位点，如图5.179所示。

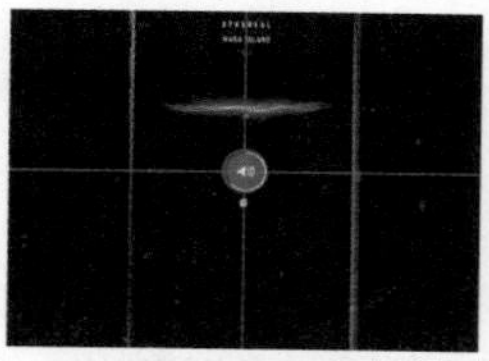

图5.178 添加参考线

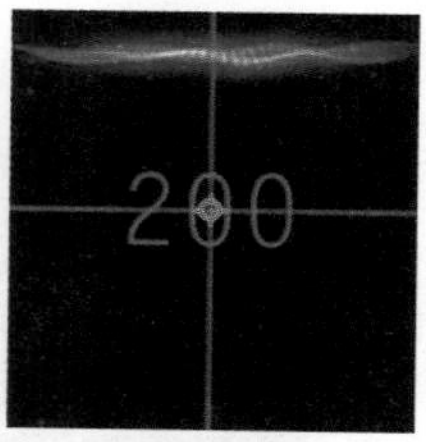

图5.179 更改定位点

步骤 07 在时间线面板中，将时间调整至0:00:02:00帧的位置，选中【数字】图层，在【效果和预设】面板中展开【过时】特效组，然后双击【快速模糊】特效。

步骤 08 在【效果控件】面板中修改【快速模糊】特效的参数，单击【模糊度】左侧的码表按钮，将【模糊度】数值更改为10，【缩放】数值更改为（0，0），在当前位置添加关键帧，如图5.180所示。

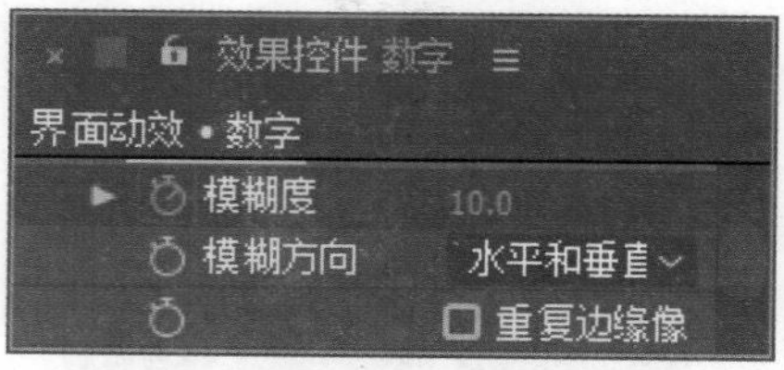

图5.180 设置【快速模糊】特效参数

步骤 09 将时间调整至0:00:04:00帧的位置，将【模糊度】更改为0，【缩放】数值更改为（100，100，）系统会自动添加关键帧，如图5.181所示。

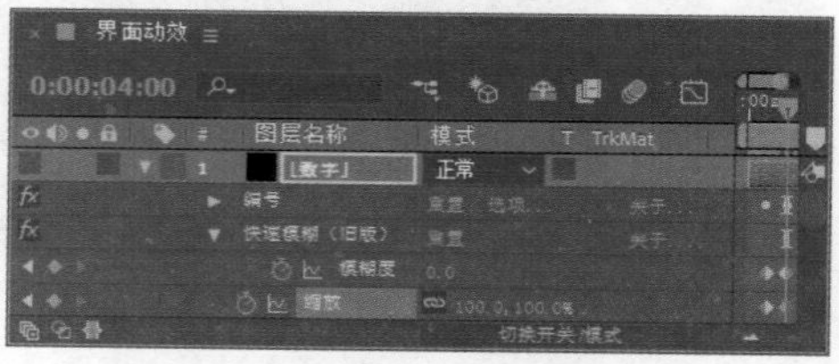

图5.181 添加关键帧

步骤 10 这样就完成了整体效果的制作，按小键盘上的0键即可在合成窗口中预览效果。

5.14 天气插件动效设计

设计构思

本例主要讲解天气插件动效设计，该动效在设计过程中以【旋转】和【位置】功能为主，通过绘制简单的插件图像与动效相结合，使整体效果十分生动，动画流程画面如图5.182所示。

视频分类：活动视觉动效类

工程文件：下载文件\工程文件\第5章\天气插件动效设计

视频文件：下载文件\movie\视频讲座\5.14.avi

学习目标：【旋转】、【位置】、【轨道遮罩】

图5.182 动画流程画面

操作步骤

5.14.1 绘制插件元素

步骤 01 执行菜单栏中的【合成】|【新建合成】命令，打开【合成设置】对话框，设置【合成名称】为“天气插件”，【宽度】为700，【高度】为500，【帧速率】为25，并设置【持续时间】为00:00:05:00秒，【背景颜色】为蓝色（R：0，G：144，B：217），完成之后单击【确定】按钮，如图5.183所示。

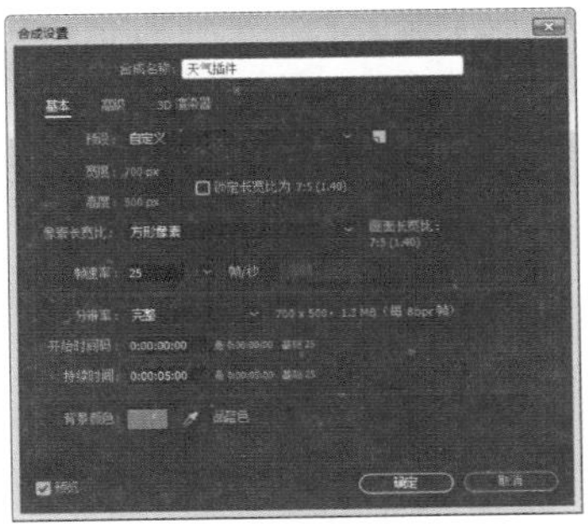

图5.183 新建合成

步骤 02 选择工具箱中的【钢笔工具】，绘制一个不规则图形，设置其【填充】为蓝色（R：0，G：135，B：203），【描边】为无，将生成一个【形状图层 1】图层，如图5.184所示。

图5.184 绘制图形

步骤 03 以同样的方法再绘制一个相似的图形，将生成一个【形状图层 2】图层，如图5.185所示。

步骤 04 在时间线面板中选中【形状图层 2】图层，按T键打开【不透明度】，将【不透明度】更改为40%，如图5.186所示。

图5.185 绘制图形

图5.186 更改不透明度

步骤 05 选中工具箱中的【圆角矩形工具】，绘制一个圆角矩形，设置其【填充】为白色，【描边】为无，将生成一个【形状图层 3】图层。在时间线面板中展开【形状图层 3】|【内容】|【矩形 1】|【矩形路径1】，将【圆度】更改为10，如图5.187所示。

图5.187 绘制图形

步骤 06 选择工具箱中的【矩形工具】，在封面位置绘制一个矩形，设置其【填充】为红色（R：213，G：81，B：81），【描边】为无，将生成一个【形状图层4】图层，如图5.188所示。

步骤 07 在时间线面板中选中【形状图层 3】图层，按Ctrl+D组合键复制一个【形状图层 5】图层，将【形状图层 5】图层移至所有图层上方，如图5.189所示。

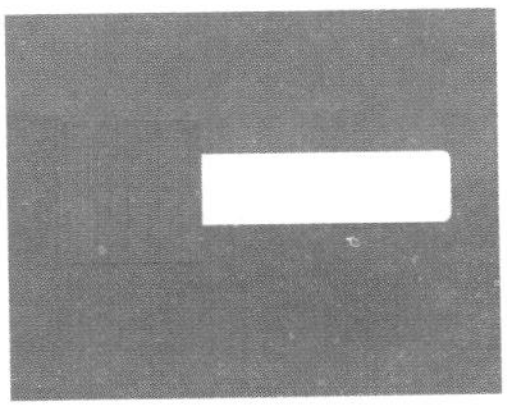

图5.188 绘制矩形

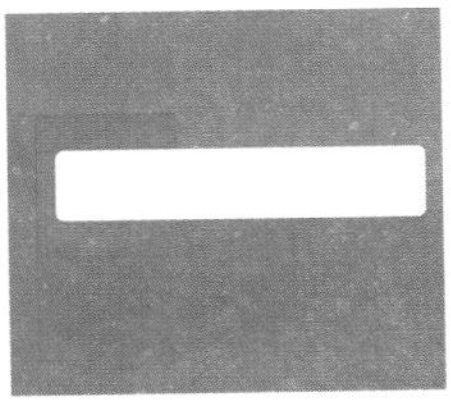

图5.189 复制图形

步骤 08 在时间线面板中选中【形状图层 4】图层，将其轨道遮罩更改为【Alpha 遮罩“形状图层 5”】，如图5.190所示。

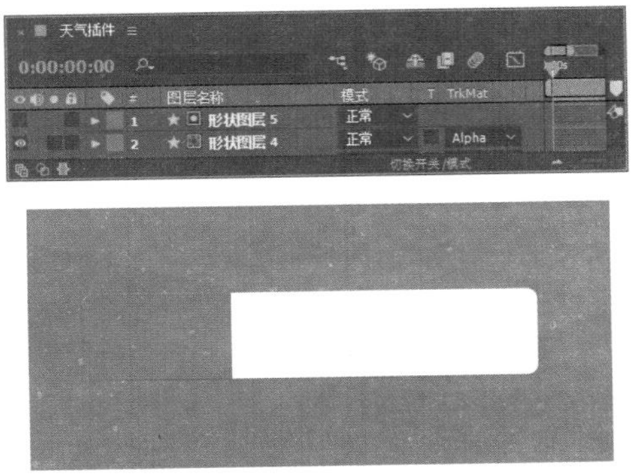

图5.190 设置轨道遮罩

步骤 09 在时间线面板中选中【形状图层 3】，在

【效果和预设】面板中展开【透视】特效组，然后双击【投影】特效。

步骤10 在【效果控件】面板中修改【投影】特效的参数，设置【不透明度】为20%，【方向】为180，【距离】为10，【柔和度】为35，如图5.191所示。

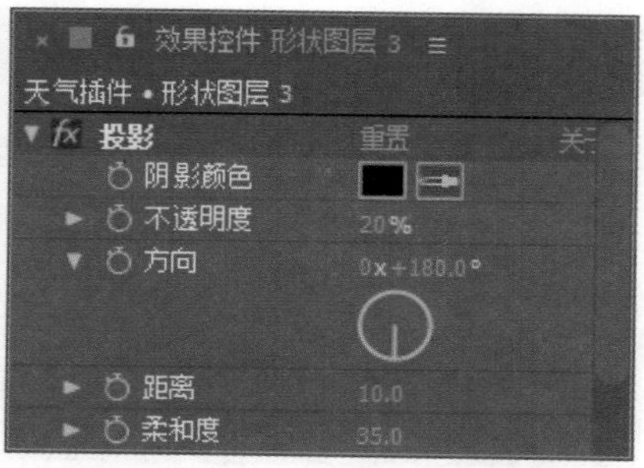

图5.191 设置【投影】特效参数

5.14.2 制作文字动画

步骤01 选择工具箱中的【横排文字工具】，在图像中适当位置添加文字（方正兰亭中黑），如图5.192所示。

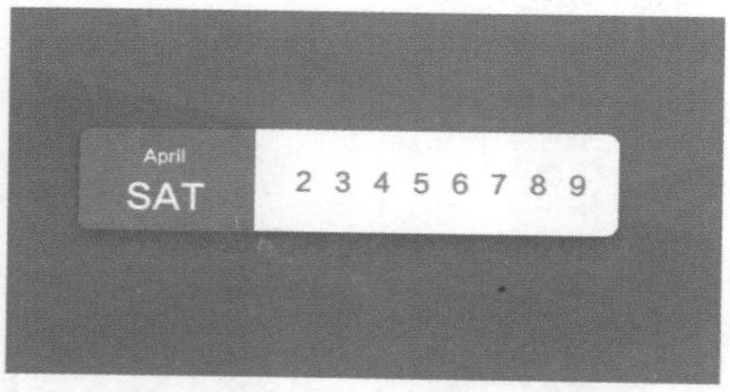

图5.192 添加文字

步骤02 选中数字所在图层，选择工具箱中的【矩形工具】，在图像中数字中间位置绘制一个矩形蒙版，如图5.193所示。

步骤03 在时间线面板中，按F键打开【蒙版羽化】，将其数值更改为（110，110），如图5.194所示

图5.193 绘制蒙版

图5.194 设置蒙版羽化

步骤04 在时间线面板中选中数字所在的图层，将时间调整至0:00:00:00帧的位置，按P键打开【位置】，单击【位置】左侧的码表按钮，在当前位置添加关键帧；将时间调整至0:00:04:24帧的位置，在图像中将文字向左侧平移，系统会自动添加关键帧，制作位置动画，如图5.195所示。

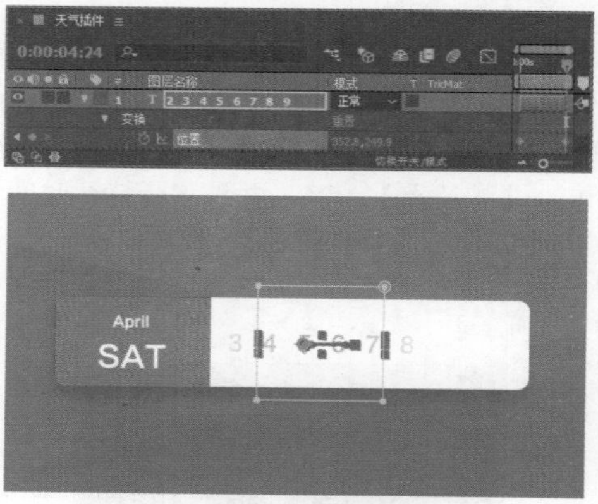

图5.195 制作位置动画

步骤05 在时间线面板中同时选中【April】图层及【sat】图层，按Ctrl+D组合键复制【April 2】及【sat2】两个新图层，在图像中将复制生成的两个单词向上移动并更改其信息，如图5.196所示。

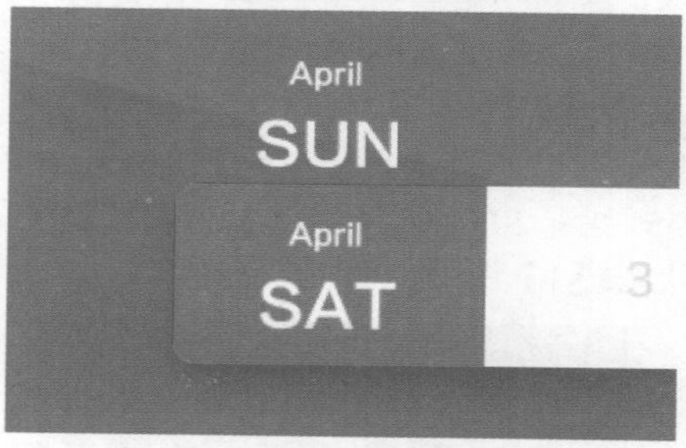

图5.196 更改单词信息

步骤06 在时间线面板中同时选中4个英文单词所在的图层，单击鼠标右键，在弹出的快捷菜单中选择【预合成】选项，在弹出的对话框中将【新合成名称】更改为“左侧文字”，完成之后单击【确定】按钮，如图5.197所示。

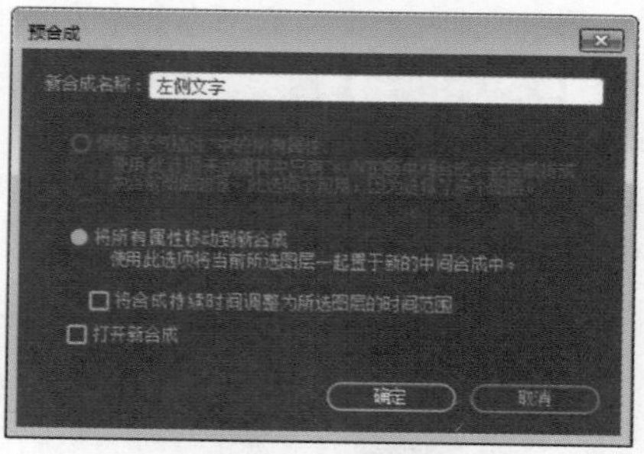

图5.197 设置预合成

步骤07 在时间线面板中选中【左侧文字】合成，

将时间调整至0:00:00:00帧的位置，按P键打开【位置】，单击【位置】左侧的码表按钮，在当前位置添加关键帧；将时间调整至0:00:01:00帧的位置，在图像中将左侧文字向下移动，系统会自动添加关键帧，如图5.198所示。

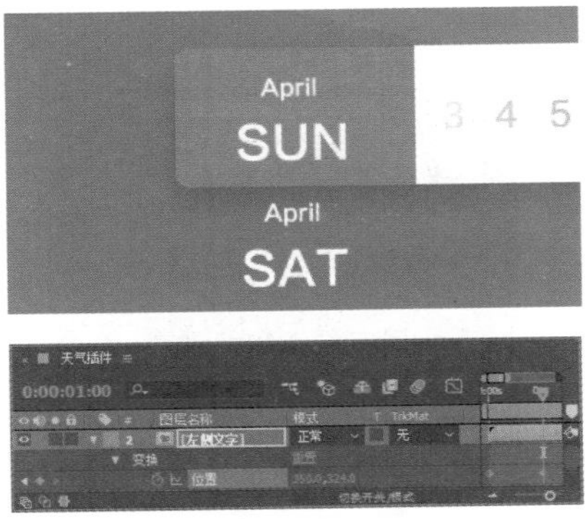

图5.198 添加关键帧

步骤 08 选择工具箱中的【矩形工具】，在图形左侧位置绘制一个矩形，将文字部分完全覆盖，设置其【填充】为红色（R：213，G：81，B：81），【描边】为无，将生成一个【形状图层 6】图层，如图5.199所示。

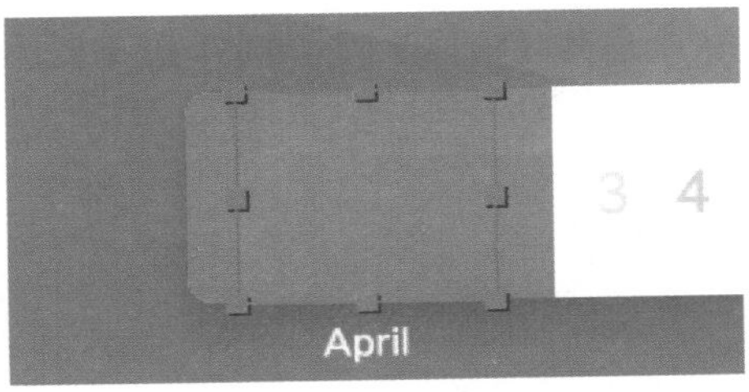

图5.199 绘制图形

步骤 09 在时间线面板中选中【形状图层 6】图层，按Ctrl+D组合键复制一个【形状图层 7】图层。将【形状图层 7】图层移至【左侧文字】合成上方，并将【左侧文字】轨道遮罩更改为【Alpha遮罩“形状图层 7”】，如图5.200所示。

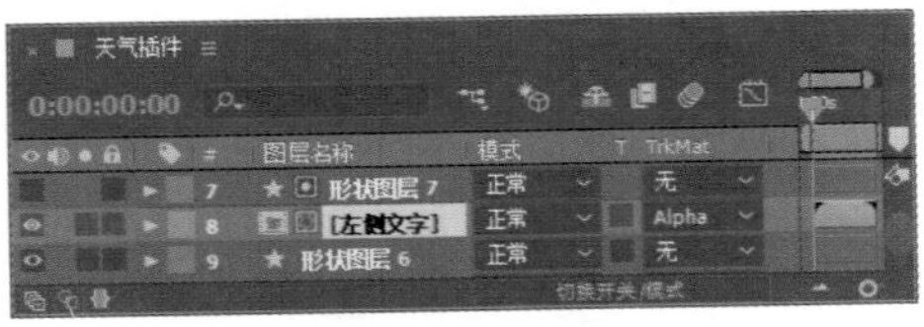

图5.200 设置轨道遮罩

步骤 10 选择工具箱中的【钢笔工具】，绘制一个云彩图形，设置其【填充】为蓝色（R：61，G：190，B：255），【描边】为无，将生成一个【形状图层 8】图层，如图5.201所示。

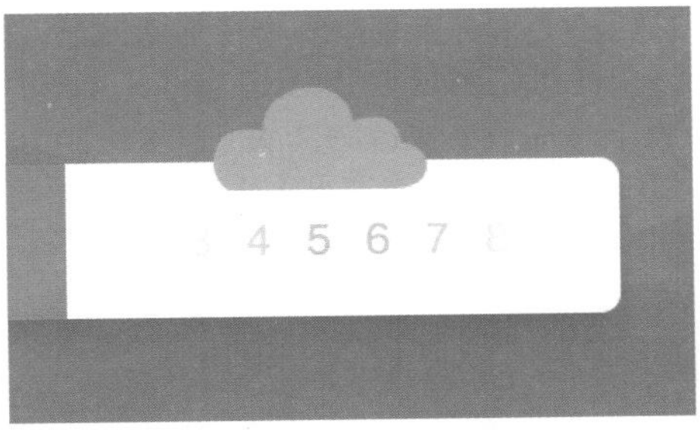

图5.201 绘制图形

步骤 11 在时间线面板中选中【形状图层 8】图层，在【效果和预设】面板中展开【透视】特效组，然后双击【投影】特效。

步骤 12 在【效果控件】面板中修改【投影】特效的参数，设置【阴影颜色】为浅蓝色（R：184，G：231，B：255），【不透明度】为100%，【方向】为0，【距离】为1，【柔和度】为1，如图5.202所示。

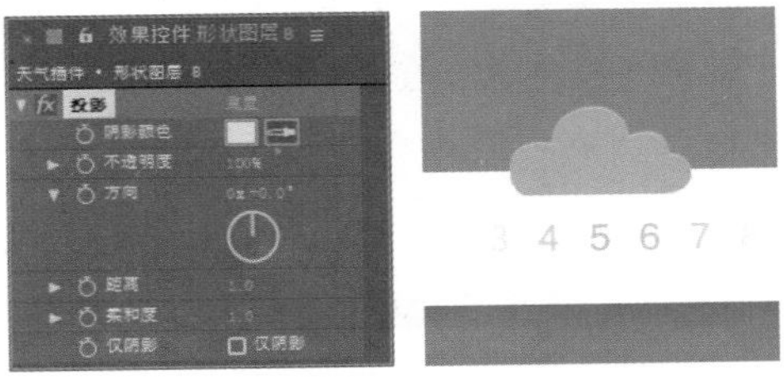

图5.202 设置【投影】参数及效果

步骤 13 选择工具箱中的【横排文字工具】，在图像中适当位置添加文字（方正兰亭中黑），如图5.203所示。

步骤 14 选择工具箱中的【椭圆工具】，按住Shift键在文字右上角绘制一个正圆，设置其【填充】为无，【描边】为白色，【描边宽度】为1像素，将生成一个【形状图层 9】图层，如图5.204所示。

图5.203 添加文字

图5.204 绘制图形

步骤 15 在云彩右上角再次绘制一个正圆，设置其【填充】为黄色（R：255，G：192，B：0），【描边】为无，将生成一个【形状图层 10】图层，如图5.205所示。

步骤 16 在时间线面板中选中【形状图层 10】图

层，按Ctrl+D组合键复制一个【形状图层 11】图层。选中【形状图层 11】图层，将其【填充】更改为无，【描边】更改为为黄色（R：255，G：192，B：0），【描边宽度】为2像素，再将其稍微等比放大，如图5.206所示。

图5.205 绘制正圆

图5.206 复制图形

步骤 17 在时间线面板中选中【形状图层 11】图层，依次展开【内容】|【椭圆 1】|【描边 1】|【虚线】，将数值更改为3，如图5.207所示。

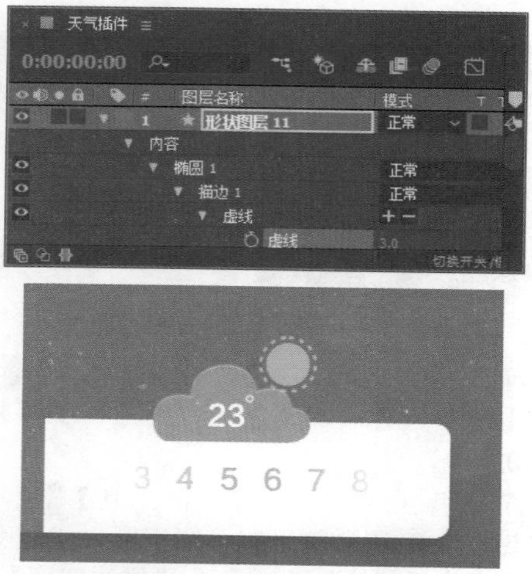

图5.207 设置描边样式

步骤 18 在时间线面板中，将时间调整至0:00:00:00帧的位置，按R键打开【旋转】，单击【旋转】左侧的码表按钮，在当前位置添加关键帧；将时间调整至0:00:04:24帧的位置，将【旋转】更改为1x，系统会自动添加关键帧，如图5.208所示。

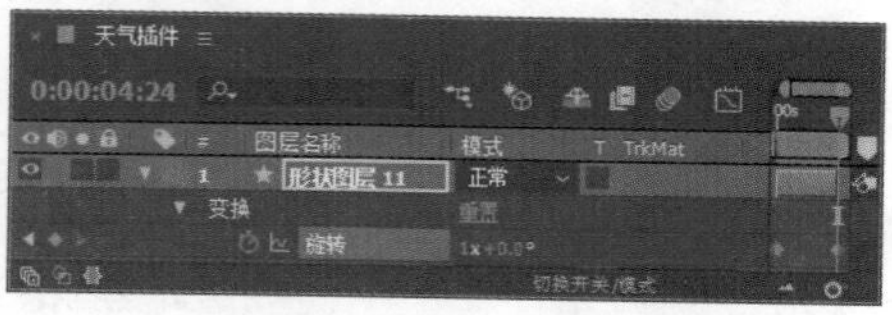

图5.208 更改【旋转】数值

5.14.3 制作下雨动效

步骤 01 执行菜单栏中的【合成】|【新建合成】命令，打开【合成设置】对话框，设置【合成名称】为“下雨”，【宽度】为700，【高度】为500，【帧速率】为25，并设置【持续时间】为00:00:05:00秒，【背景颜色】为蓝色（R：0，G：144，B：217），完成之后单击【确定】按钮，如图5.209所示。

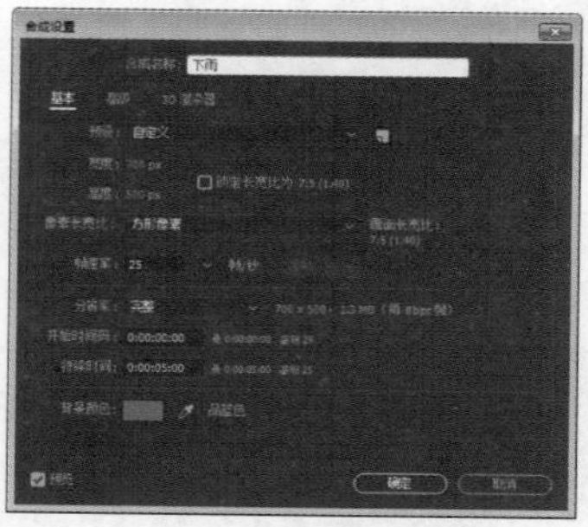

图5.209 新建合成

步骤 02 选择工具箱中的【钢笔工具】，在图像中绘制一条线段，设置其【填充】为无，【描边】为黄色（R：255，G：192，B：0），【描边粗细】为2，将生成一个【形状图层 1】图层，如图5.210所示。

步骤 03 在时间线面板中选中【形状图层 1】图层，依次展开【内容】|【椭圆 1】|【描边 1】|【虚线】，将数值更改为10，如图5.211所示。

图5.210 绘制线段

图5.211 设置虚线

步骤 04 在时间线面板中选中【形状图层 1】图层，按Ctrl+D组合键复制一个【形状图层 2】图层，在图像中按住Shift键同时向右侧稍微移动；以同样的方法再复制多条线段，如图5.212所示。

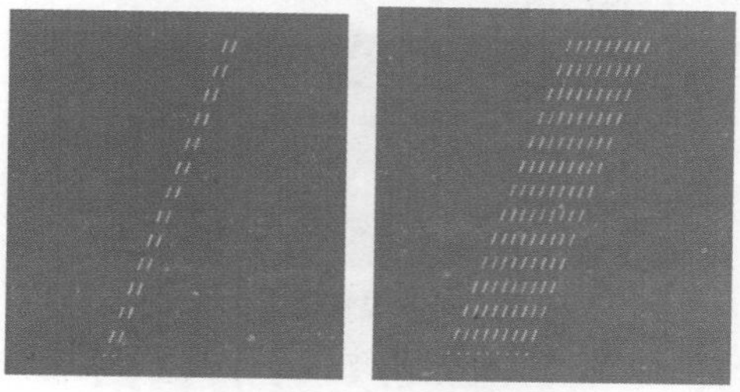

图5.212 复制线段

步骤 05 在时间线面板中每隔一个选中复制生成的线段，在图像中向上稍微移动，如图5.213所示。

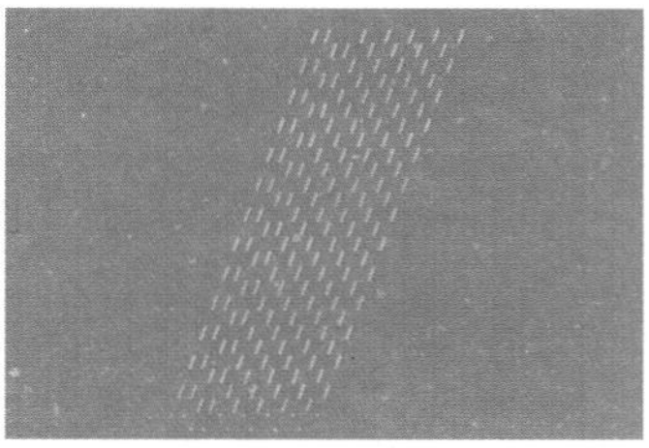

图5.213　移动线段

步骤 06 在【项目】面板中选中【下雨】合成，将其拖入【天气插件】合成面板中，将时间调整至0:00:00:00帧的位置，按P键打开【位置】，单击【位置】左侧的码表按钮，在当前位置添加关键帧；将时间调整至0:00:04:24帧的位置，在图像中将下雨图像向左下角拖动，系统会自动添加关键帧，如图5.214所示。

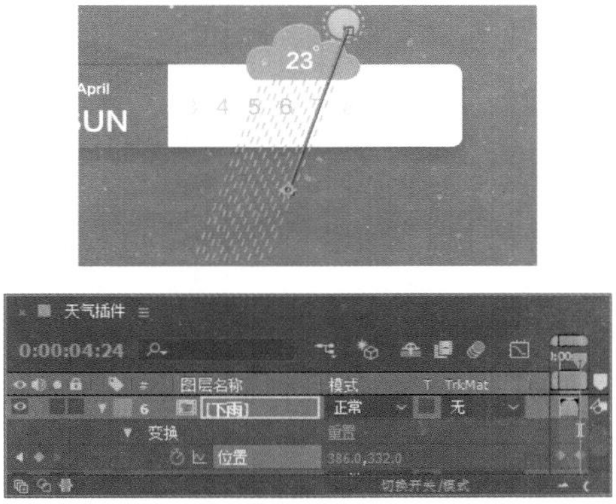

图5.214　添加关键帧

步骤 07 选择工具箱中的【矩形工具】，在云下方绘制一个矩形，设置其【填充】为任意颜色，【描边】为无，将生成一个【形状图层12】图层，将其移至【下雨】合成上方，如图5.215所示。

图5.215　绘制图形

步骤 08 在时间线面板中选中【下雨】合成，将其轨道遮罩更改为【Alpha 遮罩“形状图层12”】，如图5.216所示。

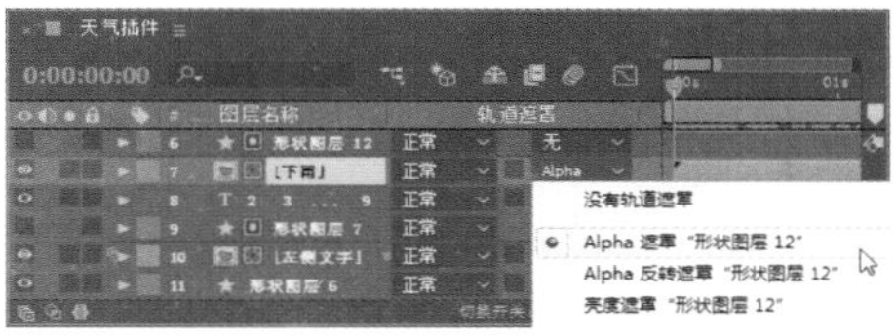

图5.216　更改轨道遮罩

步骤 09 这样就完成了整体效果的制作，按小键盘上的0键即可在合成窗口中预览效果。

5.15 状态反馈动效设计

设计构思

本例主要讲解状态反馈动效设计，该动效在制作过程中利用【旋转】、【位置】及【不透明度】等功能制作出左右摇摆的动效，同时触发反馈效果，动画流程画面如图5.217所示。

视频分类：活动视觉动效类
工程文件：下载文件\工程文件\第5章\状态反馈动效设计
视频文件：下载文件\movie\视频讲座\5.15.avi
学习目标：【旋转】、【位置】、【缩放】、【不透明度】

图5.217　动画流程画面

操作步骤

5.15.1 绘制基础图形

步骤 01 执行菜单栏中的【合成】|【新建合成】命令，打开【合成设置】对话框，设置【合成名称】为“反馈动效”，【宽度】为600，【高度】为400，【帧速率】为25，并设置【持续时间】为00:00:10:00秒，【背景颜色】为黑色，完成之后单击【确定】按钮，如图5.218所示。

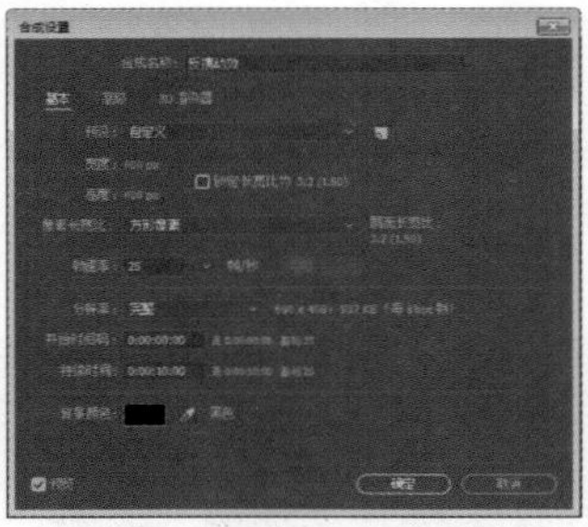

图5.218 新建合成

步骤 02 执行菜单栏中的【图层】|【新建】|【纯色】命令，在弹出的对话框中将【名称】更改为“背景”，【颜色】更改为黑色，完成之后单击【确定】按钮。

步骤 03 在时间线面板中选中【背景】图层，在【效果和预设】面板中展开【生成】特效组，然后双击【梯度渐变】特效。

步骤 04 在【效果控件】面板中修改【梯度渐变】特效的参数，设置【渐变起点】为（300，200），【起始颜色】为紫色（R：218，G：57，B：121），【渐变终点】为（300，650），【结束颜色】为紫色（R：123，G：14，B：57），【渐变形状】为【径向渐变】，如图5.219所示。

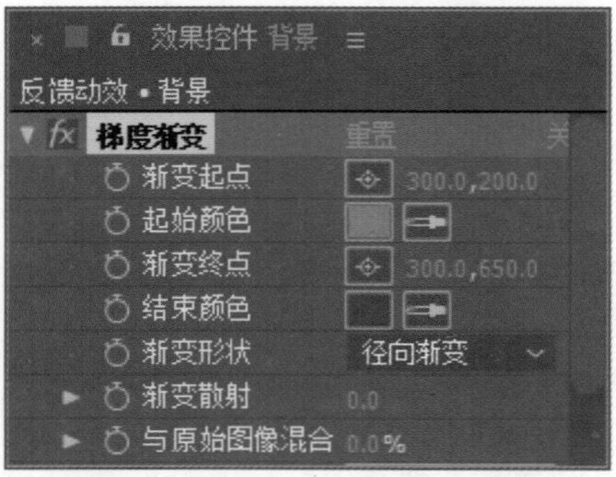

图5.219 设置【梯度渐变】特效参数

步骤 05 选中工具箱中的【圆角矩形工具】，绘制一个圆角矩形，设置其【填充】为紫色（R：255，G：81，B：150），【描边】为无，将生成一个【形状图层 1】图层，如图5.220所示。

图5.220 绘制图形

步骤 06 在时间线面板中选中【形状图层1】图层，在【效果和预设】面板中展开【透视】特效组，然后双击【径向阴影】特效。

步骤 07 在【效果控件】面板中修改【径向阴影】特效的参数，设置【阴影颜色】为黑色，【不透明度】为30%，【光源】为（300，150），【投影距离】为5，【柔和度】为50，按Ctrl+C组合键将当前效果复制，如图5.221所示。

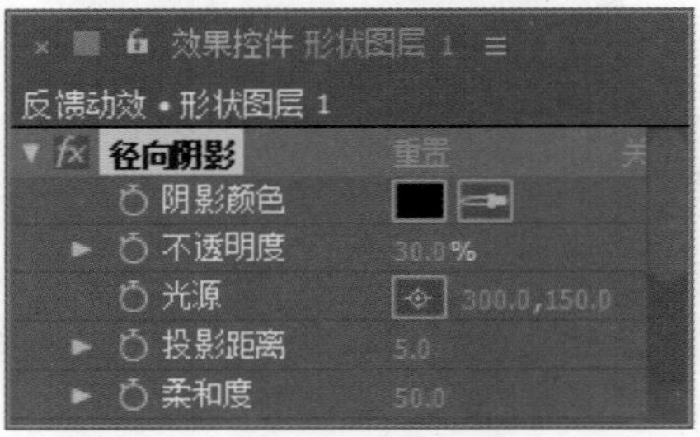

图5.221 设置【径向阴影】特效参数

步骤 08 选中工具箱中的【圆角矩形工具】，绘制一个圆角矩形，设置其【填充】为白色，【描边】为无，将生成一个【形状图层 2】图层，如图5.222所示。

图5.222 绘制图形

步骤 09 选中【形状图层2】图层，在【效果控件】面板中按Ctrl+V组合键粘贴刚才复制的效果，再将粘贴效果中的【投影距离】更改为2，【柔和度】更改为20，如图5.223所示。

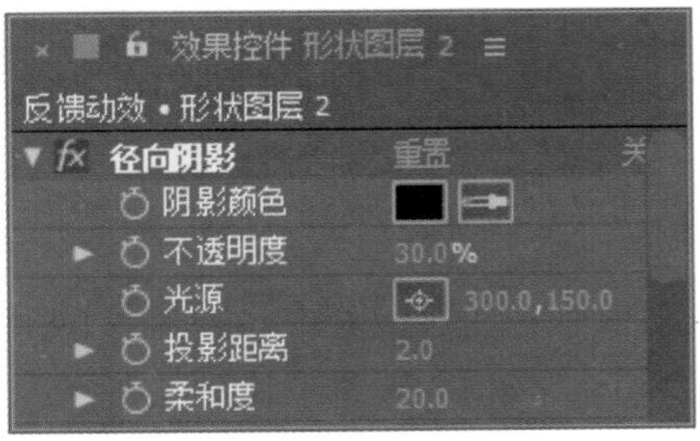

图5.223 设置【径向阴影】特效参数

步骤 10 在时间线面板中选中【形状图层2】图层，按Ctrl+D组合键复制【形状图层3】及【形状图层4】两个新图层，如图5.224所示。

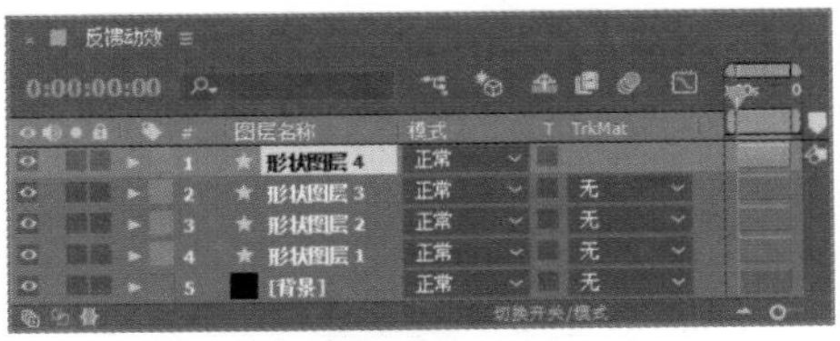

图5.224 复制图层

步骤 11 分别选中【形状图层3】及【形状图层4】图层，在图像中将圆角矩形等比放大，并适当向上移动，如图5.225所示。

图5.225 放大图形

步骤 12 选择工具箱中的【横排文字工具】，在图像中适当位置添加文字（方正兰亭细黑），如图5.226所示。

图5.226 添加文字

步骤 13 在时间线面板中选中【HAppY】图层，将其父级设置为【形状图层4】，如图5.227所示。

图5.227 设置父级

5.15.2 制作界面动画

步骤 01 选中【形状图层 4】图层，选择工具箱中的【向后平移（锚点）工具】，在图形上拖动定位点至底部位置，如图5.228所示。

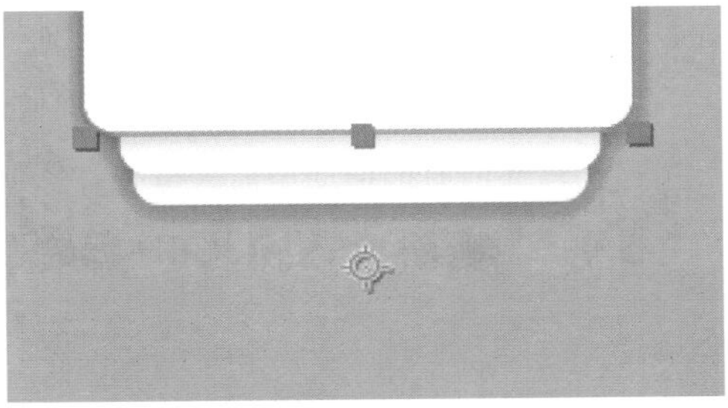

图5.228 更改定位点

步骤 02 在时间线面板中选中【形状图层 4】图层，将时间调整至0:00:00:00帧的位置，分别单击【位置】和【旋转】左侧的码表按钮，在当前位置添加关键帧；将时间调整至0:00:00:10帧的位置，将【旋转】更改为15，在图像中将图形向下稍微移动，系统会自动添加关键帧，如图5.229所示。

图5.229 移动图形

步骤 03 将时间调整至0:00:01:00帧的位置，将【旋转】更改为-15，并将图形向左侧移动，系统会自动添加关键帧，如图5.230所示。

图5.230 移动图形

步骤 04 将时间调整至0:00:01:10帧的位置，将【旋转】更改为0，并向右侧拖动至原来位置，系统会自动添加关键帧，如图5.231所示。

图5.231 拖动图形

步骤 05 在时间线面板中选中【形状图层1】图层，按Ctrl+D组合键复一个【形状图层5】图层，将其移至【形状图层4】上方，在【效果控件】面板中将【径向投影】特效删除。

步骤 06 在时间线面板中选中【形状图层4】图层，将其轨道遮罩更改为【Alpha 遮罩“形状图层5”】，如图5.232所示。

图5.232 设置轨道遮罩

步骤 07 选择工具箱中的【钢笔工具】，绘制一个图形，设置其【填充】为紫色（R：255，G：81，B：150），【描边】为无，如图5.233所示。

图5.233 绘制图形

步骤 08 在时间线面板中选中【形状图层 6】图层，将其父级设置为【形状图层4】，如图5.234所示。

图5.234 设置父级

步骤 09 在时间线面板中，将时间调整至0:00:00:00帧的位置，选中【形状图层6】图层，按T键打开【不透明度】，单击【不透明度】左侧的码表按钮，在当前位置添加关键帧，将【不透明度】更改为0；将时间调整至0:00:00:10帧的位置，将【不透明度】更改为100%；将时间调整至0:00:00:18帧的位置，将【不透明度】更改为0，系统会自动添加关键帧，如图5.235所示。

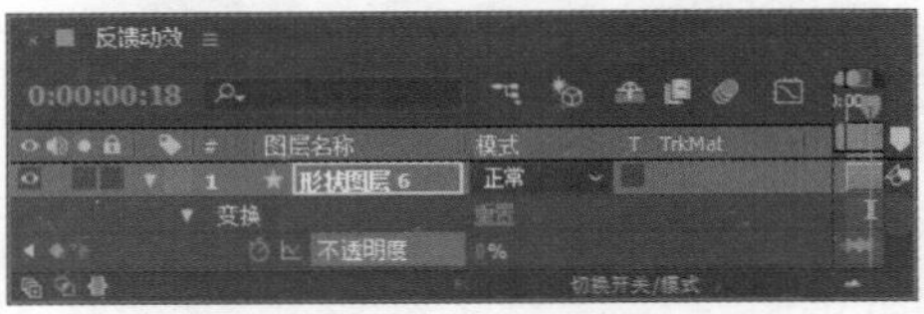

图5.235 更改【不透明度】数值

步骤 10 在时间线面板中选中【形状图层6】图层，按Ctrl+D组合键复制一个【形状图层7】图层，按T键打开【不透明度】，单击【不透明度】文字将关键帧全部选中，按Delete键将当前图层中所有关键帧删除，并确认【不透明度】的值为100%，如图5.236所示。

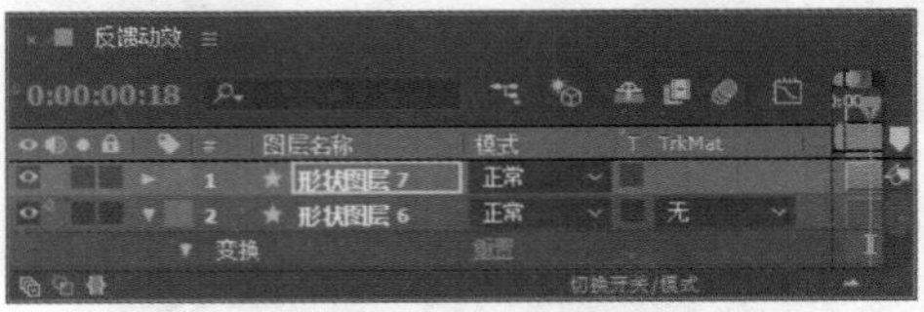

图5.236 复制图层并删除关键帧

5.15.3 处理细节效果

步骤 01 选择工具箱中的【钢笔工具】，选中【形状图层7】图层，在图形中间位置绘制一个不规则路径蒙版，如图5.237所示。

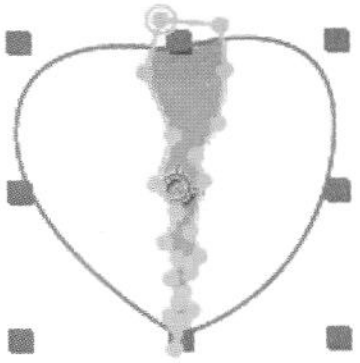

图5.237 绘制蒙版

步骤 02 在时间线面板中选中【形状图层 7】图层，按M键打开【蒙版】，选中【反转】复选框，如图5.238所示。

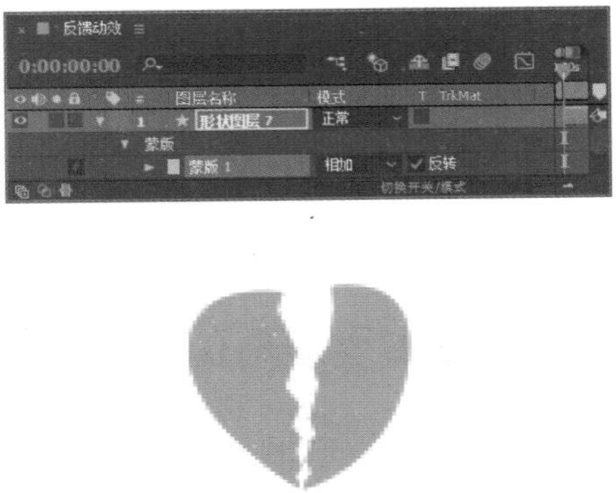

图5.238 将蒙版反转

步骤 03 在时间线面板中，将时间调整至0:00:00:18帧的位置，选中【形状图层7】图层，按T键打开【不透明度】，单击【不透明度】左侧的码表按钮，在当前位置添加关键帧，将【不透明度】更改为0；将时间调整至0:00:01:00帧的位置，将【不透明度】更改为100%；将时间调整至0:00:01:10帧的位置，将【不透明度】更改为0，系统会自动添加关键帧，如图5.239所示。

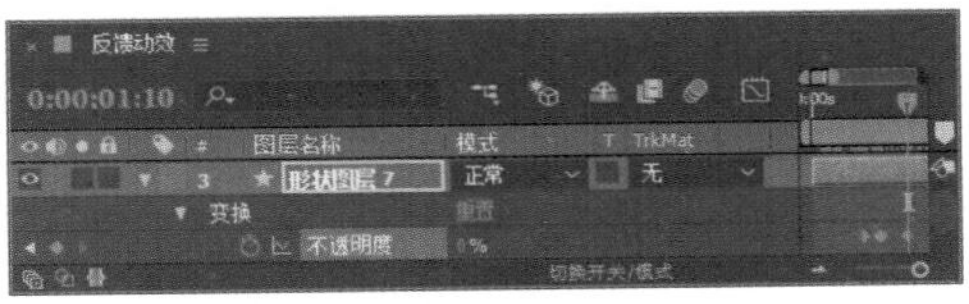

图5.239 更改【不透明度】数值

步骤 04 选择工具箱中的【钢笔工具】，在蓝色矩形位置绘制一个嘴巴图形，设置其【填充】为紫色（R：255，G：81，B：150），【描边】为无，将生成一个【形状图层8】图层，如图5.240所示。

图5.240 绘制图形

步骤 05 在时间线面板中选中【形状图层8】图层，将时间调整至0:00:01:10帧的位置，按T键打开【不透明度】，单击【不透明度】左侧的码表按钮，在当前位置添加关键帧，将【不透明度】更改为0；将时间调整至0:00:05:00帧的位置，将【不透明度】更改为100%，系统会自动添加关键帧，如图5.241所示。

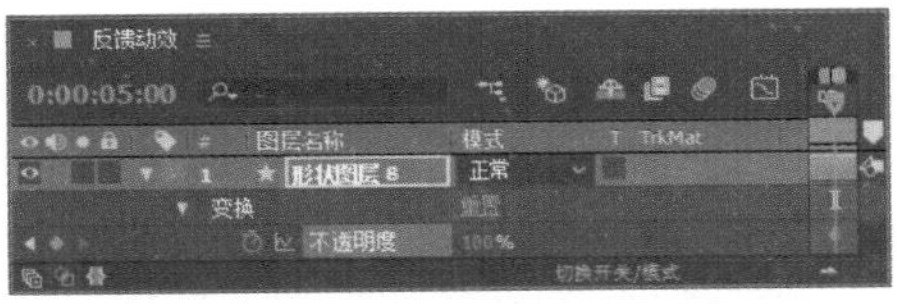

图5.241 更改【不透明度】数值

5.15.4 绘制触控元件

步骤 01 选择工具箱中的【椭圆工具】，按住Shift键绘制一个正圆，设置其【填充】为无，【描边】为灰色（R：210，G：210，B：210），【描边宽度】为1像素，将生成一个【形状图层9】图层，如图5.242所示。

图5.242 绘制图形

步骤 02 在时间线面板中选中【形状图层 9】图层，将时间调整至0:00:00:00帧的位置，按P键打开【位置】，单击【位置】左侧的码表按钮，在当前位置添加关键帧；将时间调整至0:00:00:10帧的位置，在图像中向右侧拖动圆形，系统会自动添加关键帧，如图5.243所示。

图5.243 调整位置

提示与技巧

在拖动图形之后可调整平衡杆，尽量使位置路径自然。

步骤 03 将时间调整至0:00:01:00帧的位置，继续拖动圆形，系统会自动添加关键帧，如图5.244所示。

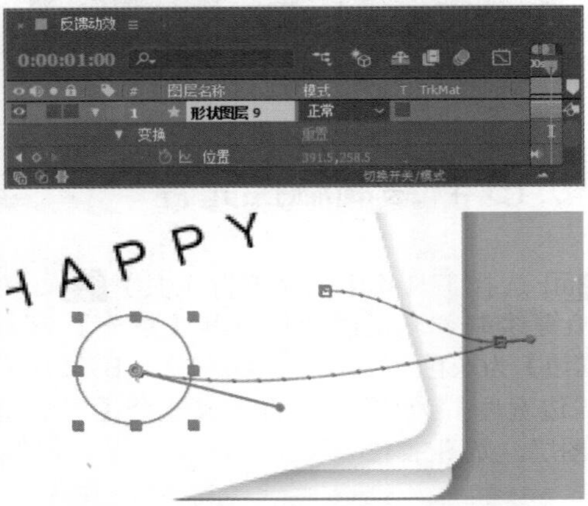

图5.244 拖动图形

步骤 04 将时间调整至0:00:01:10帧的位置，继续拖动圆形，系统会自动添加关键帧，如图5.245所示。

图5.245 拖动图形

步骤 05 在时间线面板中选中【形状图层 9】图层，将时间调整至0:00:01:10帧的位置，按T键打开【不透明度】，单击【不透明度】左侧的码表按钮，在当前位置添加关键帧；将时间调整至0:00:05:00帧的位置，将【不透明度】更改为0，系统会自动添加关键帧，如图5.246所示。

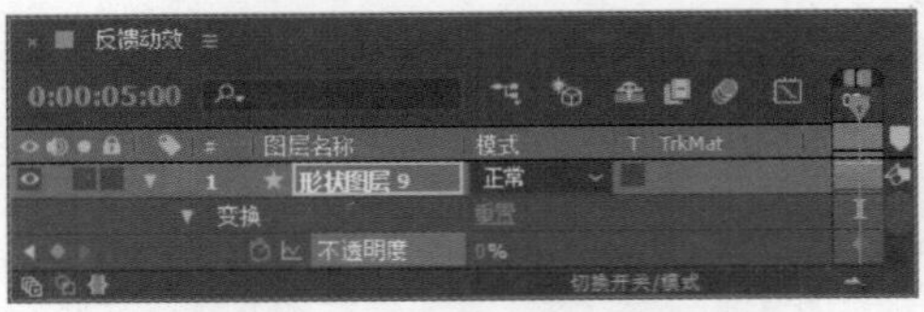

图5.246 更改【不透明度】数值

步骤 06 这样就完成了整体效果的制作，按小键盘上的0键即可在合成窗口中预览效果。